GAO DENG SHU XUE

高等数学

(下册·第二版)

四川大学数学学院／编

编写人员　牛健人　钮　海　吕子明　闵心畅
冷忠建　高　波　项兆虹

四川大学出版社

项目策划：毕　潜
责任编辑：毕　潜
责任校对：胡晓燕
封面设计：墨创文化
责任印制：王　炜

图书在版编目(CIP)数据

高等数学. 下册 / 四川大学数学学院编. —2 版.
—成都：四川大学出版社，2018.5（2023.7 重印）
ISBN 978－7－5690－1801－1

Ⅰ.①高…　Ⅱ.①四…　Ⅲ.①高等数学－高等学校－教材　Ⅳ.①O13

中国版本图书馆 CIP 数据核字（2018）第 102289 号

书名　**高等数学（下册・第二版）**

编　　者　四川大学数学学院
出　　版　四川大学出版社
地　　址　成都市一环路南一段 24 号（610065）
发　　行　四川大学出版社
书　　号　ISBN 978－7－5690－1801－1
印　　刷　四川省平轩印务有限公司
成品尺寸　185 mm×260 mm
印　　张　14.5
字　　数　369 千字
版　　次　2018 年 8 月第 2 版
印　　次　2023 年 7 月第 6 次印刷
定　　价　45.00 元

◆读者邮购本书，请与本社发行科联系。
电话：(028)85408408/(028)85401670/
(028)85408023　邮政编码：610065
◆本社图书如有印装质量问题，请寄回出版社调换。
◆网址：http://press.scu.edu.cn

前　言

为了使本教材更符合综合大学本科理工类专业高等数学课程的教学要求，进一步提高教学质量，我们对本教材进行了修订，新版仍保持了原书体系完整、叙述详细、通俗易懂、便于自学的特点. 为了便于实施教学，并与后续课程衔接，本次修订对个别教学章节进行了重要调整，将原版教材的第 1 章部分内容与第 2 章内容合并到新版教材的第 1 章，将原版教材第 1 章部分内容与第 7 章内容合并到新版教材的第 10 章，并改正了原版教材的错漏.

本教材分上下册. 上册的具体内容包括极限与连续性、导数与微分、微分中值定理与导数的应用、不定积分、定积分、空间解析几何与矢量代数，下册的具体内容包括多元函数微分学、重积分及其应用、曲线积分与曲面积分、无穷级数、微分方程.

由于理工类各专业所要求的数学知识不尽相同，本教材中加“*”号的内容各专业可根据需要自行选用，也可作为高等数学学习的补充课外参考内容.

四川大学数学学院及四川大学出版社对这次修订给予了很大的帮助. 四川大学数学学院的任课老师在本教材的教学中收集整理了原版教材的各类错误，并对第二版提出了全面、系统的修改建议，本教材各章节的编者认真细致地审阅了修改稿. 以上工作对提高本教材的质量起到了很大的作用.

本教材的修订具体分工为：钮海修订第 1 章、第 11 章及附录，吕子明修订第 2 章和第 3 章，闵心畅修订第 4 章和第 5 章，冷忠建修订第 6 章，牛健人修订第 7 章，高波修订第 8 章和第 9 章，项兆宏修订第 10 章.

本教材的责任编辑四川大学出版社毕潜老师，为本书第二版的出版做了许多深入细致的工作，为提高本书的质量付出了艰辛劳动，在此向她表示衷心感谢.

限于我们的水平，书中错误和不妥之处仍在所难免，请广大教师及读者继续给予批评指正.

编　者

2018 年 5 月

目　录

第 7 章　多元函数微分学

本章主要研究具有两个或多个自变量的函数. 在实际问题的研究中，往往要研究一个变量依赖多个变量变化的情形，这就需要讨论多元函数以及多元函数的微分学与积分学. 本章将一元函数微分学理论作一个推广，研究多元函数微分学及其应用. 我们将着重研究二元函数的微分法及其应用，进而推广到三元乃至多元函数.

§7.1　多元函数

§7.1.1　二元函数的概念

平面点集　一元函数的定义域是实数集 $\mathbf{R}$ 的子集，二元函数的自变量是两个，其取值范围是有序实数组(x, y)的集合

$$\{(x, y) \mid x \in \mathbf{R}, y \in \mathbf{R}\},$$

即二维空间(记为 $\mathbf{R}^2$)上的集合. 二维空间 $\mathbf{R}^2$ 与坐标平面的所有点形成一一对应. 称二维空间的子集是“平面点集”.

邻域　$\mathbf{R}^2$ 中任意两点 $M_1(x_1, y_1)$与 $M_2(x_2, y_2)$之间的距离为

$$\rho(M_1, M_2) = \sqrt{(x_2 - x_1)^2 + (y_2 - y_1)^2}.$$

设 $M_0(x_0, y_0)$为一定点，与 M_0 的距离小于 $\varepsilon(\varepsilon > 0)$的动点轨迹，构成 M_0 的 ε 圆形邻域. 记为

$$O(M_0, \varepsilon) = \{(x, y) \mid \sqrt{(x - x_0)^2 + (y - y_0)^2} < \varepsilon\}.$$

以点 $M_0(x_0, y_0)$为中心，2δ 为边长的正方形内的动点轨迹构成 M_0 的 δ 方形邻域，记为$\{(x, y) \mid |x - x_0| < \delta, |y - y_0| < \delta\}$.

内点　设 E 是平面点集. 点 $M(x, y) \in E$，如果存在 $M(x, y)$的一个 δ 邻域 $O(M, \delta)$，使 $O(M, \delta) \subset E$，则称 M 是 E 的**内点**(如图 7.1 所示).

外点　设 $M(x, y) \notin E$，如果存在 $M(x, y)$的一个 δ 邻域 $O(M, \delta)$，使 $O(M, \delta)$中无 E 的点，则称 M 是 E 的**外点**(如图 7.1 所示).

聚点　设 E 是平面点集，$M(x, y)$是平面上的一点，如果 $M(x, y)$的任何 δ 邻域 $U(M, \delta)$内，至少含有 E 中一个(异于 M 的)点，则称 M 是 E 的**聚点**. 聚点可属于 E，也可不属于 E.

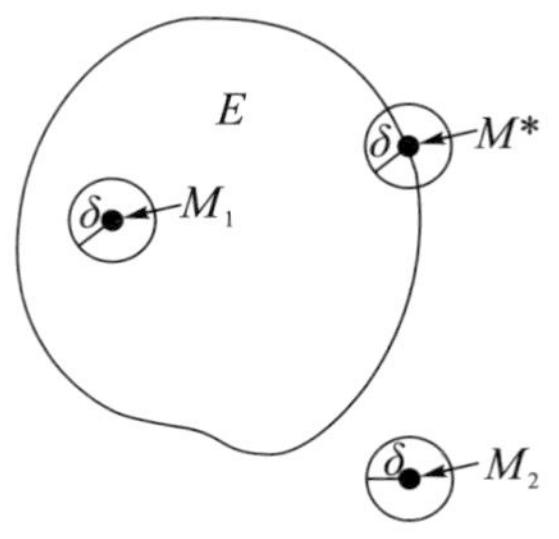

图 7.1

边界点 设$M(x, y)$是平面上的一点，如果$M(x, y)$的任何δ邻域$O(M,\delta)$内，既有点属于E，又有点不属于E，则称点$M(x, y)$是E的**边界点**. E的边界点全体构成E的边界(如图 7.1 所示). 边界点可属于E，也可不属于E.

开集和闭集 如果E的任意点都是E的内点，则称E为**开集**. 如果E的所有聚点都在E内，则称E为**闭集**.

区域 设E是开集，E中任意两点可用属于E的折线连接起来，称E为**开区域**. 开区域加上其边界称为**闭区域**.

有界集和无界集 如果存在原点O的某个邻域$O(0, \varepsilon)$使集$E\subset O(0, \varepsilon)$，则称$E$是**有界集**；反之，称$E$是**无界集**.

例 1 $E=\{(x, y)\mid 0<x^2+y^2<1\}$，$E$是以原点为圆心的单位圆内除去原点的所有点(如图 7.2 所示). E中所有点都是E的内点，单位圆周$x^2+y^2=1$上的点都是E的边界点. 是单位圆外，满足$x^2+y^2>1$的点是E的外点. 原点是E的聚点. 由此可见，聚点可以不属于E.

例 2 $E=\{(x, y)\mid 1\leqslant x^2+y^2<4\}$，$E$是以原点为圆心，半径分别是 1 与 2 的两个圆周之间的圆环内部和半径为 1 的圆周上的所有点. 显然，满足$1<x_1^2+y_1^2<4$的所有点(x_1, y_1)为E的内点，满足$x_2^2+y_2^2<1$或$x_2^2+y_2^2>4$的点(x_2, y_2)为E的外点. 而满足$x_3^2+y_3^2=1$或$x_3^2+y_3^2=4$的点(x_3, y_3)为E的边界点. 但$x^2+y^2=1$上的点属于E，而$x^2+y^2=4$上的点不属于E(如图 7.3 所示).

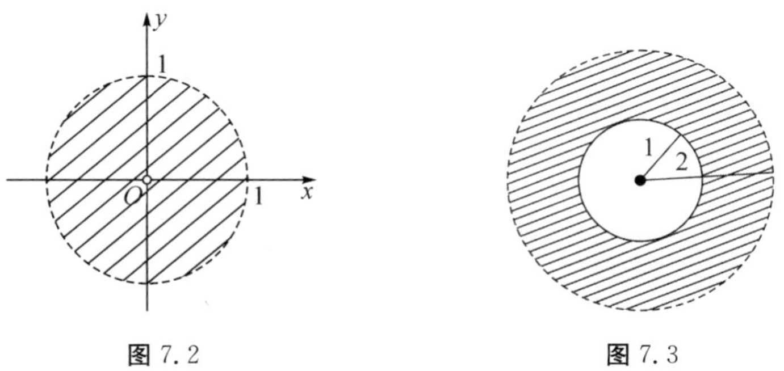

图 7.2　　图 7.3

下面是多元函数的实例.

例 3 1 mol 理想气体的体积V与绝对温度T和压强p之间的关系为

$$p=R\frac{T}{V},$$

这里 R 是正常数，自变量取值范围是 $V>0$，$T>0$.

例 4　平行四边形的面积 A 由它的相邻两边之长 a，b 和夹角 θ 决定，即

$$A=ab\sin\theta,$$

由题意可知，自变量取值的范围是 $a>0$，$b>0$，$0<\theta<\pi$.

例 3 和例 4 都具有两个以上的变量，其中一个变量依其余变量的变化而变化. 去掉变量的具体意义，取其共性，对照一元函数定义，可以概括出多元函数的定义.

定义 1　设 D 为平面点集，$\mathbf{R}$ 为实数集，若存在法则 f，使得对于 D 中任意点 $P(x, y)$，都有 $\mathbf{R}$ 中的唯一实数 z 与之相对应，则称 f 是定义在集合 D 上的**二元函数**，记为

$$z=f(P)\quad 或\quad z=f(x, y),$$

x，y 称为**自变量**，z 称为**因变量**，平面集合 D 为函数 f 的**定义域**，函数值构成的集合称为函数 f 的**值域**，记为

$$f(D)=\{z \mid z=f(x, y), (x, y)\in D\}\subset \mathbf{R}.$$

类似地，可以定义三元函数，四元函数，…，n 元函数. 二元及二元以上的函数称为多元函数.

设 $z=f(x, y)$ 的定义域为 xOy 面上区域 D，对于 D 内任一点 P，其坐标为 (x, y)，按照 $z=f(x, y)$，有空间中的一点 $M(x, y, z)$ 与之对应，当点 $P(x, y)$ 在 D 内变化时，点 $M(x, y, z)$ 在空间变化，其轨迹是一张曲面，即是函数 $z=f(x, y)$ 的图形. 例如，函数 $z=\sqrt{R^2-x^2-y^2}$，其定义域为坐标面 xOy 上的圆面 $x^2+y^2\leqslant R^2$，这个函数的图形是中心在原点，半径为 R 的上半球面(如图 7.4 所示). 又如函数 $z=x^2+y^2$，其定义域是全平面，函数的图形是位于坐标面 xOy 上方的旋转抛物面(如图 7.5 所示).

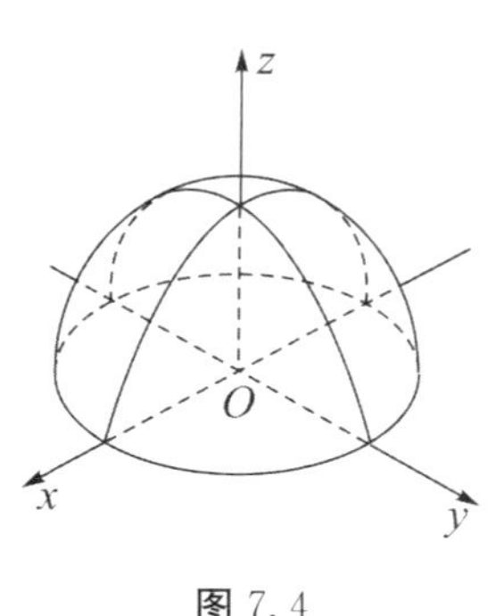

图 7.4

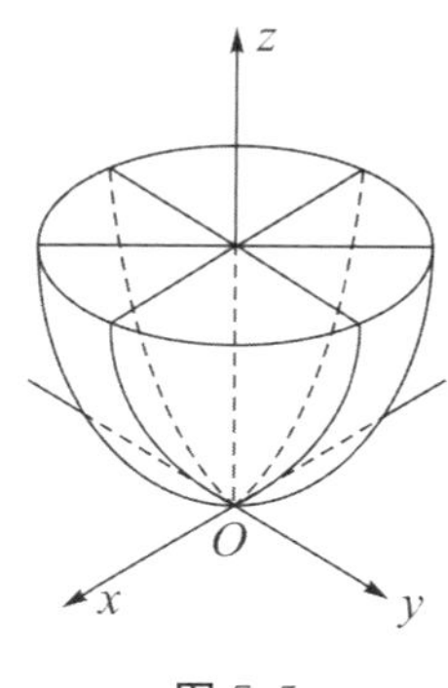

图 7.5

§7.1.2　二元函数的极限和连续

1. 二元函数的极限

本节将讨论当自变量 $x\to x_0$，$y\to y_0$，即点 $(x, y)\to(x_0, y_0)$ 时，函数 $z=f(x, y)$ 的变化趋势. 类似于一元函数，我们将讨论二元函数的极限和连续性问题. 首先给出极限的定义.

设函数 $f(x, y)$在 $P_0(x_0, y_0)$的某个去心邻域有定义，如果当 $P(x, y)$在定义域内以任意方式趋于定点 $P_0(x_0, y_0)$，其对应的函数值 $f(x, y)$无限接近于某个常数 A,则称当点 $P(x, y)$趋于 $P_0(x_0, y_0)$时，函数 $f(x, y)$的极限为 A.

定义 2 设 $z=f(x, y)$的定义域为 D,$P_0(x_0, y_0)$是 D 的聚点. 如果存在常数 A 对任意 $\varepsilon>0$，总存在$\delta>0$，对任意点 $P(x, y)$，当 $0<|x-x_0|<\delta$，$0<|y-y_0|<\delta(P\neq P_0)$时，有

$$|f(x, y)-A|<\varepsilon$$

成立，则称 A 是函数 $f(x, y)$在点(x_0, y_0)的极限. 记为

$$\lim_{(x, y)\to(x_0, y_0)} f(x, y)=A$$

或

$$\lim_{\substack{x\to x_0\\ y\to y_0}} f(x, y)=A.$$

为了便于和一元函数比较，定义中使用了方形邻域 $0<|x-x_0|<\delta$，$0<|y-y_0|<\delta$，事实上 $P_0(x_0, y_0)$的圆形邻域 $0<\rho=\sqrt{(x-x_0)^2+(y-y_0)^2}<\delta$ 亦可.

$$\lim_{\rho\to 0} f(x, y)=A.$$

式中，$\rho=\sqrt{(x-x_0)^2+(y-y_0)^2}$.

与一元函数类似，极限的定义中，函数在点 P_0 处可以没有定义. 值得注意的是，一元函数的极限定义中,动点 x 趋向于定点 x_0 时的方向只有左右两个方向，而二元函数的极限定义中，动点(x, y)趋于定点(x_0, y_0)的方式是任意的. 即使点(x, y)沿着某些特殊的路径，例如沿着平行于坐标轴的直线或某条曲线趋于点(x_0, y_0)时，对应的函数无限接近于某一确定常数，也不能断定函数的极限就一定存在，但如果点(x, y)沿不同的轨迹趋于定点(x_0, y_0)函数的极限取不同的值，则可以肯定函数在该点的极限一定不存在.

例 5 (1)计算 $\lim\limits_{(x, y)\to(0, a)}\dfrac{\sin xy}{x}$($a$ 为常数)； (2) $\lim\limits_{\substack{x\to 0\\ y\to 0}}\dfrac{\int_0^{x+y}\sin t^2\,\mathrm{d}t}{x^2+y^2}$.

解 (1)因为 $x\to 0$，$y\to a$ 时，$xy\to 0$，所以

$$\lim_{(x, y)\to(0, a)}\frac{\sin xy}{x}=\lim_{(x, y)\to(0, a)} y\,\frac{\sin xy}{xy}=a.$$

(2)因为$(x+y)^2\leqslant 4(x^2+y^2)$,所以$-2\sqrt{x^2+y^2}\leqslant x+y\leqslant 2\sqrt{x^2+y^2}$,则

$$\int_0^{-2\sqrt{x^2+y^2}}\sin t^2\,\mathrm{d}t\leqslant\int_0^{x+y}\sin t^2\,\mathrm{d}t\leqslant\int_0^{2\sqrt{x^2+y^2}}\sin t^2\,\mathrm{d}t.$$

而

$$\lim_{\substack{x\to 0\\ y\to 0}}\frac{\int_0^{2\sqrt{x^2+y^2}}\sin t^2\,\mathrm{d}t}{x^2+y^2}\xlongequal{u=x^2+y^2}\lim_{u\to 0^+}\frac{\int_0^{2\sqrt{u}}\sin t^2\,\mathrm{d}t}{u}=\lim_{u\to 0}\frac{\sin 4u}{u}=0,$$

同理

$$\lim_{\substack{x\to 0\\ y\to 0}}\frac{\int_0^{-2\sqrt{x^2+y^2}}\sin t^2\,\mathrm{d}t}{x^2+y^2}=0,$$

由夹逼定理

$$\lim_{\substack{x\to 0\\ y\to 0}}\frac{\int_0^{x+y}\sin t^2\,\mathrm{d}t}{x^2+y^2}=0.$$

例 6　考察函数

$$f(x,y)=\frac{xy}{x^2+y^2},\quad x^2+y^2\neq 0.$$

当$(x,y)\to(0,0)$时极限是否存在?

解　因为在 x 轴上，$f(x,0)=0$，故当点(x,y)沿 x 轴趋于$(0,0)$时，有

$$\lim_{x\to 0}f(x,0)=0.$$

同样，在 y 轴上，$f(0,y)=0$，故当点(x,y)沿 y 轴趋于$(0,0)$时,有

$$\lim_{y\to 0}f(0,y)=0.$$

虽然沿两条特殊路径函数 $f(x,y)$都趋于 0，但 $\lim\limits_{(x,y)\to(0,0)}f(x,y)$不存在. 因为在直线簇 $y=kx$ 上

$$f(x,y)=\frac{kx^2}{x^2+k^2x^2}=\frac{k}{1+k^2},$$

所以，沿着 $y=kx$，

$$\lim_{\substack{y=kx\\x\to 0}}f(x,y)=\lim_{x\to 0}\frac{k}{1+k^2}=\frac{k}{1+k^2}.$$

其值随 k 值变化，但极限存在则必唯一，故该极限不存在.

由一元函数极限的运算法则可推出多元函数极限的运算法则. 若函数 $f(x,y)$与 $g(x,y)$在点 $P_0(x_0,y_0)$存在极限，则:

(1) $\lim\limits_{(x,y)\to(x_0,y_0)}[f(x,y)\pm g(x,y)]=\lim\limits_{(x,y)\to(x_0,y_0)}f(x,y)\pm\lim\limits_{(x,y)\to(x_0,y_0)}g(x,y)$;

(2) $\lim\limits_{(x,y)\to(x_0,y_0)}f(x,y)g(x,y)=\lim\limits_{(x,y)\to(x_0,y_0)}f(x,y)\lim\limits_{(x,y)\to(x_0,y_0)}g(x,y)$;

(3) $\lim\limits_{(x,y)\to(x_0,y_0)}\dfrac{f(x,y)}{g(x,y)}=\dfrac{\lim\limits_{(x,y)\to(x_0,y_0)}f(x,y)}{\lim\limits_{(x,y)\to(x_0,y_0)}g(x,y)}$，其中 $\lim\limits_{(x,y)\to(x_0,y_0)}g(x,y)\neq 0$.

2. 二元函数的连续性

将一元函数连续的定义推广，可以得到二元函数连续的概念.

定义 3　设函数 $z=f(x,y)$在点 $P_0(x_0,y_0)$的某个邻域上有意义，如果

$$\lim_{(x,y)\to(x_0,y_0)}f(x,y)=f(x_0,y_0),$$

则称函数 $z=f(x,y)$在点 $P_0(x_0,y_0)$**连续**.

若函数 $f(x,y)$在区域 D 内的每一点都连续，且在区域的边界点也连续，则称函数 $z=f(x,y)$在闭区域 D 连续.

例 7　设

$$f(x,y)=\begin{cases}xy\dfrac{x^2-y^2}{x^2+y^2}, & (x,y)\neq(0,0),\\ 0, & (x,y)=(0,0),\end{cases}$$

试证明 $f(x,y)$在原点处连续.

证明　任意给定正数 $\varepsilon>0$，取 $\delta=\sqrt{\varepsilon}$. 当

$$\rho=\sqrt{(x-0)^2+(y-0)^2}=\sqrt{x^2+y^2}<\delta,$$

即 $x^2+y^2<\delta^2=\varepsilon$ 时

$$|f(x,y)-f(0,0)|=|f(x,y)|=|xy|\frac{x^2-y^2}{x^2+y^2}$$
$$\leqslant |xy|=|x||y|\leqslant x^2+y^2<\varepsilon.$$

根据定义 $f(x,y)$在原点处连续.

一元连续函数的运算性质及复合函数的连续性定理，对二元连续函数也成立.

定理1 设 $u=u(x,y)$，$v=v(x,y)$都在(x_0,y_0)连续，且 $u(x_0,y_0)=u_0$，$v(x_0,y_0)=v_0$；又 $z=f(u,v)$在(u_0,v_0)连续，则复合函数 $z=f[u(x,y),v(x,y)]$在(x_0,y_0)连续.

闭区间上连续的一元函数的性质可以推广到有界闭区域上的二元连续函数.

有界性定理 若函数 $f(x,y)$在有界闭区域 D 上连续，则它在 D 上有界. 即存在 $M>0$，对 D 上任意一点(x,y)，有

$$|f(x,y)|\leqslant M.$$

最值定理 若函数 $f(x,y)$在有界闭区域 D 上连续，则它在 D 上必有最大值和最小值. 即在闭区域 D 上存在两点 $P_1(x_1,y_1)$和 $P_2(x_2,y_2)$，对 D 上任意一点(x,y)有

$$f(x_1,y_1)\leqslant f(x,y)\leqslant f(x_2,y_2),$$

这里 $f(x_1,y_1)$，$f(x_2,y_2)$分别是 $f(x,y)$在闭区域 D 上的最小值和最大值.

介值定理 若函数 $f(x,y)$在有界闭区域 D 上连续，M 与 m 分别是 $f(x,y)$在 D 上的最大值和最小值，则对 M 与 m 间的任意数 C，在 D 中至少存在一点 $P(x_0,y_0)$，使

$$f(x_0,y_0)=C.$$

§7.1.3 偏导数

1. 偏导数的定义

二元函数 $z=f(x,y)$中，x，y 是两个独立的变量，取互不依赖的改变量 Δx，Δy，这时函数的改变量 $\Delta z=f(x_0+\Delta x,y_0+\Delta y)-f(x_0,y_0)$与 Δx，Δy 有关. 对应一元函数导数的概念，有多元函数偏导数的概念，由于自变量的增多，因变量和其自变量的关系要比一元函数复杂.

定义4 设函数 $z=f(x,y)$在点 $P(x_0,y_0)$的某个邻域内有定义，给 x_0 一个改变量 Δx，z 关于 x_0 的改变量 $\Delta_x z=f(x_0+\Delta x,y_0)-f(x_0,y_0)$称为关于自变量 x 的偏增量，如果极限

$$\lim_{\Delta x\to 0}\frac{f(x_0+\Delta x,y_0)-f(x_0,y_0)}{\Delta x}$$

存在，则称此极限为函数 $f(x,y)$在点 $P(x_0,y_0)$关于 x 的**偏导数**，记为

$$f'_x(x_0,y_0),\quad \left.\frac{\partial f}{\partial x}\right|_{\substack{x=x_0\\y=y_0}},\quad \left.\frac{\partial z}{\partial x}\right|_{\substack{x=x_0\\y=y_0}},\quad \left.z'_x\right|_{\substack{x=x_0\\y=y_0}}.$$

同样，给 y_0 一个改变量 Δy，如果 z 关于自变量 y 的偏增量

$$\Delta_y z=f(x_0,y_0+\Delta y)-f(x_0,y_0)$$

与 Δy 比值的极限

$$\lim_{\Delta y\to 0}\frac{f(x_0,y_0+\Delta y)-f(x_0,y_0)}{\Delta y}$$

存在，则称此极限为函数 $f(x, y)$ 在点 $P(x_0, y_0)$ 关于 y 的**偏导数**，记为

$$f'_y(x_0, y_0),\quad \left.\frac{\partial f}{\partial y}\right|_{\substack{x=x_0\\y=y_0}},\quad \left.\frac{\partial z}{\partial y}\right|_{\substack{x=x_0\\y=y_0}},\quad \left.z'_y\right|_{\substack{x=x_0\\y=y_0}}.$$

如果函数 $z=f(x, y)$ 在区域 D 内每一点都有偏导数，则对应了 D 上的两个偏导函数 $f'_x(x, y)$，$f'_y(x, y)$，它们仍然是 D 上的两个函数，称为 $z=f(x, y)$ 在区域 D 内的偏导函数.

由偏导数的定义可知，求二元函数的偏导数就是将一个自变量看作常数，对另一个自变量按照一元函数的求导法则或求导公式求导.

例 8　$f(x, y)=xy+x^2+y^3$，求 $\frac{\partial f}{\partial x}$，$\frac{\partial f}{\partial y}$，并求 $f'_x(0, 1)$，$f'_x(1, 0)$，$f'_y(0, 2)$，$f'_y(2, 0)$.

解　求 $\frac{\partial f}{\partial x}$ 时，把 y 看成常数，所以

$$\frac{\partial f}{\partial x}=y+2x,$$

于是 $f'_x(0, 1)=1$，$f'_x(1, 0)=2$.

求 $\frac{\partial f}{\partial y}$ 时，把 x 看成常数，所以

$$\frac{\partial f}{\partial y}=x+3y^2,$$

于是 $f'_y(0, 2)=12$，$f'_y(2, 0)=2$.

例 9　设 $u=\ln(x+y^2+z^3)$，求 u'_x，u'_y，u'_z.

解　同二元函数的情形一样，有

$$u'_x=\frac{1}{x+y^2+z^3},\quad u'_y=\frac{2y}{x+y^2+z^3},\quad u'_z=\frac{3z^2}{x+y^2+z^3}.$$

例 10　气体的状态方程为 $P=\frac{RT}{V}$，求 P 关于 V 和 T 的偏导数.

解　在温度 T 不变的等温过程中，压力 P 关于体积 V 的瞬时变化率为

$$P'_V=\left(\frac{RT}{V}\right)'_V=-\frac{RT}{V^2}.$$

同样，在体积 V 不变的等容过程中，压力 P 关于温度 T 的瞬时变化率为

$$P'_T=\left(\frac{RT}{V}\right)'_T=\frac{R}{V}.$$

2. 偏导数的几何意义

下面讨论二元函数 $z=f(x, y)$ 在点 (x_0, y_0) 偏导数的几何意义. 设 $M_0=M(x_0, y_0, f(x_0, y_0))$ 为曲面 $z=f(x, y)$ 上的一点，过 M_0 作平面 $y=y_0$，与曲面的交线为曲线 $z=f(x, y_0)$，其导数 $\frac{\mathrm{d}}{\mathrm{d}x}f(x, y_0)|_{x=x_0}$ 即为二元函数 $z=f(x, y)$ 的偏导数，$f'_x(x_0, y_0)$ 即为曲线在点 M_0 的切线 M_0T_x 对 x 轴的斜率(即切线 M_0T_x 与 x 轴正向所成倾角 α 的正切). 同理，偏导数 $f'_y(x_0, y_0)$ 是曲面被平面 $x=x_0$ 所截成的曲线在点 M_0 的切线 M_0T_y 对 y 轴的斜率(如图 7.6 所示).

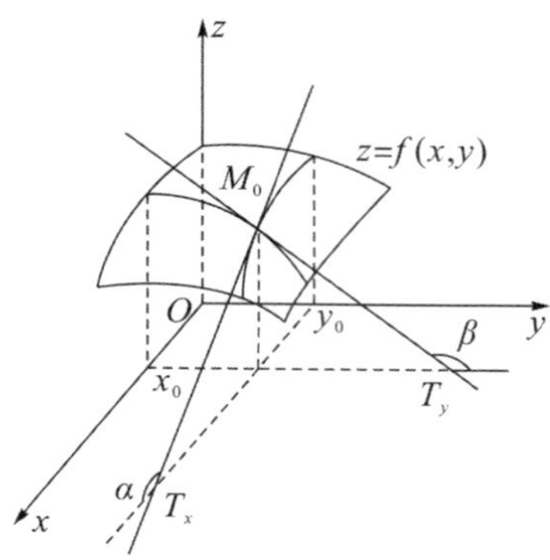

图 7.6

需要注意的是，一元函数在某点可导，则它在该点必然连续. 但对于多元函数来说，即使某点各偏导数都存在，也不能保证函数在该点连续. 例如，函数

$$z=f(x,y)=\begin{cases}\dfrac{xy}{x^2+y^2}, & (x,y)\neq(0,0),\\ 0, & (x,y)=(0,0)\end{cases}$$

在点(0，0)对 x 及对 y 的偏导数均存在且为零，但函数在点(0，0)并不连续.

3. 高阶偏导数

与一元函数的高阶导数类似，多元函数也有高阶偏导数. 函数 $z=f(x,y)$ 的偏导数

$$z'_x=\frac{\partial f(x,y)}{\partial x},\quad z'_y=\frac{\partial f(x,y)}{\partial y}$$

仍是 x，y 的二元函数. 如果这两个函数关于自变量 x 和 y 的偏导数也存在，这些偏导数称为**函数 $z=f(x,y)$ 的二阶偏导数**. 对二元函数 $\frac{\partial z}{\partial x}$ 中的变量 x 求偏导数，$\frac{\partial}{\partial x}\left(\frac{\partial z}{\partial x}\right)$ 是 $z=f(x,y)$ 一个二阶偏导数，记为 $\frac{\partial^2 z}{\partial x^2}$，二元函数的二阶偏导数共有四个，记为

$$\frac{\partial}{\partial x}\left(\frac{\partial z}{\partial x}\right)=\frac{\partial^2 z}{\partial x^2}=z''_{xx},\quad \frac{\partial}{\partial y}\left(\frac{\partial z}{\partial x}\right)=\frac{\partial^2 z}{\partial x\partial y}=z''_{xy},$$

$$\frac{\partial}{\partial x}\left(\frac{\partial z}{\partial y}\right)=\frac{\partial^2 z}{\partial y\partial x}=z''_{yx},\quad \frac{\partial}{\partial y}\left(\frac{\partial z}{\partial y}\right)=\frac{\partial^2 z}{\partial y^2}=z''_{yy},$$

式中，z''_{xx}，z''_{yy} 称为二阶纯偏导数，z''_{xy} 和 z''_{yx} 称为二阶混合偏导数.

同理可定义更高阶的偏导数，即

$$\frac{\partial}{\partial x}\left(\frac{\partial^2 z}{\partial x^2}\right)=\frac{\partial^3 z}{\partial x^3},\quad \frac{\partial}{\partial y}\left(\frac{\partial^2 z}{\partial x^2}\right)=\frac{\partial^3 z}{\partial x^2\partial y},\quad \cdots$$

$z=f(x,y)$ 的 $n-1$ 阶偏导数的偏导数称为 $z=f(x,y)$ 的 n **阶偏导数**. 我们把二阶及其二阶以上的偏导数统称为**高阶偏导数**.

例 11 求 $z=x\mathrm{e}^x\sin y$ 的二阶偏导数.

解 $\frac{\partial z}{\partial x}=\mathrm{e}^x\sin y+x\mathrm{e}^x\sin y=(1+x)\mathrm{e}^x\sin y$，

$\frac{\partial^2 z}{\partial x^2}=\mathrm{e}^x\sin y+(1+x)\mathrm{e}^x\sin y=(2+x)\mathrm{e}^x\sin y$，

$$\frac{\partial^2 z}{\partial x\partial y}=(1+x)e^x\cos y,$$

$$\frac{\partial z}{\partial y}=xe^x\cos y,$$

$$\frac{\partial^2 z}{\partial y^2}=-xe^x\sin y,$$

$$\frac{\partial^2 z}{\partial y\partial x}=e^x\cos y+xe^x\cos y=(1+x)e^x\cos y.$$

例 12　求 $z=x^4+y^4-4x^2y^3$ 的二阶偏导数.

解　$\dfrac{\partial z}{\partial x}=4x^3-8xy^3$，　$\dfrac{\partial^2 z}{\partial x^2}=12x^2-8y^3$，

$\dfrac{\partial^2 z}{\partial x\partial y}=-24xy^2$，　$\dfrac{\partial z}{\partial y}=4y^3-12x^2y^2$，

$\dfrac{\partial^2 z}{\partial y^2}=12y^2-24x^2y$，　$\dfrac{\partial^2 z}{\partial y\partial x}=-24xy^2$.

以上两例中$\dfrac{\partial^2 z}{\partial x\partial y}=\dfrac{\partial^2 z}{\partial y\partial x}$，即这些函数的二阶混合偏导数与求导的顺序无关，这个结果并非偶然. 这一性质是否适应于所有函数呢？回答是否定的，例如函数

$$f(x,y)=\begin{cases}xy\dfrac{x^2-y^2}{x^2+y^2}, & x^2+y^2\neq 0,\\ 0, & x=0,\ y=0.\end{cases}$$

由偏导数定义，有

$$f'_x(0,0)=\lim_{\Delta x\to 0}\frac{f(\Delta x,0)-f(0,0)}{\Delta x}=0,$$

$$f'_y(0,0)=\lim_{\Delta y\to 0}\frac{f(0,\Delta y)-f(0,0)}{\Delta y}=0,$$

$$f'_x(0,y)=\lim_{\Delta x\to 0}\frac{f(\Delta x,y)-f(0,y)}{\Delta x}=\lim_{\Delta x\to 0}\frac{(\Delta x)y\dfrac{(\Delta x)^2-y^2}{(\Delta x)^2+y^2}}{\Delta x}=-y,$$

$$f'_y(x,0)=\lim_{\Delta y\to 0}\frac{f(x,\Delta y)-f(x,0)}{\Delta y}=\lim_{\Delta y\to 0}\frac{x(\Delta y)\dfrac{x^2-(\Delta y)^2}{x^2+(\Delta y)^2}}{\Delta y}=x.$$

因此

$$f''_{xy}(0,0)=\lim_{\Delta y\to 0}\frac{f'_x(0,\Delta y)-f'_x(0,0)}{\Delta y}=\lim_{\Delta y\to 0}\frac{-\Delta y}{\Delta y}=-1,$$

$$f''_{yx}(0,0)=\lim_{\Delta x\to 0}\frac{f'_y(\Delta x,0)-f'_y(0,0)}{\Delta x}=\lim_{\Delta x\to 0}\frac{\Delta x}{\Delta x}=1.$$

于是

$$f''_{xy}(0,0)\neq f''_{yx}(0,0).$$

这说明该函数在原点(0，0)的两个混合偏导数 $f''_{xy}(0,0)$与 $f''_{yx}(0,0)$都存在但不相等.

那么一个函数具有什么条件时，它的二阶混合偏导数与求导的顺序无关呢？

定理 2　若函数 $f(x,y)$在点 $P(x_0,y_0)$的邻域 G 内有连续的二阶偏导数 $f''_{xy}(x,y)$和 $f''_{yx}(x,y)$，则

$$f''_{xy}(x_0, y_0) = f''_{yx}(x_0, y_0).$$

即二阶混合偏导数在连续的条件下与求导次序无关，证明从略.

这一结果可推广到 n 元函数的高阶偏导数.

例 13 验证函数 $z=\ln\sqrt{x^2+y^2}$ 满足方程

$$\frac{\partial^2 z}{\partial x^2}+\frac{\partial^2 z}{\partial y^2}=0.$$

证明 因为 $$z=\ln\sqrt{x^2+y^2}=\frac{1}{2}\ln(x^2+y^2),$$

所以

$$\frac{\partial z}{\partial x}=\frac{x}{x^2+y^2},\quad \frac{\partial z}{\partial y}=\frac{y}{x^2+y^2},$$

$$\frac{\partial^2 z}{\partial x^2}=\frac{(x^2+y^2)-x\cdot 2x}{(x^2+y^2)^2}=\frac{y^2-x^2}{(x^2+y^2)^2},$$

$$\frac{\partial^2 z}{\partial y^2}=\frac{(x^2+y^2)-y\cdot 2y}{(x^2+y^2)^2}=\frac{x^2-y^2}{(x^2+y^2)^2}.$$

因此

$$\frac{\partial^2 z}{\partial x^2}+\frac{\partial^2 z}{\partial y^2}=\frac{y^2-x^2}{(x^2+y^2)^2}+\frac{x^2-y^2}{(x^2+y^2)^2}=0.$$

例 14 证明函数 $u=\frac{1}{r}$ 满足方程

$$\frac{\partial^2 u}{\partial x^2}+\frac{\partial^2 u}{\partial y^2}+\frac{\partial^2 u}{\partial z^2}=0,$$

式中，$r=\sqrt{x^2+y^2+z^2}$.

证明

$$\frac{\partial u}{\partial x}=-\frac{1}{r^2}\frac{\partial r}{\partial x}=-\frac{1}{r^2}\cdot\frac{x}{r}=-\frac{x}{r^3},$$

$$\frac{\partial^2 u}{\partial x^2}=-\frac{1}{r^3}+\frac{3x}{r^4}\cdot\frac{\partial r}{\partial x}=-\frac{1}{r^3}+\frac{3x^2}{r^5}.$$

由于函数关于自变量的对称性，所以

$$\frac{\partial^2 u}{\partial y^2}=-\frac{1}{r^3}+\frac{3y^2}{r^5},\quad \frac{\partial^2 u}{\partial z^2}=-\frac{1}{r^3}+\frac{3z^2}{r^5}.$$

因此

$$\frac{\partial^2 u}{\partial x^2}+\frac{\partial^2 u}{\partial y^2}+\frac{\partial^2 u}{\partial z^2}=-\frac{3}{r^3}+\frac{3(x^2+y^2+z^2)}{r^5}=-\frac{3}{r^3}+\frac{3r^2}{r^5}=0.$$

例 13 和例 14 中的两个方程都称为**拉普拉斯(Laplace)方程**，它是数理方法、物理化学等后续课程中极为重要的方程.

§7.1.4 全微分

1. 全微分的定义

如果一元函数 $y=f(x)$ 在点 x_0 处的导数 $f'(x_0)$ 存在，则函数 $y=f(x)$ 在点 x_0 的增量 Δy 可以表示为

$$\Delta y=f(x_0+\Delta x)-f(x_0)=f'(x_0)\Delta x+o(\Delta x).$$

式中，$o(\Delta x)$ 表示当 $\Delta x\to 0$ 时较 Δx 高阶的无穷小，$\mathrm{d}y=f'(x_0)\Delta x$ 称为函数 $y=f(x)$ 在点 x_0 处的微分，当 Δx 很小时，可以用 $\mathrm{d}y$ 近似地表示增量 Δy. 对于二元函数也有类似的

讨论. 二元函数 $z=f(x, y)$在点(x_0, y_0)处的全增量为

$$\Delta z = f(x_0+\Delta x, y_0+\Delta y)-f(x_0, y_0).$$

在实际问题中，常常需要知道多元函数所有自变量改变时函数的全面变化情况，即对二元函数，当自变量 x，y 同时取得微小改变量 Δx，Δy 时，对应的函数改变量 Δz 与自变量的改变量 Δx，Δy 之间有什么样的依赖关系？这就需要引入全微分的概念.

例如，矩形金属板的面积 z 与其长 x 和宽 y 的关系为 $z=xy$，如果金属板受热时 x，y 产生增量 Δx，Δy，对应面积的增量为 Δz，则

$$z+\Delta z=(x+\Delta x)(y+\Delta y),$$

这里产生的增量为

$$\Delta z=(x+\Delta x)(y+\Delta y)-xy=y\Delta x+x\Delta y+\Delta x\Delta y.$$

当 Δx，Δy 很小时，常略去 $\Delta x\Delta y$，以 $y\Delta x+x\Delta y$ 近似表达 Δz. 而 $y\Delta x+x\Delta y$ 是 Δx，Δy 的线性函数，当 $\Delta x\to 0$，$\Delta y\to 0$ 或

$$\rho=\sqrt{(\Delta x)^2+(\Delta y)^2}\to 0$$

时，$\Delta z-(y\Delta x+x\Delta y)=\Delta x\Delta y$ 是比 ρ 高阶的无穷小，记为 $o(\rho)$.

因此，Δz 分解为关于 Δx，Δy 的线性部分(称线性主部)和关于 Δx，Δy 的高阶无穷小两部分. 称线性主部 $y\Delta x+x\Delta y$ 为函数 $z=xy$ 在点(x, y)的**全微分**，记为

$$\mathrm{d}z=y\Delta x+x\Delta y.$$

Δz 称为函数 $z=xy$ 在点(x, y)对应于自变量的改变量 Δx，Δy 的**全增量**.

定义 5　当 $z=f(x, y)$的自变量 x，y 在点(x_0, y_0)分别取得改变量 Δx，Δy 时，如果全增量

$$\Delta z=f(x_0+\Delta x, y_0+\Delta y)-f(x_0, y_0)$$

能分解成两个部分：一部分是 Δx，Δy 的线性组合 $A\Delta x+B\Delta y$(A，B 与 Δx，Δy 无关)，另一部分是比 $\rho=\sqrt{(\Delta x)^2+(\Delta y)^2}\to 0$ 更高阶的无穷小量 $o(\rho)$，则称 $f(x, y)$在点(x_0, y_0)可微，并称线性主部 $A\Delta x+B\Delta y$ 为 $z=f(x, y)$在点(x_0, y_0)的**全微分**，记为

$$\mathrm{d}z=A\Delta x+B\Delta y,$$

$$\Delta z=\mathrm{d}z+o(\rho)=A\Delta x+B\Delta y+o(\rho),\quad \rho\to 0,$$

式中，$\rho=\sqrt{(\Delta x)^2+(\Delta y)^2}$.

如果函数 $f(x, y)$在区域 D 内的所有点(x_0, y_0)的全微分都存在，则称此函数在 D 内可微分.

下面我们讨论二元函数可微与连续、可微与偏导数存在的关系，进而解决全微分的计算问题.

定理 3　若 $z=f(x, y)$在(x_0, y_0)可微，则它在(x_0, y_0)连续.

证明　要证 $f(x, y)$在(x_0, y_0)连续，就是要证

$$\lim_{(\Delta x, \Delta y)\to(0, 0)}[f(x_0+\Delta x, y_0+\Delta y)-f(x_0, y_0)]=0.$$

已知 $z=f(x, y)$在(x_0, y_0) 可微，所以当

$$\rho=\sqrt{(\Delta x)^2+(\Delta y)^2}\to 0$$

时，有

$$\Delta z=f(x_0+\Delta x, y_0+\Delta y)-f(x_0, y_0)=A\Delta x+B\Delta y+o(\rho),$$

从而有
$$\lim_{(\Delta x,\ \Delta y)\to(0,\ 0)}\Delta z=0.$$
即函数在$(x_0,\ y_0)$点连续.

定理4(必要条件) 若$z=f(x,\ y)$在$(x_0,\ y_0)$可微，则它在$(x_0,\ y_0)$的各偏导数都存在，且
$$\mathrm{d}z=f'_x(x_0,\ y_0)\mathrm{d}x+f'_y(x_0,\ y_0)\mathrm{d}y.$$

证明 由假设
$$\Delta z=A\Delta x+B\Delta y+o(\rho),$$
特别地，当$\Delta y=0$时，上式也成立，有
$$\Delta_x z=A\Delta x+o(|\Delta x|)\quad(\Delta x\to 0),$$
所以
$$\lim_{\Delta x\to 0}\frac{\Delta_x z}{\Delta x}=\lim_{\Delta x\to 0}\left(A+\frac{o(|\Delta x|)}{\Delta x}\right)=A,$$
即
$$f'_x(x_0,\ y_0)=A.$$
同理得
$$f'_y(x_0,\ y_0)=B.$$
因此
$$\mathrm{d}z=f'_x(x_0,\ y_0)\Delta x+f'_y(x_0,\ y_0)\Delta y.$$

特别地，当$f(x,\ y)=x$时，因为$f'_x(x,\ y)=1$，$f'_y(x,\ y)=0$，故有$\mathrm{d}x=\Delta x$. 同理，当$f(x,\ y)=y$时，有$\mathrm{d}y=\Delta y$，即自变量的微分与自变量的改变量相等，因此，若$z=f(x,\ y)$在点$(x,\ y)$可微，则有
$$\mathrm{d}z=f'_x(x,\ y)\mathrm{d}x+f'_y(x,\ y)\mathrm{d}y=\frac{\partial z}{\partial x}\mathrm{d}x+\frac{\partial z}{\partial y}\mathrm{d}y.\tag{7.1}$$

这个定理说明在可微的前提下，用偏导数作为$\mathrm{d}x$，$\mathrm{d}y$的系数，就可以把全微分表示出来. 但给定的函数在一点是否可微却不能由这一公式确定，因为偏导数存在时函数并不一定连续，当然更不能保证全微分存在，但偏导数若具备一定条件，就可保证函数的可微性.

定理5(函数可微的充分条件) 设函数$z=f(x,\ y)$在点$(x,\ y)$某一邻域偏导数$f'_x(x,\ y)$，$f'_y(x,\ y)$存在,且连续，则函数$z=f(x,\ y)$在点$(x,\ y)$可微.

证明
$$\begin{aligned}\Delta z&=f(x+\Delta x,\ y+\Delta y)-f(x,\ y)\\&=[f(x+\Delta x,\ y+\Delta y)-f(x+\Delta x,\ y)]+[f(x+\Delta x,\ y)-f(x,\ y)],\end{aligned}$$
由于$f'_x(x,\ y)$及$f'_y(x,\ y)$在$(x,\ y)$及其附近存在且连续，所以当Δx，Δy充分小时，应用微分中值定理可得
$$\Delta z=f'_y(x+\Delta x,\ y+\theta_1\Delta y)\Delta y+f'_x(x+\theta_2\Delta x,\ y)\Delta x,$$
式中，$0<\theta_1<1$，$0<\theta_2<1$.

因为$f'_x(x,\ y)$及$f'_y(x,\ y)$在点$(x,\ y)$连续，所以
$$f'_y(x+\Delta x,\ y+\theta_1\Delta y)=f'_y(x,\ y)+\alpha,$$
$$f'_x(x+\theta_2\Delta x,\ y)=f'_x(x,\ y)+\beta.$$

当$\Delta x\to 0$，$\Delta y\to 0$时，$\alpha\to 0$，$\beta\to 0$，
$$\Delta z=f'_x(x,\ y)\Delta x+f'_y(x,\ y)\Delta y+\beta\Delta x+\alpha\Delta y,$$
且当$\Delta x\to 0$，$\Delta y\to 0$时，
$$\frac{|\beta\Delta x+\alpha\Delta y|}{\sqrt{(\Delta x)^2+(\Delta y)^2}}\leqslant\frac{|\beta\Delta x|}{\sqrt{(\Delta x)^2+(\Delta y)^2}}+\frac{|\alpha\Delta y|}{\sqrt{(\Delta x)^2+(\Delta y)^2}}$$

$$\leqslant |\beta| + |\alpha| \to 0,$$

所以
$$\beta\Delta x + \alpha\Delta y = o(\sqrt{(\Delta x)^2 + (\Delta y)^2}) = o(\rho),$$
因此
$$\Delta z = f'_x(x, y)\Delta x + f'_y(x, y)\Delta y + o(\rho).$$
根据定义，$z = f(x, y)$在点(x, y)可微.

例 15　求 $z = x^2 + y^2$ 的全微分.

解

$$\frac{\partial z}{\partial x} = 2x, \quad \frac{\partial z}{\partial y} = 2y$$

均为连续函数，所以

$$dz = 2x\,dx + 2y\,dy.$$

例 16　求 $u = xy^2z^3$ 的全微分.

解

$$\frac{\partial u}{\partial x} = y^2z^3, \quad \frac{\partial u}{\partial y} = 2xyz^3, \quad \frac{\partial u}{\partial z} = 3xy^2z^2$$

均为连续函数，所以

$$\begin{aligned} du &= y^2z^3dx + 2xyz^3dy + 3xy^2z^2dz \\ &= yz^2(yz\,dx + 2xz\,dy + 3xy\,dz). \end{aligned}$$

2. 全微分在近似计算中的应用

由以上讨论可知，若函数 $z = f(x, y)$在点(x_0, y_0)可微，则函数的全增量可以表示为

$$\begin{aligned} \Delta z &= f(x_0 + \Delta x, y_0 + \Delta y) - f(x_0, y_0) \\ &\approx f'_x(x_0, y_0)\Delta x + f'_y(x_0, y_0)\Delta y, \end{aligned} \tag{7.2}$$

或

$$f(x_0 + \Delta x, y_0 + \Delta y) \approx f(x_0, y_0) + f'_x(x_0, y_0)\Delta x + f'_y(x_0, y_0)\Delta y. \tag{7.3}$$

式(7.2)、(7.3)可以用来计算 Δz 和 $f(x_0 + \Delta x, y_0 + \Delta y)$的近似值，式(7.2)还可以用来估计误差.

(1)计算函数的近似值.

例 17　设厚度为 0.1 cm，内高为 20 cm，内半径为 4 cm 的无盖圆桶，如图 7.7、图 7.8 所示，求其外壳体积的近似值.

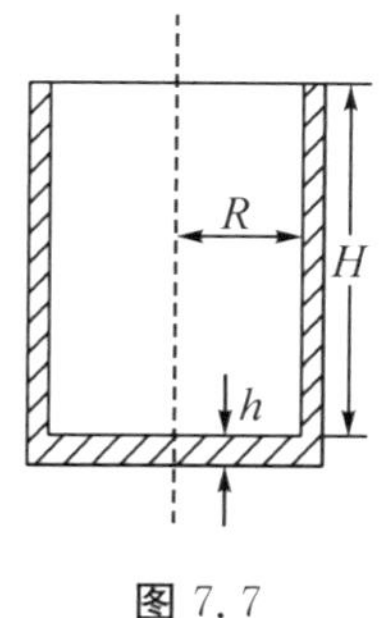

图 7.7

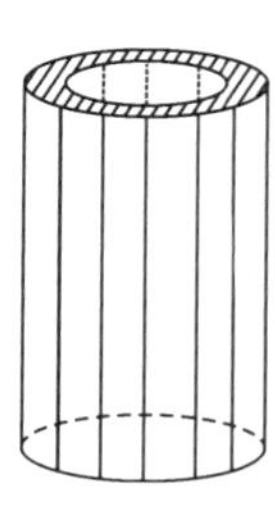

图 7.8

解　记圆桶外壳厚度为 h，内高为 H，内半径为 R，则外壳体积为

$$V = \pi(R + h)^2(H + h) - \pi R^2H.$$

因此，该体积 V 就是函数

$$z = \pi R^2 H$$

在 $R=4$，$H=20$ 处，当 $\Delta R=h=0.1$，$\Delta H=h=0.1$ 时的全增量 Δz. 所以

$$\begin{aligned}V=\Delta z \doteq \mathrm{d}z &= \left.\frac{\partial z}{\partial R}\right|_{(4,\,20)} \Delta R + \left.\frac{\partial z}{\partial H}\right|_{(4,\,20)} \Delta H \\ &= 2\pi RH\,|_{(4,\,20)} \times 0.1 + \pi R^2\,|_{(4,\,20)} \times 0.1 \\ &= 160\pi \times 0.1 + 16\pi \times 0.1 = 17.6\pi \doteq 55.3.\end{aligned}$$

故所求外壳的近似体积为 $V=55.3(\mathrm{cm}^3)$.

例 18 计算 $\ln(\sqrt[3]{1.03}+\sqrt[4]{0.98}-1)$ 的近似值.

解 取二元函数 $f(x,y)=\ln(\sqrt[3]{x}+\sqrt[4]{y}-1)$.

令 $x_0=1$，$\Delta x=0.03$；$y_0=1$，$\Delta y=-0.02$. 于是由(7.3)式可得

$$\begin{aligned}\ln(\sqrt[3]{1.03}+\sqrt[4]{0.98}-1) &= f(x_0+\Delta x,\ y_0+\Delta y) \\ &= f(x_0,y_0)+f'_x(x_0,y_0)\Delta x+f'_y(x_0,y_0)\Delta y,\end{aligned}$$

而

$$f(x_0,y_0)=f(1,1)=0,$$

$$f'_x(x_0,y_0)=f'_x(1,1)=\frac{1}{3},$$

$$f'_y(x_0,y_0)=f'_y(1,1)=\frac{1}{4},$$

所以

$$\ln(\sqrt[3]{1.03}+\sqrt[4]{0.98}-1)=\frac{1}{3}\times 0.03-\frac{1}{4}\times 0.02 \doteq 0.005.$$

(2)误差估计.

已知 x，y 的最大绝对误差(绝对误差限)是 $\Delta^* x$，$\Delta^* y$，问由 $z=f(x,y)$ 来计算 z 时，误差多大?

当 x，y 分别有误差 Δx，Δy 时，z 的误差为

$$\Delta z = f(x+\Delta x,\ y+\Delta y)-f(x,y) \doteq \frac{\partial z}{\partial x}\Delta x+\frac{\partial z}{\partial y}\Delta y,$$

因此

$$\begin{aligned}|\Delta z| \approx \left|\frac{\partial z}{\partial x}\Delta x+\frac{\partial z}{\partial y}\Delta y\right| &\leqslant \left|\frac{\partial z}{\partial x}\right||\Delta x|+\left|\frac{\partial z}{\partial y}\right||\Delta y| \\ &\leqslant \left|\frac{\partial z}{\partial x}\right|\Delta^* x+\left|\frac{\partial z}{\partial y}\right|\Delta^* y,\end{aligned}$$

即 z 的最大绝对误差为

$$\Delta^* z = \left|\frac{\partial z}{\partial x}\right|\Delta^* x+\left|\frac{\partial z}{\partial y}\right|\Delta^* y,$$

而最大的相对误差为

$$\delta^* z = \frac{\Delta^* z}{|z|} = \left|\frac{1}{z}\frac{\partial z}{\partial x}\right|\Delta^* x+\left|\frac{1}{z}\frac{\partial z}{\partial y}\right|\Delta^* y.$$

例 19 用秒摆测重力加速度 g，测量的结果为：摆长 $l=100\pm 0.1$ cm，周期 $T=2\pm 0.004$ s，问由于 l 与 T 的误差所引起的 g 的误差是多大?

解　因 $g=\frac{4\pi^2 l}{T^2}$，所以

$$\begin{aligned} dg &= 4\pi^2\left(\frac{dl}{T^2}-\frac{2l}{T^3}dT\right), \\ |dg| &\leqslant 4\pi^2\left(\left|\frac{dl}{T^2}\right|+\left|\frac{2l}{T^3}\right|\cdot|dT|\right) \\ &= 4\pi^2\left(\frac{0.1}{4}+\frac{200}{8}\times 0.004\right) \\ &= 0.5\pi^2(\text{cm/s}^2), \end{aligned}$$

即所测得的 g 的误差不超过 $0.5\pi^2\ \text{cm/s}^2$.

§7.1.5　复合函数微分法

大量的实际问题常常需要计算复合函数的偏导数．例如 $V=\frac{RT}{P}$（R 为常数），考虑变量 P，T 都随时间变化时，即 $P=P(t)$，$T=T(t)$，V 就通过中间变量 P，T 成为 t 的复合函数，即

$$V(t)=\frac{RT(t)}{P(t)},$$

求 V 对 t 的变化率，就是求复合函数的导数．

定理 6　若函数 $z=f(x,y)$ 可微，又设 $x=u(t)$，$y=v(t)$ 对 t 可导，则复合函数

$$z=f[u(t),v(t)]$$

对 t 可导，且

$$\frac{dz}{dt}=\frac{\partial z}{\partial x}\frac{dx}{dt}+\frac{\partial z}{\partial y}\frac{dy}{dt}.$$

证明　当 t 有一个改变量 Δt 时，$x=u(t)$，$y=v(t)$ 分别有改变量 Δx，Δy，而 Δx，Δy 对应 z 有改变量 Δz，由于 $z=f(x,y)$ 可微，则

$$\Delta z=dz+o(\rho)=\frac{\partial z}{\partial x}\Delta x+\frac{\partial z}{\partial y}\Delta y+o(\rho),$$

式中，$\rho=\sqrt{(\Delta x)^2+(\Delta y)^2}$．由此

$$\frac{\Delta z}{\Delta t}=\frac{\partial z}{\partial x}\frac{\Delta x}{\Delta t}+\frac{\partial z}{\partial y}\frac{\Delta y}{\Delta t}+\frac{o(\rho)}{\Delta t}, \tag{7.4}$$

其中，$\frac{o(\rho)}{\Delta t}=\frac{o(\rho)}{\rho}\cdot\frac{\rho}{\Delta t}=\frac{o(\rho)}{\rho}\sqrt{\left(\frac{\Delta x}{\Delta t}\right)^2+\left(\frac{\Delta y}{\Delta t}\right)^2}\to 0$.

当 $\Delta t\to 0$ 时，$\frac{\Delta x}{\Delta t}$ 与 $\frac{\Delta y}{\Delta t}$ 分别取极限 $\frac{dx}{dt}$ 与 $\frac{dy}{dt}$，对式(7.4)的两端取极限 $\Delta t\to 0$

$$\lim_{\Delta t\to 0}\frac{\Delta z}{\Delta t}=\frac{\partial z}{\partial x}\frac{dx}{dt}+\frac{\partial z}{\partial y}\frac{dy}{dt},$$

即

$$\frac{dz}{dt}=\frac{\partial z}{\partial x}\frac{dx}{dt}+\frac{\partial z}{\partial y}\frac{dy}{dt}.$$

特别地，若 $x=u(t)=t$，则 $z=f(x, y)=f[t, v(t)]$，于是

$$\frac{\mathrm{d}z}{\mathrm{d}t}=\frac{\partial z}{\partial t}+\frac{\partial z}{\partial y}\frac{\mathrm{d}y}{\mathrm{d}t}.$$

例 20　$z=x^2-y^2$，$x=\sin t$，$y=\cos t$，求 $\frac{\mathrm{d}z}{\mathrm{d}t}$.

解　因为自变量 t，x，y 是中间变量，z 是 t 的复合函数，且

$$\frac{\partial z}{\partial x}=2x=2\sin t,\quad \frac{\partial z}{\partial y}=-2y=-2\cos t,$$

$$\frac{\mathrm{d}x}{\mathrm{d}t}=\cos t,\quad \frac{\mathrm{d}y}{\mathrm{d}t}=-\sin t.$$

所以

$$\begin{aligned}\frac{\mathrm{d}z}{\mathrm{d}t}&=\frac{\partial z}{\partial x}\frac{\mathrm{d}x}{\mathrm{d}t}+\frac{\partial z}{\partial y}\frac{\mathrm{d}y}{\mathrm{d}t}=2\sin t\cos t+(-2\cos t)(-\sin t)\\&=4\sin t\cos t=2\sin 2t.\end{aligned}$$

实际上

$$z=x^2-y^2=-(\cos^2 t-\sin^2 t)=-\cos 2t,$$

$$\frac{\mathrm{d}z}{\mathrm{d}t}=2\sin 2t.$$

两者结果一致.

例 21　设 $w=u^2+uv+v^2$，$u=x^2$，$v=2x+1$，求 $\frac{\mathrm{d}w}{\mathrm{d}x}$.

解

$$\begin{aligned}\frac{\mathrm{d}w}{\mathrm{d}x}&=\frac{\partial w}{\partial u}\frac{\mathrm{d}u}{\mathrm{d}x}+\frac{\partial w}{\partial v}\frac{\mathrm{d}v}{\mathrm{d}x}\\&=(2u+v)2x+(u+2v)2\\&=(2x^2+2x+1)2x+(x^2+4x+2)2\\&=4x^3+6x^2+10x+4.\end{aligned}$$

例 22　设 $u=\frac{y}{x}$，$y=\sqrt{1-x^2}$，求 $\frac{\mathrm{d}u}{\mathrm{d}x}$.

解

$$\frac{\partial u}{\partial x}=-\frac{y}{x^2},\quad \frac{\partial u}{\partial y}=\frac{1}{x},$$

$$\frac{\mathrm{d}y}{\mathrm{d}x}=-\frac{x}{\sqrt{1-x^2}}=-\frac{x}{y},$$

$$\frac{\mathrm{d}u}{\mathrm{d}x}=\frac{\partial u}{\partial x}+\frac{\partial u}{\partial y}\frac{\mathrm{d}y}{\mathrm{d}x}=-\frac{y}{x^2}+\frac{1}{x}\left(-\frac{x}{y}\right)=-\frac{x^2+y^2}{x^2 y}=-\frac{1}{x^2\sqrt{1-x^2}}.$$

当自变量是两个时，如何计算复合函数的偏导数呢？

定理 7　设函数 $x=u(s, t)$，$y=v(s, t)$ 的偏导数 $\frac{\partial x}{\partial s}$，$\frac{\partial y}{\partial s}$，$\frac{\partial x}{\partial t}$，$\frac{\partial y}{\partial t}$ 在点 (s, t) 都存在，而函数 $z=f(x, y)$ 在对应于 (s, t) 的点 (x, y) 可微，则复合函数 $z=f[u(s, t), v(s, t)]$ 对于 s，t 的偏导数存在，且

$$\frac{\partial z}{\partial s}=\frac{\partial z}{\partial x}\frac{\partial x}{\partial s}+\frac{\partial z}{\partial y}\frac{\partial y}{\partial s},$$

$$\frac{\partial z}{\partial t}=\frac{\partial z}{\partial x}\frac{\partial x}{\partial t}+\frac{\partial z}{\partial y}\frac{\partial y}{\partial t}.$$

本定理证明方法与定理 6 类似，例如对 s 求偏导数时，视 t 为常量，实质上就是定理 6 的情形，只是相应地把导数符号换成偏导数符号.

求复合函数的偏导数时要注意：弄清函数的复合关系；对某个自变量求偏导数，要经过一切相关的中间变量而归结到该自变量.

例 23　求 $z=(x^2+y^2)^{xy}$ 的偏导数.

解　引进中间变量 $u=x^2+y^2$，$v=xy$，则 $z=u^v$，z 是 x，y 的复合函数.

$$\frac{\partial z}{\partial u}=vu^{v-1},\quad \frac{\partial z}{\partial v}=u^v\ln u,$$

$$\frac{\partial u}{\partial x}=2x,\quad \frac{\partial u}{\partial y}=2y,\quad \frac{\partial v}{\partial x}=y,\quad \frac{\partial v}{\partial y}=x.$$

于是由定理 7

$$\begin{aligned}\frac{\partial z}{\partial x}&=vu^{v-1}2x+u^v y\ln u\\&=(x^2+y^2)^{xy}\left[\frac{2x^2y}{x^2+y^2}+y\ln(x^2+y^2)\right],\\\frac{\partial z}{\partial y}&=vu^{v-1}2y+u^v x\ln u\\&=(x^2+y^2)^{xy}\left[\frac{2xy^2}{x^2+y^2}+x\ln(x^2+y^2)\right].\end{aligned}$$

例 24　若 $z=f(x,y)$，$x=r\cos\theta$，$y=r\sin\theta$，证明：

$$\left(\frac{\partial z}{\partial r}\right)^2+\left(\frac{1}{r}\frac{\partial z}{\partial \theta}\right)^2=\left(\frac{\partial z}{\partial x}\right)^2+\left(\frac{\partial z}{\partial y}\right)^2.$$

证明　因为

$$\frac{\partial z}{\partial r}=\frac{\partial z}{\partial x}\frac{\partial x}{\partial r}+\frac{\partial z}{\partial y}\frac{\partial y}{\partial r}=\frac{\partial z}{\partial x}\cos\theta+\frac{\partial z}{\partial y}\sin\theta,$$

$$\frac{\partial z}{\partial \theta}=\frac{\partial z}{\partial x}\frac{\partial x}{\partial \theta}+\frac{\partial z}{\partial y}\frac{\partial y}{\partial \theta}=-\frac{\partial z}{\partial x}r\sin\theta+\frac{\partial z}{\partial y}r\cos\theta,$$

所以

$$\begin{aligned}&\left(\frac{\partial z}{\partial r}\right)^2+\left(\frac{1}{r}\frac{\partial z}{\partial \theta}\right)^2\\=&\left(\frac{\partial z}{\partial x}\cos\theta+\frac{\partial z}{\partial y}\sin\theta\right)^2+\left(-\frac{\partial z}{\partial x}\sin\theta+\frac{\partial z}{\partial y}\cos\theta\right)^2\\=&\left(\frac{\partial z}{\partial x}\right)^2\cos^2\theta+2\frac{\partial z}{\partial x}\frac{\partial z}{\partial y}\sin\theta\cos\theta+\left(\frac{\partial z}{\partial y}\right)^2\sin^2\theta+\\&\left(\frac{\partial z}{\partial x}\right)^2\sin^2\theta-2\frac{\partial z}{\partial x}\frac{\partial z}{\partial y}\sin\theta\cos\theta+\left(\frac{\partial z}{\partial y}\right)^2\cos^2\theta.\end{aligned}$$

合并同类项，并利用 $\sin^2\theta+\cos^2\theta=1$，即得

$$\left(\frac{\partial z}{\partial r}\right)^2+\left(\frac{1}{r}\frac{\partial z}{\partial \theta}\right)^2=\left(\frac{\partial z}{\partial x}\right)^2+\left(\frac{\partial z}{\partial y}\right)^2.$$

例 25　设 $z=\mathrm{e}^u\sin v$，其中 $u=xy$，$v=x+y$，求 $\frac{\partial z}{\partial x}$，$\frac{\partial z}{\partial y}$.

解

$$\frac{\partial z}{\partial x}=\frac{\partial z}{\partial u}\frac{\partial u}{\partial x}+\frac{\partial z}{\partial v}\frac{\partial v}{\partial x}=\mathrm{e}^{u}y\sin v+\mathrm{e}^{u}\cos v$$

$$=\mathrm{e}^{xy}[y\sin(x+y)+\cos(x+y)],$$

$$\frac{\partial z}{\partial y}=\frac{\partial z}{\partial u}\frac{\partial u}{\partial y}+\frac{\partial z}{\partial v}\frac{\partial v}{\partial y}=\mathrm{e}^{u}x\sin v+\mathrm{e}^{u}\cos v$$

$$=\mathrm{e}^{xy}[x\sin(x+y)+\cos(x+y)].$$

例 26　设 $z=f[x^2+y^2,\ \sin(xy)]$，其中 f 为可微函数，求 $\frac{\partial z}{\partial x}$，$\frac{\partial z}{\partial y}$.

解　本题给出的函数没有具体的表达式，这类函数称为抽象函数. 求抽象函数的偏导数，一般要先设中间变量.

令 $u=x^2+y^2$，$v=\sin(xy)$，则 $z=f(u,\ v)$.

由复合函数的偏导数链式法则有

$$\frac{\partial z}{\partial x}=\frac{\partial f}{\partial u}\frac{\partial u}{\partial x}+\frac{\partial f}{\partial v}\frac{\partial v}{\partial x}=2x\frac{\partial f}{\partial u}+y\cos(xy)\frac{\partial f}{\partial v}$$

$$=2xf_u+y\cos(xy)f_v,$$

$$\frac{\partial z}{\partial y}=\frac{\partial f}{\partial u}\frac{\partial u}{\partial y}+\frac{\partial f}{\partial v}\frac{\partial v}{\partial y}=2y\frac{\partial f}{\partial u}+x\cos(xy)\frac{\partial f}{\partial v}$$

$$=2yf_u+x\cos(xy)f_v.$$

例 27　设 $z=f(x^2y)$，f 为可微函数，求 $\frac{\partial z}{\partial x}$，$\frac{\partial z}{\partial y}$.

解　令 $u=x^2y$，则 $z=f(u)$，

$$\frac{\partial z}{\partial x}=f'(u)\frac{\partial u}{\partial x}=2xyf'(x^2y),$$

$$\frac{\partial z}{\partial y}=f'(u)\frac{\partial u}{\partial y}=x^2f'(x^2y).$$

例 28　设 $z=xf\left(\frac{x}{y},\ \frac{y}{x}\right)$，$f$ 为可微函数，求 $\frac{\partial z}{\partial x}$，$\frac{\partial z}{\partial y}$.

解　令 $u=\frac{x}{y}$，$v=\frac{y}{x}$，则 $z=xf(u,\ v)$，

$$\frac{\partial z}{\partial x}=f\left(\frac{x}{y},\ \frac{y}{x}\right)+x\left[f_u\frac{1}{y}+f_v\left(-\frac{y}{x^2}\right)\right]$$

$$=f\left(\frac{x}{y},\ \frac{y}{x}\right)+\frac{x}{y}f_u-\frac{y}{x}f_v,$$

$$\frac{\partial z}{\partial y}=x\left[f_u\left(-\frac{x}{y^2}\right)+f_v\frac{1}{x}\right]=-\frac{x^2}{y^2}f_u+f_v.$$

例 29　设 $z=f(x,\ x\cos y)$，f 为可微函数，求 $\frac{\partial z}{\partial x}$，$\frac{\partial z}{\partial y}$.

解　令 $v=x\cos y$，则 $z=f(x,\ v)$，

$$\frac{\partial z}{\partial x}=\frac{\partial f}{\partial x}+f_v\cos y=f_x+f_v\cos y,$$

$$\frac{\partial z}{\partial y}=f_v(-x\sin y)=-xf_v\sin y.$$

与一元函数类似，多元函数的全微分也具有微分形式的不变性. 即设 $z=f(x, y)$，$x=u(s, t)$，$y=v(s, t)$，如果 x，y 在点(s, t)处可微，$z=f(x, y)$在相应点(x, y)处可微，则复合函数

$$z=f[u(s, t), v(s, t)]$$

在点(s, t)处可微，且

$$\mathrm{d}z=\frac{\partial z}{\partial x}\mathrm{d}x+\frac{\partial z}{\partial y}\mathrm{d}y.$$

即：不论 x，y 是自变量还是中间变量，全微分都有相同的形式，因为

$$\begin{aligned}\mathrm{d}z&=\frac{\partial z}{\partial s}\mathrm{d}s+\frac{\partial z}{\partial t}\mathrm{d}t=\left(\frac{\partial z}{\partial x}\frac{\partial x}{\partial s}+\frac{\partial z}{\partial y}\frac{\partial y}{\partial s}\right)\mathrm{d}s+\left(\frac{\partial z}{\partial x}\frac{\partial x}{\partial t}+\frac{\partial z}{\partial y}\frac{\partial y}{\partial t}\right)\mathrm{d}t\\&=\frac{\partial z}{\partial x}\left(\frac{\partial x}{\partial s}\mathrm{d}s+\frac{\partial x}{\partial t}\mathrm{d}t\right)+\frac{\partial z}{\partial y}\left(\frac{\partial y}{\partial s}\mathrm{d}s+\frac{\partial y}{\partial t}\mathrm{d}t\right)=\frac{\partial z}{\partial x}\mathrm{d}x+\frac{\partial z}{\partial y}\mathrm{d}y.\end{aligned}$$

计算复合函数的高价偏导数，只要重复运用前面的运算法则即可.

如果 $z=f(x, y)$，$x=u(s, t)$，$y=v(s, t)$，具有连续的二阶偏导数，

$$\frac{\partial z}{\partial s}=\frac{\partial z}{\partial x}\frac{\partial x}{\partial s}+\frac{\partial z}{\partial y}\frac{\partial y}{\partial s},$$

则

$$\begin{aligned}\frac{\partial^2 z}{\partial s^2}&=\frac{\partial}{\partial s}\left(\frac{\partial z}{\partial s}\right)=\frac{\partial}{\partial s}\left(\frac{\partial z}{\partial x}\frac{\partial x}{\partial s}+\frac{\partial z}{\partial y}\frac{\partial y}{\partial s}\right)\\&=\frac{\partial}{\partial s}\left(\frac{\partial z}{\partial x}\right)\frac{\partial x}{\partial s}+\frac{\partial z}{\partial x}\frac{\partial^2 x}{\partial s^2}+\frac{\partial}{\partial s}\left(\frac{\partial z}{\partial y}\right)\frac{\partial y}{\partial s}+\frac{\partial z}{\partial y}\frac{\partial^2 y}{\partial s^2}.\end{aligned}$$

注意到$\frac{\partial z}{\partial x}$，$\frac{\partial z}{\partial y}$仍然是 x，y 的函数，因此

$$\frac{\partial}{\partial s}\left(\frac{\partial z}{\partial x}\right)=\frac{\partial^2 z}{\partial x^2}\frac{\partial x}{\partial s}+\frac{\partial^2 z}{\partial x\partial y}\frac{\partial y}{\partial s},$$

$$\frac{\partial}{\partial s}\left(\frac{\partial z}{\partial y}\right)=\frac{\partial^2 z}{\partial y\partial x}\frac{\partial x}{\partial s}+\frac{\partial^2 z}{\partial y^2}\frac{\partial y}{\partial s},$$

代入前式，又因为二阶偏导数连续，所以

$$\frac{\partial^2 z}{\partial x\partial y}=\frac{\partial^2 z}{\partial y\partial x},$$

即得

$$\frac{\partial^2 z}{\partial s^2}=\frac{\partial^2 z}{\partial x^2}\left(\frac{\partial x}{\partial s}\right)^2+2\frac{\partial^2 z}{\partial x\partial y}\frac{\partial x}{\partial s}\frac{\partial y}{\partial s}+\frac{\partial^2 z}{\partial y^2}\left(\frac{\partial y}{\partial s}\right)^2+\frac{\partial z}{\partial x}\frac{\partial^2 x}{\partial s^2}+\frac{\partial z}{\partial y}\frac{\partial^2 y}{\partial s^2}.$$

同理可得

$$\frac{\partial^2 z}{\partial t^2}=\frac{\partial^2 z}{\partial x^2}\left(\frac{\partial x}{\partial t}\right)^2+2\frac{\partial^2 z}{\partial x\partial y}\frac{\partial x}{\partial t}\frac{\partial y}{\partial t}+\frac{\partial^2 z}{\partial y^2}\left(\frac{\partial y}{\partial t}\right)^2+\frac{\partial z}{\partial x}\frac{\partial^2 x}{\partial t^2}+\frac{\partial z}{\partial y}\frac{\partial^2 y}{\partial t^2}.$$

$$\frac{\partial^2 z}{\partial t\partial s}=\frac{\partial^2 z}{\partial x^2}\frac{\partial x}{\partial t}\frac{\partial x}{\partial s}+\frac{\partial^2 z}{\partial x\partial y}\frac{\partial y}{\partial t}\frac{\partial x}{\partial s}+\frac{\partial^2 z}{\partial y\partial x}\frac{\partial y}{\partial s}\frac{\partial x}{\partial t}+\frac{\partial^2 z}{\partial y^2}\frac{\partial y}{\partial t}\frac{\partial y}{\partial s}+\frac{\partial z}{\partial x}\frac{\partial^2 x}{\partial s\partial t}+\frac{\partial z}{\partial y}\frac{\partial^2 y}{\partial s\partial t}.$$

例 30　设 $v=xy+u$，$u=u(x, y)$，求 v'_x，v'_y，v''_{xx}，v''_{xy}，v''_{yy}.

解　v 既直接与 x，y 有关，也通过 u 与 x，y 有关，因此

$$v'_x=\frac{\partial v}{\partial x}=y+\frac{\partial u}{\partial x},\quad v'_y=\frac{\partial v}{\partial y}=x+\frac{\partial u}{\partial y},$$

$$v''_{xx}=\frac{\partial^2 v}{\partial x^2}=\frac{\partial^2 u}{\partial x^2},\quad v''_{xy}=\frac{\partial^2 v}{\partial y\partial x}=1+\frac{\partial^2 u}{\partial y\partial x},\quad v''_{yy}=\frac{\partial^2 v}{\partial y^2}=\frac{\partial^2 u}{\partial y^2}.$$

§7.1.6 隐函数的微分法

一元函数微分学已经涉及了隐函数的概念，并给出了由方程 $F(x, y)=0$ 所确定的隐函数的求导方法，但并不是任何方程 $F(x, y)=0$ 都能确定隐函数，如方程 $x^2+y^4+z^2+1=0$ 就不能确定任何隐函数. 因而我们首先要考虑隐函数存在性问题，进而用复合函数求导法则计算隐函数的导数.

1. 由一个方程确定的隐函数

定理 8 设函数 $F(x, y)$在以点(x_0, y_0)为中心的矩形区域 D 内满足下列条件：

(1)$F'_x(x, y)$与 $F'_y(x, y)$在 D 内连续，

(2)$F(x_0, y_0)=0$，$F'_y(x_0, y_0)\neq 0$.

则：(1)存在 $\delta>0$，在区间 $I=(x_0-\delta, x_0+\delta)$内存在唯一函数 $y=f(x)$，使 $F[x, f(x)]\equiv 0$，$f(x_0)=y_0$.

(2)$y=f(x)$在 I 内连续.

(3)$y=f(x)$在 I 内有连续导数，且 $f'(x)=-\dfrac{F'_x}{F'_y}$.

若 $F'_y(x, y)\neq 0$，则由方程 $F(x, y)=0$ 确定了 y 为 x 的函数，在方程两端对 x 求导，得

$$F'_x(x, y)+F'_y(x, y)y'=0,$$

所以

$$y'(x)=\frac{\mathrm{d}y}{\mathrm{d}x}=-\frac{F'_x(x, y)}{F'_y(x, y)}. \tag{7.5}$$

同样，如果 $F'_x(x, y)\neq 0$，也可求出由方程 $F(x, y)=0$ 所确定的函数 $x=x(y)$的导数，即

$$x'_y=\frac{\mathrm{d}x}{\mathrm{d}y}=-\frac{F'_y(x, y)}{F'_x(x, y)}. \tag{7.6}$$

若 $F'_z(x, y, z)\neq 0$，则由方程 $F(x, y, z)=0$ 确定了 z 为 x，y 的函数. 根据复合函数微分法，将方程分别对 x 和 y 求导，得

$$F'_x(x, y, z)+F'_z(x, y, z)z'_x=0$$

及

$$F'_y(x, y, z)+F'_z(x, y, z)z'_y=0,$$

所以

$$z'_x=-\frac{F'_x(x, y, z)}{F'_z(x, y, z)},\quad z'_y=-\frac{F'_y(x, y, z)}{F'_z(x, y, z)}. \tag{7.7}$$

例 31 求由方程

$$\frac{x^2}{a^2}+\frac{y^2}{b^2}+\frac{z^2}{c^2}=1$$

所确定的函数 z 的偏导数.

解

$$\frac{x^2}{a^2}+\frac{y^2}{b^2}+\frac{z^2}{c^2}-1=0.$$

由复合函数微分法，得

$$\frac{2x}{a^2}+\frac{2z}{c^2}z'_x=0,\quad z'_x=-\frac{c^2x}{a^2z};$$

$$\frac{2y}{b^2}+\frac{2z}{c^2}z'_y=0,\quad z'_y=-\frac{c^2y}{b^2z}.$$

定理 9　设函数 $F(x_1, x_2, \cdots, x_n, y)$在点 $P(x_1^0, x_2^0, \cdots, x_n^0, y^0)$附近满足下列条件：

(1)$F'_{x_1}, F'_{x_2}, \cdots, F'_{x_n}, F'_y$ 连续，

(2)$F(x_1^0, x_2^0, \cdots, x_n^0, y^0)=0$，$F'_y(x_1^0, x_2^0, \cdots, x_n^0, y^0)\neq 0$.

则：(1)在点 $Q(x_1^0, x_2^0, \cdots, x_n^0)$的邻域 U 内，存在唯一一个函数 $y=f(x_1, x_2, \cdots, x_n)$，使

$$F[x_1, x_2, \cdots, x_n, f(x_1, x_2, \cdots, x_n)]\equiv 0,$$

且

$$y^0=f(x_1^0, x_2^0, \cdots, x_n^0).$$

(2)函数 $y=f(x_1, x_2, \cdots, x_n)$在 U 内连续.

(3)函数 $y=f(x_1, x_2, \cdots, x_n)$在 U 内存在连续偏导数，且

$$\frac{\partial y}{\partial x_i}=-\frac{F'_{x_i}}{F'_y}\quad (i=1, 2, \cdots, n).$$

例 32　求由方程 $e^z-z^2-x^2-y^2=0$ 确定的隐函数 $z=z(x, y)$的偏导数$\frac{\partial z}{\partial x}$, $\frac{\partial z}{\partial y}$.

解　令

$$F(x, y, z)=e^z-x^2-y^2-z^2.$$

于是

$$F_x=-2x,\quad F_y=-2y,\quad F_z=e^z-2z,$$

$$\frac{\partial z}{\partial x}=-\frac{F_x}{F_z}=\frac{2x}{e^z-2z},\quad \frac{\partial z}{\partial y}=-\frac{F_y}{F_z}=\frac{2y}{e^z-2z}.$$

例 33　设 $f(x-y, y-z)=0$ 确定隐函数 $z=z(x, y)$，证明：

$$\frac{\partial z}{\partial x}+\frac{\partial z}{\partial y}=1.$$

证明　令

$$F(x, y, z)=f(x-y, y-z).$$

$$u=x-y,\quad v=y-z,$$

于是

$$F_x=f_u,\quad F_y=-f_u+f_v,\quad F_z=-f_v.$$

$$\frac{\partial z}{\partial x}=-\frac{F_x}{F_z}=\frac{f_u}{f_v},\quad \frac{\partial z}{\partial y}=-\frac{F_y}{F_z}=1-\frac{f_u}{f_v}.$$

故

$$\frac{\partial z}{\partial x}+\frac{\partial z}{\partial y}=\frac{f_u}{f_v}+1-\frac{f_u}{f_v}=1.$$

2. 由方程组确定的隐函数

对方程组$\begin{cases}F(x, y, u, v)=0, \\ G(x, y, u, v)=0,\end{cases}$有如下的定理.

定理 10 若函数 $F(x, y, u, v)$, $G(x, y, u, v)$在点 $P(x_0, y_0, u_0, v_0)$的邻域 D 内满足下列条件:

(1)函数 $F(x, y, u, v)$与 $G(x, y, u, v)$的所有偏导数在 D 连续,

(2)$F(x_0, y_0, u_0, v_0)=0$, $G(x_0, y_0, u_0, v_0)=0$,

(3)$J=\begin{vmatrix}F'_u & F'_v \\ G'_u & G'_v\end{vmatrix}_P \neq 0$.

则在点 $Q(x_0, y_0)$的邻域 U 内存在唯一的隐函数组

$$u=u(x, y), \quad v=v(x, y),$$

它满足:

(1)$\begin{cases}F[x, y, u(x, y), v(x, y)]\equiv 0, \\ G[x, y, u(x, y), v(x, y)]\equiv 0,\end{cases}$且 $u_0=u(x_0, y_0)$, $v_0=v(x_0, y_0)$.

(2)$u(x, y)$与 $v(x, y)$具有连续的偏导数 u'_x, u'_y, v'_x, v'_y.

$$u'_x=-\frac{1}{J}\begin{vmatrix}F'_x & F'_v \\ G'_x & G'_v\end{vmatrix}, \quad u'_y=-\frac{1}{J}\begin{vmatrix}F'_y & F'_v \\ G'_y & G'_v\end{vmatrix},$$

$$v'_x=-\frac{1}{J}\begin{vmatrix}F'_u & F'_x \\ G'_u & G'_x\end{vmatrix}, \quad v'_y=-\frac{1}{J}\begin{vmatrix}F'_u & F'_y \\ G'_u & G'_y\end{vmatrix}.$$

由函数关于变量的偏导数所构成的行列式,称为**雅可比行列式**. 例如定理 10 中行列式 $\begin{vmatrix}F'_u & F'_v \\ G'_u & G'_v\end{vmatrix}$就是函数 F, G 关于变量 u, v 的雅可比行列式,记为$\dfrac{\partial(F, G)}{\partial(u, v)}$,即

$$\frac{\partial(F, G)}{\partial(u, v)}=\begin{vmatrix}F'_u & F'_v \\ G'_u & G'_v\end{vmatrix}.$$

函数行列式有下列性质:

$$\frac{\partial(F, G)}{\partial(u, v)}=\frac{\partial(F, G)}{\partial(x, y)}\frac{\partial(x, y)}{\partial(u, v)}. \tag{7.8}$$

这个性质可视为复合函数 $y=f(x)$, $x=u(t)$求导公式$\dfrac{\mathrm{d}y}{\mathrm{d}t}=\dfrac{\mathrm{d}y}{\mathrm{d}x}\dfrac{\mathrm{d}x}{\mathrm{d}t}$的推广.

$$\frac{\partial(x, y)}{\partial(u, v)}\frac{\partial(u, v)}{\partial(x, y)}=1, \quad \frac{\partial(x, y)}{\partial(u, v)}=\frac{1}{\dfrac{\partial(u, v)}{\partial(x, y)}}. \tag{7.9}$$

这个性质可视为反函数导数公式$\dfrac{\mathrm{d}y}{\mathrm{d}x}\dfrac{\mathrm{d}x}{\mathrm{d}y}=1$的推广. 设方程组

$$\begin{cases}F(x, y, z)=0, \\ G(x, y, z)=0\end{cases} \tag{7.10}$$

确定了 y, z 为 x 的函数,则每一个方程都可看作是 x 的复合函数. 式(7.10)两端对 x 求导,有

$$F'_x+F'_y y'+F'_z z'=0,$$

$$G'_x + G'_y y' + G'_z z' = 0.$$

当 y'，z'的系数所组成的行列式

$$J = \begin{vmatrix} F'_y & F'_z \\ G'_y & G'_z \end{vmatrix} \neq 0$$

时，从这个线性方程组可解得

$$y' = -\frac{1}{J}\begin{vmatrix} F'_x & F'_z \\ G'_x & G'_z \end{vmatrix}, \quad z' = -\frac{1}{J}\begin{vmatrix} F'_y & F'_x \\ G'_y & G'_x \end{vmatrix}.$$

因此

$$y'(x) = -\frac{\dfrac{\partial(F, G)}{\partial(x, z)}}{\dfrac{\partial(F, G)}{\partial(y, z)}}, \quad z'(x) = -\frac{\dfrac{\partial(F, G)}{\partial(y, x)}}{\dfrac{\partial(F, G)}{\partial(y, z)}}.$$

设方程组

$$\begin{cases} F(x, y, u, v) = 0, \\ G(x, y, u, v) = 0 \end{cases}$$

确定了一对函数 $u = u(x, y)$，$v = v(x, y)$. 关于该方程组对 x 求导，可以求得 u'_x，v'_x；同样，方程组对 y 求导，可求得 u'_y，v'_y.

当方程组中的方程多于两个时，要求出该方程组所确定的函数的偏导数(或导数)，解代数方程组即可.

例 34　设 x，y 为自变量，$u = u(x, y)$，$v = v(x, y)$为由方程组

$$\begin{cases} x^2 + y^2 - uv = 0, \\ xy - u^2 + v^2 = 0 \end{cases}$$

所确定的函数，求$\dfrac{\partial u}{\partial x}$，$\dfrac{\partial v}{\partial x}$.

解　关于方程组对 x 求导，得

$$2x - v\frac{\partial u}{\partial x} - u\frac{\partial v}{\partial x} = 0,$$

$$y - 2u\frac{\partial u}{\partial x} + 2v\frac{\partial v}{\partial x} = 0,$$

两式联立求解，得

$$\frac{\partial u}{\partial x} = \frac{4xv + uy}{2(u^2 + v^2)}, \quad \frac{\partial v}{\partial x} = \frac{4xu - vy}{2(u^2 + v^2)}.$$

关于方程组对 y 求导，即可求得$\dfrac{\partial u}{\partial y}$，$\dfrac{\partial v}{\partial y}$.

例 35　$x = r\cos\theta$，$y = r\sin\theta$，求$\dfrac{\partial r}{\partial x}$，$\dfrac{\partial \theta}{\partial x}$，$\dfrac{\partial r}{\partial y}$，$\dfrac{\partial \theta}{\partial y}$.

解法一　两式对 x 求导

$$1 = \cos\theta\frac{\partial r}{\partial x} - r\sin\theta\frac{\partial \theta}{\partial x},$$

$$0 = \sin\theta\frac{\partial r}{\partial x} + r\cos\theta\frac{\partial \theta}{\partial x},$$

联立求解，得
$$\frac{\partial r}{\partial x}=\cos\theta,\quad \frac{\partial \theta}{\partial x}=-\frac{\sin\theta}{r}.$$

两式对 y 求导
$$0=\cos\theta\frac{\partial r}{\partial y}-r\sin\theta\frac{\partial \theta}{\partial y},$$
$$1=\sin\theta\frac{\partial r}{\partial y}+r\cos\theta\frac{\partial \theta}{\partial y},$$

联立求解，得
$$\frac{\partial r}{\partial y}=\sin\theta,\quad \frac{\partial \theta}{\partial y}=\frac{\cos\theta}{r}.$$

解法二　用微分法，由 $x=r\cos\theta$，$y=r\sin\theta$，得
$$\mathrm{d}x=\cos\theta\mathrm{d}r-r\sin\theta\mathrm{d}\theta,$$
$$\mathrm{d}y=\sin\theta\mathrm{d}r+r\cos\theta\mathrm{d}\theta,$$

联立求解，得
$$\mathrm{d}r=\cos\theta\mathrm{d}x+\sin\theta\mathrm{d}y,$$
$$\mathrm{d}\theta=-\frac{\sin\theta}{r}\mathrm{d}x+\frac{\cos\theta}{r}\mathrm{d}y,$$

所以
$$\frac{\partial r}{\partial x}=\cos\theta,\quad \frac{\partial r}{\partial y}=\sin\theta,$$
$$\frac{\partial \theta}{\partial x}=-\frac{\sin\theta}{r},\quad \frac{\partial \theta}{\partial y}=\frac{\cos\theta}{r}.$$

习题 7－1

1. 求下列函数的定义域 D，并画出 D 的图形.

(1)$z=\sqrt{\dfrac{x^2+y^2-x}{2x-x^2-y^2}}$；　　(2)$z=\ln(y^2-4x+8)$；

(3)$z=\dfrac{1}{\sqrt{x+y}}+\dfrac{1}{\sqrt{x-y}}$；　　(4)$z=\arcsin\dfrac{x^2+y^2}{4}$.

2. 用不等式组表示下列曲线围成的区域 D，并画出图形.

(1)D 由 $y=\dfrac{1}{x}$，$y=x$，$x=2$ 围成；

(2)D 由 $y^2=2x$，$x-y=4$ 围成；

(3)D 由 $y=2x$，$y=2$，$y=\dfrac{8}{x}$ 围成.

3. 设圆锥的高为 h，母线长为 l，将圆锥的体积 V 表示为 h，l 的函数.

4. 灌溉水渠的横断面是一等腰梯形，梯形的腰长为 y，下底(小于上底)长为 x，渠深为 h，求水渠横断面面积的函数表示式.

5. (1)已知 $f(x, y)=x^2-y^2$，求 $f(x+y, \dfrac{y}{x})$；

(2)已知 $f(x+y, \dfrac{y}{x})=x^2-y^2$，求 $f(x, y)$.

6. 试证函数 $F(x, y)=\ln x\ln y$ 满足关系式

$$F(xy, uv)=F(x, u)+F(x, v)+F(y, u)+F(y, v).$$

7. 设 $z=f(x+y)+x-y$，当 $x=0$ 时，$z=y^2$，求函数 $f(x)$ 及 z.

8. 求下列函数的极限.

(1)$\lim\limits_{\substack{x\to 0\\ y\to 0}}\dfrac{\sin(x^2+y^2)}{x^2+y^2}$；

(2)$\lim\limits_{\substack{x\to 1\\ y\to 3}}\dfrac{xy}{\sqrt{xy+1}-1}$；

(3)$\lim\limits_{\substack{x\to 0\\ y\to 0}}(1+\sin xy)^{\frac{1}{xy}}$.

9. 证明下列函数的极限是否存在，若存在，则计算函数的极限.

(1)$\lim\limits_{\substack{x\to 0\\ y\to 0}}\dfrac{x^2y}{x^4+y^2}$；

(2) $\lim\limits_{\substack{x\to +\infty\\ y\to +\infty}}\left(\dfrac{xy}{x^2+y^2}\right)^{x^2}$.

10. 求下列函数的偏导数.

(1)$w=x^2+y^2+z^2-xyz$；

(2)$z=\ln\dfrac{y}{x}$；

(3)$z=\dfrac{x+y}{x-y}$；

(4)$z=4^{3x+4y}$；

(5)$z=\mathrm{e}^{-x}\sin y$；

(6)$z=\sin(xy)+\cos^2(xy)$；

(7)$z=\arctan\dfrac{x+y}{1-xy}$；

(8)$u=x^{\frac{y}{z}}$；

(9)$u=\arctan(x-y)^z$；

(10)$u=\dfrac{1}{\sqrt{x^2+y^2+z^2}}$.

11. 设 $f(x, y)=\sqrt{x^4-\sin^2 y}$，求 $f_x(1, 0)$，$f_y(1, 0)$.

12. 设 $z=\ln(\sqrt{x}+\sqrt{y})$，试证：

$$x\frac{\partial z}{\partial x}+y\frac{\partial z}{\partial y}=\frac{1}{2}.$$

13. 验证函数 $u=y^{\frac{y}{x}\sin\frac{y}{x}}$ 满足方程

$$x^2\frac{\partial u}{\partial x}+xy\frac{\partial u}{\partial y}=yu\sin\frac{y}{x}.$$

14. 求下列函数的二阶偏导数.

(1)$z=x^{2y}$；

(2)$z=\sin^2(ax+by)$　(a，b 均为常数)；

(3)$z=\arctan\dfrac{y}{x}$.

15. 设 $f(x, y, z)=xy^2+yz^2+zx^2$，求 $f_{xx}(0, 0, 1)$，$f_{yz}(0, -1, 0)$及 $f_{xz}(1, 0, 2)$.

16. 设 $u=\sqrt{x^2+y^2+z^2}$，证明：$\dfrac{\partial^2 u}{\partial x^2}+\dfrac{\partial^2 u}{\partial y^2}+\dfrac{\partial^2 u}{\partial z^2}=\dfrac{2}{u}$.

17. 设 $z=\arccos\sqrt{\dfrac{x}{y}}$，验证：

$$\frac{\partial^2 z}{\partial x\partial y}=\frac{\partial^2 z}{\partial y\partial x}.$$

18. 证明：$z=\varphi(x)\psi(y)$满足方程$z\dfrac{\partial^2 z}{\partial x\partial y}=\dfrac{\partial z}{\partial x}\dfrac{\partial z}{\partial y}$($\varphi(x)$，$\psi(y)$可微).

19. 证明：$z=\ln(e^x+e^y)$满足方程

$$\frac{\partial^2 z}{\partial x^2}\frac{\partial^2 z}{\partial y^2}-\left(\frac{\partial^2 z}{\partial x\partial y}\right)^2=0.$$

20. 求下列函数的全微分.

(1)$z=x^2y^2$；　　(2)$z=\sqrt{\dfrac{x}{y}}$；

(3)$z=e^{x+2y}$；　　(4)$z=\ln(x^2+3y^2)$；

(5)$z=xy+\dfrac{x}{y}$；　　(6)$z=e^{\frac{y}{x}}$；

(7)$u=\sqrt{x^2+y^2+z^2}$；　　(8)$z=\arctan\dfrac{x+y}{1-xy}$.

21. 求函数$z=\ln\sqrt{1+x^2+y^2}$在点(1，1)处的全微分.

22. 试求函数$z=x^2y^3$当$x=2$，$y=-1$，$\Delta x=0.02$，$\Delta y=-0.01$时的全增量和全微分.

23. 试求函数$z=e^{xy}$当$x=1$，$y=1$，$\Delta x=0.15$，$\Delta y=0.1$时的全微分.

24. 利用全微分计算近似值.

(1)$\sqrt{(1.02)^3+(1.97)^3}$；

(2)$(1.04)^{2.03}$.

25. 当扇形的中心角$\alpha=60°$增加$\Delta\alpha=1°$，为了使扇形的面积仍保持不变，则应当把扇形的半径从$R=20$ cm减少多少？

26. 有一用水泥和沙砌成的无盖长方体水池，它的外形长5 m，宽4 m，高3 m，又它的四壁及底的厚度均为20 cm，试求所需水泥和沙的体积的近似值.

27. 设$z=u^2v-uv^2$，而$u=x\cos y$，$v=x\sin y$，求$\dfrac{\partial z}{\partial x}$，$\dfrac{\partial z}{\partial y}$.

28. 设$z=\dfrac{v}{u}$，$u=\ln x$，$v=e^x$，求$\dfrac{dz}{dx}$.

29. 设$u=\arctan\dfrac{s}{t}$，$s=x+y$，$t=x-y$，求$\dfrac{\partial u}{\partial x}$，$\dfrac{\partial u}{\partial y}$.

30. 设$z=\arcsin(x-y)$，而$x=3t$，$y=4t^3$，求$\dfrac{dz}{dt}$.

31. 求下列函数的一阶偏导数.

(1)$z=f(x^2-y^2,xy)$；　　(2)$u=f(\dfrac{x}{y},\dfrac{y}{z})$；

(3)$u=f(x,xy,xyz)$；　　(4)$u=f(x^2+xy+xyz)$.

32. 设$z=xy+xF(u)$，$u=\dfrac{y}{x}$，证明：

$$x\frac{\partial z}{\partial x}+y\frac{\partial z}{\partial y}=z+xy.$$

33. 设$z=\dfrac{y}{f(x^2-y^2)}$，证明：$\dfrac{1}{x}\dfrac{\partial z}{\partial x}+\dfrac{1}{y}\dfrac{\partial z}{\partial y}=\dfrac{z}{y^2}$.

34. 函数 $z=z(x, y)$由 $\cos^2 x+\cos^2 y+\cos^2 z=1$ 所确定，求$\frac{\partial z}{\partial x}$，$\frac{\partial z}{\partial y}$.

35. 函数 $z=z(x, y)$由方程 $e^z=xyz$ 所确定，求$\frac{\partial z}{\partial x}$，$\frac{\partial z}{\partial y}$.

36. 函数 $z=z(x, y)$由方程 $x^2+y^2+z^2-4z=0$ 所确定，求$\frac{\partial z}{\partial x}$，$\frac{\partial^2 z}{\partial x^2}$.

37. 设 $z=z(x, y)$由 $x+z=yf(x^2-z^2)$所确定，求 $z\frac{\partial z}{\partial x}+y\frac{\partial z}{\partial y}$.

38. 设 $x=x(y, z)$，$y=y(z, x)$，$z=z(x, y)$都是由方程 $F(x, y, z)=0$ 所确定的具有连续偏导数的函数，证明：

$$\frac{\partial x}{\partial y}\frac{\partial y}{\partial z}\frac{\partial z}{\partial x}=-1.$$

39. 证明由方程

$$f(x-az, y-bz)=0\quad (a, b \text{ 为常数})$$

所确定的函数 $z=z(x, y)$满足方程

$$a\frac{\partial z}{\partial x}+b\frac{\partial z}{\partial y}=1.$$

§7.2　偏导数的应用

§7.2.1　几何应用

1. 空间曲线的切线与法平面

设空间曲线 C 的参数方程为

$$\begin{cases} x=x(t), \\ y=y(t), \\ z=z(t). \end{cases}$$

$x(t)$，$y(t)$，$z(t)$在 $t=t_0$ 可导. 给 t 一个改变量 Δt，曲线上与 t_0 及 $t_0+\Delta t$ 对应的点分别为 $P_0(x_0, y_0, z_0)$及 $Q(x_0+\Delta x, y_0+\Delta y, z_0+\Delta z)$，其中，

$$x_0=x(t_0),\quad y_0=y(t_0),\quad z_0=z(t_0),$$

$$x_0+\Delta x=x(t_0+\Delta t),\quad y_0+\Delta y=y(t_0+\Delta t),\quad z_0+\Delta z=z(t_0+\Delta t).$$

曲线 C 的割线 P_0Q 的方程为

$$\frac{x-x_0}{\Delta x}=\frac{y-y_0}{\Delta y}=\frac{z-z_0}{\Delta z}.$$

当 Q 沿曲线趋于 P_0 时，割线 P_0Q 的极限位置就是曲线在点 P_0 的**切线**.

用 Δt 除割线方程的分母，并令 $\Delta t\to 0$，即得曲线在点 P_0 的**切线方程**为

$$\frac{x-x_0}{x'(t_0)}=\frac{y-y_0}{y'(t_0)}=\frac{z-z_0}{z'(t_0)}.$$

切线的方向向量称为曲线的**切向量**，向量 $\boldsymbol{T}=(x'(t_0),\ y'(t_0),\ z'(t_0))$就是曲线 C 在 P_0 点的一个切向量.

通过点 P_0 而与点 P_0 处切线垂直的平面称为曲线在该点的**法平面**，法平面方程为

$$x'(t_0)(x-x_0)+y'(t_0)(y-y_0)+z'(t_0)(z-z_0)=0.$$

它是通过点 P_0 而以 $\boldsymbol{T}$ 为法向量的平面.

例 1 求曲线 $x=t,\ y=t^2,\ z=t^3$ 在点(1，1，1)的切线及法平面方程.

解
$$x'_t=1,\quad y'_t=2t,\quad z'_t=3t^2.$$

对应于点(1，1，1)的参数 $t=1$，所以

$$x'_t\big|_{t=1}=1,\quad y'_t\big|_{t=1}=2,\quad z'_t\big|_{t=1}=3.$$

切线方程为

$$\frac{x-1}{1}=\frac{y-1}{2}=\frac{z-1}{3}.$$

法平面方程为

$$(x-1)+2(y-1)+3(z-1)=0$$

或
$$x+2y+3z=6.$$

特别地，如果曲线方程的形式为

$$y=y(x),\quad z=z(x),$$

则可把 x 作为参数，于是曲线方程为

$$x=x,\quad y=y(x),\quad z=z(x).$$

曲线在$(x_0,\ y_0,\ z_0)$的切线方程为

$$\frac{x-x_0}{1}=\frac{y-y_0}{y'(x_0)}=\frac{z-z_0}{z'(x_0)}.$$

法平面方程为

$$(x-x_0)+y'(x_0)(y-y_0)+z'(x_0)(z-z_0)=0.$$

若空间曲线 C 用隐函数形式表示，即设曲线 C 是两曲面的交线

$$\begin{cases}F(x,\ y,\ z)=0,\\ \Phi(x,\ y,\ z)=0.\end{cases}$$

设该方程组在点 $P_0(x_0,\ y_0,\ z_0)$的邻域满足§7.1.6 中定理 10 的条件，确定了函数

$$y=y(x),\quad z=z(x).$$

为了求$\dfrac{\mathrm{d}y}{\mathrm{d}x}$，$\dfrac{\mathrm{d}z}{\mathrm{d}x}$，将方程组对 x 求导，得

$$\begin{cases}\dfrac{\partial F}{\partial x}+\dfrac{\partial F}{\partial y}\dfrac{\mathrm{d}y}{\mathrm{d}x}+\dfrac{\partial F}{\partial z}\dfrac{\mathrm{d}z}{\mathrm{d}x}=0,\\[2ex] \dfrac{\partial \Phi}{\partial x}+\dfrac{\partial \Phi}{\partial y}\dfrac{\mathrm{d}y}{\mathrm{d}x}+\dfrac{\partial \Phi}{\partial z}\dfrac{\mathrm{d}z}{\mathrm{d}x}=0.\end{cases}$$

当$\left.\dfrac{\partial(F,\ \Phi)}{\partial(y,\ z)}\right|_{P_0}\neq 0$ 时，由以上两个方程解出

$$\frac{\mathrm{d}y}{\mathrm{d}x}=\frac{\dfrac{\partial(F,\ \Phi)}{\partial(z,\ x)}}{\dfrac{\partial(F,\ \Phi)}{\partial(y,\ z)}},\quad \frac{\mathrm{d}z}{\mathrm{d}x}=\frac{\dfrac{\partial(F,\ \Phi)}{\partial(x,\ y)}}{\dfrac{\partial(F,\ \Phi)}{\partial(y,\ z)}}.$$

由上述特别情形，可得曲线在点 $P_0(x_0, y_0, z_0)=P_0$ 的切线方程为

$$\frac{x-x_0}{\left.\frac{\partial(F,\Phi)}{\partial(y,z)}\right|_{P_0}}=\frac{y-y_0}{\left.\frac{\partial(F,\Phi)}{\partial(z,x)}\right|_{P_0}}=\frac{z-z_0}{\left.\frac{\partial(F,\Phi)}{\partial(x,y)}\right|_{P_0}},$$

法平面方程为

$$\left.\frac{\partial(F,\Phi)}{\partial(y,z)}\right|_{P_0}(x-x_0)+\left.\frac{\partial(F,\Phi)}{\partial(z,x)}\right|_{P_0}(y-y_0)+\left.\frac{\partial(F,\Phi)}{\partial(x,y)}\right|_{P_0}(z-z_0)=0.$$

2. 曲面的切平面与法线

定义 1　如果曲面上过点 P_0 的任一曲线 C 的切线都在同一平面上，则称这平面为曲面在点 P_0 的**切平面**. 过 P_0 而与切平面垂直的直线称为曲面在点 P_0 的**法线**.

曲面的一般方程为

$$F(x, y, z)=0, \tag{7.11}$$

设 $P_0(x_0, y_0, z_0)$为曲面上一点，函数 $F(x, y, z)$的偏导数 F'_x，F'_y，F'_z 连续，在曲面上通过 P_0 任作一曲线 C，其参数方程为

$$x=x(t), \quad y=y(t), \quad z=z(t). \tag{7.12}$$

因曲线(7.12)完全在曲面(7.11)上，所以有恒等式

$$F[x(t), y(t), z(t)]\equiv 0,$$

此式对 t 求导数，在 $t=t_0$ 处得

$$F'_x(x_0, y_0, z_0)x'_0+F'_y(x_0, y_0, z_0)y'_0+F'_z(x_0, y_0, z_0)z'_0=0. \tag{7.13}$$

式(7.13)表示矢量 $\boldsymbol{n}=\{F'_x(x_0, y_0, z_0), F'_y(x_0, y_0, z_0), F'_z(x_0, y_0, z_0)\}$与曲线(7.12)的切线的方向矢量 $\boldsymbol{s}=\{x'_0, y'_0, z'_0\}$垂直. 因为曲线(7.12)是曲面上通过 P_0 的任意一条曲线，所以，在曲面上过点 P_0 的一切曲线的切线都在同一平面上，故此平面就是曲面在点 P_0 的切平面. 该切平面通过点 $P_0(x_0, y_0, z_0)$，且以矢量 $\boldsymbol{n}=\{F'_x(x_0, y_0, z_0), F'_y(x_0, y_0, z_0), F'_z(x_0, y_0, z_0)\}$为法矢量，所以其方程为

$$F'_x(x_0, y_0, z_0)(x-x_0)+F'_y(x_0, y_0, z_0)(y-y_0)+F'_z(x_0, y_0, z_0)(z-z_0)=0. \tag{7.14}$$

因此，如果函数 $F(x, y, z)$在点 $P_0(x_0, y_0, z_0)$具有连续的偏导数，则曲面 $F(x, y, z)=0$ 在该点有切平面，它的方程是式(7.14).

通过点 P_0 而垂直于切平面(7.14)的直线称为曲面在该点的法线. 其方程为

$$\frac{x-x_0}{F'_x(x_0, y_0, z_0)}=\frac{y-y_0}{F'_y(x_0, y_0, z_0)}=\frac{z-z_0}{F'_z(x_0, y_0, z_0)}. \tag{7.15}$$

如果曲面方程为 $z=f(x, y)$，令 $F(x, y, z)=f(x, y)-z$，于是

$$F'_x=f'_x, \quad F'_y=f'_y, \quad F'_z=-1,$$

当函数 $z=f(x, y)$的偏导数 $f'_x(x, y)$，$f'_y(x, y)$在(x_0, y_0)连续时，曲面在(x_0, y_0, z_0)处的法向量为 $\boldsymbol{n}=\{f'_x(x_0, y_0), f'_y(x_0, y_0), -1)\}$，故法线方程为

$$\frac{x-x_0}{f'_x(x_0, y_0)}=\frac{y-y_0}{f'_y(x_0, y_0)}=\frac{z-z_0}{-1}.$$

切平面方程为

$$f'_x(x_0, y_0)(x-x_0)+f'_y(x_0, y_0)(y-y_0)=z-z_0.$$

注意到上式的左端正好是函数 $z=f(x, y)$在(x_0, y_0)处的全微分，而右端是切平面上点的竖坐标的增量，因此，函数 $z=f(x, y)$在点(x_0, y_0)的全微分的几何意义是曲面 $z=f(x, y)$在点(x_0, y_0)的切平面的竖坐标的增量. 设法线方向上，$\cos\gamma>0$，则法线的方向余弦为

$$\cos\alpha=\frac{-f'_x}{\sqrt{1+f'^2_x+f'^2_y}},$$

$$\cos\beta=\frac{-f'_y}{\sqrt{1+f'^2_x+f'^2_y}},$$

$$\cos\gamma=\frac{1}{\sqrt{1+f'^2_x+f'^2_y}}.$$

例 2 求球面 $x^2+y^2+z^2=14$ 在点(1, 2, 3)的切平面及法线方程.

解 令 $F(x, y, z)=x^2+y^2+z^2-14$，

$$F'_x=2x,\quad F'_y=2y,\quad F'_z=2z,$$

$$F'_x(1, 2, 3)=2,\quad F'_y(1, 2, 3)=4,\quad F'_z(1, 2, 3)=6,$$

所以在点(1, 2, 3)处此球面的切平面方程为

$$2(x-1)+4(y-2)+6(z-3)=0$$

或

$$x+2y+3z=14.$$

法线方程为

$$\frac{x-1}{2}=\frac{y-2}{4}=\frac{z-3}{6}$$

或

$$\frac{x-1}{1}=\frac{y-2}{2}=\frac{z-3}{3}.$$

§7.2.2 方向导数　梯度

前面讨论了函数 $z=f(x, y)$的偏导数$\frac{\partial z}{\partial x}$，$\frac{\partial z}{\partial y}$，它们是函数沿着坐标轴方向的变化率. 本节讨论函数 $z=f(x, y)$沿任意确定方向的变化率，以及沿什么方向函数的变化率最大. 首先讨论多元函数在一点 P 沿着一个给定方向的方向导数概念.

1. 方向导数

设函数 $z=f(x, y)$在点 $P(x, y)$的某邻域有定义，l 是从 P 引出的一条射线. $Q(x+\Delta x, y+\Delta y)$是 l 上任意一点(如图 7.9 所示). 点 P 与 Q 之间的距离为$\rho=\sqrt{(\Delta x)^2+(\Delta y)^2}$，于是函数的改变量为 $f(x+\Delta x, y+\Delta y)-f(x, y)$，它与 P，Q 两点间距离的比

$$\frac{f(x+\Delta x, y+\Delta y)-f(x, y)}{\rho}\tag{7.16}$$

图 7.9

表示函数 $z=f(x, y)$在点 P 处沿 l 方向的平均变化率. 当 $\rho\to0$ 时，式(7.16)的极限为函数$z=f(x, y)$在点 P 沿着方向 l 的**方向导数**，记作

$$\frac{\partial f}{\partial l}=\frac{\partial z}{\partial l}=\lim_{\rho\to 0}\frac{f(x+\Delta x, y+\Delta y)-f(x, y)}{\rho}.$$

因为 ρ 大于零，所以上式仅仅只是单侧极限.

定理 1　如果函数 $z=f(x, y)$ 在 $P(x, y)$ 可微，则函数 $z=f(x, y)$ 在点 P 沿任一射线 l 的方向导数都存在，且

$$\frac{\partial z}{\partial l}=\frac{\partial z}{\partial x}\cos\alpha+\frac{\partial z}{\partial y}\cos\beta, \tag{7.17}$$

式中，$\cos\alpha$，$\cos\beta$ 是方向 l 的方向余弦.

证明　因为 $z=f(x, y)$ 在点 P 可微，所以函数的改变量为

$$\Delta z=f(x+\Delta x, y+\Delta y)-f(x, y)=\frac{\partial z}{\partial x}\Delta x+\frac{\partial z}{\partial y}\Delta y+o(\rho), \tag{7.18}$$

对任意的 Δx，Δy 成立. 因此，在特殊的方向 l 上，式(7.18)必成立，等式两端同除以 $\rho=\sqrt{(\Delta x)^2+(\Delta y)^2}$，得

$$\frac{\Delta z}{\rho}=\frac{\partial z}{\partial x}\frac{\Delta x}{\rho}+\frac{\partial z}{\partial y}\frac{\Delta y}{\rho}+\frac{o(\rho)}{\rho}.$$

如果方向 l 的方向余弦为 $\cos\alpha$，$\cos\beta$，则

$$\Delta x=\rho\cos\alpha,\quad \Delta y=\rho\cos\beta,$$

所以

$$\frac{\Delta z}{\rho}=\frac{\partial z}{\partial x}\cos\alpha+\frac{\partial z}{\partial y}\cos\beta+\frac{o(\rho)}{\rho}.$$

令 $\rho\to 0$，得

$$\frac{\partial z}{\partial l}=\lim_{\rho\to 0}\frac{\Delta z}{\rho}=\frac{\partial z}{\partial x}\cos\alpha+\frac{\partial z}{\partial y}\cos\beta.$$

方向导数的概念和计算公式(7.17)可以推广到三元函数的情形(如图 7.10 所示). 如果函数 $u=f(x, y, z)$ 在空间一点 $P(x, y, z)$ 沿着方向 l 的方向余弦为 $\cos\alpha$，$\cos\beta$，$\cos\gamma$，则定义

$$\frac{\partial u}{\partial l}=\lim_{\rho\to 0}\frac{f(x+\Delta x, y+\Delta y, z+\Delta z)-f(x, y, z)}{\rho},$$

式中，$\rho=\sqrt{(\Delta x)^2+(\Delta y)^2+(\Delta z)^2}$，为其方向导数，且

$$\Delta x=\rho\cos\alpha,\quad \Delta y=\rho\cos\beta,\quad \Delta z=\rho\cos\gamma.$$

当函数 $u=f(x, y, z)$ 在点 $P(x, y, z)$ 可微时，函数在点 $P(x, y, z)$ 沿方向 l 的方向导数为

$$\frac{\partial u}{\partial l}=\frac{\partial u}{\partial x}\cos\alpha+\frac{\partial u}{\partial y}\cos\beta+\frac{\partial u}{\partial z}\cos\gamma.$$

例 3　设 $f(x, y, z)=ax+by+cz$，方向 l 上的方向余弦为 $\cos\alpha$，$\cos\beta$，$\cos\gamma$，于是沿方向 l 的平均变化率为

$$\begin{aligned}\frac{\Delta f}{\rho}&=\frac{1}{\rho}(a\rho\cos\alpha+b\rho\cos\beta+c\rho\cos\gamma)\\&=a\cos\alpha+b\cos\beta+c\cos\gamma.\end{aligned}$$

所以有

$$\frac{\partial f}{\partial l}=a\cos\alpha+b\cos\beta+c\cos\gamma.$$

可见，一次函数 f 沿方向 l 的导数不因点的位置而变化，同时还可看出，函数沿不同

方向的方向导数一般是不同的.

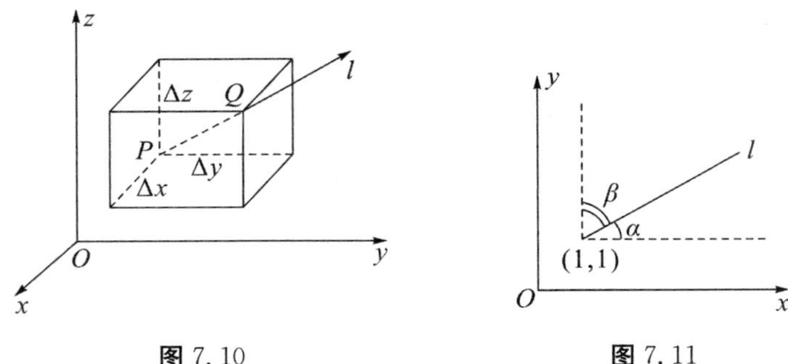

图 7.10　　图 7.11

例 4　设函数 $z=x^2y$，l 是由点(1，1)出发与 x 轴、y 轴的正方向所成夹角分别为 $\alpha=\frac{\pi}{6}$，$\beta=\frac{\pi}{3}$ 的一条射线(如图 7.11 所示)，求 $\frac{\partial z}{\partial l}$.

解　$\left.\frac{\partial z}{\partial x}\right|_{(1,1)}=2xy\Big|_{(1,1)}=2$，　$\left.\frac{\partial z}{\partial y}\right|_{(1,1)}=x^2\Big|_{(1,1)}=1$.

$$\frac{\partial z}{\partial l}=\left.\frac{\partial z}{\partial x}\right|_{(1,1)}\cos\frac{\pi}{6}+\left.\frac{\partial z}{\partial y}\right|_{(1,1)}\cos\frac{\pi}{3}=2\frac{\sqrt{3}}{2}+\frac{1}{2}\doteq 2.232.$$

若 $\alpha=\frac{\pi}{4}$，$\beta=\frac{\pi}{4}$，则

$$\frac{\partial z}{\partial l}=2\cos\frac{\pi}{4}+\cos\frac{\pi}{4}=\sqrt{2}+\frac{\sqrt{2}}{2}\doteq 2.121.$$

若 $\alpha=\frac{\pi}{3}$，$\beta=\frac{\pi}{6}$，则

$$\frac{\partial z}{\partial l}=2\cos\frac{\pi}{3}+\cos\frac{\pi}{6}=1+\frac{\sqrt{3}}{2}\doteq 1.866.$$

由此可见，沿不同方向，方向导数不同.

例 5　求 $u=3x^2+2y^2+z^2$ 在点 $M_0(1,2,-1)$ 沿 $\boldsymbol{l}=8\boldsymbol{i}-\boldsymbol{j}+4\boldsymbol{k}$ 的方向导数.

解

$$\left.\frac{\partial u}{\partial x}\right|_{M_0}=6x\,|_{M_0}=6,\quad \left.\frac{\partial u}{\partial y}\right|_{M_0}=4y\,|_{M_0}=8,\quad \left.\frac{\partial u}{\partial z}\right|_{M_0}=2z\,|_{M_0}=-2.$$

$$\cos\alpha=\frac{8}{\sqrt{8^2+(-1)^2+4^2}}=\frac{8}{9},\quad \cos\beta=-\frac{1}{9},\quad \cos\gamma=\frac{4}{9}.$$

$$\begin{aligned}\left.\frac{\partial u}{\partial l}\right|_{M_0}&=\left.\frac{\partial u}{\partial x}\right|_{M_0}\cos\alpha+\left.\frac{\partial u}{\partial y}\right|_{M_0}\cos\beta+\left.\frac{\partial u}{\partial z}\right|_{M_0}\cos\gamma\\&=6\times\frac{8}{9}+8\times\left(-\frac{1}{9}\right)+(-2)\times\frac{4}{9}=\frac{32}{9}.\end{aligned}$$

2. 梯度

方向导数描述了函数在一点沿某一方向的变化率，从空间或平面上一点出发，可以引无穷多条射线，因此函数在一点有无穷多个方向导数. 在实际问题的研究中，往往需要知道沿着什么方向函数的变化率最大. 例如一块长方形的金属板，四个顶点的坐标分别是(1，1)，(5，1)，(1，3)，(5，3). 在坐标原点处有一个火焰，它使金属板受热. 假定板上任

意一点处的温度与该点到原点的距离成反比．在(3，2)处有一只蚂蚁，问这只蚂蚁应沿什么方向爬行才能最快到达较凉快的地点？这是一个求方向导数最值问题，也是本节研究的主要问题．

设 $u(x, y, z)$ 是一函数，对于一个确定的常数 C，方程

$$u(x, y, z) = C$$

在几何上表示一个曲面，称为**等量面**．

设 $P(x, y, z)$ 是等量面上任意一点，函数 $u(x, y, z)$ 在 P 点有连续的偏导数，它的法线矢量为

$$\boldsymbol{g} = \left.\frac{\partial u}{\partial x}\right|_P \boldsymbol{i} + \left.\frac{\partial u}{\partial y}\right|_P \boldsymbol{j} + \left.\frac{\partial u}{\partial z}\right|_P \boldsymbol{k}, \tag{7.19}$$

式中，$\left.\frac{\partial u}{\partial x}\right|_P$，$\left.\frac{\partial u}{\partial y}\right|_P$，$\left.\frac{\partial u}{\partial z}\right|_P$ 是点 P 处三个偏导数的值．

设 l 为由 $P(x, y, z)$ 引出的任意一条射线，其方向余弦为 $\cos\alpha$，$\cos\beta$，$\cos\gamma$，则 $u(x, y, z)$ 沿 l 的方向导数为

$$\frac{\partial u}{\partial l} = \frac{\partial u}{\partial x}\cos\alpha + \frac{\partial u}{\partial y}\cos\beta + \frac{\partial u}{\partial z}\cos\gamma.$$

令 $\boldsymbol{l}_0$ 为方向 l 的单位矢量，即

$$\boldsymbol{l}_0 = \cos\alpha\boldsymbol{i} + \cos\beta\boldsymbol{j} + \cos\gamma\boldsymbol{k},$$

于是

$$\begin{aligned}\frac{\partial u}{\partial l} &= \left(\frac{\partial u}{\partial x}\boldsymbol{i} + \frac{\partial u}{\partial y}\boldsymbol{j} + \frac{\partial u}{\partial z}\boldsymbol{k}\right)\cdot(\cos\alpha\boldsymbol{i} + \cos\beta\boldsymbol{j} + \cos\gamma\boldsymbol{k}) \\ &= \boldsymbol{g}\cdot\boldsymbol{l}_0 = |\boldsymbol{g}|\cos(\widehat{\boldsymbol{g}, \boldsymbol{l}_0}).\end{aligned}$$

当 $\cos(\widehat{\boldsymbol{g}, \boldsymbol{l}_0}) = 1$ 时，$\frac{\partial u}{\partial l}$ 有最大值．即当 $\boldsymbol{l}_0$ 与 $\boldsymbol{g}$ 的方向一致时，$\frac{\partial u}{\partial l} = |\boldsymbol{g}|$ 为最大值．也就是说，$u(x, y, z)$ 沿矢量 $\boldsymbol{g}$ 方向的变化率最大，其数值就是矢量 $\boldsymbol{g}$ 的模．称矢量

$$\boldsymbol{g} = \frac{\partial u}{\partial x}\boldsymbol{i} + \frac{\partial u}{\partial y}\boldsymbol{j} + \frac{\partial u}{\partial z}\boldsymbol{k}$$

为数量函数 $u(x, y, z)$ 的梯度，记为 $\mathbf{grad}u$(gradient)，即

$$\mathbf{grad}u = \frac{\partial u}{\partial x}\boldsymbol{i} + \frac{\partial u}{\partial y}\boldsymbol{j} + \frac{\partial u}{\partial z}\boldsymbol{k}, \tag{7.20}$$

它的模是

$$|\mathbf{grad}u| = \sqrt{\left(\frac{\partial u}{\partial x}\right)^2 + \left(\frac{\partial u}{\partial y}\right)^2 + \left(\frac{\partial u}{\partial z}\right)^2}.$$

对比式(7.19)可知，每一点处 $\mathbf{grad}u$ 的方向与过该点的等量面上该点的法矢量相同．

梯度的性质如下：

(1)两个函数代数和的梯度等于各函数梯度的代数和，即

$$\mathbf{grad}(u_1 \pm u_2) = \mathbf{grad}u_1 \pm \mathbf{grad}u_2.$$

(2)$\mathbf{grad}(u_1u_2) = u_1\mathbf{grad}u_2 + u_2\mathbf{grad}u_1$．

因为

$$\mathbf{grad}_x(u_1u_2) = \frac{\partial(u_1u_2)}{\partial x} = u_1\frac{\partial u_2}{\partial x} + u_2\frac{\partial u_1}{\partial x},$$

$$\mathbf{grad}_y(u_1u_2)=\frac{\partial(u_1u_2)}{\partial y}=u_1\frac{\partial u_2}{\partial y}+u_2\frac{\partial u_1}{\partial y},$$

$$\mathbf{grad}_z(u_1u_2)=\frac{\partial(u_1u_2)}{\partial z}=u_1\frac{\partial u_2}{\partial z}+u_2\frac{\partial u_1}{\partial z}.$$

即等式两端的矢量在各坐标轴上的投影分别相等.

(3)$\mathbf{grad}F(u)=F'(u)\mathbf{grad}u$.

例 6 求 $\mathbf{grad}(\boldsymbol{a}\cdot\boldsymbol{r})$，其中，$\boldsymbol{a}=a_x\boldsymbol{i}+a_y\boldsymbol{j}+a_z\boldsymbol{k}$ 是一常矢量，而 $\boldsymbol{r}=x\boldsymbol{i}+y\boldsymbol{j}+z\boldsymbol{k}$ 是点的矢径.

解 因为
$$F=\boldsymbol{a}\cdot\boldsymbol{r}=xa_x+ya_y+za_z,$$
所以
$$\begin{aligned}\mathbf{grad}(\boldsymbol{a}\cdot\boldsymbol{r})&=\frac{\partial F}{\partial x}\boldsymbol{i}+\frac{\partial F}{\partial y}\boldsymbol{j}+\frac{\partial F}{\partial z}\boldsymbol{k}\\&=a_x\boldsymbol{i}+a_y\boldsymbol{j}+a_z\boldsymbol{k}=\boldsymbol{a}.\end{aligned}$$

例 7 试求函数 $u=f(x,y,z)=xy^2+yz^3$ 在点 $P(2,-1,1)$处的梯度.

解

$$\left.\frac{\partial f}{\partial x}\right|_P=y^2\,|_P=1,$$

$$\left.\frac{\partial f}{\partial y}\right|_P=(2xy+z^3)\,|_P=-3,$$

$$\left.\frac{\partial f}{\partial z}\right|_P=3yz^2\,|_P=-3.$$

所以,所求函数的梯度为

$$\mathbf{grad}f\,|_P=\boldsymbol{i}-3\boldsymbol{j}-3\boldsymbol{k}=\{1,-3,-3\}.$$

最后回到梯度概念开始处提出的那个问题.

板上任一点(x,y)处的温度 $T(x,y)=\dfrac{k}{\sqrt{x^2+y^2}}$，$k$ 是常数，温度变化最剧烈的方向是梯度所指方向，计算

$$\mathbf{grad}T=-\frac{kx}{(x^2+y^2)^{3/2}}\boldsymbol{i}-\frac{ky}{(x^2+y^2)^{3/2}}\boldsymbol{j},$$

所以

$$\mathbf{grad}T(3,2)=\frac{-3k}{13^{3/2}}\boldsymbol{i}-\frac{2k}{13^{3/2}}\boldsymbol{j}.$$

其单位矢量$\dfrac{3}{\sqrt{13}}\boldsymbol{i}+\dfrac{2}{\sqrt{13}}\boldsymbol{j}$ 所指的方向是温度由热变冷变化最剧烈的方向(其反方向则是由冷变热). 蚂蚁虽然不懂梯度，但凭它的感觉细胞的反馈信号，它将沿这个方向逃跑.

*§7.2.3 二元函数的泰勒展式

根据一元函数的泰勒公式可以推导出二元函数的泰勒公式.

设函数 $z=f(x,y)$在点(x_0,y_0)的某一邻域 D 内连续，并且具有直到 $n+1$ 阶的连续偏导数. 再设(x_0+h,y_0+k)为 D 内任意一点，我们的问题是要把函数值 $f(x_0+h,$

y_0+k)近似地表示为 $h=x-x_0$，$k=y-y_0$ 的 n 次多项式，而由此产生的误差当 $\rho=\sqrt{h^2+k^2}\to 0$ 时是一个比 ρ^n 高阶的无穷小量，这个问题的解决依赖于一元函数的麦克劳林公式及多元复合函数微分法. 为此考虑一个变量 t 的函数，即

$$F(t)=f(x_0+ht,\ y_0+kt)\quad(0\leqslant t\leqslant 1),\tag{7.21}$$

显然 $F(0)=f(x_0,\ y_0)$，$F(1)=f(x_0+h,\ y_0+k)$，$F(t)$的麦克劳林展开式为

$$F(t)=F(0)+F'(0)t+\frac{F''(0)}{2!}t^2+\cdots+\frac{F^{(n)}(0)}{n!}t^n+\frac{F^{(n+1)}(\theta t)}{(n+1)!}t^{n+1}\quad(0<\theta<1).$$

在上式中令 $t=1$，得

$$F(1)=F(0)+F'(0)+\frac{F''(0)}{2!}+\cdots+\frac{F^{(n)}(0)}{n!}+\frac{F^{(n+1)}(\theta)}{(n+1)!}\quad(0<\theta<1).\tag{7.22}$$

根据复合函数的微分法，逐次求出 $F(t)$的各阶导数为

$$F'(t)=h\frac{\partial f}{\partial x}+k\frac{\partial f}{\partial y}=(h\frac{\partial}{\partial x}+k\frac{\partial}{\partial y})f,$$

$$F''(t)=h^2\frac{\partial^2 f}{\partial x^2}+2hk\frac{\partial^2 f}{\partial x\partial y}+k^2\frac{\partial^2 f}{\partial y^2}=(h\frac{\partial}{\partial x}+k\frac{\partial}{\partial y})^2 f,$$

$$\cdots\cdots$$

$$F^{(n)}(t)=(h\frac{\partial}{\partial x}+k\frac{\partial}{\partial y})^n f=\sum_{r=0}^{n}\mathrm{C}_n^r h^r k^{n-r}\frac{\partial^n f}{\partial x^r\partial y^{n-r}},$$

$$F'(0)=\left(h\frac{\partial}{\partial x}+k\frac{\partial}{\partial y}\right)f(x_0,\ y_0),$$

$$F''(0)=\left(h\frac{\partial}{\partial x}+k\frac{\partial}{\partial y}\right)^2 f(x_0,\ y_0),$$

$$\cdots\cdots$$

$$F^{(n)}(0)=\left(h\frac{\partial}{\partial x}+k\frac{\partial}{\partial y}\right)^n f(x_0,\ y_0),$$

$$F^{(n+1)}(\theta)=\left(h\frac{\partial}{\partial x}+k\frac{\partial}{\partial y}\right)^{n+1} f(x_0+\theta h,\ y_0+\theta k).$$

将以上各式代入(7.22)得二元函数的泰勒公式为

$$\begin{aligned}f(x_0+h,\ y_0+k)=&f(x_0,\ y_0)+(h\frac{\partial}{\partial x}+k\frac{\partial}{\partial y})f(x_0,\ y_0)+\\&\frac{1}{2!}\left(h\frac{\partial}{\partial x}+k\frac{\partial}{\partial y}\right)^2 f(x_0,\ y_0)+\cdots+\\&\frac{1}{n!}\left(h\frac{\partial}{\partial x}+k\frac{\partial}{\partial y}\right)^n f(x_0,\ y_0)+R_n,\end{aligned}\tag{7.23}$$

式中，

$$R_n=\frac{1}{(n+1)!}\left(h\frac{\partial}{\partial x}+k\frac{\partial}{\partial y}\right)^{n+1} f(x_0+\theta h,\ y_0+\theta k)\quad(0<\theta<1)$$

称为**拉格朗日形式的余项**，当 $\rho\to 0$ 时，它是比 ρ^n 高阶的无穷小量.

特别地，当 $n=0$ 时，公式(7.23)为

$$\begin{aligned}f(x_0+h,\ y_0+k)=&f(x_0,\ y_0)+hf'_x(x_0+\theta h,\ y_0+\theta k)+\\&kf'_y(x_0+\theta h,\ y_0+\theta k)\quad(0<\theta<1).\end{aligned}\tag{7.24}$$

这就是**二元函数的拉格朗日中值公式**. 由二元拉格朗日公式可知，如果偏导数 $f'_x(x,\ y)$，

$f'_y(x, y)$在某一区域内均恒等于零，则函数 $f(x, y)$在该区域内为一常数.

当 $n=1$ 时，公式(7.23)为

$$f(x_0+h, y_0+k)=f(x_0, y_0)+hf'_x(x_0, y_0)+kf'_y(x_0, y_0)+ \frac{1}{2!}[h^2 f''_{xx}(x_0+\theta h, y_0+\theta k)+2hkf''_{xy}(x_0+\theta h, y_0+\theta k)+ k^2 f''_{yy}(x_0+\theta h, y_0+\theta k)] \quad (0<\theta<1). \tag{7.25}$$

这个公式可应用于证明多元函数极值问题的相关定理.

例 8 设 $f(x, y)=e^{x+y}$，试在(0, 0)按泰勒公式展开此式.

解 $x_0=0$, $y_0=0$, $h=x$, $k=y$.

因$\frac{\partial^n f}{\partial x^r \partial y^{n-r}}=e^{x+y}$，即 $f(x, y)$的各阶导数均为 e^{x+y}，所以

$$\left(\frac{\partial^n f}{\partial x^r \partial y^{n-r}}\right)_{(0, 0)}=1,$$

故有

$$e^{x+y}=1+(x+y)+\frac{1}{2!}(x+y)^2+\cdots+\frac{1}{n!}(x+y)^n+R_n,$$

式中，

$$R_n=\frac{1}{(n+1)!}(x+y)^{n+1}e^{\theta x+\theta y} \quad (0<\theta<1).$$

§7.2.4 二元函数的极值

1. 利用偏导数求二元函数的极值

在实际问题中往往会遇到计算多元函数的最大值、最小值问题. 与一元函数类似，多元函数的最值问题与极值问题有密切联系，因而首先要研究多元函数的极值，我们将以二元函数为对象进行讨论.

如果函数 $f(x, y)$在点 $P_0(x_0, y_0)$的某邻域内恒有

$$f(x, y)\geqslant f(x_0, y_0),$$

则称 $f(x, y)$在 $P_0(x_0, y_0)$取得**极小值**，$P_0(x_0, y_0)$为极小值点，极小值为 $f(x_0, y_0)$.

如果在 P_0 某邻域内恒有

$$f(x, y)\leqslant f(x_0, y_0),$$

则称 $f(x, y)$在 $P_0(x_0, y_0)$取得**极大值**，$P_0(x_0, y_0)$为极大值点，极大值为 $f(x_0, y_0)$. 函数的极大值、极小值统称**极值**，使函数达到极值的点 $P_0(x_0, y_0)$称为**极值点**.

与一元函数类似，多元函数的极值也是一个局部概念，即函数在某邻域内的最大值或最小值.

例如，函数 $z=1-x^2-y^2$(如图 7.12 所示)在(0, 0)处值为 1，而在(0, 0)某邻域内函数值恒小于 1，故在点(0, 0)处函数取极大值，其值为 1. 又如，函数 $z=\sqrt{x^2+y^2}$(如图 7.13 所示)在点(0, 0)处值为 0，而在(0, 0)某邻域内函数值恒大于 0，因此函数在(0, 0)取极小值，其值为 0.

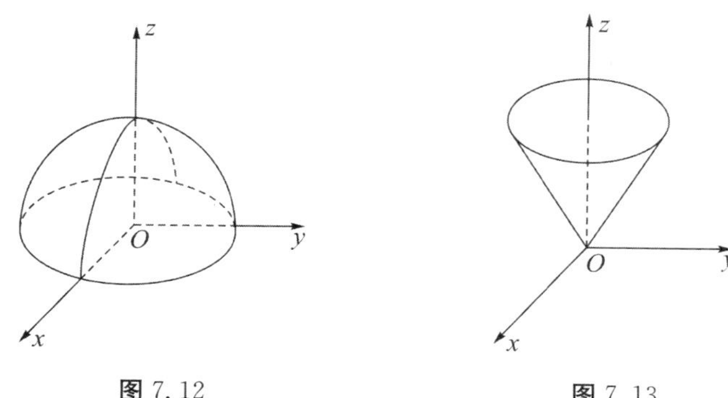

图 7.12　　　图 7.13

下面讨论计算极值的一般方法.

求二元函数的极值问题，可以利用一元函数的方法，如果 $f(x, y)$在 $P_0(x_0, y_0)$取得极值，则 $z=f(x, y_0)$在 $x=x_0$ 处也取得极值，于是利用一元函数的结果，在 P_0 处应该有

$$\frac{\partial f}{\partial x}=0.$$

同样，也应有$\frac{\partial f}{\partial y}=0$. 于是有下面的定理.

定理 2(极值存在的必要条件)　如果函数 $z=f(x, y)$的偏导数 $f'_x(x, y)$，$f'_y(x, y)$在点(x_0, y_0)处都存在，且在 $P(x_0, y_0)$处取得极值，则必有 $f'_x(x_0, y_0)=0$，$f'_y(x_0, y_0)=0$.

证明　若点 $P_0(x_0, y_0)$是 $z=f(x, y)$的极值点，则当 y 保持常数 y_0 时，一元函数 $z=f(x, y_0)$在 $x=x_0$ 处必取得极值，根据一元函数极值存在的必要条件，有

$$f_x(x_0, y_0)=0.$$

同理有

$$f_y(x_0, y_0)=0.$$

从几何上看，曲面 $z=f(x, y)$上在点 $M_0(x_0, y_0, z_0)$的切平面为

$$z-z_0=f_x(x_0, y_0)(x-x_0)+f_y(x_0, y_0)(y-y_0).$$

若在点 $P(x_0, y_0)$函数有极值，则切平面为 $z-z_0=0$，即在 $M_0(x_0, y_0, z_0)$处有平行于 xOy 面的切平面.

使 $f_x(x_0, y_0)=0$，$f_y(x_0, y_0)=0$ 同时成立的点(x_0, y_0)称为函数 $z=f(x, y)$的驻点，定理 2 告诉我们，对于可微函数，使函数取得极值的点必是驻点，但反过来驻点却不一定是极值点.

例如，$z=xy$ 在原点处的值为 0，且 $z'_x=y$，$z'_y=x$ 皆在原点为 0，但在原点的任一邻域内 z 既可以取得正值，又可以取得负值，故函数在原点不取极值. 因此两个偏导数为零只是极值存在的必要条件.

定理 3(极值存在的充分条件)　设函数 $z=f(x, y)$在点(x_0, y_0)的某邻域内有连续的二阶偏导数，且

(1)$f'_x(x_0, y_0)=0$，$f'_y(x_0, y_0)=0$，

(2)$[f''_{xy}(x_0, y_0)]^2-f''_{xx}(x_0, y_0)f''_{yy}(x_0, y_0)<0$，

则在该点函数 $z=f(x,y)$ 取得极值，且

(1)当 $f''_{xx}(x_0,y_0)>0$(由定理 3 知此时必有 $f''_{yy}(x_0,y_0)>0$)时，$f(x,y)$ 在点 (x_0,y_0) 处取得极小值.

(2)当 $f''_{xx}(x_0,y_0)<0$(由定理 3 知此时必有 $f'_{yy}(x_0,y_0)<0$)时，$f(x,y)$ 在点 (x_0,y_0) 处取得极大值.

证明 根据二元函数的泰勒公式，若 (x_0+h,y_0+k) 为 (x_0,y_0) 邻域中任意一点，则

$$\begin{aligned}&f(x_0+h,y_0+k)-f(x_0,y_0)\\&=f'_x(x_0,y_0)h+f'_y(x_0,y_0)k+\frac{1}{2!}[f''_{xx}(x_0+\theta h,y_0+\theta k)h^2+\\&\quad 2f''_{xy}(x_0+\theta h,y_0+\theta k)hk+f''_{yy}(x_0+\theta h,y_0+\theta k)k^2]\quad(0<\theta<1).\end{aligned}$$

因为 $f'_x(x_0,y_0)=0$，$f'_y(x_0,y_0)=0$，且 $f(x,y)$ 的一切二阶偏导数都连续，故

$$f''_{xx}(x_0+\theta h,y_0+\theta k)=f''_{xx}(x_0,y_0)+\varepsilon_1,$$
$$f''_{xy}(x_0+\theta h,y_0+\theta k)=f''_{xy}(x_0,y_0)+\varepsilon_2,$$
$$f''_{yy}(x_0+\theta h,y_0+\theta k)=f''_{yy}(x_0,y_0)+\varepsilon_3,$$

当 $h\to0$，$k\to0$ 时，ε_1，ε_2，ε_3 都趋于零，因而

$$\begin{aligned}&f(x_0+h,y_0+k)-f(x_0,y_0)\\&=\frac{1}{2}[f''_{xx}(x_0,y_0)h^2+2f''_{xy}(x_0,y_0)hk+f''_{yy}(x_0,y_0)k^2]+\\&\quad\frac{1}{2}(\varepsilon_1h^2+2\varepsilon_2hk+\varepsilon_3k^2),\end{aligned}\tag{7.26}$$

$\frac{1}{2}(\varepsilon_1h^2+2\varepsilon_2hk+\varepsilon_3k^2)$ 是比 $\frac{1}{2}[f''_{xx}(x_0,y_0)h^2+2f''_{xy}(x_0,y_0)hk+f''_{yy}(x_0,y_0)k^2]$ 高阶的无穷小(当 $h\to0$，$k\to0$ 时)，因此当 h，k 的绝对值充分小时，$f(x_0+h,y_0+k)-f(x_0,y_0)$ 的符号只取决于

$$P=f''_{xx}(x_0,y_0)h^2+2f''_{xy}(x_0,y_0)hk+f''_{yy}(x_0,y_0)k^2$$

的符号. 令

$$A=f''_{xx}(x_0,y_0),\quad B=f''_{xy}(x_0,y_0),\quad C=f''_{yy}(x_0,y_0),$$

则

$$P=Ah^2+2Bhk+Ck^2.\tag{7.27}$$

因此定理中的假设条件(7.27)就是 $B^2-AC<0$，因此 A，C 均不能为 0，且 A，C 必定同号，将式(7.27)写为

$$\begin{aligned}P&=\frac{1}{A}[A^2h^2+2ABhk+ACk^2]\\&=\frac{1}{A}[(Ah+Bk)^2+(AC-B^2)k^2]\\&=\frac{1}{C}[(Bh+Ck)^2+h^2(AC-B^2)].\end{aligned}\tag{7.28}$$

无论 h，k 取什么值(但不同时为 0)，式(7.28)右端的方括号内始终是正数，因此式(7.28)中 P 与 A(或 C)同号，当 h，k 的绝对值足够小时，式(7.26)左端差值 $f(x_0+h,y_0+k)-f(x_0,y_0)$ 的符号也必定与 A(或 C)同号，这即证明了：

(1)当 $A=f''_{xx}(x_0,y_0)>0$(或 $C=f''_{yy}(x_0,y_0)>0$)时，

$$f(x_0+h, y_0+k) > f(x_0, y_0).$$

故函数 $f(x, y)$在点(x_0, y_0)达到极小值 $f(x_0, y_0)$.

(2)当 $A=f''_{xx}(x_0, y_0)<0$(或 $C=f''_{yy}(x_0, y_0)<0$)时,

$$f(x_0+h, y_0+k) < f(x_0, y_0),$$

故函数 $f(x, y)$在点(x_0, y_0)达到极大值 $f(x_0, y_0)$.

同时有:

(1)当 $B^2-AC>0$ 时,$f(x, y)$在点(x_0, y_0)不取极值.

(2)当 $B^2-AC=0$ 时,$f(x, y)$在(x_0, y_0)可能取极值,也可能不取极值.

综上所述,二元函数极值的问题,可以归纳成以下几个步骤:

(1)求偏导数 $f'_x(x, y)$,$f'_y(x, y)$.

(2)解方程组

$$f'_x(x, y)=0,\quad f'_y(x, y)=0,$$

得驻点.

(3)对每一驻点(x_0, y_0)求出二阶偏导数的值:

$$A=f''_{xx}(x_0, y_0),\quad B=f''_{xy}(x_0, y_0),\quad C=f''_{yy}(x_0, y_0).$$

(4)确定 B^2-AC 的符号,当

$B^2-AC<0$ 而$\begin{cases} A>0 \text{ 时}, f(x_0, y_0)\text{为极小值}, \\ A<0 \text{ 时}, f(x_0, y_0)\text{为极大值}; \end{cases}$

$B^2-AC>0$ 时,$f(x_0, y_0)$不是极值;

$B^2-AC=0$ 时,$f(x_0, y_0)$是否取极值,不能确定.

如果根据应用问题的实际背景可以判断函数有极值,而驻点唯一,则可直接计算.

与一元函数类似,多元函数在偏导数不存在的点也可能有极值. 例如,函数

$$z=\begin{cases} x, & x\geqslant 0, \\ -x, & x<0 \end{cases}$$

是与 y 轴相交的两个平面. 显然,凡是 $x=0$ 的点都是函数的极小点.

当 $x>0$ 时,$\dfrac{\partial z}{\partial x}=1$;当 $x<0$ 时,$\dfrac{\partial z}{\partial x}=-1$. 因此在 $x=0$ 时偏导数不存在.

例 9　求函数 $z=x^2-xy+y^2-2x+y$ 的极值.

解　$\dfrac{\partial z}{\partial x}=2x-y-2$,$\dfrac{\partial z}{\partial y}=-x+2y+1$,令$\dfrac{\partial z}{\partial x}=0$,$\dfrac{\partial z}{\partial y}=0$,解方程组

$$\begin{cases} 2x-y-2=0, \\ -x+2y+1=0, \end{cases}$$

得驻点 $x=1$,$y=0$. 在点(1, 0)求得

$$A=\frac{\partial^2 z}{\partial x^2}=2,\quad B=\frac{\partial^2 z}{\partial x\partial y}=-1,\quad C=\frac{\partial^2 z}{\partial y^2}=2,$$

因
$$B^2-AC=1-4=-3<0,$$

而
$$A=2>0,$$

根据定理 3,函数在点(1, 0)取极小值,极小值为 -1.

例 10　确定函数 $f(x, y)=x^3-y^3+3x^2+3y^2-9x$ 的极值点.

解 $f'_x=3x^2+6x-9, f'_y=-3y^2+6y$,令 $f'_x=0, f'_y=0$,解方程组

$$\begin{cases}3x^2+6x-9=0,\\-3y^2+6y=0,\end{cases}$$

求得四个驻点(1, 0), (1, 2), (−3, 0), (−3, 2). 又求出二阶导数

$$f''_{xx}=6x+6,\quad f''_{xy}=0,\quad f''_{yy}=-6y+6,$$

在点(1, 0), $B^2-AC=-12\times 6<0$, $A=12>0$, 故函数在点(1, 0)取极小值, 其值为 $f(1, 0)=-5$.

在点(1, 2), $B^2-AC=12\times 6>0$, 由定理 3, 函数在点(1, 2)不取极值.

在点(−3, 0), $B^2-AC=12\times 6>0$, 由定理 3, 函数在点(−3, 0)不取极值.

在点(−3, 2), $B^2-AC=-12\times 6<0$, $A=-12<0$, 由定理 3, 函数在点(−3, 2)取极大值 $f(-3, 2)=31$.

与一元函数类似, 也可求二元函数的最大值和最小值.

设函数 $z=f(x, y)$在闭区域上连续, 则 $f(x, y)$在 D 上必然取得它的最大值与最小值. 具体计算方法是: 将 $f(x, y)$在 D 内的所有极值及 $f(x, y)$在 D 的边界上的最大值及最小值作比较, 取其中最大的与最小的, 即为所要求的.

例 11 将一长度为 a 之细杆分为三段, 试问如何分才能使三段长度之乘积为最大.

解 令 x 表示第一段之长, y 表示第二段之长, 则第三段之长为 $a-x-y$. 三段长度之乘积为

$$z=f(x, y)=xy(a-x-y).$$

$f'_x=ay-2xy-y^2$, $f'_y=ax-x^2-2xy$,令 $f'_x=f'_y=0$, 解方程组

$$\begin{cases}ay-2xy-y^2=0,\\ax-x^2-2xy=0,\end{cases}$$

得四个驻点(0, 0), $(\frac{a}{3}, \frac{a}{3})$, (0, a)及(a, 0). (0, a)及(a, 0)不合题意, 舍去. 又

$$f''_{xx}(x, y)=-2y,\quad f''_{xy}(x, y)=a-2x-2y,\quad f''_{yy}(x, y)=-2x.$$

在点(0, 0), $B^2-AC=a^2-0=a^2>0$, 根据定理 3, 函数在点(0, 0)不取极值.

在点$\left(\frac{a}{3}, \frac{a}{3}\right)$, $B^2-AC=\left(-\frac{a}{3}\right)^2-\left(-\frac{2}{3}a\right)\left(-\frac{2}{3}a\right)=-\frac{a^2}{3}<0$, 根据定理 3, 函数在点$(\frac{a}{3}, \frac{a}{3})$取极大值 $f(\frac{a}{3}, \frac{a}{3})=\frac{a^3}{27}$.

即将细杆三等分时, 三段长之乘积为最大.

2. 条件极值——拉格朗日乘数法

在研究极值问题时, 对于函数的自变量, 除了限制在函数的定义域内以外, 没有其他附加条件, 这样的极值称为无条件极值. 但是在一些实际问题中, 函数的极值问题还需要对自变量附加约束条件. 约束条件往往需要函数的自变量间满足一定的关系式. 例如, 求闭区域 D 上连续函数 $f(x, y)$在其定义域边界 $\varphi(x, y)$上的极值, 边界曲线就是对自变量 x, y 的约束条件, 对自变量附加约束条件的极值问题称为条件极值.

例如, 求表面积为 a^2 而体积最大的长方体. 若用 x, y, z 分别表示长方体的长、宽、高, V 表示其体积, 则该问题实际上就是在附加条件

$$2xy+2yz+2zx=a^2$$

的限制下，求函数

$$V=xyz$$

的最大值.

又如，求由原点到曲线 $\varphi(x, y)=0$ 的最短距离. 这个问题是要求距离

$$d=\sqrt{x^2+y^2}$$

的最小值，也就是要求出曲线上的点(x, y)，使 d 为最小. 这里 x，y 要受条件 $\varphi(x, y)=0$ 的约束. 换言之，点(x, y)必须限制在曲线 $\varphi(x, y)=0$ 上. 这类问题叫作求**条件极值**，而前面讨论的极值称为**无条件极值**.

条件极值的问题理论上可以化为无条件极值问题来解决. 如果目标函数为 $z=f(x, y)$，约束条件为 $\varphi(x, y)=0$，可由 $\varphi(x, y)=0$ 解出 $y=\psi(x)$，带入 $z=f(x, y)$，再用一元函数求极值的方法计算. 但有时 $\varphi(x, y)=0$ 解不出 $y=\psi(x)$的表达式，拉格朗日乘数法可以求解条件极值问题.

条件极值的计算方法：

(1)求函数 $z=f(x, y)$在条件 $\varphi(x, y)=0$ 限制下的极值.

设函数 $f(x, y)$，$\varphi(x, y)$在(x_0, y_0)附近具有连续偏导数，且 $\varphi'_z(x, y)$，$\varphi'_y(x, y)$不同时为 0(如 $\varphi'_y(x, y)\neq 0$)，将 y 视为由隐函数方程 $\varphi(x, y)=0$ 确定的 x 的函数 $y=\psi(x)$，于是二元函数的条件极值问题就化为一元函数 $z=f[x, \psi(x)]$的无条件极值问题，因此在极值点处必须满足一元函数极值存在的必要条件：

$$\frac{\mathrm{d}z}{\mathrm{d}x}=0,$$

而

$$\frac{\mathrm{d}z}{\mathrm{d}x}=f'_x(x, y)+f'_y(x, y)\frac{\mathrm{d}y}{\mathrm{d}x},$$

又

$$\frac{\mathrm{d}y}{\mathrm{d}x}=-\frac{\varphi'_x(x, y)}{\varphi'_y(x, y)},$$

所以

$$\frac{\mathrm{d}z}{\mathrm{d}x}=f'_x(x, y)-\frac{\varphi'_x(x, y)}{\varphi'_y(x, y)}f'_y(x, y).$$

极值点的坐标必须满足方程

$$f'_x(x, y)-\frac{\varphi'_x(x, y)}{\varphi'_y(x, y)}f'_y(x, y)=0,$$

或

$$f'_x(x, y)\varphi'_y(x, y)-f'_y(x, y)\varphi'_x(x, y)=0 \tag{7.29}$$

和

$$\varphi(x, y)=0. \tag{7.30}$$

将方程(7.29)、(7.30)联立解出(x, y)，即得可能的极值点.

再设 λ 为任意常数，二元函数

$$F(x, y)\equiv f(x, y)+\lambda\varphi(x, y)$$

求偏导，得

$$\begin{cases} F'_x(x, y) \equiv f'_x(x, y) + \lambda\varphi'_x(x, y), \\ F'_y(x, y) \equiv f'_y(x, y) + \lambda\varphi'_y(x, y). \end{cases}$$

令

$$F'_x(x, y)=0, \quad F'_y(x, y)=0,$$

得无条件极值的必要条件为

$$\begin{cases} f'_x(x, y)+\lambda\varphi'_x(x, y)=0, \\ f'_y(x, y)+\lambda\varphi'_y(x, y)=0. \end{cases}$$

上式中消去 λ，得到与(7.29)相同的结果. 从而有：

拉格朗日乘数法 为了求函数 $f(x, y)$在条件 $\varphi(x, y)=0$ 限制下的极值，可用一常数 λ 乘 $\varphi(x, y)$后与 $f(x, y)$相加，得**拉格朗日函数**

$$F(x, y) = f(x, y) + \lambda\varphi(x, y).$$

写出 $F(x, y)$无条件极值的必要条件为

$$\begin{cases} F'_x(x, y) = 0, \\ F'_y(x, y) = 0, \end{cases}$$

即

$$\begin{cases} f'_x(x, y) + \lambda\varphi'_x(x, y) = 0, \\ f'_y(x, y) + \lambda\varphi'_y(x, y) = 0, \end{cases} \tag{7.31}$$

将方程组(7.31)与方程(7.30)联立消去 λ 解出 x，y，这样的 x，y 就是驻点的坐标. 至于是否为极值点，在实际问题中往往可以根据物理和几何背景得出结论.

以上所讲的方法叫作**拉格朗日乘数法**，λ 叫作**拉格朗日乘数**.

(2)在两个条件 $G(x, y, z)=0$，$H(x, y, z)=0$ 的限制下，求函数 $F(x, y, z)$的极值.

用常数 λ，μ 分别去乘 G 和 H，作出拉格朗日函数

$$L(x, y, z) = F(x, y, z) + \lambda G(x, y, z) + \mu H(x, y, z).$$

写出无条件时取极值的必要条件：

$$\begin{cases} L'_x(x, y, z) = 0, \\ L'_y(x, y, z) = 0, \\ L'_z(x, y, z) = 0. \end{cases} \tag{7.32}$$

这三个方程与限制条件 $G(x, y, z)=0$，$H(x, y, z)=0$ 联立消去 λ，μ，解出 x，y，z，它们即是驻点的坐标.

(3)求 n 元函数 $f(x_1, x_2, \cdots, x_n)$在 $m(m<n)$个附加条件 $\varphi_1(x_1, x_2, \cdots, x_n)=0$，$\varphi_2(x_1, x_2, \cdots, x_n)=0$，…，$\varphi_m(x_1, x_2, \cdots, x_n)=0$ 下的极值.

用常数 λ_1，λ_2，…，λ_m 依次乘 φ_1，φ_2，…，φ_m，作出拉格朗日函数

$$L(x_1, x_2, \cdots, x_n) = f + \lambda_1\varphi_1 + \lambda_2\varphi_2 + \cdots + \lambda_m\varphi_m,$$

求偏导，

$$\begin{aligned}
\frac{\partial L}{\partial x_1} &= \frac{\partial f}{\partial x_1} + \lambda_1 \frac{\partial \varphi_1}{\partial x_1} + \lambda_2 \frac{\partial \varphi_2}{\partial x_1} + \cdots + \lambda_m \frac{\partial \varphi_m}{\partial x_1}, \\
\frac{\partial L}{\partial x_2} &= \frac{\partial f}{\partial x_2} + \lambda_1 \frac{\partial \varphi_1}{\partial x_2} + \lambda_2 \frac{\partial \varphi_2}{\partial x_2} + \cdots + \lambda_m \frac{\partial \varphi_m}{\partial x_2}, \\
&\cdots\cdots \\
\frac{\partial L}{\partial x_n} &= \frac{\partial f}{\partial x_n} + \lambda_1 \frac{\partial \varphi_1}{\partial x_n} + \lambda_2 \frac{\partial \varphi_2}{\partial x_n} + \cdots + \lambda_m \frac{\partial \varphi_m}{\partial x_n}.
\end{aligned} \tag{7.33}$$

令$\frac{\partial L}{\partial x_i}=0(i=1,2,\cdots,n)$，得

$$\begin{gathered}
\frac{\partial f}{\partial x_1} + \lambda_1 \frac{\partial \varphi_1}{\partial x_1} + \cdots = 0 \\
\vdots \\
\frac{\partial f}{\partial x_n} + \lambda_1 \frac{\partial \varphi_1}{\partial x_n} + \cdots = 0
\end{gathered}$$

将方程组(7.33)中的 n 个方程与附加条件联立，消去 λ_1，λ_2，…，λ_m，解出 x_1，x_2，…，x_n. 它们即是驻点的坐标.

例 12　求表面积为 a^2 而体积最大的长方体.

解　设长方体三棱的长分别为 x，y，z，则体积为

$$f(x, y, z) = xyz.$$

约束条件为

$$\varphi(x, y, z) = 2xy + 2yz + 2zx - a^2 = 0.$$

令函数

$$F(x, y, z) = xyz + \lambda(2xy + 2yz + 2zx - a^2)$$

的一阶偏导数为 0，得

$$\begin{cases} yz + 2\lambda(y + z) = 0, \\ xz + 2\lambda(z + x) = 0, \\ xy + 2\lambda(x + y) = 0, \end{cases}$$

与

$$2xy + 2yz + 2zx - a^2 = 0$$

联立求解：由前三式得 $x=y=z$，代入约束条件得

$$x = y = z = \frac{a}{\sqrt{6}}.$$

即当三棱的长度相等时，长方体体积最大.

例 13　试分已知的正数 a 为三个正数 x，y，z 之和，使

$$f(x, y, z) = x^\alpha y^\beta z^\gamma$$

为最大，这里 α，β，γ 是三个已知的正数(如图 7.14 所示).

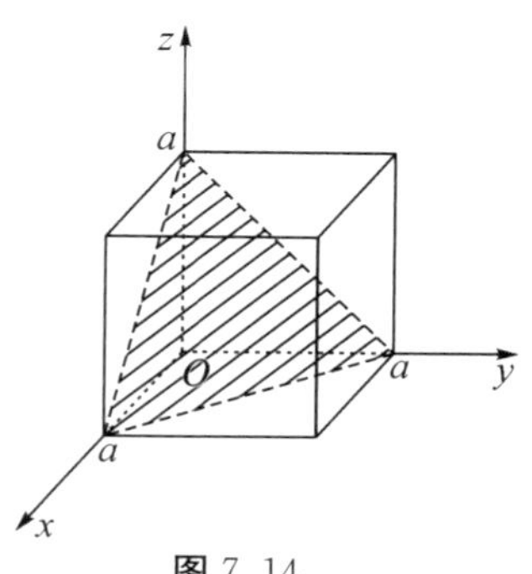

图 7.14

解　现在的约束条件是

$$x + y + z = a(x \geqslant 0, y \geqslant 0, z \geqslant 0).$$

由此条件所确定的点集是平面 $x+y+z=a$ 位于第一卦限中的部分，即图中有阴影的三角形，它是一个闭集，而 $f(x, y, z)$是连续的，故必在其上的某点达到最大值(最小值为 0).

作拉格朗日函数

$$L(x, y, z) = x^{\alpha} y^{\beta} z^{\gamma} - \lambda(x + y + z - a).$$

令偏导数为0，得

$$\begin{cases} \alpha x^{\alpha-1} y^{\beta} z^{\gamma} - \lambda = 0, \\ \beta x^{\alpha} y^{\beta-1} z^{\gamma} - \lambda = 0, \\ \gamma x^{\alpha} y^{\beta} z^{\gamma-1} - \lambda = 0. \end{cases}$$

解之得

$$\frac{x}{\alpha} = \frac{y}{\beta} = \frac{z}{\gamma}.$$

代入约束条件

$$x + y + z - a = 0,$$

得

$$x = \frac{a\alpha}{\alpha+\beta+\gamma}, \quad y = \frac{a\beta}{\alpha+\beta+\gamma}, \quad z = \frac{a\gamma}{\alpha+\beta+\gamma}.$$

即当 x，y，z 与 α，β，γ 之间的关系如上式时，$x^{\alpha} y^{\beta} z^{\gamma}$ 的值最大.

例 14　求抛物线 $y=x^2$ 到直线 $x-y-2=0$ 之间的最短距离.

解　设抛物线上的点为(x, y)，它到直线 $x-y-2=0$ 的距离为 $d=\frac{|x-y-2|}{\sqrt{2}}$. 问题化为求 $f(x, y)=2d^2=(x-y-2)^2$ 在条件 $\varphi(x, y)=y-x^2=0$ 下的最小值问题.

令拉格朗日函数为

$$F(x, y, \lambda) = (x-y-2)^2 + \lambda(y-x^2),$$

令 $F(x, y, \lambda)$对 x，y，λ 的偏导数为零，即

$$\begin{cases} 2(x-y-2) - 2\lambda x = 0, \\ -2(x-y-2) + \lambda = 0, \\ y - x^2 = 0, \end{cases}$$

解之得

$$x = \frac{1}{2}, \quad y = \frac{1}{4}.$$

由题意，最短距离是存在的，故在抛物线上点$\left(\frac{1}{2}, \frac{1}{4}\right)$到直线的距离最短，即

$$d = \frac{\left|\frac{1}{2} - \frac{1}{4} - 2\right|}{\sqrt{2}} = \frac{7}{4\sqrt{2}}.$$

习题 7—2

1. 求曲线 $x=t^2$，$y=1-t$，$z=t^3$ 在点$(1, 0, 1)$处的切线与法平面方程.

2. 求曲线 $x=t-\sin t$，$y=1-\cos t$，$z=4\sin\frac{t}{2}$在点$\left(\frac{\pi}{2}-1, 1, 2\sqrt{2}\right)$处的切线与法平面方程.

3. 求曲线 $x=t$，$y=t^2$，$z=t^3$ 上的点，使在该点的切线平行于已知平面 $x+2y+z=4$.

4. 求曲面 $e^z-z+xy=3$ 在点(2，1，0)处的切平面及法线方程.

5. 求曲面 $z=2x^2+4y^2$ 在点(2，1，12)处的切平面及法线方程.

6. 求椭球面 $x^2+2y^2+3z^2=21$ 上平行于平面 $x+4y+6z=0$ 的切平面方程.

7. 在椭球面$\frac{x^2}{a^2}+\frac{y^2}{b^2}+\frac{z^2}{c^2}=1$ 上什么点处，椭球面的法线与坐标轴成等角？

8. 试证曲面$\sqrt{x}+\sqrt{y}+\sqrt{z}=\sqrt{a}$ $(a>0)$上任意点处的切平面在各坐标轴上的截距之和等于 a.

9. 在曲面 $z=xy$ 上求一点，使该点处的切平面平行于平面 $x+3y+z+9=0$.

10. 证明曲面 $x+2y-\ln z+4=0$ 和 $x^2-xy-8x+z+5=0$ 在点(2，−3，1)处相切(即有公共切平面).

11. 求下列函数的极值.

(1)$z=x^3+3xy^2-15x+y^3-15y$；

(2)$z=1-(x^2+y^2)^{2/3}$；

(3)$z=e^{2x}(x+y^2+2y)$.

12. 求函数 $u=x^2+xy+y^2+x-y+1$ 在 $y=x+2$，$x=0$，$y=0$ 所围成的闭区域上的最大值和最小值.

13. 求函数 $f(x,y)=x^2-y^2$ 在圆域 $x^2+y^2\leqslant 4$ 上的最大值与最小值.

14. 在椭圆 $x^2+4y^2=4$ 上求一点，使其到直线 $2x+3y-6=0$ 的距离为最近.

15. 求内接于椭球面$\frac{x^2}{a^2}+\frac{y^2}{b^2}+\frac{z^2}{c^2}=1$，且体积最大的长方体.

16. 经过点(1，1，1)的所有平面中，哪一个平面与坐标面在第一卦限所围的立体的体积最小？并求此最小体积.

17. 横断面为半圆形的柱形张口浴盆，表面积为 S，怎样才能使此盆有最大容积？

18. 求 $u=x^2-xy+y^2$ 在(1，1)处沿向量 $\boldsymbol{l}=\{\cos\alpha,\sin\alpha\}$的方向导数，并求：

(1)在什么方向上方向导数有最大值；

(2)在什么方向上方向导数有最小值；

(3)在什么方向上方向导数是零；

(4)u 的梯度.

19. 求 $u=xyz$ 在点 $P(1,1,1)$处的梯度以及沿 $\boldsymbol{l}=\{2,-1,3\}$的方向导数.

20. 求函数 $u=x^2+2y^2+3z^2+xy+3x-2y$ 在$O(0,0,0)$及 $A(1,1,1)$处的梯度及其大小.

总复习题七

1. 设 $z=f\left(\frac{y^2}{x}\right)$，计算 $2\frac{\partial z}{\partial x}+\frac{y}{x}\frac{\partial z}{\partial y}$.

2. 设 $z=(x^2+y^2)e^{-\arctan\frac{y}{x}}$，求 dz.

3. 设 $z=e^{xy}\arctan(x+y)$，求$\frac{\partial z}{\partial x}$，$\frac{\partial z}{\partial y}$.

4. 设 $z=\frac{u}{y}+\mathrm{e}^{-ux}+f(u)$，而中间变量 u 满足关系式 $x\mathrm{e}^{-ux}-f'(u)=\frac{1}{y}$，其中 $u(x, y)$ 和 $f(u)$ 均为可微函数，试求：使等式 $\frac{\partial z}{\partial x}=\frac{\partial z}{\partial y}$ 成立的 $u(x, y)$.

5. 常量 a，b 取何值时，变换 $\xi=x+ay$，$\eta=x+by$ 可将方程 $\frac{\partial^2 u}{\partial x^2}+4\frac{\partial^2 u}{\partial x\partial y}+3\frac{\partial^2 u}{\partial y^2}=0$ 化简为 $\frac{\partial^2 u}{\partial\xi\partial\eta}=0$.

6. 求内接于椭球面 $\frac{x^2}{a^2}+\frac{y^2}{b^2}+\frac{z^2}{c^2}=1$，且体积最大的长方体.

7. 求曲面 $3x^2+y^2-z^2=3z$ 在点 $M(1, 1, 1)$ 处的切平面和法线方程.

8. 设 $z=x\varphi(xy, y^2)$，其中 φ 具有二阶连续偏导数，求 $\frac{\partial^2 z}{\partial x\partial y}$.

9. 设 $z=x\arctan(xy)$，求 $z_x\big|_{(1,1)}$，$z_y\big|_{(1,1)}$，$\mathbf{grad}z\big|_{(1,1)}$.

10. 求函数 $z=x\mathrm{e}^{2y}$ 在点 $P(1, 0)$ 沿从 P 到点 $Q(2, -1)$ 方向的方向导数.

11. 设 $z=z(x, y)$ 是由 $x^2-6xy+10y^2-2yz-z^2+18=0$ 确定的函数，求 $z=z(x, y)$ 的极值点和极值.

12. 设 $u=f(x, y, z)$，而 $y=\varphi(x, t)$，$t=\psi(x, z)$，求 $\frac{\partial u}{\partial x}$.

13. 设 $f(x, y)=\begin{cases}(x^2+y^2)\sin\frac{1}{x^2+y^2}, & (x, y)\neq(0, 0),\\ 0, & (x,y)=(0,0).\end{cases}$ 试求 $f''_{xy}(0, 0)$，$f''_{yx}(0, 0)$.

14. 设 $z=z(x, y)$ 是由方程 $ax^2+by^2+cz^2=1$ 所确定的隐函数，求 $\frac{\partial^2 z}{\partial x^2}$，$\frac{\partial^2 z}{\partial x\partial y}$，$\frac{\partial^2 z}{\partial y^2}$.

15. 设 f，g 均可微，$z=f(xy,\ln x+g(xy))$，求 $x\frac{\partial z}{\partial x}-y\frac{\partial z}{\partial y}$.

第 8 章　重积分及其应用

在上册一元函数积分学中我们知道，定积分是一元函数在区间上某种确定形式的和的极限. 本书第 8 章和第 9 章是多元函数积分学的内容，将这种和式的极限的概念和计算方法推广到定义在平面或空间区域、曲线及曲面上多元函数的情形，得到重积分、曲线积分及曲面积分. 本章介绍重积分的概念、计算方法和技巧以及它们的应用.

§8.1　二重积分的概念与性质

§8.1.1　二重积分的概念

1. 曲顶柱体的体积

观察图 8.1 这类空间立体图形，它们的底面是一片有界平面区域，侧面是与底面垂直的直柱面，顶面是位于底面之上包含在柱面内的一张曲面(如图 8.1(b)所示，侧面可能收缩成一条闭曲线)，称为曲顶柱体. 通常建立如图8.2所示的空间直角坐标系，曲顶柱体的底面是在 xOy 面上的闭区域 D，侧面是以 D 的边界曲线为准线而母线平行于 z 轴的直柱面，顶面是在 D 上的连续函数 $z=f(x, y)$所表示的曲面.

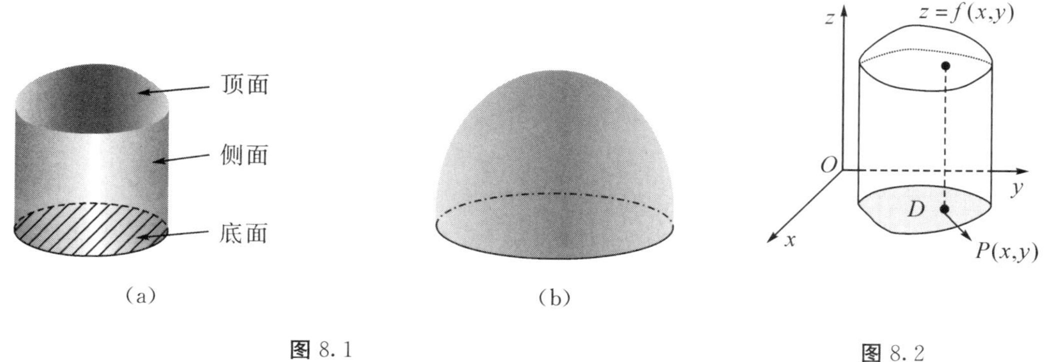

图 8.1　　图 8.2

平顶柱体的高是不变的，其体积=底面面积×高. 但对于曲顶柱体，当点$P(x, y)$在区域 D 上变动时，高度 $f(x, y)$是变化的，不能直接用这个公式来计算它的体积. 与求曲边梯形的面积类似，我们用“分割求和取极限”即“元素法”的思想来计算曲顶柱体的体积.

例 1　估计以 xOy 面上矩形区域 $D=[0,2;0,2]$ 为底面，二元函数 $z=16-x^2-2y^2$ 表示的曲面为顶面的曲顶柱体 Ω 的体积(如图 8.3 所示).

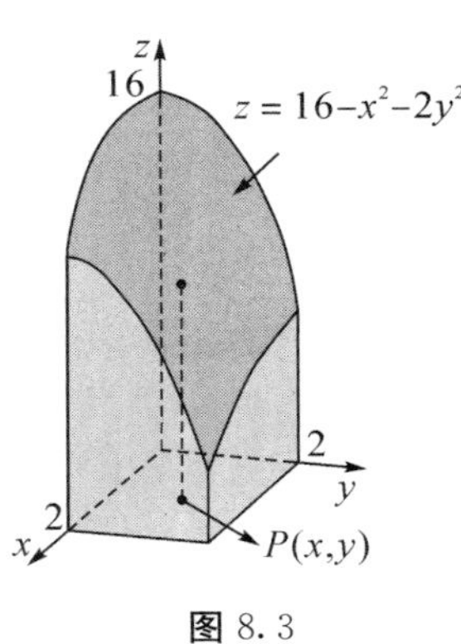

图 8.3

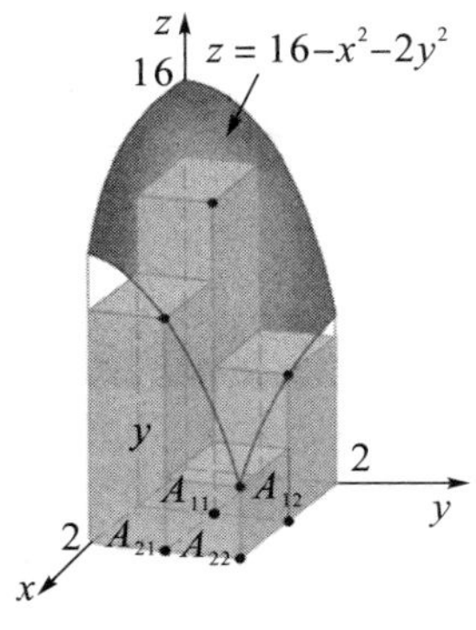

图 8.4

解　如图 8.4 所示，把曲顶柱体 Ω 分成 4 个小曲顶柱体，它们的底面是边长为 1 的正方形. 用底面正方形右上端点对应的函数值为高作 4 个小长方体. 这 4 个小长方体的体积近似地认为是曲顶柱体 Ω 的体积，即

$$\begin{aligned} V &\approx \sum_{i=1}^{2}\sum_{j=1}^{2} f(x_i,\ y_j)\Delta A_{ij} \\ &= f(1,\ 1)\Delta A_{11} + f(1,\ 2)\Delta A_{12} + f(2,\ 1)\Delta A_{21} + f(2,\ 2)\Delta A_{22} \\ &= 13\times 1 + 7\times 1 + 10\times 1 + 4\times 1 = 34. \end{aligned}$$

为了得到更接近的或误差更小的体积值，我们把分割加细. 图 8.5 表明了当把曲顶柱体 Ω 分成 16、64 和 256 个小曲顶柱体时，按底面正方形右上端点对应的函数值为高作长方体的总体积. 下一节我们将计算得到它体积的精确值为 48.

(a)$m=n=4$, $V\approx 41.5$

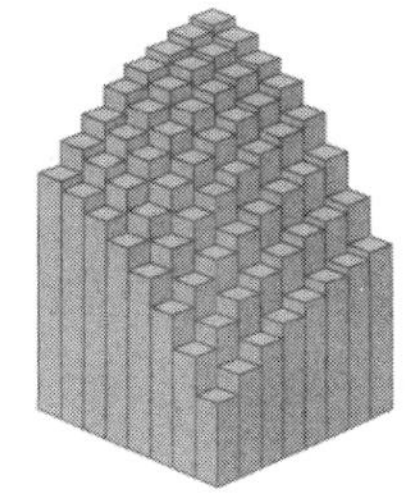

(b)$m=n=8$, $V\approx 44.875$

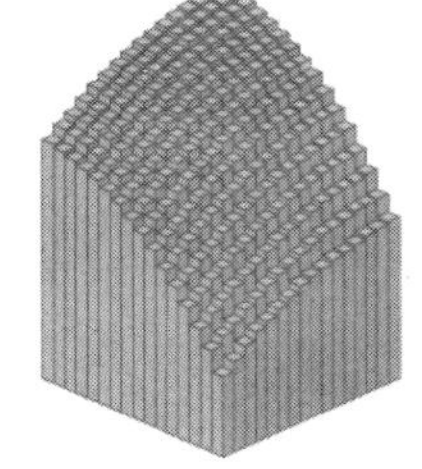

(c)$m=n=16$, $V\approx 46.46875$

图 8.5

练习　用这些 $4,16,\cdots,4^n$ 个小正方形的左下端点对应的函数值为高，估计 Ω 的体积.

一般地，我们用“元素法”的思想建立二重积分来计算曲顶柱体 Ω 的体积. 如图 8.6 所示，先用一组曲线网把底面 D 分成 n 个小闭区域

$$\Delta\sigma_1,\ \Delta\sigma_2,\ \cdots,\ \Delta\sigma_n,$$

为了方便，这里 $\Delta\sigma_i$ 表示第 i 个小区域也表示这个小区域的面积，并把区域 $\Delta\sigma_i$ 内任两点间距离的最大值称为该区域的直径 $\lambda_i(1\leqslant i\leqslant n)$. 再以这些小区域 $\Delta\sigma_i$ 的边界曲线为准线作母线平行于 z 轴的柱面，相应地把 Ω 分为 n 块细曲顶柱体 $\Delta\Omega_1,\Delta\Omega_2,\cdots,\Delta\Omega_n$. 当每个区域

$\Delta\sigma_i$ 的直径很小时，连续函数 $f(x,y)$ 在 $\Delta\sigma_i$ 上变化也很小，可以近似地看作是不变的：在 $\Delta\sigma_i$ 中任取一点 (ξ_i,η_i)，以这点函数值 $f(\xi_i,\eta_i)$ 作为细曲顶柱体 $\Delta\Omega_i$ 平均的高度，即把 $\Delta\Omega_i$ 近似地看作细平顶柱体. 因此，细曲顶柱体 $\Delta\Omega_i$ 的体积为

$$\Delta V_i \approx f(\xi_i,\ \eta_i)\Delta\sigma_i \quad (i=1,\ 2,\ \cdots,\ n).$$

把所有 n 块细平顶柱体体积的和，近似地作为曲顶柱体 Ω 的体积，即

$$V \approx \sum_{i=1}^{n} f(\xi_i,\ \eta_i)\Delta\sigma_i$$

为了得到曲顶柱体体积的精确值，我们将分割加细，当这些小区域的直径中的最大值(记作 λ)趋于零时，取上式和的极限，该极限就是曲顶柱体 Ω 的体积，即

$$V = \lim_{\lambda\to 0}\sum_{i=1}^{n} f(\xi_i,\ \eta_i)\Delta\sigma_i.$$

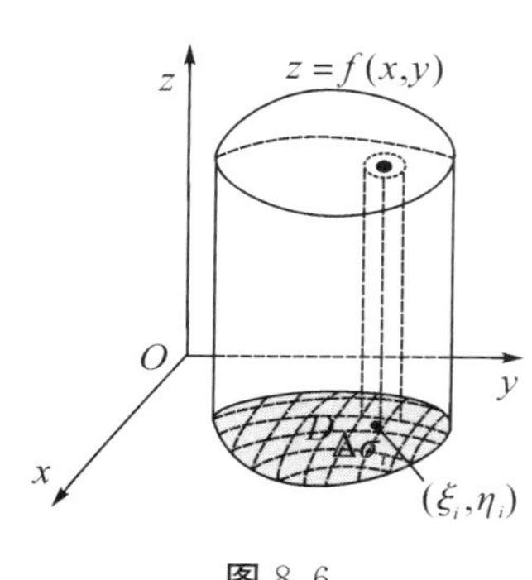

图 8.6

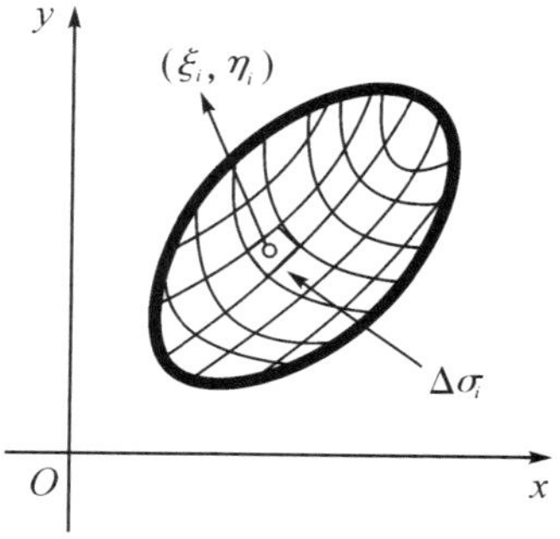

图 8.7

2. 平面薄片的质量

设有一平面薄片占有 xOy 面上的闭区域 D，如图 8.7 所示，它在点 $(x,\ y)$ 处的面密度为 $\rho(x,\ y)$，这里 $\rho(x,\ y)\geqslant 0$ 且在 D 上连续. 现在计算该薄片的质量 M.

如果薄片是均匀的，即面密度为常数，则

薄片的质量 = 面密度 × 薄片的面积.

但是当薄片的面密度变化时，不能直接用上面的公式来计算它的质量. 我们仍用“元素法”的思想来计算非均匀薄片的质量. 如图 8.7 所示，用一组曲线网把 D 分成 n 块小薄片

$$\Delta\sigma_1,\ \Delta\sigma_2,\ \cdots,\ \Delta\sigma_n,$$

当小薄片 $\Delta\sigma_i$ 的直径很小时，连续函数 $\rho(x,\ y)$ 在 $\Delta\sigma_i$ 上变化很小，可以近似地把这个小薄片看作是均匀的：在 $\Delta\sigma_i$ 中任取一点 $(\xi_i,\ \eta_i)$，用这一点的面密度 $\rho(\xi_i,\ \eta_i)$ 作为这个小薄片平均的面密度，因此，小薄片 $\Delta\sigma_i$ 的质量 ΔM_i 为

$$\Delta M_i \approx \rho(\xi_i,\ \eta_i)\Delta\sigma_i \quad (i=1,2,\cdots,n).$$

把所有 n 个小薄片质量的和，近似地作为平面薄片的质量，即

$$M \approx \sum_{i=1}^{n}\rho(\xi_i,\ \eta_i)\Delta\sigma_i.$$

同样地，我们将分割加细，当这些小区域的直径中的最大值 $\lambda\to 0$ 时，取上式和的极限，其极限就是平面薄片的质量，即

$$M = \lim_{\lambda\to 0}\sum_{i=1}^{n}\rho(\xi_i,\ \eta_i)\Delta\sigma_i.$$

上面两个问题的实际背景虽然不同，但所求的量都可归结为同一类型的和的极限. 一般地，我们研究这种极限问题并引入二重积分的定义.

定义 1 设 $f(x, y)$是平面有界闭区域 D 上的有界函数. 将闭区域 D 任意分成 n 个小闭区域$\Delta\sigma_1$，$\Delta\sigma_2$，⋯，$\Delta\sigma_n$，其中$\Delta\sigma_i$表示第 i 个小区域，也表示它的面积($i=1,2,\cdots,n$). 在每个$\Delta\sigma_i$上任取一点(ξ_i, η_i)，作和

$$\sum_{i=1}^{n} f(\xi_i, \eta_i)\Delta\sigma_i.$$

如果当所有小闭区域的直径的最大值 λ 都趋于零时，这和的极限总存在且相等，则称此极限为函数$f(x, y)$在闭区域 D 上的二重积分，记作$\iint\limits_{D} f(x, y)\mathrm{d}\sigma$，即

$$\iint\limits_{D} f(x, y)\mathrm{d}\sigma = \lim_{\lambda \to 0}\sum_{i=1}^{n} f(\xi_i, \eta_i)\Delta\sigma_i. \qquad (8.1)$$

式中，D 为积分区域，x，y 为积分变量，$f(x, y)$称为被积函数，$\mathrm{d}\sigma$ 为面积元素，$f(x, y)\mathrm{d}\sigma$ 称为被积表达式，$\sum\limits_{i=1}^{n} f(\xi_i, \eta_i)\Delta\sigma_i$ 称为积分和.

在定义中，闭区域 D 的划分是任意的，为了方便，在直角坐标系下常用平行于坐标轴的直线网来划分. 设矩形闭区域$\Delta\sigma_i$的边长为 Δx_i 和 Δy_i，则 $\Delta\sigma_i=\Delta x_i\Delta y_i$. 因此，我们把面积元素 $\mathrm{d}\sigma$ 记作 $\mathrm{d}x\mathrm{d}y$,称之为平面直角坐标系下的面积元素. 相应地，二重积分记作

$$\iint\limits_{D} f(x, y)\mathrm{d}x\mathrm{d}y.$$

当 $f(x, y)$在闭区域 D 上连续时，式(8.1)右端的积分和的极限是存在的，即连续函数 $f(x, y)$在区域 D 上可积. 以后我们总假定函数 $f(x, y)$在闭区域 D 上连续或分片连续.

一般地，如果 $f(x, y)\geqslant 0$，被积函数 $f(x, y)$可解释为曲顶柱体在底面上的点(x, y)对应顶面上的点(x,y,z)处的竖坐标或者高，因此二重积分的几何意义就是曲顶柱体的体积. 如果 $f(x, y)$是负的，柱体就在 xOy 面的下方，二重积分的绝对值仍等于柱体的体积，但二重积分的值是负的. 如果把 xOy 面上方的柱体的体积取为正数，xOy 面下方的柱体的体积取为负数，则 $f(x, y)$在 D 上的二重积分就等于这些柱体的体积的代数和.

§8.1.2 二重积分的性质

由于定积分和二重积分都是一类确定形式的和的极限，它们有类似的性质.

性质 1(线性运算性质) 设 $f(x,y)$，$g(x,y)$在闭区域 D 上可积，c_1，c_2为常数，则

$$\iint\limits_{D}[c_1 f(x, y)+c_2 g(x, y)]\mathrm{d}\sigma = c_1\iint\limits_{D} f(x, y)\mathrm{d}\sigma + c_2\iint\limits_{D} g(x, y)\mathrm{d}\sigma.$$

性质 2(积分区域可加性) 如果闭区域 D 被有限条曲线分为有限个部分闭区域，则在 D 上的二重积分等于在各部分闭区域上的二重积分的和.

例如，D 分为两个无公共内点的闭区域 D_1 与 D_2，则

$$\iint\limits_{D} f(x, y)\mathrm{d}\sigma = \iint\limits_{D_1} f(x, y)\mathrm{d}\sigma + \iint\limits_{D_2} f(x, y)\mathrm{d}\sigma.$$

性质 3　如果在 D 上有 $f(x, y)=1$，σ 为 D 的面积，则

$$\sigma=\iint\limits_{D} 1 \cdot \mathrm{d}\sigma=\iint\limits_{D} \mathrm{d}\sigma.$$

性质 4(单调性)　如果在 D 上，总有 $f(x, y) \leqslant g(x, y)$，则有

$$\iint\limits_{D} f(x, y) \mathrm{d}\sigma \leqslant \iint\limits_{D} g(x, y) \mathrm{d}\sigma.$$

特别地，由于 $-|f(x, y)| \leqslant f(x, y) \leqslant|f(x, y)|$，则

$$\left|\iint\limits_{D} f(x, y) \mathrm{d}\sigma\right| \leqslant \iint\limits_{D}|f(x, y)| \mathrm{d}\sigma.$$

性质 5(估值不等式)　设 M，m 分别是 $f(x, y)$ 在闭区域 D 上的最大值和最小值，σ 为 D 的面积，则有

$$m\sigma \leqslant \iint\limits_{D} f(x, y) \mathrm{d}\sigma \leqslant M\sigma.$$

由上面的不等式可以得到

$$m \leqslant \frac{1}{\sigma} \iint\limits_{D} f(x, y) \mathrm{d}\sigma \leqslant M,$$

数值 $\frac{1}{\sigma} \iint\limits_{D} f(x, y) \mathrm{d}\sigma$ 可以看作是曲顶柱体 Ω 平均的高度，介于被积函数 $f(x, y)$ 在 D 上的最大值和最小值之间. 根据闭区域上连续函数的介值定理，有下面的性质：

性质 6(二重积分的中值定理)　设函数 $f(x, y)$ 在闭区域 D 上连续，σ 为 D 的面积，则在 D 上至少存在一点(ξ, η)，使得

$$\iint\limits_{D} f(x, y) \mathrm{d}\sigma=f(\xi, \eta)\sigma.$$

例 2　不作计算，估计 $I=\iint\limits_{D} \mathrm{e}^{x^2+y^2} \mathrm{d}\sigma$ 的值，其中 D：$\frac{x^2}{a^2}+\frac{y^2}{b^2} \leqslant 1$，$0<b<a$.

解　在闭区域 D 上有 $0 \leqslant x^2+y^2 \leqslant a^2$，则 $1=\mathrm{e}^0 \leqslant \mathrm{e}^{x^2+y^2} \leqslant \mathrm{e}^{a^2}$. 由性质 5 可得

$$\sigma \leqslant \iint\limits_{D} \mathrm{e}^{(x^2+y^2)} \mathrm{d}\sigma \leqslant \sigma \cdot \mathrm{e}^{a^2}.$$

因为区域 D 的面积 $\sigma=ab\pi$，所以

$$ab\pi \leqslant \iint\limits_{D} \mathrm{e}^{x^2+y^2} \mathrm{d}\sigma \leqslant ab\pi \mathrm{e}^{a^2}.$$

例 3　比较积分 $\iint\limits_{D} \ln(x+y) \mathrm{d}\sigma$ 与 $\iint\limits_{D}[\ln(x+y)]^2 \mathrm{d}\sigma$ 的大小，其中 D 是三角形闭区域，三个顶点分别为(1，0)，(1，1)，(2，0).

解　如图 8.8 所示，三角形斜边的直线方程为

$$x+y=2.$$

在区域 D 中，$1 \leqslant x+y \leqslant 2<\mathrm{e}$，则 $0<\ln(x+y)<1$ 和 $\ln(x+y)>[\ln(x+y)]^2$，因此

$$\iint\limits_{D} \ln(x+y) \mathrm{d}\sigma>\iint\limits_{D}[\ln(x+y)]^2 \mathrm{d}\sigma.$$

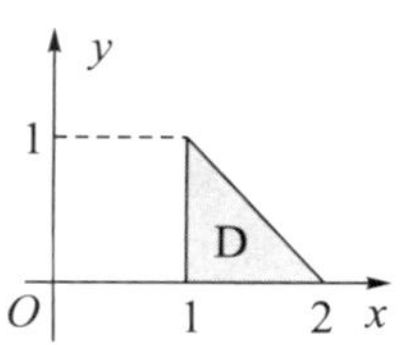

图 8.8

例 4　设 $z=4+\sin^2x+y^2$，求 $\lim\limits_{r\to0}\dfrac{1}{\pi r^2}\iint\limits_{D_r}e^z\,dx\,dy$，其中 D_r：$x^2+y^2\leqslant r^2$.

需注意的是，二重积分 $\iint\limits_{D_r}e^z\,dx\,dy$ 的值与 r 有关，可以看作一种积分限函数，直接计算较困难；虽然该极限是"$\dfrac{0}{0}$"的不定型，但用 L'hospital 法则计算也困难. 因此，我们用性质 6 即二重积分的中值定理来解决.

解　因为 $e^z=e^{4+\sin^2x+y^2}$ 在 D_r：$x^2+y^2\leqslant r^2$ 上连续，则存在 D_r 内一点 (ξ,η)，使得

$$\iint\limits_{D_r}e^z\,dx\,dy=\pi r^2e^{4+\sin^2\xi+\eta^2}.$$

当 $r\to0$ 时，有 $(\xi,\eta)\to O(0,0)$，因此

$$\lim_{r\to0}\frac{1}{\pi r^2}\iint\limits_{D_r}e^z\,dx\,dy=e^4.$$

习题 8－1

1. 设 $I_i=\iint\limits_{D_i}(x^2+y^2)^3\,d\sigma$，其中 $D_1=\{(x,y)\mid-1\leqslant x\leqslant1,-2\leqslant y\leqslant2\}$，$D_2=\{(x,y)\mid0\leqslant x\leqslant1,0\leqslant y\leqslant2\}$. 试利用二重积分的几何意义说明 I_1 与 I_2 之间的关系.

2. 利用二重积分定义证明.

(1) $\iint\limits_{D}d\sigma=\sigma$，其中 σ 为 D 的面积；

(2) $\iint\limits_{D}kf(x,y)\,d\sigma=k\iint\limits_{D}f(x,y)\,d\sigma$，其中 k 为常数；

(3) $\iint\limits_{D}f(x,y)\,d\sigma=\iint\limits_{D_1}f(x,y)\,d\sigma+\iint\limits_{D_2}f(x,y)\,d\sigma$，其中 $D=D_1\cup D_2$，D_1，D_2 为两个无公共内点的闭区域.

3. 根据二重积分的性质，比较下列积分的大小.

(1) $\iint\limits_{D}(x+y)^2\,d\sigma$ 与 $\iint\limits_{D}(x+y)^3\,d\sigma$，其中 D 是由 x 轴、y 轴与直线 $x+y=1$ 所围成；

(2) $\iint\limits_{D}(x+y)^2\,d\sigma$ 与 $\iint\limits_{D}(x+y)^3\,d\sigma$，其中 D 是由圆周 $(x-2)^2+(y-1)^2=2$ 所围成；

(3) $\iint\limits_{D}\ln(x+y)\,d\sigma$ 与 $\iint\limits_{D}[\ln(x+y)]^2\,d\sigma$，其中 D 是三角形闭区域，三顶点分别为 $(1,0)$，$(1,1)$，$(2,0)$；

(4) $\iint\limits_{D}\ln(x+y)\,d\sigma$ 与 $\iint\limits_{D}[\ln(x+y)]^2\,d\sigma$，其中 $D=\{(x,y)\mid3\leqslant x\leqslant5,0\leqslant y\leqslant1\}$.

4. 利用二重积分的几何意义画图并计算 $\iint\limits_{D}\sqrt{1-x^2-y^2}\,dx\,dy$，其中 D：$x^2+y^2\leqslant1$.

5. 设 $f(x, y)$ 在 $\mathbf{R}^2$ 上连续且 $f(0, 0)=1$，求 $I=\lim\limits_{\rho\to 0^+}\dfrac{1}{\pi\rho^2}\iint\limits_{x^2+y^2=\rho^2} f(x, y)\mathrm{d}x\mathrm{d}y$.

6. 设 $f(x, y)$ 是 D:$x^2+y^2\leqslant a^2$ 上连续函数，且

$$f(x, y)=\sqrt{a^2-x^2-y^2}+\iint\limits_{D} f(u, v)\mathrm{d}u\mathrm{d}v,$$

求 $f(x, y)$.

7. 估计二重积分：$I=\iint\limits_{|x|+|y|\leqslant 1}\dfrac{\mathrm{d}\sigma}{1+\cos^2 x+\cos^3 y}$.

8. 图 8.9 表示某地区在一段时间内的降雨量(单位：mm). 将它分割成 4×4 个小区域，并取每个小区域中点的降雨量作为这个小区域的降雨量，计算该地区在这段时间内的平均降雨量.

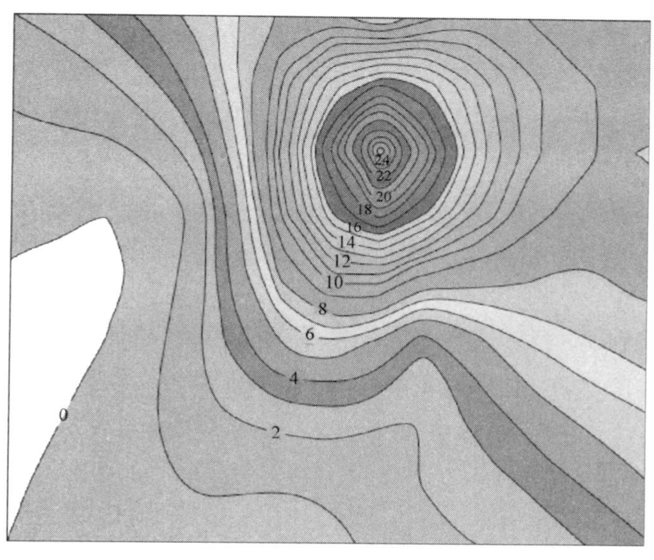

图 8.9

§8.2　二重积分的计算

按照二重积分的定义直接计算式(8.1)右端积分和的极限，即使是计算一元函数定积分的积分和也都是非常困难的. 微积分基本积分公式提供了方便计算定积分的方法，在本节中，我们把二重积分转化为两次定积分(累次积分)来进行计算.

§8.2.1　利用直角坐标计算二重积分

我们知道，平面上一片矩形区域(如图 8.10 所示)可表示为$[a, b; c, d]=\{(x, y)|a\leqslant x\leqslant b, c\leqslant y\leqslant d\}$. 相应地，我们把图 8.11 所示的平面区域 D 表示为

$$D=\{(x, y)\mid a\leqslant x\leqslant b, \varphi_1(x)\leqslant y\leqslant\varphi_2(x)\},$$

式中，$\varphi_1(x)$和$\varphi_2(x)$是区间$[a, b]$上的连续函数，分别表示区域 D 的下边曲线和上边曲线，它的两条侧边是与 x 轴垂直的线段(侧边可能收缩成一个点，如图 8.11(b)所示). 这种区域称为 X－型区域，它的特点是穿过区域 D 内部且垂直于 x 轴的直线与 D 的边界至多有两个交点.

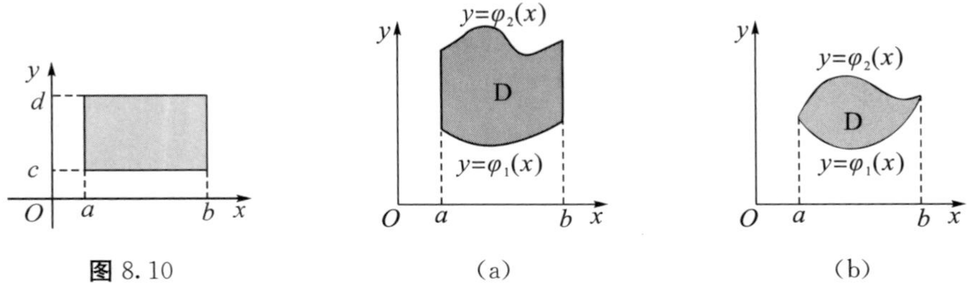

图 8.10　　(a)　　(b)

图 8.11

从几何意义来看，二重积分$\iint\limits_D f(x, y)\mathrm{d}\sigma$表示以曲面$z=f(x, y)$为顶面，以区域D为底面的曲顶柱体的体积. 下面我们用计算“平行截面面积已知的立体的体积”的方法来求这个曲顶柱体的体积(如图 8.12 所示).

任取 x 轴上的一点 $x_0\in[a, b]$，过 x_0 作与 x 轴垂直的平面去截曲顶柱体Ω，所得的截面记为$A(x_0)$：从 yOz 坐标面来看，是以 y 轴上的区间$[\varphi_1(x_0), \varphi_2(x_0)]$为底、以平面 $x=x_0$ 与曲面 $z=f(x,y)$的交线为上边的曲边梯形. 由定积分计算这曲边梯形截面的面积为

$$A(x_0)=\int_{\varphi_1(x_0)}^{\varphi_2(x_0)} f(x_0, y)\mathrm{d}y.$$

一般地，过 x 轴上的任一点$x\in[a, b]$作与 x 轴垂直的平面去截柱体Ω,所得的截面$A(x)$的面积为

$$A(x)=\int_{\varphi_1(x)}^{\varphi_2(x)} f(x, y)\mathrm{d}y.$$

在这个定积分中，要把 x 当作常数，对 y 计算在$[\varphi_1(x), \varphi_2(x)]$上的积分. 当然,积分值是 x 的表达式. 再根据“平行截面面积已知的立体的体积”的计算方法，对 x 计算定积分，即

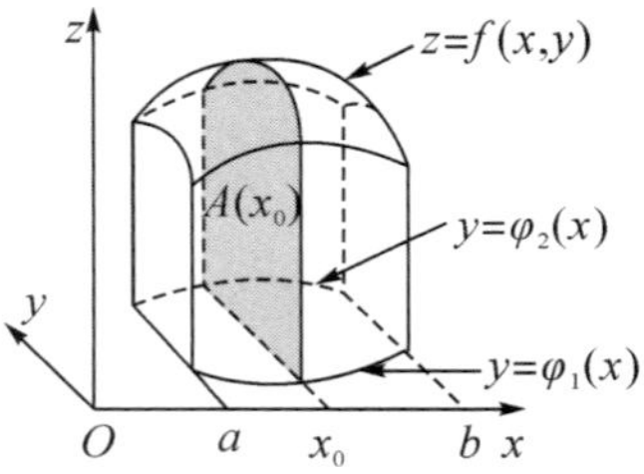

$$V=\int_a^b A(x)\mathrm{d}x.$$

图 8.12

把$A(x)$的积分代入上式，得到曲顶柱体Ω的体积

$$V=\int_a^b\left[\int_{\varphi_1(x)}^{\varphi_2(x)} f(x, y)\mathrm{d}y\right]\mathrm{d}x.$$

这样,我们把二重积分转化为先对 y，再对 x 的二次(累次)积分，也常记作

$$\iint\limits_D f(x, y)\mathrm{d}x\mathrm{d}y=\int_a^b \mathrm{d}x\int_{\varphi_1(x)}^{\varphi_2(x)} f(x, y)\mathrm{d}y.$$

类似地，把图 8.13 所示的平面区域 D 称为 Y－型区域，表示为

$$D=\{(x, y)\mid c\leqslant y\leqslant d, \psi_1(y)\leqslant x\leqslant\psi_2(y)\}.$$

式中，$\psi_1(y)$和$\psi_2(y)$是$[c, d]$上的连续函数，分别表示区域D的左边曲线和右边曲线，它的两条侧边是与 y 轴垂直的线段(侧边可能收缩成一个点，如图 8.13(b)所示). 它的特点是穿过区域D内部且垂直于 y 轴的直线与D的边界至多有两个交点.

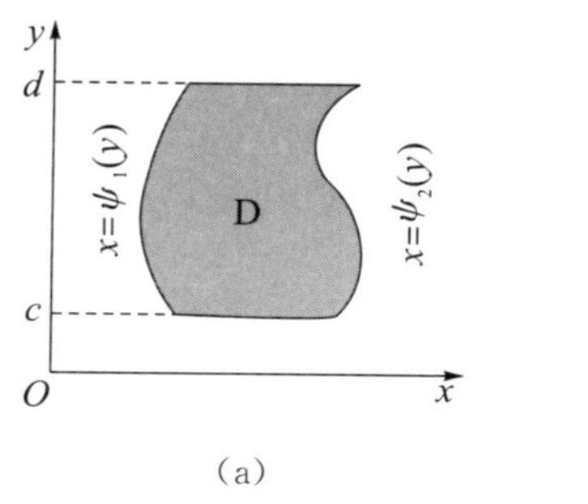

(a)

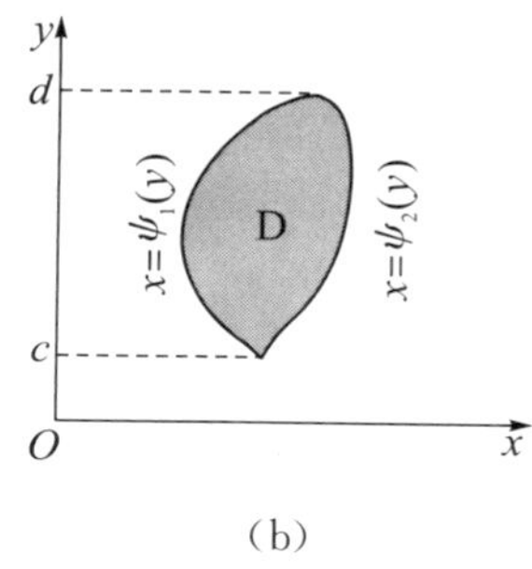

(b)

图 8.13

类似地，在Y－型区域上把二重积分转化为先对 x，再对 y 的两次(累次)积分，即

$$\iint\limits_{D} f(x, y)\mathrm{d}\sigma = \int_c^d \mathrm{d}y \int_{\psi_1(y)}^{\psi_2(y)} f(x, y)\mathrm{d}x.$$

如果积分区域既是X－型区域，又是Y－型区域(如图 8.14 所示)，那么

$$\begin{aligned} D &= \{(x, y) \mid a \leqslant x \leqslant b, \varphi_1(x) \leqslant y \leqslant \varphi_2(x)\} \\ &= \{(x, y) \mid c \leqslant y \leqslant d, \psi_1(y) \leqslant x \leqslant \psi_2(y)\}. \end{aligned}$$

则

$$\int_a^b \mathrm{d}x \int_{\varphi_1(x)}^{\varphi_2(x)} f(x, y)\mathrm{d}y = \int_c^d \mathrm{d}y \int_{\psi_1(y)}^{\psi_2(y)} f(x, y)\mathrm{d}x.$$

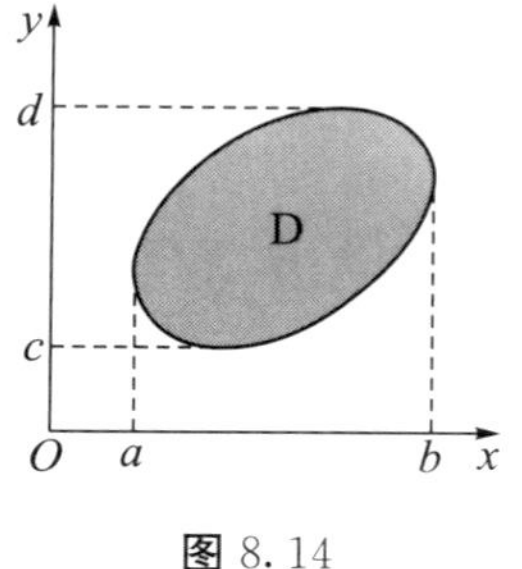

图 8.14

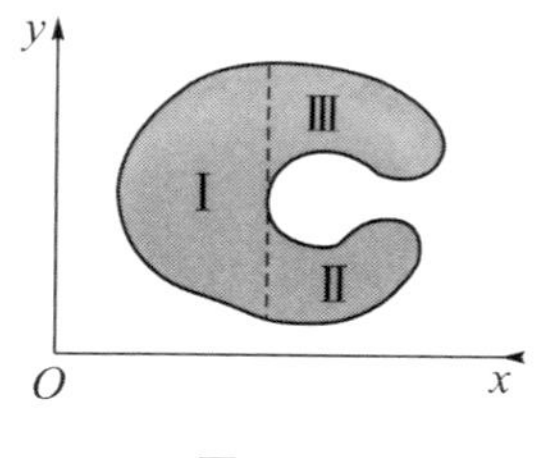

图 8.15

上式表明，有时为了方便地计算二重积分，我们可以根据区域的形状和被积函数的可积性来恰当地选择积分次序.

如果区域D是一般的平面有界区域，我们可以把它分割成若干个X－型区域或Y－型区域，分别计算每个区域上的二重积分，根据二重积分的性质 2，它们的和就是在这个区域D上的二重积分. 例如，在图 8.15 所示的积分区域上，有

$$\iint\limits_{D} f(x, y)\mathrm{d}\sigma = \iint\limits_{D_{\mathrm{I}}} f(x, y)\mathrm{d}\sigma + \iint\limits_{D_{\mathrm{II}}} f(x, y)\mathrm{d}\sigma + \iint\limits_{D_{\mathrm{III}}} f(x, y)\mathrm{d}\sigma.$$

将二重积分转化为两次积分，关键是确定积分限. 通常先画出积分区域的图形，根据区域的类型(X－型区域或Y－型区域)确定积分变量 x 和 y 变化范围，得到表示区域的不等式组.

例 1　画出 Y－型区域 D＝$\{(x, y) \mid -\sqrt{a^2-y^2} \leqslant x \leqslant a-y, 0 \leqslant y \leqslant a\}$的图形，并将其表示为 X－型区域.

解　按照 Y－型区域(如图 8.13 所示)的表示，

左边：$x=\psi_1(y)=-\sqrt{a^2-y^2}$或 $x^2+y^2=a^2$ 在第二象限内的圆弧，

右边：$x=\psi_2(y)=a-y$ 或 $x+y=a$ 在第一象限内的直线段，

下边为$[-a, a]$，上边收缩为一个点. 因此，区域 D 如图 8.16(a)所示.

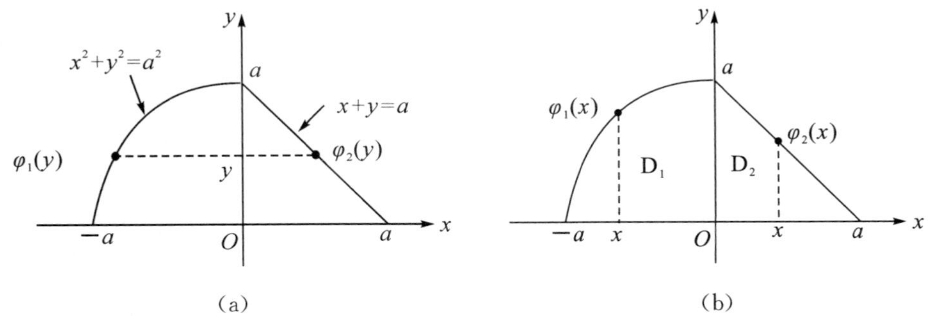

图 8.16

该区域 D 也可看作一个 X－型区域，但其上边由圆弧和直线段分段组成，因而我们把区域 D 分成两个小区域 D＝$D_1 \cup D_2$，其中 $D_1=\{(x,y) \mid -a \leqslant x \leqslant 0, 0 \leqslant y \leqslant \sqrt{a^2-x^2}\}$，$D_2=\{(x,y) \mid 0 \leqslant x \leqslant a, 0 \leqslant y \leqslant a-x\}$.

例 2　计算$\iint\limits_D xy\,\mathrm{d}\sigma$，其中 D 是由直线 $y=1$，$x=2$ 及 $y=x$ 所围成的闭区域.

解　画出区域 D 的图形(如图 8.17 所示).

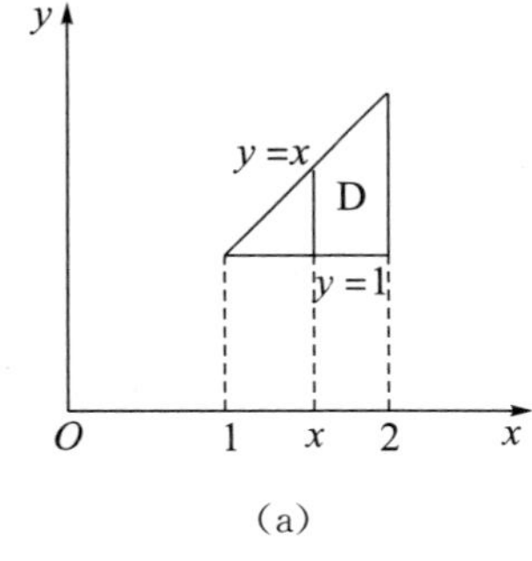

(a)

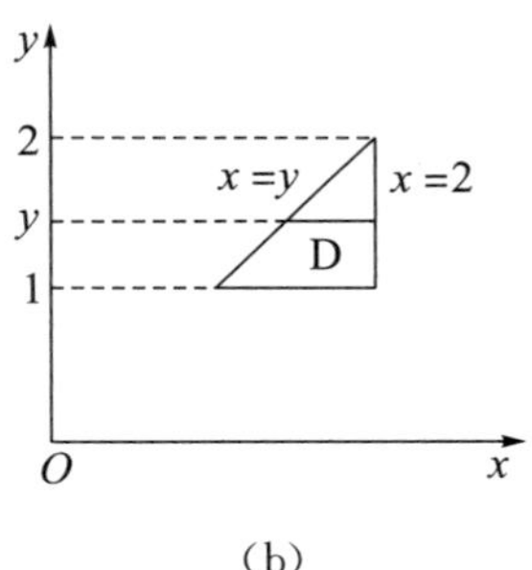

(b)

图 8.17

解法一　如图 8.17(a)所示，可把 D 看成是 X－型区域：$1 \leqslant x \leqslant 2$，$1 \leqslant y \leqslant x$. 于是

$$\begin{aligned}\iint\limits_D xy\,\mathrm{d}\sigma &= \int_1^2 \mathrm{d}x \int_1^x xy\,\mathrm{d}y \\ &= \int_1^2 \left[x \cdot \frac{y^2}{2}\right]_1^x \mathrm{d}x = \frac{1}{2}\int_1^2 (x^3-x)\,\mathrm{d}x \\ &= \frac{1}{2}\left[\frac{x^4}{4}-\frac{x^2}{2}\right]_1^2 = \frac{9}{8}.\end{aligned}$$

解法二　如图 8.17(b)所示，可把 D 看成是 Y－型区域：$1\leqslant y\leqslant 2$，$y\leqslant x\leqslant 2$. 于是

$$\iint_D xy\,\mathrm{d}\sigma=\int_1^2\mathrm{d}y\int_y^2 xy\,\mathrm{d}x=\int_1^2\left[y\cdot\frac{x^2}{2}\right]_y^2\mathrm{d}y=\int_1^2\left(2y-\frac{y^3}{2}\right)\mathrm{d}y$$

$$=\left[y^2-\frac{y^4}{8}\right]_1^2=\frac{9}{8}.$$

练习　计算 §8.1 例 1 的积分$\iint_D(16-x^2-2y^2)\mathrm{d}\sigma$，其中 $D=[0,2;0,2]$.

例 3　计算$\iint_D y\sqrt{1+x^2-y^2}\,\mathrm{d}\sigma$，其中 D 是由直线 $y=1$，$x=-1$ 及 $y=x$ 所围成的闭区域.

解　画出区域 D(如图 8.18 所示). 可把 D 看成是 X－型区域：$-1\leqslant x\leqslant 1$，$x\leqslant y\leqslant 1$. 于是

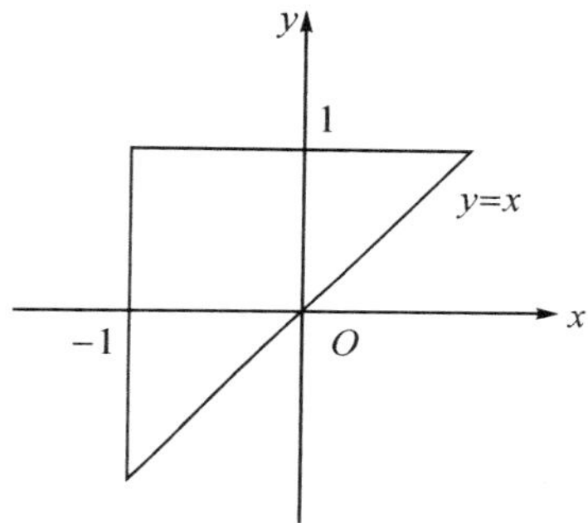

图 8.18

$$\iint_D y\sqrt{1+x^2-y^2}\,\mathrm{d}\sigma=\int_{-1}^1\mathrm{d}x\int_x^1 y\sqrt{1+x^2-y^2}\,\mathrm{d}y$$

$$=-\frac{1}{3}\int_{-1}^1\left[(1+x^2-y^2)^{\frac{3}{2}}\right]_x^1\mathrm{d}x$$

$$=-\frac{1}{3}\int_{-1}^1(|x|^3-1)\mathrm{d}x$$

$$=-\frac{2}{3}\int_0^1(x^3-1)\mathrm{d}x=\frac{1}{2}.$$

也可把 D 看成是 Y－型区域：$-1\leqslant y\leqslant 1$，$-1\leqslant x<y$. 于是

$$\iint_D y\sqrt{1+x^2-y^2}\,\mathrm{d}\sigma=\int_{-1}^1 y\,\mathrm{d}y\int_{-1}^y\sqrt{1+x^2-y^2}\,\mathrm{d}x=\frac{1}{2}.$$

例 4　计算$\iint_D xy\,\mathrm{d}\sigma$，其中 D 是由直线 $y=x-2$ 及抛物线 $y^2=x$ 所围成的闭区域.

解法一　如图 8.19(a)所示，把积分区域 D 看作 Y－型区域：$-1\leqslant y\leqslant 2$，$y^2\leqslant x\leqslant y+2$，于是

$$\iint_D xy\,\mathrm{d}\sigma=\int_{-1}^2\mathrm{d}y\int_{y^2}^{y+2}xy\,\mathrm{d}x=\frac{1}{2}\int_{-1}^2[y(y+2)^2-y^5]\mathrm{d}y=5\frac{5}{8}.$$

解法二　如图 8.19(b)所示，把积分区域 D 看作 X－型区域，则 $D=D_1\cup D_2$，其中

$$D_1: 0\leqslant x\leqslant 1,\ -\sqrt{x}\leqslant y\leqslant\sqrt{x};\quad D_2: 1\leqslant x\leqslant 4,\ x-2\leqslant y\leqslant\sqrt{x}.$$

于是

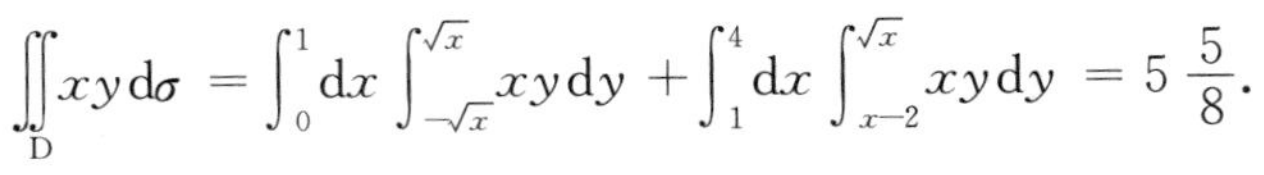

$$\iint\limits_{D} xy\,d\sigma = \int_0^1 dx \int_{-\sqrt{x}}^{\sqrt{x}} xy\,dy + \int_1^4 dx \int_{x-2}^{\sqrt{x}} xy\,dy = 5\frac{5}{8}.$$

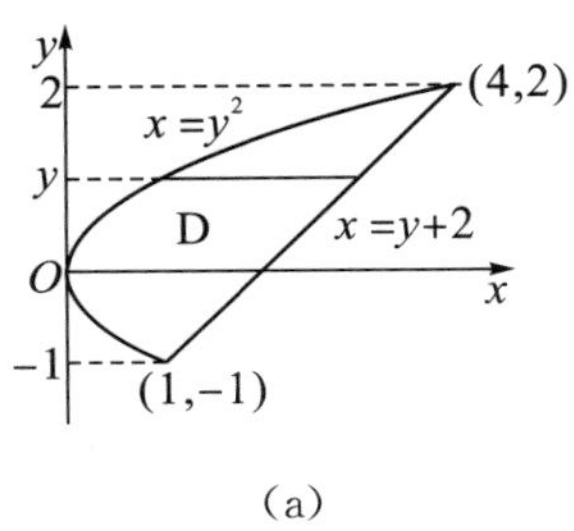

(a)

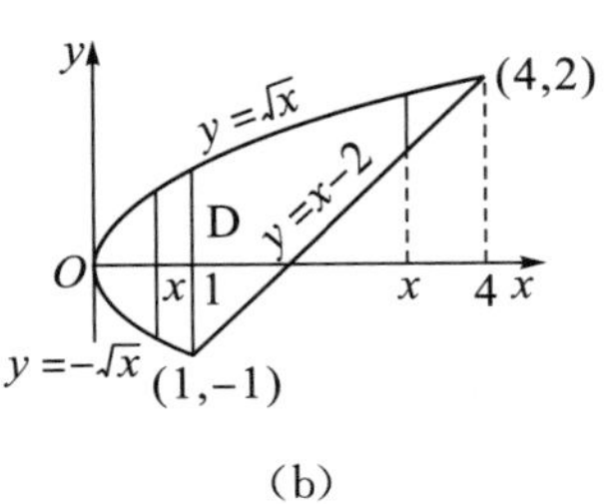

(b)

图 8.19

例 5　求两个底圆半径都等于 R 的直交圆柱面所围成的立体的体积.

解　如图 8.20 所示，设这两个圆柱面的方程分别为

$$x^2 + y^2 = R^2, \quad x^2 + z^2 = R^2.$$

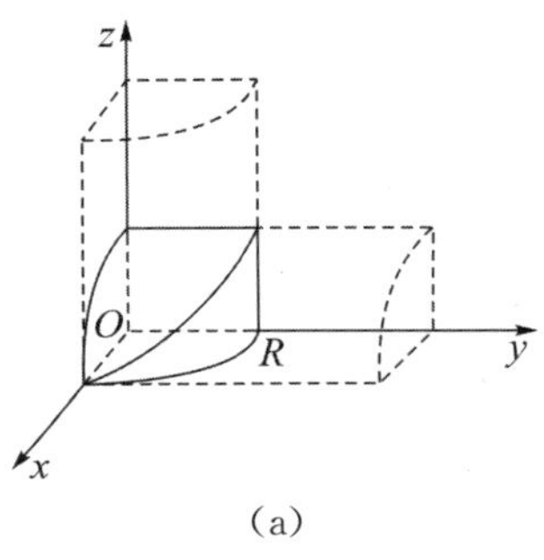

(a)

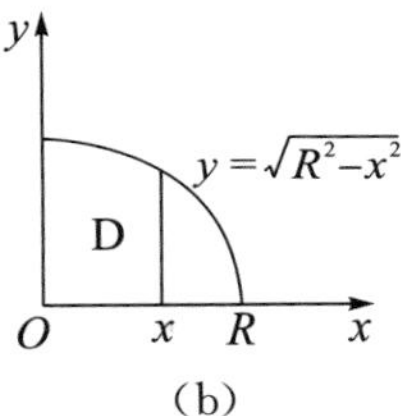

(b)

图 8.20

利用立体关于坐标平面的对称性，只要算出它在第一卦限部分的体积 V_1，再乘以 8 即可. 第一卦限部分是以 $D_1 = \{(x, y) \mid 0 \leqslant y \leqslant \sqrt{R^2 - x^2}, 0 \leqslant x \leqslant R\}$ 为底面，以 $z = \sqrt{R^2 - x^2}$ 为顶面的曲顶柱体. 于是

$$\begin{aligned} V &= 8\iint\limits_{D_1} \sqrt{R^2 - x^2}\,d\sigma \\ &= 8\int_0^R dx \int_0^{\sqrt{R^2-x^2}} \sqrt{R^2 - x^2}\,dy \\ &= 8\int_0^R (R^2 - x^2)\,dx = \frac{16}{3}R^3. \end{aligned}$$

如果一个二元函数 $F(x, y)$ 在区域 D 上可表示为 $F(x, y) = f(x)g(y)$，则称这个函数在 D 上变量可分离. 如果积分区域 D 也恰是矩形区域 $[a, b; c, d]$，则可把二次积分进一步化为

$$\iint\limits_{D} F(x, y)\,dx\,dy = \int_a^b f(x)\,dx \int_c^d g(y)\,dy,$$

即将二重积分化为两个定积分的乘积.

例 6　已知$\int_0^1 f(x)\mathrm{d}x = 1$，求 $I = \int_0^1 \mathrm{d}x \int_x^1 f(x)f(y)\mathrm{d}y$.

解　如图 8.21 所示，二重积分的积分区域 $D_1 = \{(x,y) \mid 0 \leqslant x \leqslant 1, x \leqslant y \leqslant 1\}$. 由于改变积分变量不影响积分的值，我们交换积分变量，有

$$I = \int_0^1 \mathrm{d}x \int_x^1 f(x)f(y)\mathrm{d}y = \int_0^1 \mathrm{d}y \int_y^1 f(y)f(x)\mathrm{d}x.$$

右边的二次积分刚好是被积函数在区域 $D_2 = \{(x,y) \mid 0 \leqslant y \leqslant 1, y \leqslant x \leqslant 1\}$上的积分. 交换积分次序，得

$$\int_0^1 \mathrm{d}y \int_y^1 f(x)f(y)\mathrm{d}x = \int_0^1 \mathrm{d}x \int_0^x f(x)f(y)\mathrm{d}y.$$

$D_1 \cup D_2$ 为正方形区域，因此有

$$\begin{aligned} I &= \frac{1}{2}\left[\int_0^1 \mathrm{d}x \int_x^1 f(x)f(y)\mathrm{d}y + \int_0^1 \mathrm{d}x \int_0^x f(x)f(y)\mathrm{d}y\right] \\ &= \frac{1}{2}\int_0^1 \mathrm{d}x \int_0^1 f(x)f(y)\mathrm{d}y = \frac{1}{2}\int_0^1 f(x)\mathrm{d}x \int_0^1 f(y)\mathrm{d}y = \frac{1}{2}. \end{aligned}$$

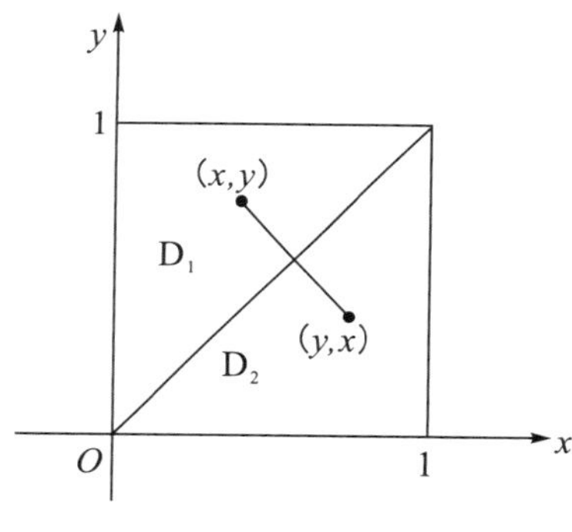

图 8.21

§8.2.2　利用极坐标计算二重积分

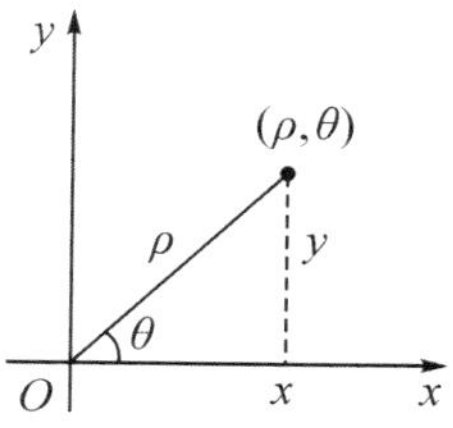

如果二重积分的积分区域 D 的边界曲线以及被积函数用极坐标变量(ρ, θ) 来表示比较方便时，我们可以利用极坐标来计算二重积分. 按二重积分的定义

$$\iint_D f(x, y)\mathrm{d}\sigma = \lim_{\lambda \to 0}\sum_{i=1}^{n} f(\xi_i, \eta_i)\Delta\sigma_i$$

来探讨这个和的极限在极坐标系中的形式.

图 8.22

以直角坐标系的原点为极点，x 轴为极轴建立极坐标系(如图 8.22 所示)，则

$$x = \rho\cos\theta, \quad y = \rho\sin\theta.$$

极坐标变量 θ =常数，表示从极点 O 出发的一条射线；ρ =常数，表示圆心在 O 点、半径为 ρ 的圆周.

以从极点 O 出发的一组射线和以极点为中心的一组同心圆构成的网将区域 D 分为 n

个小闭区域 $\Delta\sigma_i,\Delta\sigma_2,\cdots,\Delta\sigma_n$(如图 8.23 所示). 第 i 个小闭区域 $\Delta\sigma_i$ 的面积为

$$\begin{aligned}\Delta\sigma_i &= \frac{1}{2}(\rho_i+\Delta\rho_i)^2\Delta\theta_i-\frac{1}{2}\rho_i^2\Delta\theta_i\\&=\rho_i\Delta\rho_i\Delta\theta_i+\frac{1}{2}\Delta\rho_i^2\Delta\theta_i\\&\approx\rho_i\Delta\rho_i\Delta\theta_i,\end{aligned}$$

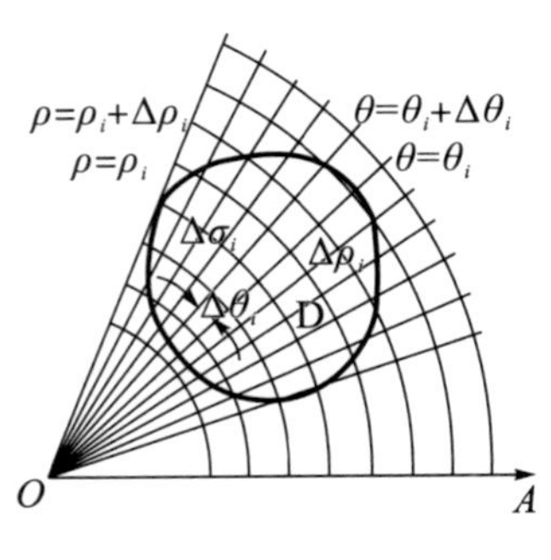

图 8.23

这里忽略了更高阶部分 $\frac{1}{2}\Delta\rho_i^2\Delta\theta_i(i=1,2,\cdots,n)$. 事实上,我们也可以把 $\Delta\sigma_i$ 近似看作矩形,相邻两条边分别是 $\Delta\rho_i$ 和 $\rho_i\Delta\theta_i$,则 $\Delta\sigma_i\approx\rho_i\Delta\rho_i\Delta\theta_i$. 因此,在极坐标系下,面积元素可以表示为 $d\sigma=\rho d\rho d\theta$.

在$\Delta\sigma_i$内任取点(ρ_i,θ_i),设其直角坐标为(ξ_i,η_i),则有 $\xi_i=\rho_i\cos\theta_i$,$\eta_i=\rho_i\sin\theta_i$. 于是

$$\lim_{\lambda\to0}\sum_{i=1}^{n}f(\xi_i,\eta_i)\Delta\sigma_i=\lim_{\lambda\to0}\sum_{i=1}^{n}f(\rho_i\cos\theta_i,\rho_i\sin\theta_i)\rho_i\Delta\rho_i\Delta\theta_i,$$

即

$$\iint_D f(x,y)d\sigma=\iint_D f(\rho\cos\theta,\rho\sin\theta)\rho d\rho d\theta.$$

同样地,我们把上式右端的二重积分化为二次积分. 如图 8.24 所示,积分区域 D 可表示为

$$D=\{(\rho,\theta)\mid\varphi_1(\theta)\leqslant\rho\leqslant\varphi_2(\theta),\alpha\leqslant\theta\leqslant\beta\}.$$

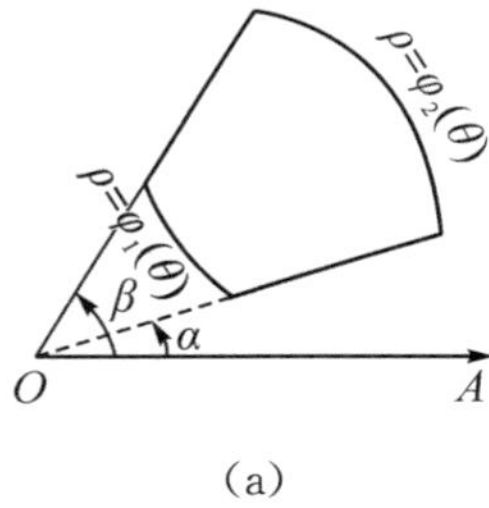

(a)

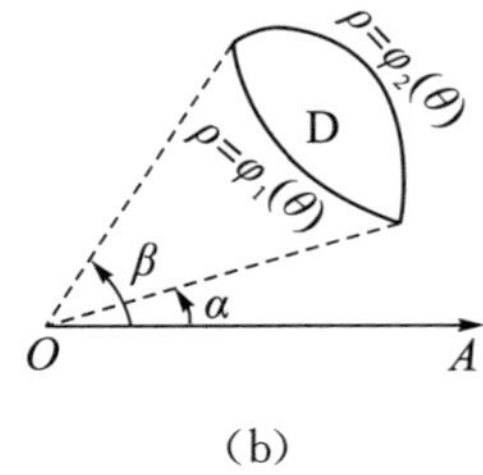

(b)

图 8.24

如图 8.25 所示,对任意的 $\theta\in[\alpha,\beta]$,先计算

$$A(\theta)=\int_{\varphi_1(\theta)}^{\varphi_2(\theta)}f(\rho\cos\theta,\rho\sin\theta)\rho d\rho,$$

再计算

$$\int_\alpha^\beta A(\theta)d\theta=\int_\alpha^\beta\left[\int_{\varphi_1(\theta)}^{\varphi_2(\theta)}f(\rho\cos\theta,\rho\sin\theta)\rho d\rho\right]d\theta,$$

即

$$\iint_D f(\rho\cos\theta,\rho\sin\theta)\rho d\rho d\theta=\int_\alpha^\beta d\theta\int_{\varphi_1(\theta)}^{\varphi_2(\theta)}f(\rho\cos\theta,\rho\sin\theta)\rho d\rho.$$

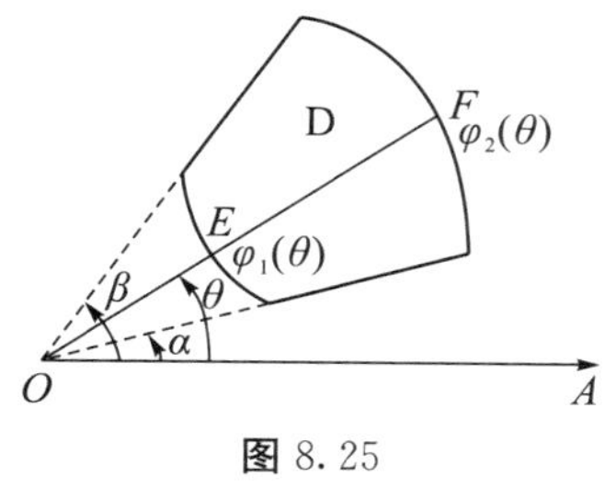

图 8.25

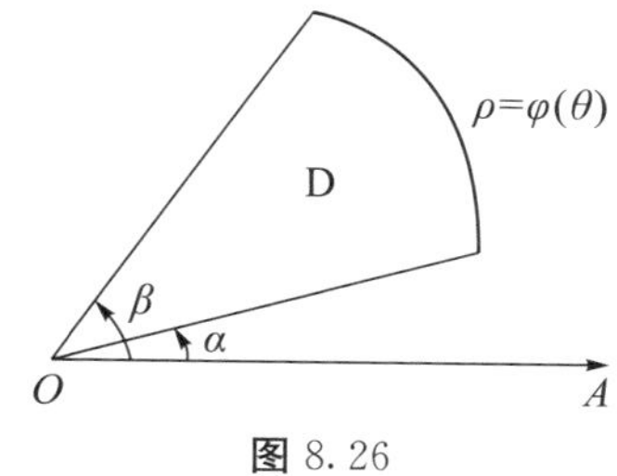

图 8.26

特别地，如图 8.26 所示，积分区域 D 可表示为

$$D=\{(\rho,\theta)\mid 0\leqslant\rho\leqslant\varphi(\theta),\alpha\leqslant\theta\leqslant\beta\}.$$

类似地，二重积分化为

$$\iint_D f(\rho\cos\theta,\rho\sin\theta)\rho\mathrm{d}\rho\mathrm{d}\theta=\int_\alpha^\beta\mathrm{d}\theta\int_0^{\varphi(\theta)}f(\rho\cos\theta,\rho\sin\theta)\rho\mathrm{d}\rho.$$

如图 8.27 所示，积分区域 D 可表示为

$$D=\{(\rho,\theta)\mid 0\leqslant\rho\leqslant\varphi(\theta),0\leqslant\theta\leqslant 2\pi\}.$$

类似地，二重积分化为

$$\begin{aligned}&\iint_D f(\rho\cos\theta,\rho\sin\theta)\rho\mathrm{d}\rho\mathrm{d}\theta\\=&\int_0^{2\pi}\mathrm{d}\theta\int_0^{\varphi(\theta)}f(\rho\cos\theta,\rho\sin\theta)\rho\mathrm{d}\rho.\end{aligned}$$

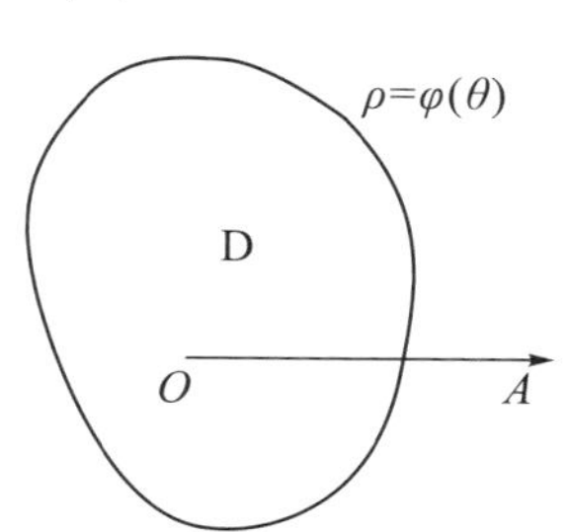

图 8.27

例 7　计算$\iint_D e^{-x^2-y^2}\mathrm{d}x\mathrm{d}y$，其中 D 是由中心在原点、半径为 a 的圆周所围成的闭区域.

解　在极坐标系中，闭区域 D 可表示为：$0\leqslant\rho\leqslant a$，$0\leqslant\theta\leqslant 2\pi$．于是

$$\begin{aligned}\iint_D e^{-x^2-y^2}\mathrm{d}x\mathrm{d}y&=\iint_D e^{-\rho^2}\rho\mathrm{d}\rho\mathrm{d}\theta\\&=\int_0^{2\pi}\left[\int_0^a e^{-\rho^2}\rho\mathrm{d}\rho\right]\mathrm{d}\theta=\int_0^{2\pi}\left[-\frac{1}{2}e^{-\rho^2}\right]_0^a\mathrm{d}\theta\\&=\frac{1}{2}(1-e^{-a^2})\int_0^{2\pi}\mathrm{d}\theta=\pi(1-e^{-a^2}).\end{aligned}$$

例 8　计算广义积分$\int_0^{+\infty}e^{-x^2}\mathrm{d}x$.

解　设$D_1=\{(x,y)\mid x^2+y^2\leqslant R^2,x\geqslant 0,y\geqslant 0\}$，

$D_2=\{(x,y)\mid x^2+y^2\leqslant 2R^2,x\geqslant 0,y\geqslant 0\}$，

$S=\{(x,y)\mid 0\leqslant x\leqslant R,0\leqslant y\leqslant R\}$.

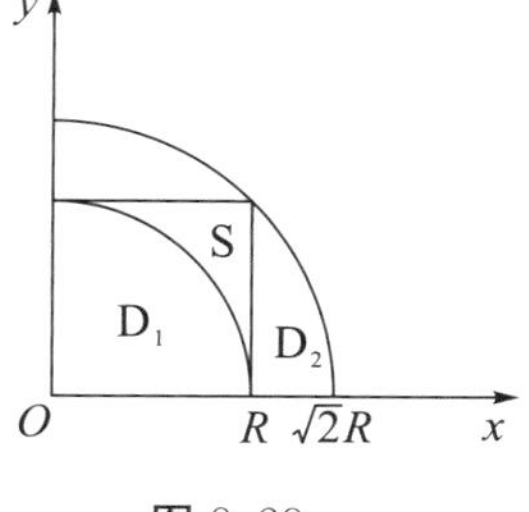

图 8.28

如图 8.28 所示，显然有 $D_1\subset S\subset D_2$. 由于 $e^{-x^2-y^2}>0$，从而在这些闭区域上的二重积分满足不等式

$$\iint_{D_1}e^{-x^2-y^2}\mathrm{d}x\mathrm{d}y<\iint_S e^{-x^2-y^2}\mathrm{d}x\mathrm{d}y<\iint_{D_2}e^{-x^2-y^2}\mathrm{d}x\mathrm{d}y.$$

因为$\iint_S e^{-x^2-y^2}\mathrm{d}x\mathrm{d}y=\int_0^R e^{-x^2}\mathrm{d}x\cdot\int_0^R e^{-y^2}\mathrm{d}y=(\int_0^R e^{-x^2}\mathrm{d}x)^2$，应用例 7 的结果，有

$$\iint\limits_{D_1} e^{-x^2-y^2}\,dx\,dy = \frac{\pi}{4}(1-e^{-R^2}),\quad \iint\limits_{D_2} e^{-x^2-y^2}\,dx\,dy = \frac{\pi}{4}(1-e^{-2R^2}),$$

因此
$$\frac{\pi}{4}(1-e^{-R^2}) < \left(\int_0^R e^{-x^2}\,dx\right)^2 < \frac{\pi}{4}(1-e^{-2R^2}).$$

令 $R \to +\infty$，上式两端趋于同一极限$\frac{\pi}{4}$，所以

$$\int_0^{+\infty} e^{-x^2}\,dx = \frac{\sqrt{\pi}}{2}.$$

例 9 求球体 $x^2+y^2+z^2 \leqslant 4a^2$ 被圆柱面 $x^2+y^2=2ax$ 所截得的(含在圆柱面内的部分)立体的体积.

解 如图 8.29(a)所示，由对称性可知立体体积为第一卦限部分的 4 倍，即

$$V = 4\iint\limits_{D} \sqrt{4a^2-x^2-y^2}\,dx\,dy,$$

式中，D 为 xOy 面上半圆周 $y=\sqrt{2ax-x^2}$ 及 x 轴所围成的闭区域(如图 8.29(b)所示). 在极坐标系中，D 可表示为 $0\leqslant\rho\leqslant 2a\cos\theta, 0\leqslant\theta\leqslant\frac{\pi}{2}$. 于是

$$\begin{aligned} V &= 4\iint\limits_{D} \sqrt{4a^2-\rho^2}\,\rho\,d\rho\,d\theta = 4\int_0^{\frac{\pi}{2}} d\theta \int_0^{2a\cos\theta} \sqrt{4a^2-\rho^2}\,\rho\,d\rho \\ &= \frac{32}{3}a^2\int_0^{\frac{\pi}{2}}(1-\sin^3\theta)\,d\theta = \frac{32}{3}a^2\left(\frac{\pi}{2}-\frac{2}{3}\right). \end{aligned}$$

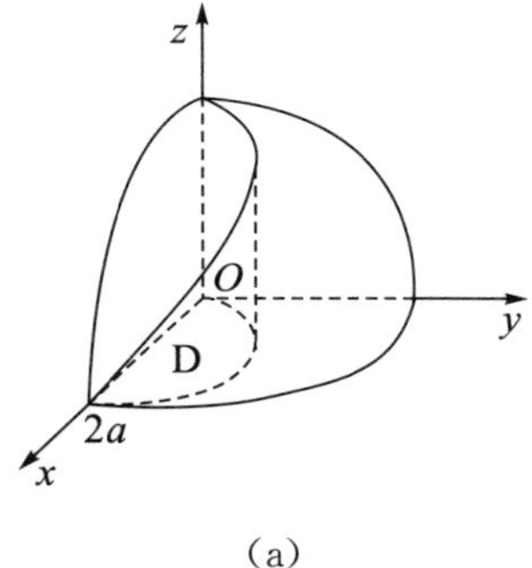

(a)

y, $\rho=2a\cos\theta$, D, θ, O, a, $2a$, x

(b)

图 8.29

§8.2.3 利用坐标变换计算二重积分

定理 设 $f(x, y)$ 在 xOy 平面上的闭区域 D 上连续，变换

$$T: x = x(u, v),\ y = y(u, v)$$

将 uOv 平面上的闭区域 D′ 变为 xOy 平面上的 D，且满足

(1) $x(u, v)$，$y(u, v)$ 在 D′ 上具有一阶连续偏导数，

(2) 在 D′ 上雅可比式为

$$J(u, v) = \frac{\partial(x, y)}{\partial(u, v)} \neq 0,$$

(3) 变换 $T:D' \to D$ 是一对一的，则有

$$\iint_D f(x, y)\mathrm{d}x\mathrm{d}y = \iint_{D'} f[x(u, v), y(u, v)]\,|J(u, v)|\,\mathrm{d}u\mathrm{d}v.$$

这里我们指出，如果雅比式 $J(u, v)$ 只在 D' 内个别点上，或一条曲线上为 0，而在其他点上不为 0，那么换元公式仍成立.

在变换为极坐标 $x = \rho\cos\theta$，$y = \rho\sin\theta$ 的特殊情形下，雅可比式为

$$J = \begin{vmatrix} \dfrac{\partial x}{\partial \rho} & \dfrac{\partial x}{\partial \theta} \\ \dfrac{\partial y}{\partial \rho} & \dfrac{\partial y}{\partial \theta} \end{vmatrix} = \begin{vmatrix} \cos\theta & -\rho\sin\theta \\ \sin\theta & \rho\cos\theta \end{vmatrix} = \rho,$$

它仅在 $\rho = 0$ 处为零，故不论闭区域 D' 是否含有极点，换元公式仍成立. 即有

$$\iint_D f(x, y)\mathrm{d}x\mathrm{d}y = \iint_{D'} f(\rho\cos\theta, \rho\sin\theta)\rho\mathrm{d}\rho\mathrm{d}\theta,$$

这里 D' 是 D 在直角坐标平面 $\rho O\theta$ 上的对应区域.

例 10　计算 $\iint_D \mathrm{e}^{\frac{y-x}{y+x}}\mathrm{d}x\mathrm{d}y$，其中 D 是由 x 轴、y 轴和直线 $x + y = 2$ 所围成的闭区域.

解　令 $u = y - x$，$v = y + x$，则 $x = \dfrac{v-u}{2}$，$y = \dfrac{v+u}{2}$.

作变换 $x = \dfrac{v-u}{2}$，$y = \dfrac{v+u}{2}$，则 xOy 平面上的闭区域 D(如图 8.30(a) 所示) 和它在 uOv 平面上的对应区域 D' 如图 8.30(b) 所示.

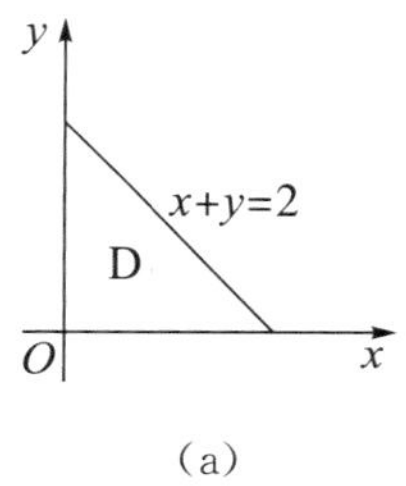

(a)

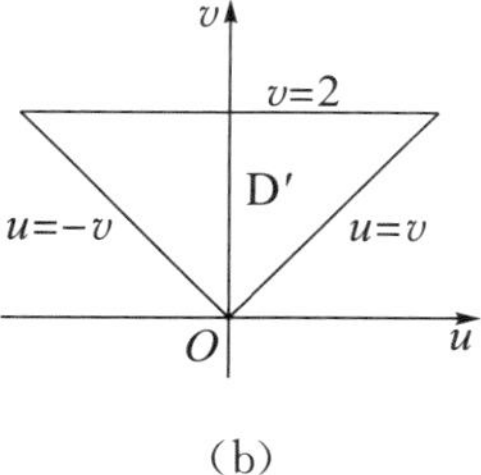

(b)

图 8.30

雅可比式为

$$J = \frac{\partial(x, y)}{\partial(u, v)} = \begin{vmatrix} -\dfrac{1}{2} & \dfrac{1}{2} \\ \dfrac{1}{2} & \dfrac{1}{2} \end{vmatrix} = -\frac{1}{2},$$

所以

$$\begin{aligned}\iint_D \mathrm{e}^{\frac{y-x}{y+x}}\mathrm{d}x\mathrm{d}y &= \iint_{D'} \mathrm{e}^{\frac{u}{v}}\left|-\frac{1}{2}\right|\mathrm{d}u\mathrm{d}v \\ &= \frac{1}{2}\int_0^2 \mathrm{d}v\int_{-v}^{v} \mathrm{e}^{\frac{u}{v}}\,\mathrm{d}u \\ &= \frac{1}{2}\int_0^2 (\mathrm{e} - \mathrm{e}^{-1})v\mathrm{d}v = \mathrm{e} - \mathrm{e}^{-1}.\end{aligned}$$

例 11 计算$\iint\limits_{D}\sqrt{1-\frac{x^2}{a^2}-\frac{y^2}{b^2}}\mathrm{d}x\mathrm{d}y$，其中D为椭圆$\frac{x^2}{a^2}+\frac{y^2}{b^2}=1$所围成的闭区域.

解 作广义极坐标变换

$$\begin{cases}x=a\rho\cos\theta,\\ y=b\rho\sin\theta,\end{cases}$$

式中，$a>0$，$b>0$，$\rho\geqslant 0$，$0\leqslant\theta\leqslant 2\pi$．在这变换下，与D对应的闭区域为$D'=\{(\rho,\theta)\mid 0\leqslant\rho\leqslant 1,0\leqslant\theta\leqslant 2\pi\}$，雅可比式为

$$J=\frac{\partial(x,y)}{\partial(\rho,\theta)}=ab\rho.$$

J 在 D' 内仅当$\rho=0$处为零，故换元公式仍成立，从而有

$$\iint\limits_{D}\sqrt{1-\frac{x^2}{a^2}-\frac{y^2}{b^2}}\mathrm{d}x\mathrm{d}y=\iint\limits_{D'}\sqrt{1-\rho^2}\,ab\rho\mathrm{d}\rho\mathrm{d}\theta=\frac{2}{3}\pi ab.$$

习题 8—2

1. 改变下列二次积分的积分次序.

(1)$\int_0^1\mathrm{d}y\int_0^y f(x,y)\mathrm{d}x$； (2)$\int_0^2\mathrm{d}y\int_{y^2}^{2y} f(x,y)\mathrm{d}x$；

(3)$\int_0^1\mathrm{d}y\int_{-\sqrt{1-y^2}}^{\sqrt{1-y^2}} f(x,y)\mathrm{d}x$； (4)$\int_1^2\mathrm{d}x\int_{2-x}^{\sqrt{2x-x^2}} f(x,y)\mathrm{d}y$.

2. 画出积分区域，并计算下列二重积分.

(1)$\iint\limits_{D}x\sqrt{y}\,\mathrm{d}\sigma$，其中D是由两条抛物线$y=\sqrt{x}$，$y=x^2$所围成的闭区域；

(2)$\iint\limits_{D}xy^2\mathrm{d}\sigma$，其中D是由圆周$x^2+y^2=4$及$y$轴所围成的右半圆区域；

(3)$\iint\limits_{D}\mathrm{e}^{x+y}\mathrm{d}\sigma$，其中$D=\{(x,y)\mid |x|+|y|\leqslant 1\}$；

(4)$\iint\limits_{D}(x^2+y^2-x)\mathrm{d}\sigma$，其中D是由直线$y=2$，$y=x$及$y=2x$所围成的闭区域.

3. 设$f(x)$在$[a,b]$上连续，证明：$\left[\int_a^b f(x)\mathrm{d}x\right]^2\leqslant(b-a)\int_a^b f^2(x)\mathrm{d}x$.

4. 化二重积分

$$I=\iint\limits_{D}f(x,y)\mathrm{d}\sigma$$

为二次积分(分别列出对两个变量先后次序不同的两个二次积分)，其中积分区域D如下：

(1)由直线$y=x$及抛物线$y^2=4x$所围成的闭区域；

(2)由x轴及半圆周$x^2+y^2=r^2(y\geqslant 0)$所围成的闭区域；

(3)由直线$y=x$，$x=2$及双曲线$y=\frac{1}{x}(x>0)$所围成的闭区域；

(4)环形闭区域$\{(x,y)\mid 1\leqslant x^2+y^2\leqslant 4\}$.

5. 设 $f(x, y)$ 在 D 上连续，其中 D 是由直线 $y = x$，$y = a$ 及 $x = b(b > a)$ 所围成的闭区域，证明：

$$\int_a^b dx\int_a^x f(x, y)dy = \int_a^b dy\int_y^b f(x, y)dx.$$

6. 作图并计算 $z = xy$，$x + y + z = 1$，$z = 0$ 所围成的闭区域的体积.

7. 设平面薄片所占的闭区域 D 由直线 $x + y = 2$，$y = x$ 和 x 轴所围成，它的面密度 $\mu(x, y) = x^2 + y^2$，求该薄片的质量.

8. 计算由四个平面 $x = 0$，$y = 0$，$x = 1$，$y = 1$ 所围成的柱体被平面 $z = 0$ 及 $2x + 3y + z = 6$ 截得的立体的体积.

9. 求由平面 $x = 0$，$y = 0$，$x + y = 1$ 所围成的柱体被平面 $z = 0$ 及抛物面 $x^2 + y^2 = 6 - z$ 截得的立体的体积.

10. 求由曲线 $z = x^2 + 2y^2$ 及 $z = 6 - 2x^2 - y^2$ 所围成的立体的体积.

11. 画出积分区域，把积分 $\iint\limits_D f(x, y)dxdy$ 表示为极坐标形式的二次积分，其中积分区域 D 如下：

(1) $\{(x, y) \mid x^2 + y^2 \leqslant a^2\}(a > 0)$；

(2) $\{(x, y) \mid x^2 + y^2 \leqslant 2x\}$；

(3) $\{(x, y) \mid a^2 \leqslant x^2 + y^2 \leqslant b^2\}$，其中 $0 < a < b$；

(4) $\{(x, y) \mid 0 \leqslant y \leqslant 1 - x, 0 \leqslant x \leqslant 1\}$.

12. 化下列二次积分为极坐标形式的二次积分.

(1) $\int_0^1 dx\int_0^1 f(x, y)dy$；　(2) $\int_0^2 dx\int_x^{\sqrt{3}x} f(\sqrt{x^2 + y^2})dy$；

(3) $\int_0^1 dx\int_{1-x}^{\sqrt{1-x^2}} f(x, y)dy$；　(4) $\int_0^1 dx\int_0^{x^2} f(x, y)dy$.

13. 把下列积分化为极坐标形式，并计算积分值.

(1) $\int_0^{2a} dx\int_0^{\sqrt{2ax-x^2}} (x^2 + y^2)dy$；　(2) $\int_0^a dx\int_0^x \sqrt{x^2 + y^2}\,dy$；

(3) $\int_0^1 dx\int_{x^2}^x (x^2 + y^2)^{-\frac{1}{2}}dy$；　(4) $\int_0^a dy\int_0^{\sqrt{a^2-y^2}} (x^2 + y^2)dx$.

14. 利用极坐标计算下列各题.

(1) $\iint\limits_D e^{x^2+y^2}d\sigma$，其中 D 是由圆周 $x^2 + y^2 = 4$ 所围成的闭区域；

(2) $\iint\limits_D \ln(1 + x^2 + y^2)d\sigma$，其中 D 是由圆周 $x^2 + y^2 = 1$ 及坐标轴所围成的在第一象限内的闭区域；

(3) $\iint\limits_D \arctan\frac{y}{x}d\sigma$，其中 D 是由圆周 $x^2 + y^2 = 4$，$x^2 + y^2 = 1$ 及直线 $y = 0$，$y = x$ 所围成的在第一象限内的闭区域.

15. 设平面薄片所占的闭区域 D 由螺线 $\rho = 2\theta$ 上一段弧 $\left(0 \leqslant \theta \leqslant \frac{\pi}{2}\right)$ 与直线 $\theta = \frac{\pi}{2}$ 所

围成，它的面密度为 $\mu(x, y)=x^2+y^2$，求这薄片的质量(如第 15 题图所示).

16. 求由平面 $y=0$，$y=kx(k>0)$，$z=0$ 以及球心在原点、半径为 R 的上半球面所围成的在第一卦限内的立体的体积(如第 16 题图所示).

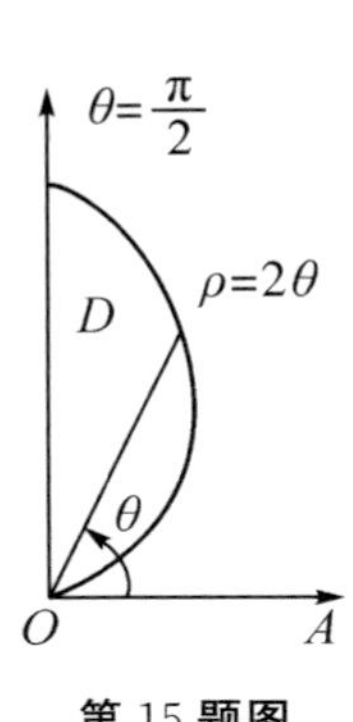

第 15 题图

第 16 题图

17. 计算以 xOy 面上的圆周 $x^2+y^2=ax$ 围成的闭区域为底，而以曲面 $z=x^2+y^2$ 为顶的曲顶柱体的体积.

*18. 作适当的变换，计算下列二重积分.

(1) $\iint\limits_{D}(x-y)^2\sin^2(x+y)\mathrm{d}x\mathrm{d}y$，其中 D 是平行四边形闭区域，它的四个顶点是$(\pi, 0)$，$(2\pi, \pi)$，$(\pi, 2\pi)$ 和$(0, \pi)$；

(2) $\iint\limits_{D}x^2y^2\mathrm{d}x\mathrm{d}y$，其中 D 是由两条双曲线 $xy=1$ 和 $xy=2$，直线 $y=x$ 和 $y=4x$ 所围成的在第一象限内的闭区域；

(3) $\iint\limits_{D}\mathrm{e}^{\frac{y}{x+y}}\mathrm{d}x\mathrm{d}y$，其中 D 是由 x 轴、y 轴和直线 $x+y=1$ 所围成的闭区域；

(4) $\iint\limits_{D}\left(\frac{x^2}{a^2}+\frac{y^2}{b^2}\right)\mathrm{d}x\mathrm{d}y$，其中 $D=\{(x, y) \mid \frac{x^2}{a^2}+\frac{y^2}{b^2}\leqslant 1\}$.

*19. 选取适当的变换，证明下列等式.

(1) $\iint\limits_{D}f(x+y)\mathrm{d}x\mathrm{d}y=\int_{-1}^{1}f(u)\mathrm{d}u$，其中闭区域 $D=\{(x, y) \mid |x|+|y|\leqslant 1\}$；

(2) $\iint\limits_{D}f(ax+by+c)\mathrm{d}x\mathrm{d}y=2\int_{-1}^{1}\sqrt{1-u^2}f(u\sqrt{a^2+b^2}+c)\mathrm{d}u$，其中 $D=\{(x, y) \mid x^2+y^2\leqslant 1\}$，且 $a^2+b^2\neq 0$.

§8.3　三重积分

§8.3.1　三重积分的概念

定义 1　设 $f(x, y, z)$是空间有界闭区域 Ω 上的有界函数. 将 Ω 任意分成 n 个小闭区域

$$\Delta v_1,\ \Delta v_2,\ \cdots,\ \Delta v_n,$$

其中，Δv_i 表示第i 个小闭区域，也表示它的体积($i=1, 2, \cdots, n$). 在每个Δv_i 上任取一点(ξ_i, η_i, ζ_i)，作乘积 $f(\xi_i, \eta_i, \zeta_i)\Delta v_i$,并作和$\sum\limits_{i=1}^{n} f(\xi_i, \eta_i, \zeta_i)\Delta v_i$. 如果当各小闭区域的直径中的最大值$\lambda$ 趋于 0 时，这和的极限总存在，则称此极限为函数 $f(x, y, z)$ 在闭区域 Ω 上的三重积分，记作$\iiint\limits_{\Omega} f(x, y, z)\mathrm{d}v$. 即

$$\iiint\limits_{\Omega} f(x, y, z)\mathrm{d}v = \lim_{\lambda \to 0} \sum_{i=1}^{n} f(\xi_i, \eta_i, \zeta_i)\Delta v_i,$$

式中，x, y, z 为积分变量，Ω 为积分区域，$f(x, y, z)$称为被积函数，$f(x, y, z)\mathrm{d}v$ 称为被积表达式，$\mathrm{d}v$ 称为体积元素.

在直角坐标系中，通常用平行于坐标面的三组平面来划分 Ω，则$\Delta v_i = \Delta x_i \Delta y_i \Delta z_i$，因此也把体积元素记为 $\mathrm{d}v=\mathrm{d}x\mathrm{d}y\mathrm{d}z$，三重积分记作

$$\iiint\limits_{\Omega} f(x, y, z)\mathrm{d}v = \iiint\limits_{\Omega} f(x, y, z)\mathrm{d}x\mathrm{d}y\mathrm{d}z.$$

当被积函数 $f(x, y, z)$ 在闭区域 Ω 上连续时，极限$\lim\limits_{\lambda \to 0} \sum\limits_{i=1}^{n} f(\xi_i, \eta_i, \zeta_i)\Delta v_i$ 是存在的，因此连续函数在 Ω 上可积，以后总假定被积函数在 Ω 上是连续或分块连续. 由于三重积分的性质与二重积分类似，这里不再一一列举.

设一个物体占有空间闭区域 Ω，连续函数 $\rho(x, y, z)$表示空间物体在点(x, y, z)的点密度. 按三重积分的定义，空间物体的质量为

$$M = \iiint\limits_{\Omega} \rho(x, y, z)\mathrm{d}x\mathrm{d}y\mathrm{d}z.$$

§8.3.2　三重积分的计算

计算三重积分的基本方法是将它化为三次积分来计算.

1. 利用直角坐标计算三重积分

如图 8.31 所示，设空间闭区域 Ω 在 xOy 面上的投影面为闭区域 D_{xy}，侧面位于以区域 D_{xy} 的边界曲线为准线而母线平行于 z 轴的直柱面上(侧面可能收缩成一条闭曲线)，底

面 S_1 和顶面 S_2 分别是定义在 D_{xy} 上的连续函数 $z=z_1(x, y)$ 和 $z=z_2(x, y)$ 所确定的曲面，其中 $z_1(x, y)\leqslant z_2(x, y)$. 因为过投影面 D_{xy} 上任一点 (x, y) 与 xOy 面垂直的直线一定从底面 S_1 上的点 $(x, y, z_1(x, y))$ 进入 Ω 的内部，并从顶面 S_2 上的点 $(x, y, z_2(x, y))$ 出来. 因此，闭区域 Ω 可表示为

$$\Omega=\{(x, y, z)\mid z_1(x, y)\leqslant z\leqslant z_2(x, y), (x, y)\in D_{xy}\}.$$

如果 D_{xy} 是 xOy 面上 X－型区域，进一步把 Ω 表示为

$$\Omega=\left\{(x,y,z)\left|\begin{array}{l}a\leqslant x\leqslant b\\ y_1(x)\leqslant y\leqslant y_2(x)\\ z_1(x,y)\leqslant z\leqslant z_2(x,y)\end{array}\right.\right\}$$

其中前两个不等式，在 xOy 面上表示 Ω 的投影面，在空间中表示一个直柱体. Ω 就是该直柱体介于底面和顶面之间那部分区域，习惯上称为 XY－型区域.

当我们计算空间物体的质量时，想象把空间闭区域 Ω “压薄” 到 xOy 坐标面上的薄片 D_{xy}，即将 Ω 内从 (x,y,z_1) 到 (x,y,z_2) 线段上所有的点密度“集中”到薄片 D_{xy} 上一点 (x, y) 处的面密度

$$\mu(x, y)=\int_{z_1(x, y)}^{z_2(x, y)} f(x, y, z)\mathrm{d}z.$$

再根据二重积分的物理意义，得

$$M=\iint_{D_{xy}}\mu(x, y)\mathrm{d}\sigma=\iint_{D_{xy}}\left[\int_{z_1(x, y)}^{z_2(x, y)} f(x, y, z)\mathrm{d}z\right]\mathrm{d}\sigma.$$

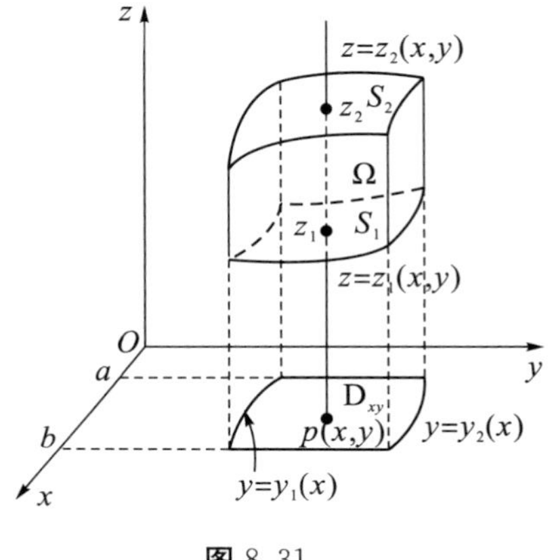

图 8.31

这里我们先计算一个定积分，再计算一个二重积分，简称“先一后二”. 最后把二重积分化为二次积分，即

$$M=\int_a^b\mathrm{d}x\int_{y_1(x)}^{y_2(x)}\mathrm{d}y\int_{z_1(x, y)}^{z_2(x, y)} f(x, y, z)\mathrm{d}z,$$

因此，在 XY－型区域上三重积分化为三次积分，即

$$\iiint_{\Omega} f(x, y, z)\mathrm{d}v=\int_a^b\mathrm{d}x\int_{y_1(x)}^{y_2(x)}\mathrm{d}y\int_{z_1(x, y)}^{z_2(x, y)} f(x, y, z)\mathrm{d}z.$$

计算上式中三次积分的次序是：先把 x 和 y 当作常数对 z 积分；再把 x 继续当作常数对 y 积分；最后再对 x 积分. 大家注意到，在 XY－型空间区域上三次积分的积分上下限由区域 Ω 不等式所确定. 与计算二重积分一样，通常先画出空间积分区域的图形，根据区域的类型确定积分变量变化范围，得到表示区域的不等式组.

例 1 设空间闭区域 Ω 是由曲面 $x^2+y^2-2z=0$ 和 $z=4-\sqrt{x^2+y^2}$ 围成.

解 如图 8.32 所示，把积分区域 Ω 看作 XY－型区域，其侧面收缩成一条闭曲线，考虑两张曲面交线的投影柱面，联立 $\begin{cases}x^2+y^2-2z=0\\ z=4-\sqrt{x^2+y^2}\end{cases}$，消去 z，得柱面 $x^2+y^2=4$. 则 Ω 在 xOy 面上的投影面就是该投影柱面在 xOy 面内所围的区域 D_{xy}，底面是 $z=\dfrac{1}{2}(x^2+y^2)$，

顶面是 $z=4-\sqrt{x^2+y^2}$. 所以，空间闭区域 Ω 表示为

$$\Omega=\left\{\begin{array}{c}(x,y)\in D_{xy}\\ \dfrac{x^2+y^2}{2}\leqslant z\leqslant 4-\sqrt{x^2+y^2}\end{array}\right\}=\left\{\begin{array}{c}-2\leqslant x\leqslant 2\\ -\sqrt{4-x^2}\leqslant y\leqslant\sqrt{4-x^2}\\ \dfrac{x^2+y^2}{2}\leqslant z\leqslant 4-\sqrt{x^2+y^2}\end{array}\right\}.$$

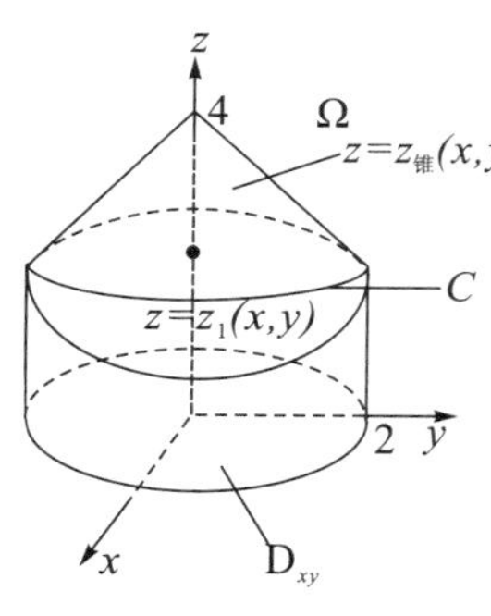

图 8.32

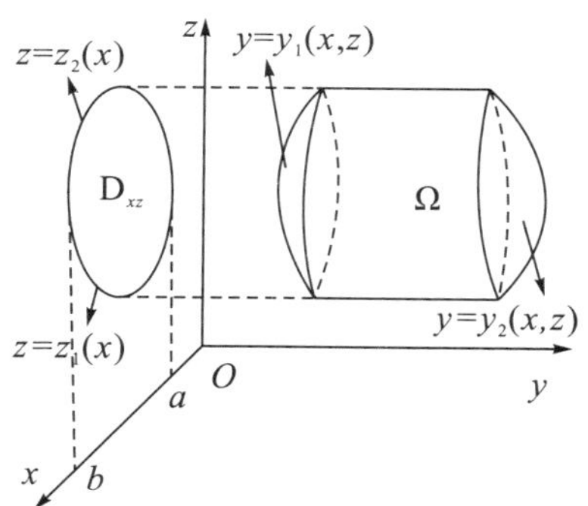

图 8.33

如图 8.33 所示，如果空间闭区域 Ω 的侧面平行于 y 轴，通常把 Ω 向 xOz 面作投影，设投影面 D_{xz} 表示为

$$D_{xz}=\{(x,z)\mid a\leqslant x\leqslant b,\ z_1(x)\leqslant z\leqslant z_2(x)\}.$$

Ω 的左面 S_1：$y=y_1(x,z)$和右面 S_2：$y=y_2(x,z)$是 D_{xz} 上的连续函数，则 Ω 可表示为

$$\begin{aligned}\Omega&=\{(x,y,z)\mid y_1(x,z)\leqslant y\leqslant y_2(x,z),(x,z)\in D_{xz}\}\\&=\left\{(x,y,z)\left|\begin{array}{l}a\leqslant x\leqslant b,\\ z_1(x)\leqslant z\leqslant z_2(x),\\ y_1(x,z)\leqslant y\leqslant y_2(x,z)\end{array}\right.\right\}.\end{aligned}$$

称为 XZ－型区域. 其他情形的区域可类似地表示.

练习 1　把球体 $(x-1)^2+(y+2)^2+(z-3)^2\leqslant 4$ 分别向三个坐标面作投影并表示出来.

例 2　计算三重积分 $\iiint\limits_{\Omega}x\,\mathrm{d}x\,\mathrm{d}y\,\mathrm{d}z$，其中 Ω 为三个坐标面及平面 $x+2y+z=1$ 所围成的闭区域.

解　作图 8.34，区域 Ω 可表示为

$$0\leqslant x\leqslant 1,\ 0\leqslant y\leqslant\frac{1}{2}(1-x),\ 0\leqslant z\leqslant 1-x-2y.$$

于是

$$\begin{aligned}\iiint\limits_{\Omega}x\,\mathrm{d}x\,\mathrm{d}y\,\mathrm{d}z&=\int_0^1\mathrm{d}x\int_0^{\frac{1-x}{2}}\mathrm{d}y\int_0^{1-x-2y}x\,\mathrm{d}z\\&=\int_0^1x\,\mathrm{d}x\int_0^{\frac{1-x}{2}}(1-x-2y)\mathrm{d}y\\&=\frac{1}{4}\int_0^1(x-2x^2+x^3)\mathrm{d}x=\frac{1}{48}.\end{aligned}$$

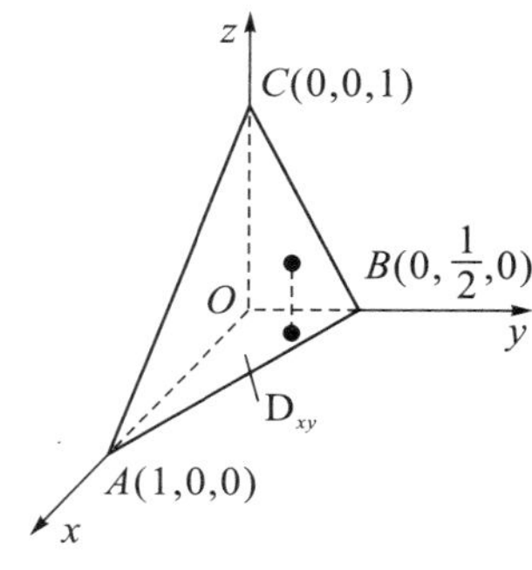

图 8.34

当我们计算空间物体的质量时，还可以想象把空间闭区域Ω“压缩”成 z 轴上一段细棒 $[c_1, c_2]$. 如图 8.35 所示，闭区域Ω表示为

$$\Omega=\{(x, y, z) \mid (x, y)\in D_z, c_1\leqslant z\leqslant c_2\},$$

式中，D_z 是Ω被平面 $z=z$ 所截得到的截面. 类似地，把截面 D_z 上所有的点密度“集中”到细棒上一点 z 处的线密度为

$$\mu(z)=\iint\limits_{D_z} f(x, y, z)\mathrm{d}x\mathrm{d}y.$$

再根据定积分的物理意义，得

$$\iiint\limits_{\Omega} f(x, y, z)\mathrm{d}v=\int_{c_1}^{c_2}\mathrm{d}z\iint\limits_{D_z} f(x, y, z)\mathrm{d}x\mathrm{d}y.$$

上式表明，一个三重积分可化为先计算一个二重积分、再计算一个定积分的累次积分，即“先二后一”，也称为“截面法”. 当三重积分的被积函数只含一个变量且较容易得到相应的截面面积时，用这种方法常常能简化积分的计算.

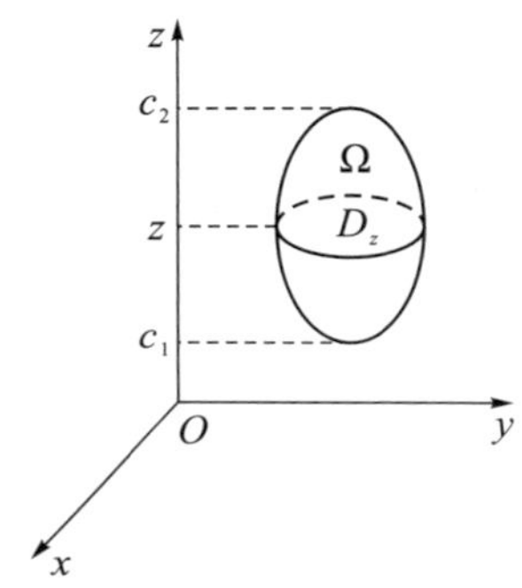

图 8.35

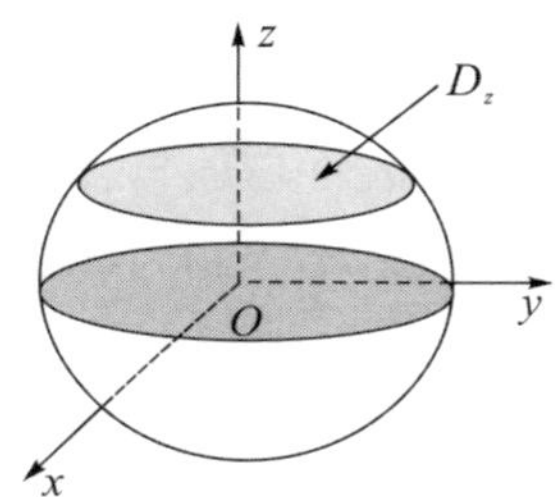

图 8.36

例 3　计算 $\iiint\limits_{\Omega} z^2\mathrm{d}x\mathrm{d}y\mathrm{d}z$，其中Ω是由椭球面 $\dfrac{x^2}{a^2}+\dfrac{y^2}{b^2}+\dfrac{z^2}{c^2}=1$ 所围成的闭区域.

解　如图 8.36 所示，空间区域Ω可表示为

$$\frac{x^2}{a^2}+\frac{y^2}{b^2}\leqslant 1-\frac{z^2}{c^2},\quad -c\leqslant z\leqslant c.$$

则截面 D_z：$\dfrac{x^2}{a^2\left(1-\dfrac{z^2}{c^2}\right)}+\dfrac{y^2}{b^2\left(1-\dfrac{z^2}{c^2}\right)}\leqslant 1$，截面面积为

$$S_{D_z}=\iint\limits_{D_z}\mathrm{d}x\mathrm{d}y=\pi ab\left(1-\frac{z^2}{c^2}\right).$$

于是

$$\begin{aligned}\iiint\limits_{\Omega} z^2\mathrm{d}x\mathrm{d}y\mathrm{d}z&=\int_{-c}^{c} z^2\mathrm{d}z\iint\limits_{D_z}\mathrm{d}x\mathrm{d}y\\&=\pi ab\int_{-c}^{c}\left(1-\frac{z^2}{c^2}\right)z^2\mathrm{d}z=\frac{4}{15}\pi abc^3.\end{aligned}$$

练习 2　将三重积分 $I=\iiint\limits_{\Omega} f(x, y, z)\mathrm{d}x\mathrm{d}y\mathrm{d}z$ 化为三次积分，其中：

(1)Ω 是由曲面 $z=1-x^2-y^2$，$z=0$ 所围成的闭区域.

(2)Ω 是双曲抛物面 $xy=z$ 及平面 $x+y-1=0$，$z=0$ 所围成的闭区域.

(3)Ω 是由曲面 $z=x^2+2y^2$ 及 $z=2-x^2$ 所围成的闭区域.

练习 3　将三重积分 $I=\iiint\limits_{\Omega} f(x,y,z)\mathrm{d}x\mathrm{d}y\mathrm{d}z$ 化为先计算二重积分再计算定积分的形式，其中 Ω 是由曲面 $z=1-x^2-y^2$，$z=0$ 所围成的闭区域.

2. 利用柱面坐标计算三重积分

设 $M(x,y,z)$为空间内一点，并设点 M 在 xOy 面上的投影点 P 的极坐标为(ρ,θ)，则这样的三个数 ρ，θ，z 就叫作点 M 的柱面坐标(如图 8.37 所示)，规定 ρ，θ，z 的变化范围为

$$0\leqslant\rho<+\infty,\quad 0\leqslant\theta\leqslant 2\pi,\quad -\infty<z<+\infty.$$

相应地，空间直角坐标与柱面坐标的关系为

$$x=\rho\cos\theta,\quad y=\rho\sin\theta,\quad z=z.$$

三组坐标面分别为

$\rho=$常数，表示以 z 轴为中心轴的圆柱面；

$\theta=$常数，表示过 z 轴的半平面；

$z=$常数，表示平行于 xOy 面的平面.

练习 4　用柱面坐标表示例 1 中的空间闭区域 Ω.

用 $\rho=$常数、$\theta=$常数和 $z=$常数三组坐标面将闭区域 Ω 分割成若干小闭区域. 图 8.38 表示其中一个小闭区域，它是一个高为 $\mathrm{d}z$ 的柱体，近似地可看作一个长方体，相邻的三条棱分别为 $\mathrm{d}\rho$，$\rho\mathrm{d}\theta$，$\mathrm{d}z$. 因此，柱面坐标系中的体积元素为

$$\mathrm{d}v=\rho\mathrm{d}\rho\mathrm{d}\theta\mathrm{d}z.$$

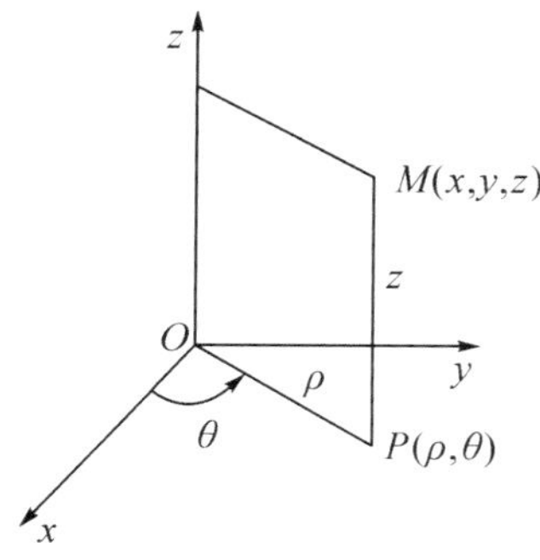

图 8.37

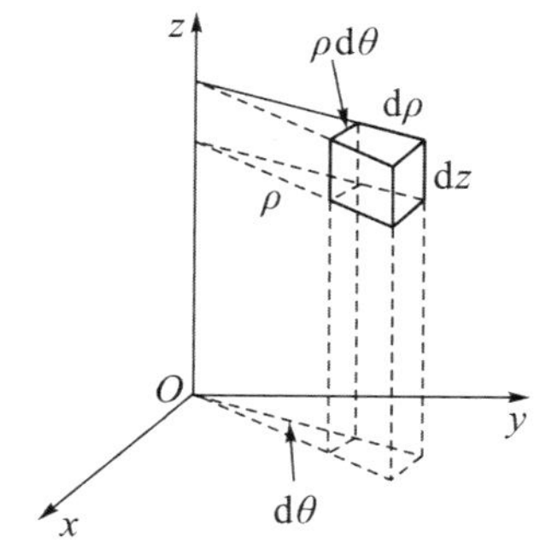

图 8.38

则三重积分在柱面坐标系下表示为

$$\iiint\limits_{\Omega} f(x,y,z)\mathrm{d}x\mathrm{d}y\mathrm{d}z=\iiint\limits_{\Omega} f(\rho\cos\theta,\rho\sin\theta,z)\rho\mathrm{d}\rho\mathrm{d}\theta\mathrm{d}z.$$

一般地，如果三重积分的被积函数具有 $f(\sqrt{x^2+y^2})$的形式，积分区域 Ω 是直柱体且投影面 D_{xy}用极坐标表示比较方便时，通常用柱面坐标来计算三重积分. 如图 8.39 所示，区域 Ω 在空间直角坐标系下和柱面坐标系下表示为

$$\Omega=\{(x,y,z)\mid z_1(x,y)\leqslant z\leqslant z_2(x,y),(x,y)\in D_{xy}\}$$

$$= \left\{ (\theta, \rho, z) \middle| \begin{array}{l} \alpha \leqslant \theta \leqslant \beta, \varphi_1(\theta) \leqslant \rho \leqslant \varphi_2(\theta), \\ z_1(\rho\cos\theta, \rho\cos\theta) \leqslant z \leqslant z_2(\rho\cos\theta, \rho\cos\theta) \end{array} \right\}.$$

因此有

$$\iiint_{\Omega} f(x, y, z)\mathrm{d}v = \int_{\alpha}^{\beta} \mathrm{d}\theta \int_{\varphi_1}^{\varphi_2} \rho \mathrm{d}\rho \int_{z_1}^{z_2} f(\rho\cos\theta, \rho\sin\theta, z)\mathrm{d}z.$$

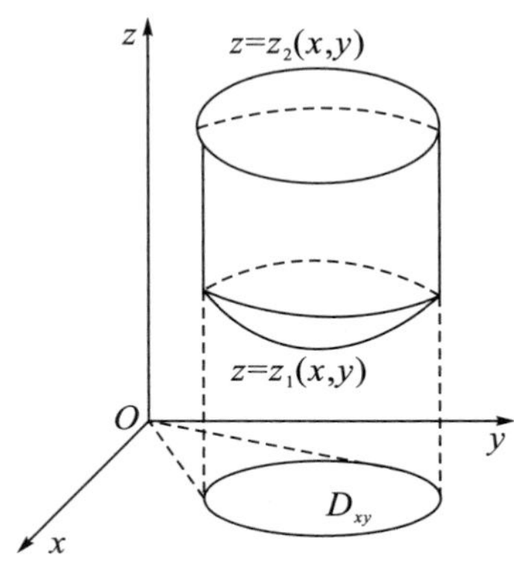

图 8.39

例 4　利用柱面坐标计算三重积分$\iiint_{\Omega} z\mathrm{d}x\mathrm{d}y\mathrm{d}z$，其中 Ω 是由曲面 $z = x^2 + y^2$ 与平面 $z = 4$ 所围成的闭区域.

解　闭区域 Ω 可表示为

$$\rho^2 \leqslant z \leqslant 4, \quad 0 \leqslant \rho \leqslant 2, \quad 0 \leqslant \theta \leqslant 2\pi.$$

于是

$$\begin{aligned} \iiint_{\Omega} z\mathrm{d}x\mathrm{d}y\mathrm{d}z &= \iiint_{\Omega} z\rho\mathrm{d}\rho\mathrm{d}\theta\mathrm{d}z \\ &= \int_0^{2\pi} \mathrm{d}\theta \int_0^2 \rho\mathrm{d}\rho \int_{\rho^2}^4 z\mathrm{d}z = \frac{1}{2}\int_0^{2\pi}\mathrm{d}\theta\int_0^2 \rho(16-\rho^4)\mathrm{d}\rho \\ &= \frac{1}{2} \cdot 2\pi \left[8\rho^2 - \frac{1}{6}\rho^6\right]_0^2 = \frac{64}{3}\pi. \end{aligned}$$

练习 5　计算 $I = \iiint_{\Omega} (x^2 + y^2)\mathrm{d}x\mathrm{d}y\mathrm{d}z$，其中 Ω 是曲线 $y^2 = 2z$，$x = 0$ 绕 z 轴旋转一周而成的曲面与两平面 $z = 2$，$z = 8$ 所围的立体.

3. 利用球面坐标计算三重积分

如图 8.40 所示，设 $M(x, y, z)$为空间中一点，在 xOy 面上的投影为点 $P(x, y)$. 记 r 为点 M 到原点 O 的距离，φ 为 OM 与 z 轴正向的夹角，θ 为 OP 与 x 轴正向的夹角，则点 M 也可用数组 (r, φ, θ)来确定，称为球面坐标. 约定坐标变量 r，φ，θ 的变化范围为

$$0 \leqslant r < +\infty, \quad 0 \leqslant \varphi \leqslant \pi, \quad 0 \leqslant \theta \leqslant 2\pi.$$

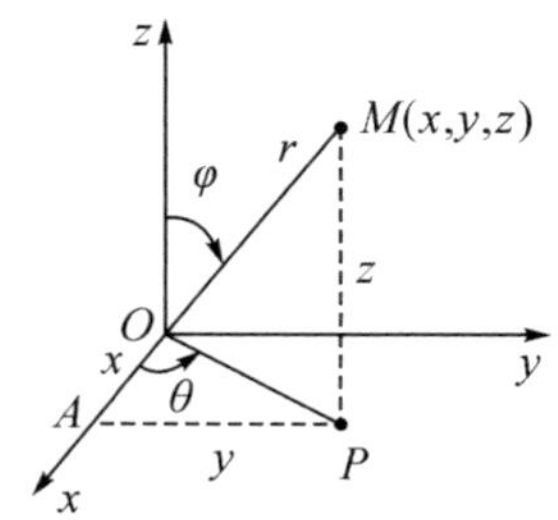

图 8.40

相应地，直角坐标与球面坐标的关系为

$$\begin{cases} x = r\sin\varphi\cos\theta, \\ y = r\sin\varphi\sin\theta, \\ z = r\cos\varphi. \end{cases}$$

三组坐标面分别为

r = 常数，表示以原点为球心的球面；

θ = 常数，表示过 z 轴的半平面；

φ = 常数，表示以原点为顶点、以 z 轴为中心轴的圆锥面.

我们用 r = 常数、θ = 常数和 φ = 常数三组坐标面将闭区域 Ω 分割成若干小闭区域. 图 8.41 表示其中一个小闭区域，近似地看作一个长方体，相邻的三条棱分别为 $\mathrm{d}r$，$r\mathrm{d}\varphi$ 和 $r\sin\varphi\mathrm{d}\theta$. 因此，在球面坐标系下体积元素 $\mathrm{d}v = r^2\sin\varphi\mathrm{d}r\mathrm{d}\varphi\mathrm{d}\theta$，三重积分表示为

$$\iiint_\Omega f(x, y, z)\mathrm{d}v = \iiint_\Omega f(r\sin\varphi\cos\theta, r\sin\varphi\sin\theta, r\cos\varphi)r^2\sin\varphi\mathrm{d}r\mathrm{d}\varphi\mathrm{d}\theta.$$

一般地，当三重积分的被积函数具有 $f(\sqrt{x^2+y^2+z^2})$ 的形式，积分区域 Ω 由球面或锥面围成时，用球面坐标来计算三重积分比较方便.

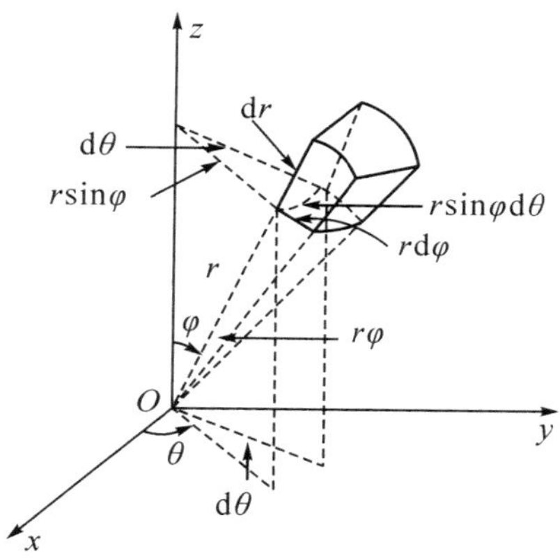

图 8.41

练习 6　用球面坐标表示例 1 中的空间闭区域 Ω.

例 5　求半径为 a 的球面与半顶角为 α 的内接锥面所围成的立体的体积.

解　如图 8.42 所示，球面的方程为

$$x^2 + y^2 + (z-a)^2 = a^2,$$

在球面坐标下此球面的方程为

$$r^2 = 2ar\cos\varphi,$$

该立体所占区域 Ω 可表示为

$$0 \leqslant r \leqslant 2a\cos\varphi,\quad 0 \leqslant \varphi \leqslant \alpha,\quad 0 \leqslant \theta \leqslant 2\pi.$$

于是所求立体的体积为

$$V = \iiint_\Omega \mathrm{d}x\mathrm{d}y\mathrm{d}z = \iiint_\Omega r^2\sin\varphi\mathrm{d}r\mathrm{d}\varphi\mathrm{d}\theta$$
$$= \int_0^{2\pi}\mathrm{d}\theta\int_0^\alpha\mathrm{d}\varphi\int_0^{2a\cos\varphi}r^2\sin\varphi\mathrm{d}r$$

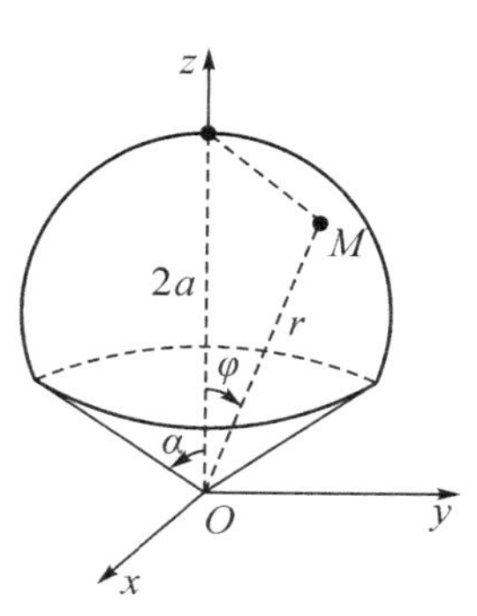

图 8.42

$$= 2\pi\int_0^{\alpha}\sin\varphi\mathrm{d}\varphi\int_0^{2a\cos\varphi}r^2\mathrm{d}r$$

$$= \frac{16\pi a^3}{3}\int_0^{\alpha}\cos^3\varphi\sin\varphi\mathrm{d}\varphi = \frac{4\pi a^3}{3}(1-\cos^4 a).$$

如果积分区域 Ω 关于 xOy 平面对称，且被积函数 $f(x, y, z)$ 是关于 z 的奇函数，则三重积分为零；若被积函数 $f(x, y, z)$ 是关于 z 的偶函数，则三重积分为 Ω 在 xOy 平面上方的半个闭区域的三重积分的 2 倍. 其他对称性的情形也类似.

例 6　利用对称性计算三重积分 $\iiint\limits_{\Omega}\frac{z\ln(x^2+y^2+z^2+1)}{x^2+y^2+z^2+1}\mathrm{d}x\mathrm{d}y\mathrm{d}z$，其中积分区域 Ω 是单位球体 $x^2+y^2+z^2\leqslant 1$.

解　积分区域 Ω 关于三个坐标面都对称，且被积函数是 z 的奇函数，所以

$$\iiint\limits_{\Omega}\frac{z\ln(x^2+y^2+z^2+1)}{x^2+y^2+z^2+1}\mathrm{d}x\mathrm{d}y\mathrm{d}z = 0.$$

例 7　计算三重积分 $\iiint\limits_{\Omega}(x+y+z)^2\mathrm{d}x\mathrm{d}y\mathrm{d}z$，其中 Ω 是由抛物面 $z=x^2+y^2$ 和球面 $x^2+y^2+z^2=2$ 所围成的空间闭区域.

解　由于 $(x+y+z)^2 = x^2+y^2+z^2+2(xy+yz+zx)$，其中 xy,yz 是关于 y 的奇函数且 Ω 关于 zOx 面对称，xz 是关于 x 的奇函数且 Ω 关于 yOz 面对称，所以 $\iiint\limits_{\Omega}xz\mathrm{d}v = \iiint\limits_{\Omega}xy\mathrm{d}v = \iiint\limits_{\Omega}yz\mathrm{d}v = 0$. 因此，有

$$\iiint\limits_{\Omega}(x+y+z)^2\mathrm{d}x\mathrm{d}y\mathrm{d}z = \iiint\limits_{\Omega}(x^2+y^2+z^2)\mathrm{d}x\mathrm{d}y\mathrm{d}z.$$

在柱面坐标下，Ω 表示为

$$0\leqslant\theta\leqslant 2\pi,\quad 0\leqslant\rho\leqslant 1,\quad \rho^2\leqslant z\leqslant\sqrt{2-\rho^2},$$

所以

$$\iiint\limits_{\Omega}(x+y+z)^2\mathrm{d}x\mathrm{d}y\mathrm{d}z = \int_0^{2\pi}\mathrm{d}\theta\int_0^1\mathrm{d}\rho\int_{r^2}^{\sqrt{2-\rho^2}}(\rho^2+z^2)\rho\mathrm{d}z = \frac{\pi}{60}(90\sqrt{2}-89).$$

练习 7　用球面坐标计算上式的三重积分.

习题 8—3

1. 化三重积分 $I = \iiint\limits_{\Omega}f(x, y, z)\mathrm{d}x\mathrm{d}y\mathrm{d}z$ 为三次积分，其中积分区域 Ω 分别如下：

(1) 由双曲抛物面 $xy = z$ 及平面 $x+y-1=0$，$z=0$ 所围成的闭区域；

(2) 由曲面 $z = x^2+y^2$ 及平面 $z=1$ 所围成的闭区域；

(3) 由曲面 $z = x^2+2y^2$ 及 $z = 2-x^2$ 所围成的闭区域；

(4) 由曲面 $cz = xy(c>0)$，$\frac{x^2}{a^2}+\frac{y^2}{b^2}=1$，$z=0$ 所围成的在第一卦限内的闭区域.

2. 设有一物体，占有空间闭区域 $\Omega = \{(x, y, z) \mid 0\leqslant x\leqslant 1, 0\leqslant y\leqslant 1, 0\leqslant z\leqslant$

1}，在点(x, y, z)处的密度为$\rho(x, y, z) = x + y + z$，计算该物体的质量.

3. 如果三重积分$\iiint\limits_{\Omega} f(x, y, z)\mathrm{d}x\mathrm{d}y\mathrm{d}z$的被积函数$f(x, y, z)$在$\Omega$上变量可分离，即$f(x, y, z) = f_1(x) \cdot f_2(y) \cdot f_3(z)$，积分区域$\Omega = \{(x, y, z) \mid a \leqslant x \leqslant b, c \leqslant y \leqslant d, l \leqslant z \leqslant m\}$，证明这个三重积分等于三个单积分的乘积，即

$$\iiint\limits_{\Omega} f_1(x)f_2(y)f_3(z)\mathrm{d}x\mathrm{d}y\mathrm{d}z = \int_a^b f_1(x)\mathrm{d}x\int_c^d f_2(y)\mathrm{d}y\int_l^m f_3(z)\mathrm{d}z.$$

4. 计算$\iiint\limits_{\Omega} xy^2z^3\mathrm{d}x\mathrm{d}y\mathrm{d}z$，其中$\Omega$是由曲面$z = xy$与平面$y = x$，$x = 1$和$z = 0$所围成的闭区域.

5. 计算$\iiint\limits_{\Omega} \dfrac{\mathrm{d}x\mathrm{d}y\mathrm{d}z}{(1 + x + y + z)^3}$，其中$\Omega$为平面$x = 0$，$y = 0$，$z = 0$，$x + y + z = 1$所围成的四面体.

6. 计算$\iiint\limits_{\Omega} xyz\mathrm{d}x\mathrm{d}y\mathrm{d}z$，其中$\Omega$为球面$x^2 + y^2 + z^2 = 1$及三个坐标面所围成的第一卦限内的闭区域.

7. 计算$\iiint\limits_{\Omega} xz\mathrm{d}x\mathrm{d}y\mathrm{d}z$，其中$\Omega$是由平面$z = 0$，$z = y$，$y = 1$以及抛物柱面$y = x^2$所围成的闭区域.

8. 计算$\iiint\limits_{\Omega} z\mathrm{d}x\mathrm{d}y\mathrm{d}z$，其中$\Omega$是由锥面$z = \dfrac{h}{R}\sqrt{x^2 + y^2}$与平面$z = h(R > 0, h > 0)$所围成的闭区域.

9. 利用柱面坐标计算下列三重积分.

(1)$\iiint\limits_{\Omega} z\mathrm{d}v$，其中$\Omega$是由曲面$z = \sqrt{2 - x^2 - y^2}$及$z = x^2 + y^2$所围成的闭区域；

(2)$\iiint\limits_{\Omega} (x^2 + y^2)\mathrm{d}v$，其中$\Omega$是由曲面$x^2 + y^2 = 2z$及平面$z = 2$所围成的闭区域.

10. 利用球面坐标计算下列三重积分.

(1)$\iiint\limits_{\Omega} (x^2 + y^2 + z^2)\mathrm{d}v$，其中$\Omega$是由球面$x^2 + y^2 + z^2 = 1$所围成的闭区域；

(2)$\iiint\limits_{\Omega} z\mathrm{d}v$，其中闭区域$\Omega$由不等式$x^2 + y^2 + (z - a)^2 \leqslant a^2$，$x^2 + y^2 \leqslant z^2$所确定.

11. 选用适当的坐标计算下列三重积分.

(1)$\iiint\limits_{\Omega} xy\mathrm{d}v$，其中$\Omega$为柱面$x^2 + y^2 = 1$及平面$z = 1$，$z = 0$，$x = 0$，$y = 0$所围成的第一卦限内的闭区域；

*(2)$\iiint\limits_{\Omega} \sqrt{x^2 + y^2 + z^2}\mathrm{d}v$，其中$\Omega$是由球面$x^2 + y^2 + z^2 = z$所围成的闭区域；

(3)$\iiint\limits_{\Omega} (x^2 + y^2)\mathrm{d}v$，其中$\Omega$是由曲面$4x^2 = 25(x^2 + y^2)$及平面$z = 5$所围成的闭区域；

*(4) $\iiint\limits_{\Omega}(x^2+y^2)\mathrm{d}v$，其中闭区域 Ω 由不等式 $0<a\leqslant\sqrt{x^2+y^2+z^2}\leqslant A$，$z\geqslant 0$ 所确定.

12. 利用三重积分计算下列由曲面所围成的立体的体积.

(1) 由 $z=6-x^2-y^2$ 和 $z=\sqrt{x^2+y^2}$ 所围成的区域；

*(2) 由 $x^2+y^2+z^2=2az(a>0)$ 和 $x^2+y^2=z^2$(含有 z 轴的部分)所围成的区域；

(3) 由 $z=\sqrt{x^2+y^2}$ 和 $z=x^2+y^2$ 所围成的区域；

(4) 由 $z=\sqrt{5-x^2-y^2}$ 和 $x^2+y^2=4z$ 所围成的区域.

*13. 求球体 $r\leqslant a$ 位于锥面 $\varphi=\dfrac{\pi}{3}$ 和 $\varphi=\dfrac{2}{3}\pi$ 之间的部分的体积.

14. 求上、下分别为球面 $x^2+y^2+z^2=2$ 和抛物面 $z=x^2+y^2$ 所围立体的体积.

*15. 球心在原点、半径为 R 的球体，在其上任意一点的密度的大小与这点到球心的距离成正比，求这球体的质量.

§8.4　含参变量的积分

在《高等数学(上册)》中，我们讨论了积分限函数 $\int_a^x f(t)\mathrm{d}t$ 的性质，这节讨论含参变量的积分. 设 $f(x,y)$ 是矩形区域 $R=[a,b;c,d]$ 上的连续函数，对给定的 $x_0\in[a,b]$，$f(x_0,y)$ 是关于变量 y 在 $[c,d]$ 上的一元连续函数，因此，

$$\int_c^d f(x_0,y)\mathrm{d}y$$

存在，且这个积分的值依赖于 x_0. 当 x_0 变化时，这个积分确定了一个定义在 $[a,b]$ 上关于 x 的函数. 记为

$$\varphi(x)=\int_c^d f(x,y)\mathrm{d}y,\tag{10.2}$$

式中，$a\leqslant x\leqslant b$. 由于 x 在积分过程中看作常量，通常称为参变量，相应的积分式(10.2)右端叫作含参变量的积分.

例 1　计算 $\varphi(x)=\int_0^1 \mathrm{e}^{xy}\mathrm{d}y$，并讨论 $\varphi(x)$ 的连续性.

解　把 x 看作常数，则当 $x=0$ 时，$\varphi(0)=1$；当 $x\neq 0$ 时，

$$\varphi(x)=\int_0^1 \mathrm{e}^{xy}\mathrm{d}y=\frac{1}{x}\int_0^1 \mathrm{e}^{xy}\mathrm{d}(xy)=\frac{1}{x}\mathrm{e}^{xy}\Big|_0^1=\frac{1}{x}(\mathrm{e}^x-1).$$

因为

$$\lim_{x\to 0}\varphi(x)=\lim_{x\to 0}\frac{\mathrm{e}^x-1}{x}=1=\varphi(0),$$

所以 $\varphi(x)$ 在 $(-\infty,\infty)$ 上连续.

下面讨论含参变量积分(10.2)的一些性质.

定理 1　如果 $f(x,y)$ 在 $[a,b;c,d]$ 上连续，那么 $\varphi(x)=\int_c^d f(x,y)\mathrm{d}y$ 在 $[a,b]$ 上连续.

证明　设 x 和 $x+\Delta x$ 是$[a, b]$上任两点，则

$$\Delta\varphi(x)=\varphi(x+\Delta x)-\varphi(x)$$
$$=\int_c^d[f(x+\Delta x, y)-f(x, y)]\mathrm{d}y.$$

由于 $f(x, y)$在闭区域 $D=[a, b; c, d]$上连续，从而一致连续．因此对任意 $\varepsilon>0$，存在 $\delta>0$，使得对任两点 $P_1(x_1, y_1)$，$P_2(x_2, y_2)$，只要满足$|P_1P_2|=\sqrt{(x_2-x_1)^2+(y_2-y_1)^2}<\delta$，就有

$$|f(x_2, y_2)-f(x_1, y_1)|<\varepsilon.$$

特别地，当$|\Delta x|<\delta$ 时，有

$$|f(x+\Delta x, y)-f(x, y)|<\varepsilon.$$

因此

$$|\Delta\varphi(x)|=\left|\int_c^d[f(x+\Delta x, y)-f(x, y)]\mathrm{d}y\right|$$
$$\leqslant\int_c^d|f(x+\Delta x, y)-f(x, y)|\mathrm{d}y<\varepsilon(d-c).$$

所以 $\varphi(x)$在$[a, b]$上连续．证毕．

既然 $\varphi(x)$在$[a, b]$上连续，那么它在$[a, b]$上可积，即

$$\int_a^b\varphi(x)\mathrm{d}x=\int_a^b\left[\int_c^d f(x, y)\mathrm{d}y\right]\mathrm{d}x=\int_a^b\mathrm{d}x\int_c^d f(x, y)\mathrm{d}y$$
$$=\iint_D f(x, y)\mathrm{d}x\mathrm{d}y=\int_c^d\mathrm{d}y\int_a^b f(x, y)\mathrm{d}x.$$

因此有下面的定理．

定理 2　如果 $f(x, y)$在 $D=[a, b; c, d]$上连续，则

$$\int_a^b\mathrm{d}x\int_c^d f(x, y)\mathrm{d}y=\int_c^d\mathrm{d}y\int_a^b f(x, y)\mathrm{d}x.$$

下面考虑含参变量积分(10.2)确定的函数 $\varphi(x)$的可微性．

定理 3　如果 $f(x, y)$及偏导数$\dfrac{\partial f}{\partial x}(x, y)$都在 $D=[a, b; c, d]$上连续，则 $\varphi(x)=\int_c^d f(x, y)\mathrm{d}y$ 在$[a, b]$上可导，且

$$\varphi'(x)=\frac{\mathrm{d}}{\mathrm{d}x}\int_c^d f(x, y)\mathrm{d}y=\int_c^d\frac{\partial}{\partial x}f(x, y)\mathrm{d}y.$$

在一些实际问题中，不仅被积函数含有参变量，而且积分限也依赖于这个参变量，即

$$\varphi(x)=\int_{\alpha(x)}^{\beta(x)}f(x, y)\mathrm{d}y.$$

定理 4　如果 $f(x, y)$在 $D=[a, b; c, d]$上连续，$\alpha(x)$，$\beta(x)$在$[a, b]$上连续，且 $c\leqslant\alpha(x)$，$\beta(x)\leqslant d$，则 $\varphi(x)=\int_{\alpha(x)}^{\beta(x)}f(x, y)\mathrm{d}y$ 在$[a, b]$上连续．进一步，如果$\dfrac{\partial f}{\partial x}$在 D 上连续，$\alpha(x)$，$\beta(x)$在$[a, b]$上可导，则 $\varphi(x)$在$[a, b]$上可导，且

$$\varphi'(x)=\frac{\mathrm{d}}{\mathrm{d}x}\int_{\alpha(x)}^{\beta(x)}f(x, y)\mathrm{d}y$$
$$=f[x, \beta(x)]\beta'(x)-f[x, \alpha(x)]\alpha'(x)+\int_{\alpha(x)}^{\beta(x)}\frac{\partial f}{\partial x}(x, y)\mathrm{d}y.$$

例 2 设 $\varphi(x)=\int_{x}^{x^2}\frac{\sin(xy)}{y}\mathrm{d}y$，求 $\varphi'(x)$.

$$\varphi'(x)=\frac{\sin x^3}{x^2}\cdot 2x-\frac{\sin x^2}{x}\cdot 1+\int_{x}^{x^2}\cos(xy)\mathrm{d}y$$
$$=\frac{1}{x}(3\sin x^3-2\sin x^2).$$

例 3 计算定积分 $I=\int_0^1\frac{\ln(1+x)}{1+x^2}\mathrm{d}x$.

解 考虑含参变量 α 的积分所确定的函数

$$\varphi(\alpha)=\int_0^1\frac{\ln(1+\alpha x)}{1+x^2}\mathrm{d}x.$$

显然 $\varphi(0)=0$，$\varphi(1)=I$，根据定理 4，得

$$\varphi'(\alpha)=\int_0^1\frac{x}{(1+\alpha x)(1+x^2)}\mathrm{d}x$$
$$=\int_0^1\frac{1}{1+\alpha^2}\left(\frac{-\alpha}{1+\alpha x}+\frac{\alpha+x}{1+x^2}\right)\mathrm{d}x$$
$$=\frac{1}{1+\alpha^2}\left[\frac{1}{2}\ln 2+\frac{\pi}{4}\alpha-\ln(1+\alpha)\right].$$

上式在$[0,1]$上对 α 积分，得

$$I=\varphi(1)-\varphi(0)=\int_0^1\varphi'(\alpha)\mathrm{d}\alpha$$
$$=\int_0^1\frac{1}{1+\alpha^2}\left[\frac{1}{2}\ln 2+\frac{\pi}{4}\alpha-\ln(1+\alpha)\right]\mathrm{d}\alpha$$
$$=\frac{\pi}{4}\ln 2-I.$$

所以 $I=\frac{\pi}{8}\ln 2$.

习题 8－4

1. 求下列含参变量的积分所确定的函数的极限.

(1) $\lim\limits_{x\to 0}\int_{x}^{1+x}(1+x^2+y^2)\mathrm{d}y$.

(2) $\lim\limits_{x\to 0}\int_0^2 y^2\cos(xy)\mathrm{d}y$.

2. 求下列函数的导数.

(1) $\varphi(x)=\int_{\sin x}^{\cos x}(y^2\sin x-y^3)\mathrm{d}y$；

(2) $\varphi(x)=\int_0^x\frac{\ln(1+xy)}{y}\mathrm{d}y$；

(3) $\varphi(x)=\int_{x^2}^{x^3}\arctan\frac{y}{x}\mathrm{d}y$；

(4) $\varphi(x)=\int_{x}^{x^2}\mathrm{e}^{-xy^2}\mathrm{d}x$.

3. 设 $F(x)=\int_0^x(x+y)f(y)\mathrm{d}y$，其中 $f(y)$ 为可导函数. 求 $F''(x)$.

4. 计算.

(1) $I=\int_0^{\frac{\pi}{2}}\ln\frac{1+a\cos x}{1-a\cos x}\cdot\frac{\mathrm{d}x}{\cos x}$ $(|a|<1)$；

(2) $I=\int_0^{\frac{\pi}{2}}\ln(\cos^2x+a^2\sin^2x)\mathrm{d}x\quad(a>0)$;

(3) $I=\int_0^1\frac{\arctan x}{x}\frac{\mathrm{d}x}{\sqrt{1-x^2}}$;

(4) $I=\int_0^1\sin(\ln\frac{1}{x})\frac{x^b-x^a}{\ln x}\mathrm{d}x\quad(0<a<b)$.

§8.5　重积分的应用

在实际应用中，我们用“元素法”的思想建立定积分或重积分来计算一些总量问题. 以二重积分为例，如果所要计算的某个量 U 对于平面闭区域 D 具有可加性，即当闭区域 D 分成 n 个小闭区域时所求量 U 相应地分成 n 个部分量并且 U 等于这 n 个部分量之和；同时，如果在闭区域 D 内任取包含点 (x,y) 的一个直径很小的闭区域 $\mathrm{d}\sigma$，相应的部分量元素 $\mathrm{d}U$ 可表示为 $f(x,y)\mathrm{d}\sigma$ 的形式. 则所求的总量就是 $f(x,y)$ 在闭区域 D 上的二重积分

$$U=\iint_D f(x,y)\mathrm{d}\sigma.$$

§8.5.1　曲面的面积

先讨论空间平面 Π 中的有界闭区域的面积与它在 xOy 面上投影面的面积的关系. 设平面 Π 与 xOy 面的夹角为 θ $\left(0\leqslant\theta\leqslant\frac{\pi}{2}\right)$，即平面 Π 方向向上的法向量 $\boldsymbol{n}$ 与 z 轴单位向量 $\boldsymbol{k}$ 的夹角为 θ. 任取平面 Π 上一片矩形区域 A，其边界与 x 轴或 y 轴平行(如图 8.43 所示)，则矩形区域 A 的面积为 $\mathrm{A}=ab$，其在 xOy 面上投影面的面积为 $\sigma=ab\cos\theta$. 因此，我们得到它们的关系，即

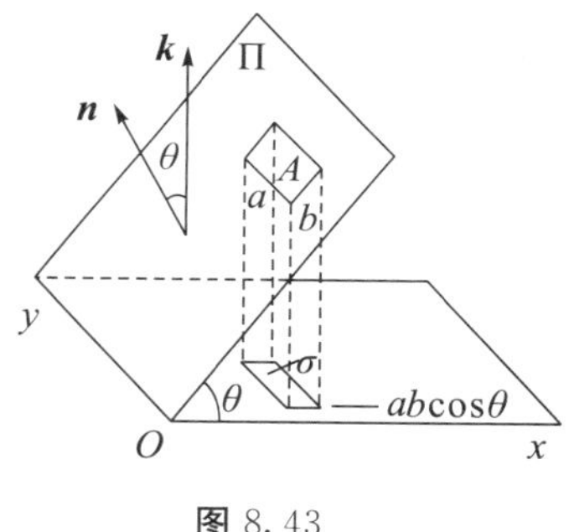

图 8.43

$$\mathrm{A}=\frac{\sigma}{\cos\theta}\text{ 或 }\sigma=\mathrm{A}\cos\theta.$$

由相似性，上式对平面 Π 上任意的区域 A 也成立.

下面讨论空间曲面的情形. 设曲面 Σ 由一阶连续可导函数 $z=f(x,y)$ 确定，在 xOy 面上的投影区域为 D_{xy}，求曲面的面积 Σ.

如图 8.44 所示，在曲面 Σ 上任取一点 $M(x,y,z)$. 过其投影 $P(x,y)$ 点任取 D_{xy} 内的一小片闭区域 $\mathrm{d}\sigma$，并作以 $\mathrm{d}\sigma$ 的边界曲线为准线而母线平行于 z 轴的细柱面. 在这细柱面内包含的那一小片曲面区域 $\mathrm{d}S$ 可看作过 M 点的切平面 T 上的一小片平面区域 dA，即曲面面积元素 $\mathrm{d}S=\mathrm{dA}$. 通常我们取曲面 Σ 在点 M 处方向向上的法向量为

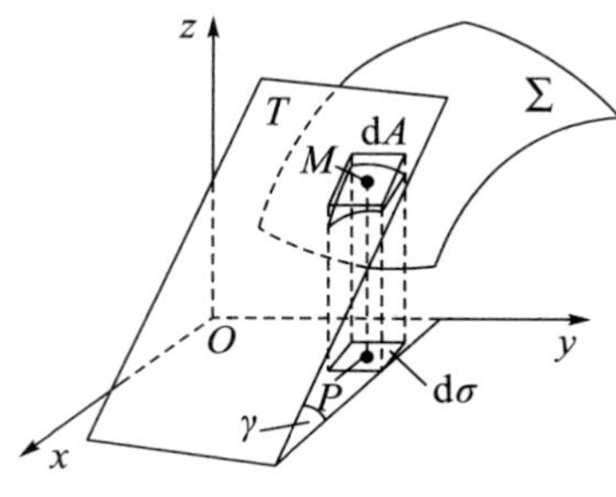

图 8.44

$$\boldsymbol{n}=(-f_x,\ -f_y,\ 1),$$

则 $\boldsymbol{n}$ 与 z 轴单位向量 $\boldsymbol{k}$ 的夹角 θ 的余弦为

$$\cos\theta=\frac{\boldsymbol{n}\cdot\boldsymbol{k}}{|\boldsymbol{n}||\boldsymbol{k}|}=\frac{1}{\sqrt{1+f_x^2(x,\ y)+f_y^2(x,\ y)}}.$$

式中，f_x 表示 $f(x,y)$ 对 x 的偏导数，f_y 表示 $f(x,y)$ 对 y 的偏导数.

所以，曲面 Σ 的面积元素为

$$\mathrm{d}S=\frac{\mathrm{d}\sigma}{\cos\theta}=\sqrt{1+f_x^2(x,\ y)+f_y^2(x,\ y)}\,\mathrm{d}\sigma,$$

于是曲面 Σ 的面积为

$$S=\iint_D\sqrt{1+f_x^2(x,\ y)+f_y^2(x,\ y)}\,\mathrm{d}\sigma.$$

若曲面为 $x=g(y,\ z)$ 或 $y=h(z,\ x)$，则曲面的面积为

$$S=\iint_{D_{yz}}\sqrt{1+g_y^2(y,\ z)+g_z^2(y,\ z)}\,\mathrm{d}y\mathrm{d}z$$

或

$$S=\iint_{D_{zx}}\sqrt{1+h_z^2(z,\ x)+h_x^2(z,\ x)}\,\mathrm{d}z\mathrm{d}x.$$

式中，D_{yz} 是曲面 Σ 在 yOz 面上的投影区域，D_{zx} 是曲面 Σ 在 zOx 面上的投影区域.

例 1　求半径为 R 的球的表面积.

解　上半球面 $\Sigma_1: f(x,y)=\sqrt{R^2-x^2-y^2}$，投影面 $\mathrm{D}_{xy}: x^2+y^2\leqslant R^2$. 有

$$f_x=\frac{-x}{\sqrt{R^2-x^2-y^2}},\quad f_y=\frac{-y}{\sqrt{R^2-x^2-y^2}}.$$

注意到 z 对 x 和对 y 的偏导数在 D_{xy}：$x^2+y^2\leqslant R^2$ 上无界，则上半球面面积不能直接求出. 类似瑕积分的计算方法，先求在区域 D_1：$x^2+y^2\leqslant a^2(a<R)$ 上的部分球面面积，然后取极限，即

$$\begin{aligned}S_1&=\iint_{\mathrm{D}_{xy}}\sqrt{1+f_x^2(x,\ y)+f_y^2(x,\ y)}\,\mathrm{d}\sigma\\&=\iint_{x^2+y^2\leqslant R^2}\frac{R}{\sqrt{R^2-x^2-y^2}}\mathrm{d}x\mathrm{d}y\\&=\lim_{a\to R^-}\iint_{x^2+y^2\leqslant a^2}\frac{R}{\sqrt{R^2-x^2-y^2}}\mathrm{d}x\mathrm{d}y\end{aligned}$$

$$= \lim_{a \to R^-} R \int_0^{2\pi} d\theta \int_0^a \frac{r}{\sqrt{R^2 - r^2}} dr$$

$$= \lim_{a \to R^-} 2\pi R(R - \sqrt{R^2 - a^2}) = 2\pi R^2.$$

所以，整个球面面积为

$$S = 2S_1 = 4\pi R^2.$$

例 2　设有一颗地球同步轨道通信卫星，距地面的高度为 $h = 36\ 000$ km，运行的角速度与地球自转的角速度相同. 试计算该通信卫星的覆盖面积与地球表面积的比值（地球半径 $R = 6\ 400$ km）.

解　取地心为坐标原点，地心到通信卫星中心的连线为 z 轴，建立坐标系，如图 8.45 所示. 通信卫星覆盖的曲面Σ是上半球面被半顶角为 α 的圆锥面所截得的部分. Σ的方程为 $z = \sqrt{R^2 - x^2 - y^2}$，投影面 $D_{xy}: x^2 + y^2 \leqslant R^2 \sin^2\alpha$. 于是通信卫星的覆盖面积为

$$S = \iint_{D_{xy}} \sqrt{1 + z_x^2 + z_y^2}\, dx dy = \iint_{D_{xy}} \frac{R}{\sqrt{R^2 - x^2 - y^2}} dx dy.$$

利用极坐标，得

$$S = \int_0^{2\pi} d\theta \int_0^{R\sin\alpha} \frac{R}{\sqrt{R^2 - \rho^2}} \rho d\rho$$

$$= 2\pi R \int_0^{R\sin\alpha} \frac{\rho}{\sqrt{R^2 - \rho^2}} d\rho = 2\pi R^2 (1 - \cos\alpha).$$

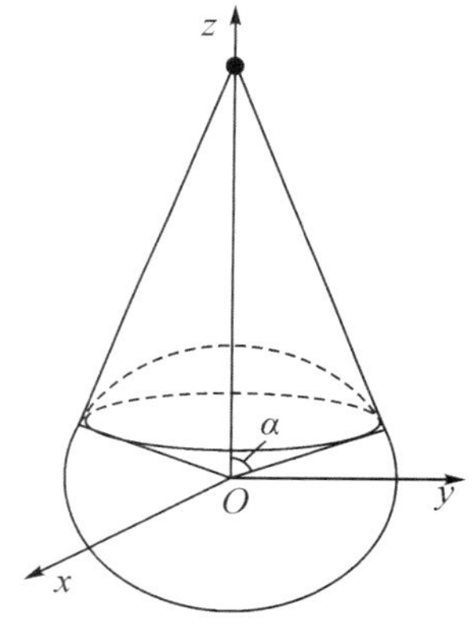

图 8.45

由于 $\cos\alpha = \dfrac{R}{R+h}$，代入上式得

$$S = 2\pi R^2 (1 - \frac{R}{R+h}) = 2\pi R^2 \frac{h}{R+h}.$$

由此得这颗通信卫星的覆盖面积与地球表面积之比为

$$\frac{S}{4\pi R^2} = \frac{h}{2(R+h)} = \frac{36 \times 10^6}{2(36 + 6.4) \times 10^6} \approx 42.5\%.$$

由以上结果可知，卫星覆盖了全球$\dfrac{1}{3}$以上的面积，故使用三颗相隔$\dfrac{2}{3}\pi$角度的通信卫星就可以覆盖几乎地球全部表面.

§8.5.2　质心

设有一平面薄片，占有 xOy 面上的闭区域 D，在点(x, y)处的面密度为 $\rho(x, y)$，假定 $\mu(x, y)$在 D 上连续. 现在求该薄片的质心坐标.

在闭区域 D 上任取一点 $P(x, y)$及包含点 P 的直径很小的闭区域 $d\sigma$，则平面薄片对 x 轴和对 y 轴的静力矩元素分别为

$$dM_x = y\mu(x, y) d\sigma, \quad dM_y = x\mu(x, y) d\sigma.$$

平面薄片对 x 轴的力矩 M_x，对 y 轴的力矩 M_y 和质量 M 分别为

$$M_x = \iint_D y\mu(x, y) d\sigma, \quad M_y = \iint_D x\mu(x, y) d\sigma, \quad M = \iint_D \mu(x, y) d\sigma.$$

设平面薄片的质心坐标为$(\bar{x}, \bar{y})$，由于 $\bar{x}\cdot M=M_y$， $\bar{y}\cdot M=M_x$，于是

$$\bar{x}=\frac{M_y}{M}=\frac{\iint\limits_D x\mu(x, y)\mathrm{d}\sigma}{\iint\limits_D \mu(x, y)\mathrm{d}\sigma}, \quad \bar{y}=\frac{M_x}{M}=\frac{\iint\limits_D y\mu(x, y)\mathrm{d}\sigma}{\iint\limits_D \mu(x, y)\mathrm{d}\sigma}.$$

如果平面薄片D的面密度是常数，面积为σ,则平面薄片的质心(称为形心)的公式为

$$\bar{x}=\frac{1}{\sigma}\iint\limits_D x\mathrm{d}\sigma, \ \bar{y}=\frac{1}{\sigma}\iint\limits_D y\mathrm{d}\sigma.$$

例 3 求位于两圆 $\rho=2\sin\theta$ 和 $\rho=4\sin\theta$ 之间的均匀薄片的质心.

解 由于闭区域D关于 y 轴对称，所以质心 $C(\bar{x}, \bar{y})$必位于 y 轴上，于是 $\bar{x}=0$，如图 8.46 所示. 又因为

$$\iint\limits_D y\mathrm{d}\sigma=\iint\limits_D \rho^2\sin\theta\mathrm{d}\rho\mathrm{d}\theta=\int_0^{\pi}\sin\theta\mathrm{d}\theta\int_{2\sin\theta}^{4\sin\theta}\rho^2\mathrm{d}\rho=7\pi,$$

$$\bar{y}=\frac{1}{\sigma}\iint\limits_D y\mathrm{d}\sigma=\frac{7\pi}{3\pi}=\frac{7}{3}.$$

所以,薄片的质心是 $C\left(0, \frac{7}{3}\right)$.

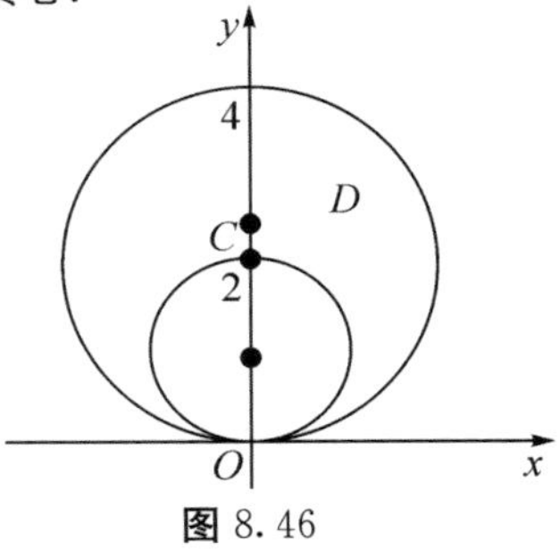

图 8.46

类似地，在空间闭区域 Ω 上点密度为连续函数 $\rho(x, y, z)$的物体的质心坐标是

$$\bar{x}=\frac{1}{M}\iiint\limits_\Omega x\rho(x, y, z)\mathrm{d}v, \quad \bar{y}=\frac{1}{M}\iiint\limits_\Omega y\rho(x, y, z)\mathrm{d}v, \quad \bar{z}=\frac{1}{M}\iiint\limits_\Omega z\rho(x, y, z)\mathrm{d}v,$$

式中，$M=\iiint\limits_\Omega \rho(x, y, z)\mathrm{d}v$，是物体的质量.

例 4 求均匀半球体的质心.

解 取半球体的对称轴为 z 轴，原点在球心上，又设球半径为 a，则半球体所占空间闭区域可表示为 $\Omega=\{(x, y, z)\mid x^2+y^2+z^2\leqslant a^2, z\geqslant 0\}$. 显然，质心在 z 轴上，故 $\bar{x}=\bar{y}=0$.

(用球面坐标来计算)因为 Ω：$0\leqslant r\leqslant a$，$0\leqslant\varphi\leqslant\frac{\pi}{2}$，$0\leqslant\theta\leqslant 2\pi$，所以有

$$\iiint\limits_\Omega \mathrm{d}v=\int_0^{\frac{\pi}{2}}\mathrm{d}\varphi\int_0^{2\pi}\mathrm{d}\theta\int_0^a r^2\sin\varphi\mathrm{d}r=\int_0^{\frac{\pi}{2}}\sin\varphi\mathrm{d}\varphi\int_0^{2\pi}\mathrm{d}\theta\int_0^a r^2\mathrm{d}r=\frac{2\pi a^3}{3},$$

$$\begin{aligned}\iiint\limits_\Omega z\mathrm{d}v&=\int_0^{\frac{\pi}{2}}\mathrm{d}\varphi\int_0^{2\pi}\mathrm{d}\theta\int_0^a r\cos\varphi\cdot r^2\sin\varphi\mathrm{d}r\\&=\frac{1}{2}\int_0^{\frac{\pi}{2}}\sin 2\varphi\mathrm{d}\varphi\int_0^{2\pi}\mathrm{d}\theta\int_0^a r^3\mathrm{d}r=\frac{1}{2}\cdot 2\pi\cdot\frac{a^4}{4},\end{aligned}$$

$$\bar{z}=\frac{\iiint\limits_\Omega z\rho\mathrm{d}v}{\iiint\limits_\Omega \rho\mathrm{d}v}=\frac{\iiint\limits_\Omega z\mathrm{d}v}{\iiint\limits_\Omega \mathrm{d}v}=\frac{3a}{8}.$$

所以,均匀半球体的质心为$\left(0, 0, \frac{3a}{8}\right)$.

§8.5.3 转动惯量

设有一平面薄片，占有 xOy 面上的闭区域 D，在点 $P(x, y)$处的面密度为 $\mu(x, y)$，假定 $\rho(x, y)$在 D 上连续. 现在求该薄片对于 x 轴的转动惯量和 y 轴的转动惯量.

在闭区域 D 上任取一点 $P(x, y)$，及包含点 P 的一直径很小的闭区域 $\mathrm{d}\sigma$，则平面薄片对于 x 轴的转动惯量和 y 轴的转动惯量的元素分别为

$$\mathrm{d}I_x = y^2\mu(x, y)\mathrm{d}\sigma, \quad \mathrm{d}I_y = x^2\mu(x, y)\mathrm{d}\sigma.$$

整片平面薄片对于 x 轴的转动惯量和 y 轴的转动惯量分别为

$$I_x = \iint_D y^2\mu(x, y)\mathrm{d}\sigma, \quad I_y = \iint_D x^2\mu(x, y)\mathrm{d}\sigma.$$

例 5 求半径为 a 的均匀半圆薄片(面密度为常量 μ)对其直径边的转动惯量.

解 建立坐标系，如图 8.47 所示，则薄片所占闭区域 D 可表示为

$$D = \{(x, y) \mid x^2 + y^2 \leqslant a^2, y \geqslant 0\}.$$

则半圆薄片对于 x 轴的转动惯量为

$$\begin{aligned} I_x &= \iint_D \mu y^2 \mathrm{d}\sigma = \mu\iint_D \rho^2 \sin^2\theta \cdot \rho\mathrm{d}\rho\mathrm{d}\theta \\ &= \mu\int_0^{\pi} \sin^2\theta\mathrm{d}\theta \int_0^a \rho^3\mathrm{d}\rho \\ &= \frac{1}{4}\mu a^4 \cdot \frac{\pi}{2} = \frac{1}{4}Ma^2. \end{aligned}$$

式中，$M = \frac{1}{2}\pi a^2\mu$ 为半圆薄片的质量.

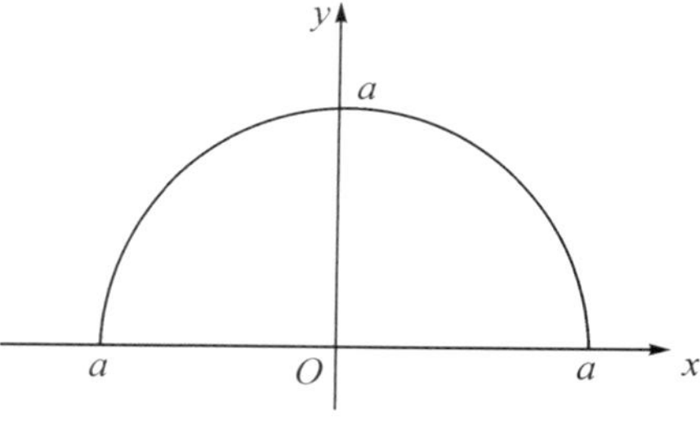

图 8.47

类似地，占有空间有界闭区域 Ω、在点(x, y, z)处的密度为$\rho(x, y, z)$的物体对于 x 轴、y 轴、z 轴的转动惯量为

$$I_x = \iiint_\Omega (y^2 + z^2)\rho(x, y, z)\mathrm{d}v,$$

$$I_y = \iiint_\Omega (z^2 + x^2)\rho(x, y, z)\mathrm{d}v,$$

$$I_z = \iiint_\Omega (x^2 + y^2)\rho(x, y, z)\mathrm{d}v.$$

例 6 求密度为 ρ 的均匀球体对于过球心的一条轴 l 的转动惯量.

解 取球心为坐标原点，z 轴与轴 l 重合，又设球的半径为 a，则球体所占空间闭区域为

$$\Omega = \{(x, y, z) \mid x^2 + y^2 + z^2 \leqslant a^2\}.$$

所求转动惯量即球体对于 z 轴的转动惯量 I_z 为

$$\begin{aligned} I_z &= \iiint_\Omega (x^2 + y^2)\rho\mathrm{d}v \\ &= \rho\iiint_\Omega (r^2 \sin^2\varphi \cos^2\theta + r^2 \sin^2\varphi \sin^2\theta)r^2 \sin\varphi\mathrm{d}r\mathrm{d}\varphi\mathrm{d}\theta \end{aligned}$$

$$=\rho\iiint_{\Omega} r^4\sin^3\varphi \mathrm{d}r\mathrm{d}\varphi\mathrm{d}\theta=\rho\int_0^{2\pi}\mathrm{d}\theta\int_0^{\pi}\sin^3\varphi\mathrm{d}\varphi\int_0^a r^4\mathrm{d}r$$

$$=\frac{8}{15}\pi a^5\rho.$$

§8.5.4　引力

考虑空间一物体对于物体外一点 $P_0(x_0, y_0, z_0)$处的单位质量的质点的引力问题. 设物体占有空间有界闭区域 Ω, 它在点(x, y, z)处的密度为 $\rho(x, y, z)$, 并假定 $\rho(x, y, z)$在 Ω 上连续.

在物体内任取一点 $M(x, y, z)$及包含该点的一直径很小的闭区域 dv. 把这小闭区域看作一个质点,其质量元素为 $\rho\mathrm{d}v$, 它对位于 P_0处的单位质量的质点的引力元素为

$$\mathrm{d}\boldsymbol{F}=(\mathrm{d}F_x, \mathrm{d}F_y, \mathrm{d}F_z)$$

$$=\left(\frac{x-x_0}{r^3}G\rho\mathrm{d}v, \frac{y-y_0}{r^3}G\rho\mathrm{d}v, \frac{z-z_0}{r^3}G\rho\mathrm{d}v\right),$$

式中, G 为引力常数, $\rho=\rho(x, y, z)$, $r=\sqrt{(x-x_0)^2+(y-y_0)^2+(z-z_0)^2}$, $\mathrm{d}F_x$, $\mathrm{d}F_y$, $\mathrm{d}F_z$为引力元素 d$\boldsymbol{F}$ 在三个坐标轴上的分量. 将 $\mathrm{d}F_x$, $\mathrm{d}F_y$, $\mathrm{d}F_z$在 Ω 上分别作三重积分, 即可得 F_x, F_y, F_z.

例 7　设半径为 R 的匀质球占有空间闭区域 $\Omega=\{(x, y, z)\mid x^2+y^2+z^2\leqslant R^2\}$. 求它对于位于点 $M_0(0, 0, a)$ $(a>R)$处的单位质量的质点的引力.

解　设球的密度为 ρ_0, 由题意知 $F_x=F_y=0$, 所求引力沿 z 轴的分量为

$$F_z=\iiint_{\Omega} G\rho_0\frac{z-a}{[x^2+y^2+(z-a)^2]^{3/2}}\mathrm{d}v$$

$$=G\rho_0\int_{-R}^{R}(z-a)\mathrm{d}z\int_0^{2\pi}\mathrm{d}\theta\int_0^{\sqrt{R^2-z^2}}\frac{\rho\mathrm{d}\rho}{[\rho^2+(z-a)^2]^{3/2}}$$

$$=-G\cdot\frac{4\pi R^3}{3}\rho_0\cdot\frac{1}{a^2}=-G\frac{M}{a^2}.$$

式中, $M=\frac{4\pi R^3}{3}\rho_0$ 为球的质量.

上述结果表明, 匀质球体对球外一质点的引力如同球体的质量集中于球心时两质点间的引力.

习题 8—5

1. 求球面 $x^2+y^2+z^2=a^2$ 含在圆柱面 $x^2+y^2=ax$ 内部的那部分面积.
2. 求锥面 $z=\sqrt{x^2+y^2}$ 被柱面 $z^2=2x$ 所割下部分的曲面面积.
3. 求底圆半径相等的两个直交圆柱面 $x^2+y^2=R^2$ 及 $x^2+z^2=R^2$ 所围立体的表面积.
4. 设薄片所占的闭区域 D 如下, 求均匀薄片的质心.

(1)D 由 $y=\sqrt{2px}$, $x=x_0$, $y=0$ 所围成;

(2)D 是半椭圆形闭区域$\left\{(x, y) \mid \frac{x^2}{a^2}+\frac{y^2}{b^2} \leqslant 1, y \geqslant 0\right\}$;

(3)D 是介于两个圆 $\rho = a\cos\theta$, $\rho = b\cos\theta (0 < a < b)$ 之间的闭区域.

5. 设平面薄片所占的闭区域 D 由抛物线 $y = x^2$ 及直线 $y = x$ 所围成，它在点(x, y)处的面密度 $\mu(x, y) = x^2 y$，求该薄片的质心.

6. 设有一等腰直角三角形薄片，腰长为 a，各点处的面密度等于该点到直角顶点的距离的平方，求这薄片的质心.

7. 利用三重积分计算下列由曲面所围立体的质心(设密度 $\rho = 1$).

(1)$z^2 = x^2 + y^2$, $z = 1$;

*(2)$z = \sqrt{A^2 - x^2 - y^2}$, $z = \sqrt{a^2 - x^2 - y^2} (A > a > 0)$, $z = 0$;

(3)$z = x^2 + y^2$, $x + y = a$, $x = 0$, $y = 0$, $z = 0$.

*8. 设球体占有闭区域 $\Omega = \{(x, y, z) \mid x^2 + y^2 + z^2 \leqslant 2Rz\}$，它在内部各点处的密度的大小等于该点到坐标原点的距离的平方. 试求该球体的质心.

9. 设均匀薄片(面密度为常数 1) 所占闭区域 D 如下，求指定的转动惯量.

(1)$D = \left\{(x, y) \mid \frac{x^2}{a^2}+\frac{y^2}{b^2} \leqslant 1\right\}$，求 I_y;

(2)D 由抛物线 $y^2 = \frac{9}{2}x$ 与直线 $x = 2$ 所围成，求 I_x 和 I_y;

(3)D 为矩形闭区域$\{(x, y) \mid 0 \leqslant x \leqslant a, 0 \leqslant y \leqslant b\}$，求 I_x 和 I_y.

10. 已知均匀矩形板(面密度为常量 μ) 的长和宽分别为 b 和 h，计算此矩形板对于通过其形心且分别与一边平行的两轴的转动惯量.

11. 一均匀物体(密度 ρ 为常量) 占有的闭区域 Ω 由曲面 $z = x^2 + y^2$ 和平面 $z = 0$, $|x| = a$, $|y| = a$ 所围成.

(1) 求物体的体积;

(2) 求物体的质心;

(3) 求物体关于 z 轴的转动惯量.

12. 求半径为 a、高为 h 的均匀圆柱体对于过中心而平行母线的轴的转动惯量(设密度 $\rho = 1$).

13. 设面密度为常量 μ 的匀质半圆环形薄片占有闭区域 $D = \{(x, y, 0) \mid R_1 \leqslant \sqrt{x^2 + y^2} \leqslant R_2, x \geqslant 0\}$，求它对位于 z 轴上点 $M_0(0, 0, a)(a > 0)$ 处单位质量的质点的引力 $\boldsymbol{F}$.

14. 设均匀柱体密度为 ρ，占有闭区域 $\Omega = \{(x, y, z) \mid x^2 + y^2 \leqslant R^2, 0 \leqslant z \leqslant h\}$，求它对于位于点 $M_0(0, 0, a)(a > h)$ 处的单位质量的质点的引力.

总复习题八

1. 填空题.

(1) 设 $f(x, y)$ 为闭区域 $D: x^2 + y^2 \leqslant 1$ 上连续函数，且 $f(x, y) = \sqrt{1 - x^2 - y^2} +$

$\iint\limits_{D} f(u, v)\mathrm{d}u\mathrm{d}v$，则 $f(x, y) =$ ______；

(2) 设有平面闭区域 $D = \{(x, y) \mid -a \leqslant x \leqslant a, x \leqslant y \leqslant a\}$，$D_1 = \{(x, y) \mid 0 \leqslant x \leqslant a, x \leqslant y \leqslant a\}$，则 $\iint\limits_{D}(xy + \cos x \sin y)\mathrm{d}x\mathrm{d}y =$ ______；

(3) 设 $f(x)$ 为连续函数，$F(t) = \int_0^1 \mathrm{d}y \int_y^t f(x)\mathrm{d}x$，则 $F'(2) =$ ______.

2. 计算下列二重积分.

(1) $\iint\limits_{D}(1 + x)\sin y\,\mathrm{d}\sigma$，其中 D 是顶点分别为(0, 0)，(1, 0)，(1, 2) 和(0, 1) 的梯形闭区域；

(2) $\iint\limits_{D}(x^2 - y^2)\mathrm{d}\sigma$，其中 $D = \{(x, y) \mid 0 \leqslant y \leqslant \sin x, 0 \leqslant x \leqslant \pi\}$；

(3) $\iint\limits_{D}\sqrt{R^2 - x^2 - y^2}\,\mathrm{d}\sigma$，其中 D 是圆周 $x^2 + y^2 = R^2$ 所围成的闭区域；

(4) $\iint\limits_{D}(y^2 + 3x - 6y + 9)\mathrm{d}\sigma$，其中 $D = \{(x, y) \mid x^2 + y^2 \leqslant R^2\}$.

3. 交换下列二次积分的次序.

(1) $\int_0^4 \mathrm{d}y \int_{-\sqrt{4-y}}^{\frac{1}{2}(y-4)} f(x, y)\mathrm{d}x$；

(2) $\int_0^1 \mathrm{d}y \int_0^{2y} f(x, y)\mathrm{d}x + \int_1^3 \mathrm{d}y \int_0^{3-y} f(x, y)\mathrm{d}x$；

(3) $\int_0^1 \mathrm{d}x \int_{\sqrt{x}}^{1+\sqrt{1-x^2}} f(x, y)\mathrm{d}y$.

4. 证明：

$$\int_0^a \mathrm{d}y \int_0^y \mathrm{e}^{m(a-x)} f(x)\mathrm{d}x = \int_0^a (a - x)\mathrm{e}^{m(a-x)} f(x)\mathrm{d}x.$$

5. 求 $I = \iint\limits_{D} x[1 + yf(x^2 + y^2)]\mathrm{d}x\mathrm{d}y$，其中 D 是由 $y = x^3$，$y = 1$，$x = -1$ 所围成的闭区域，f 是连续函数.

6. 计算 $I = \iiint\limits_{\Omega}\sin(x^2 + y^2 + z^2)^{\frac{3}{2}}\mathrm{d}x\mathrm{d}y\mathrm{d}z$，其中 Ω 是由 $z = \sqrt{3(x^2 + y^2)}$ 及 $z = \sqrt{R^2 - x^2 - y^2}\,(R > 0)$ 所围成的立体.

7. 把积分 $\iiint\limits_{\Omega} f(x, y, z)\mathrm{d}x\mathrm{d}y\mathrm{d}z$ 化为三次积分，其中积分区域 Ω 是由曲面 $z = x^2 + y^2$，$y = x^2$ 及平面 $y = 1$，$z = 0$ 所围成的闭区域.

8. 计算下列三重积分.

(1) $\iiint\limits_{\Omega} z^2\mathrm{d}x\mathrm{d}y\mathrm{d}z$，其中 Ω 是两个球：$x^2 + y^2 + z^2 \leqslant R^2$ 和 $x^2 + y^2 + z^2 \leqslant 2Rz\,(R > 0)$ 的公共部分；

(2) $\iiint\limits_{\Omega}\dfrac{z\ln(x^2 + y^2 + z^2 + 1)}{x^2 + y^2 + z^2 + 1}\mathrm{d}v$，其中 Ω 是由球面 $x^2 + y^2 + z^2 = 1$ 所围成的闭区域；

(3)$\iiint\limits_{\Omega}(y^2+z^2)\mathrm{d}v$，其中 Ω 是由 xOy 平面上曲线 $y^2=2x$ 绕 x 轴旋转而成的曲面与平面 $x=5$ 所围成的闭区域.

9. 设有一半径为 R 的空球，另有一半径为 r 的变球与空球相割，如果变球的球心在空球的表面上，问 r 等于多少时，含在空球内的变球的表面积最大?并求出最大表面积的值.

10. 求平面 $\dfrac{x}{a}+\dfrac{y}{b}+\dfrac{z}{c}=1$ 被三坐标面所割出的有限部分的面积.

11. 在均匀的半径为 R 的半圆形薄片的直径上，要接上一个一边与直径等长的同样材料的均匀矩形薄片，为了使整个均匀薄片的质心恰好落在圆心上，问接上去的均匀矩形薄片另一边的长度应是多少?

12. 求由抛物线 $y=x^2$ 及直线 $y=1$ 所围成的均匀薄片(面密度为常数 μ) 对于直线 $y=-1$ 的转动惯量.

13. 设在 xOy 面上有一质量为 M 的匀质半圆形薄片，占有平面闭区域 $D=\{(x,y)\mid x^2+y^2\leqslant R^2, y\geqslant 0\}$，过圆心 O 垂直于薄片的直线上有一质量为 m 的质点 P，$OP=a$. 求半圆形薄片对质点 P 的引力.

14. 求质量分布均匀的半个旋转椭球体 $\Omega=\left\{(x,y,z)\,\middle|\,\dfrac{x^2+y^2}{a^2}+\dfrac{z^2}{b^2}\leqslant 1, z\geqslant 0\right\}$ 的质心.

第 9 章　曲线积分与曲面积分

§9.1　对弧长的曲线积分

§9.1.1　对弧长的曲线积分的概念与性质

我们知道，非均匀的直线段构件的质量可用定积分来计算，本节讨论曲线形构件的质量问题. 设一个曲线形构件位于 xOy 面内的一段曲线段 L:$\overset{\frown}{AB}$上(如图 9.1 所示).

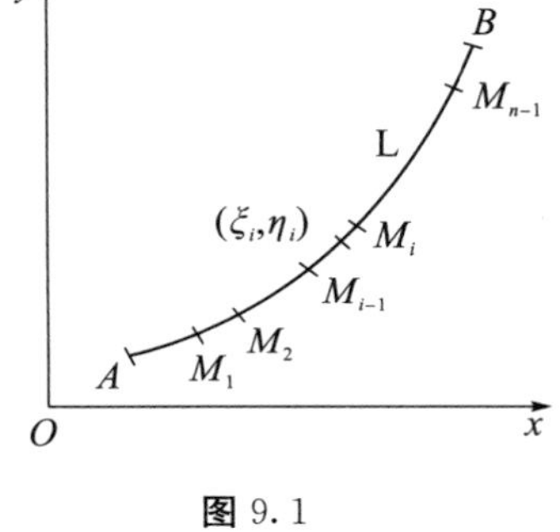

图 9.1

如果构件 L 是均匀的，其线密度为常数，则

构件的质量 = 线密度 × 弧长.

如果这个构件不均匀时线密度是变化的，它的质量就不能直接用上面的公式来计算. 设点(x, y)处的线密度为 $\mu(x, y)$，下面用“元素法”的思想来计算它的质量.

首先，用曲线$\overset{\frown}{AB}$上$(n-1)$个分点 M_1，M_2，…，M_{n-1} 把 L 分成 n 个小曲线段:

$$\Delta s_1 = \overset{\frown}{AM_1}, \cdots, \Delta s_i = \overset{\frown}{M_{i-1}M_i}, \cdots, \Delta s_n = \overset{\frown}{M_{n-1}B},$$

这里Δs_i表示第 i 个小曲线段，也表示第 i 个小曲线段的弧长$(i=1, 2, \cdots, n)$. 当线密度连续变化时，只要Δs_i很短，线密度的变化就很小，可以近似地看作是不变的. 用Δs_i上任一点(ξ_i, η_i)处的线密度 $\mu(\xi_i, \eta_i)$作为这段的平均线密度，则小曲线段Δs_i的质量为

$$\Delta M_i \approx \mu(\xi_i, \eta_i)\Delta s_i \quad (i = 1,2,\cdots,n).$$

于是，整个曲线形构件的质量为

$$M \approx \sum_{i=1}^{n}\mu(\xi_i, \eta_i)\Delta s_i.$$

令 $\lambda = \max\{\Delta s_1, \Delta s_2, \cdots, \Delta s_n\}$. 为了得到曲线形构件质量的精确值，我们把分割无限加密，当 $\lambda\to 0$ 时上式右端和的极限存在，该极限就是曲线形构件的质量，即

$$M = \lim_{\lambda\to 0}\sum_{i=1}^{n}\mu(\xi_i, \eta_i)\Delta s_i.$$

这种和的极限在研究其他问题时也会遇到. 现在引入下面的定义.

定义 1　设 L 为 xOy 面内的一条光滑曲线段，函数 $f(x, y)$ 在 L 上有界. 在 L 上任意

插入一个点列 $M_1, M_2, \cdots, M_{n-1}$，把 L 分成 n 个小曲线段. 设第 i 个小段的长度为 Δs_i，又 (ξ_i, η_i) 为第 i 个小段上任意取定的一点，作乘积 $f(\xi_i, \eta_i)\Delta s_i (i=1, 2, \cdots, n)$，并求和 $\sum_{i=1}^{n} f(\xi_i, \eta_i)\Delta s_i$，如果当各小曲线段的长度的最大值 $\lambda \to 0$，这和的极限总存在且相等，则称此极限为函数 $f(x, y)$ 在曲线段 L 上**对弧长**的曲线积分或第 Ⅰ 型**曲线积分**，记作 $\int_L f(x, y)\mathrm{d}s$，即

$$\int_L f(x, y)\mathrm{d}s = \lim_{\lambda\to 0}\sum_{i=1}^{n} f(\xi_i, \eta_i)\Delta s_i,$$

式中，(x,y)叫作积分变量，$f(x, y)$叫作被积函数，L 叫作积分弧段，$\mathrm{d}s$ 叫作弧长元素.

根据对弧长的曲线积分的定义，曲线形构件 L 的质量就是曲线积分 $\int_L \mu(x, y)\mathrm{d}s$ 的值，其被积函数 $\mu(x, y)$ 为构件的线密度.

当 $f(x, y)$ 在光滑曲线弧 L 上连续时，对弧长的曲线积分 $\int_L f(x, y)\mathrm{d}s$ 是存在的. 以后我们总假定 $f(x, y)$ 在 L 上是连续的或分段连续的. 如果 L 是闭曲线，习惯上把对弧长的曲线积分记作

$$\oint_L f(x, y)\mathrm{d}s.$$

上述定义可自然地推广到积分弧段为空间中光滑的曲线段 Γ 的情形，即连续或分段连续函数 $f(x, y, z)$ 在空间曲线段 Γ 上对弧长的曲线积分为

$$\int_\Gamma f(x, y, z)\mathrm{d}s = \lim_{\lambda\to 0}\sum_{i=1}^{n} f(\xi_i, \eta_i, \zeta_i)\Delta s_i.$$

对弧长的曲线积分有下面的性质.

性质 1(线性运算性质)　设 c_1，c_2 为常数，则

$$\int_L [c_1 f(x, y) + c_2 g(x, y)]\mathrm{d}s = c_1\int_L f(x, y)\mathrm{d}s + c_2\int_L g(x, y)\mathrm{d}s.$$

性质 2(积分区域可加性)　若积分弧段 L 可分成两段光滑曲线段 L_1 和 L_2，则

$$\int_L f(x, y)\mathrm{d}s = \int_{L_1} f(x, y)\mathrm{d}s + \int_{L_2} f(x, y)\mathrm{d}s.$$

性质 3(单调性)　设在 L 上 $f(x, y) \leqslant g(x, y)$，则

$$\int_L f(x, y)\mathrm{d}s \leqslant \int_L g(x, y)\mathrm{d}s.$$

特别地，有

$$\left|\int_L f(x, y)\mathrm{d}s\right| \leqslant \int_L |f(x, y)|\mathrm{d}s.$$

§9.1.2　对弧长的曲线积分的计算法

我们把对弧长的曲线积分转化为定积分来计算. 如图 9.2 所示，将平面光滑曲线 L 投影到 x 轴上的区间$[a, b]$（区间$[a, b]$上的点与曲线 L 上的点按投影是一一对应的，否则就分段计算），即 L 是定义在$[a,b]$上的一阶连续可导函数 $y=y(x)$所表示的曲线. 利用

“元素法”的思想,任取 $x\in[a,b]$及坐标变量元素 $\mathrm{d}x$,对应曲线 L 的一段弧长 $\mathrm{d}s$,则有

$$\mathrm{d}s=\sqrt{1+y'^2(x)}\,\mathrm{d}x.$$

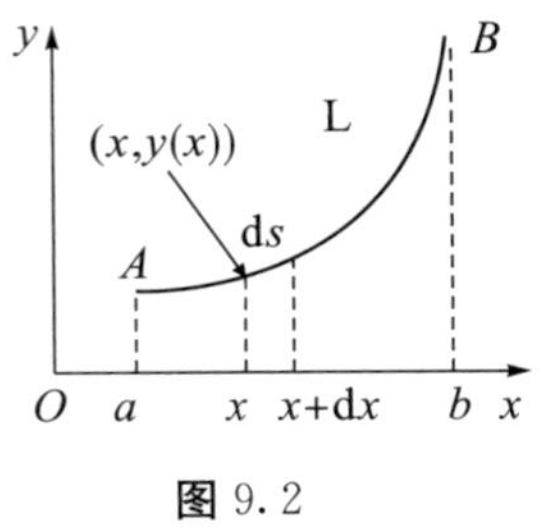

图 9.2

相应地,质量元素 $\mathrm{d}M$ 用一个变量 x 表示为

$$\mathrm{d}M=\mu(x,y(x))\sqrt{1+y'^2(x)}\,\mathrm{d}x,$$

式中,曲线 L 上的点$(x,y)=(x,y(x))$,因此

$$\int_L\mu(x,y)\mathrm{d}s=\int_a^b\mu[x,y(x)]\sqrt{1+y'^2(x)}\,\mathrm{d}x.$$

类似地,若曲线 L 的函数为 $x=x(y)$,其中 $c\leqslant y\leqslant d$,则

$$\int_L\mu(x,y)\mathrm{d}s=\int_c^d\mu[x(y),y]\sqrt{1+x'^2(y)}\,\mathrm{d}y.$$

上面的公式表明,右端定积分的积分区间恰是曲线 L 在坐标轴上的投影区间(下限一定要小于上限);又因为积分变量(x,y)限制在 L 上,所以要把曲线 L 的函数代入被积函数;最后把曲线弧长元素 $\mathrm{d}s$ 替换为相应的投影因子乘以坐标变量元素. 这种方法称为“一投二代三换”.

如果曲线 L 用参数方程表示为 $x=\varphi(t)$,$y=\psi(t)$,其中参数 $t\in[\alpha,\beta]$,$\varphi(t)$和 $\psi(t)$在$[\alpha,\beta]$上具有一阶连续导数,则弧长元素为

$$\mathrm{d}s=\sqrt{\mathrm{d}x^2+\mathrm{d}y^2}=\sqrt{\varphi'^2(t)+\psi'^2(t)}\,\mathrm{d}t.$$

一般地,我们有如下的定理.

定理 1 设 $f(x,y)$在曲线段 L 上有定义且连续,L 的参数方程为

$$x=\varphi(t),\quad y=\psi(t)\ (\alpha\leqslant t\leqslant\beta),$$

式中,$\varphi(t)$,$\psi(t)$ 在$[\alpha,\beta]$ 上具有一阶连续导数,且 $\varphi'^2(t)+\psi'^2(t)\neq 0$,则

$$\int_L f(x,y)\mathrm{d}s=\int_\alpha^\beta f[\varphi(t),\psi(t)]\sqrt{\varphi'^2(t)+\psi'^2(t)}\,\mathrm{d}t.$$

定理中定积分的下限 α 一定要小于上限 β. 类似地,设空间曲线段 Γ 的参数方程为

$$x=\varphi(t),\quad y=\psi(t),\quad z=\omega(t)\quad(\alpha\leqslant t\leqslant\beta),$$

式中,$\varphi(t)$,$\psi(t)$和 $\omega(t)$在$[\alpha,\beta]$上具有一阶连续导数,且 $\varphi'^2(t)+\psi'^2(t)+\omega'^2(t)\neq0$. 则三元连续函数 $f(x,y,z)$在空间曲线段 Γ 上对弧长的曲线积分为

$$\int_\Gamma f(x,y,z)\mathrm{d}s=\int_\alpha^\beta f[\varphi(t),\psi(t),\omega(t)]\sqrt{\varphi'^2(t)+\psi'^2(t)+\omega'^2(t)}\,\mathrm{d}t.$$

例 1 计算$\int_L\sqrt{y}\,\mathrm{d}s$,其中 L 是抛物线 $y=x^2$ 上点 $O(0,0)$ 与点 $B(1,1)$ 之间的弧段.

解 如图 9.3 所示. 曲线的函数为 $y=x^2(y>0,0\leqslant x\leqslant1)$,因此

$$\begin{aligned}\int_L\sqrt{y}\,\mathrm{d}s&=\int_0^1\sqrt{x^2}\sqrt{1+(x^2)'^2}\,\mathrm{d}x\\&=\int_0^1 x\sqrt{1+4x^2}\,\mathrm{d}x=\frac{1}{12}(5\sqrt{5}-1).\end{aligned}$$

例 2 计算半径为 R、中心角为 2α 的圆弧 L 对于它的对称轴的转动惯量 I(设线密度为 $\mu=1$).

解 如图 9.4 所示. 曲线 L 的参数方程为

$$x=R\cos\theta,\quad y=R\sin\theta\quad(-\alpha\leqslant\theta<\alpha).$$

则转动惯量为

$$I=\int_L y^2\mathrm{d}s=\int_{-\alpha}^{\alpha}R^2\sin^2\theta\sqrt{(-R\sin\theta)^2+(R\cos\theta)^2}\,\mathrm{d}\theta$$
$$=R^3\int_{-\alpha}^{\alpha}\sin^2\theta\mathrm{d}\theta=R^3(\alpha-\sin\alpha\cos\alpha).$$

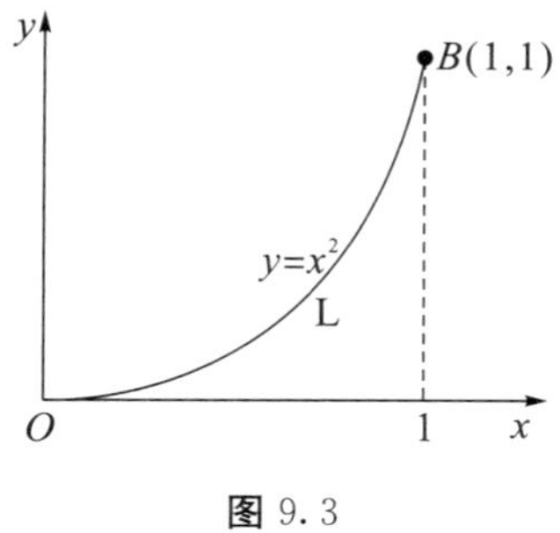

图 9.3

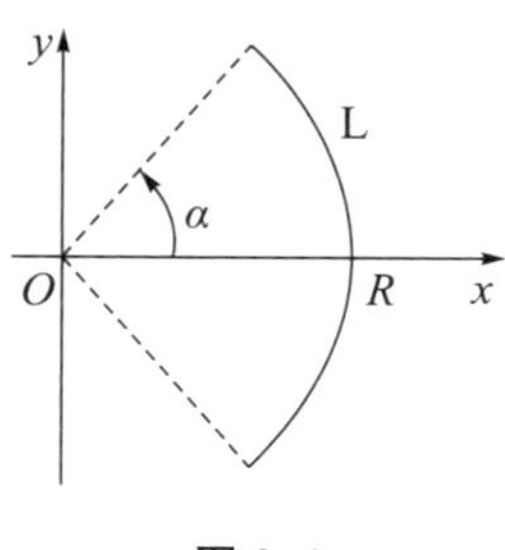

图 9.4

用曲线积分解决实际问题的步骤如下：

(1)写出曲线的参数方程(或直角坐标方程)，确定参数的变化范围.

(2)建立曲线积分.

(3)将曲线积分化为定积分.

(4)计算定积分.

例 3　计算曲线积分$\int_\Gamma(x^2+y^2+z^2)\mathrm{d}s$，其中 Γ 为螺旋线 $x=a\cos t$，$y=a\sin t$，$z=kt$ 上相应于 t 从 0 到达 2π 的一段弧.

解　在曲线 Γ 上有

$$x^2+y^2+z^2=(a\cos t)^2+(a\sin t)^2+(kt)^2=a^2+k^2t^2,$$

并且

$$\mathrm{d}s=\sqrt{(-a\sin t)^2+(a\cos t)^2+k^2}\,\mathrm{d}t=\sqrt{a^2+k^2}\,\mathrm{d}t,$$

于是

$$\int_\Gamma(x^2+y^2+z^2)\mathrm{d}s=\int_0^{2\pi}(a^2+k^2t^2)\sqrt{a^2+k^2}\,\mathrm{d}t$$
$$=\frac{2}{3}\pi\sqrt{a^2+k^2}(3a^2+4\pi^2k^2).$$

例 4　求$\int_\Gamma x^2\mathrm{d}s$，其中 Γ 为球面 $x^2+y^2+z^2=a^2$ 与平面 $x+y+z=0$ 的交线.

解　由对称性可得$\int_\Gamma x^2\mathrm{d}s=\int_\Gamma y^2\mathrm{d}s=\int_\Gamma z^2\mathrm{d}s$. 因此

$$\int_\Gamma x^2\mathrm{d}s=\frac{1}{3}\int_\Gamma(x^2+y^2+z^2)\mathrm{d}s$$
$$=\frac{1}{3}a^2\int_\Gamma\mathrm{d}s=\frac{2}{3}\pi a^3.$$

最后一步是因为$\int_\Gamma\mathrm{d}s$ 表示球面大圆周长，所以有$\int_\Gamma\mathrm{d}s=2\pi a$.

习题 9－1

1. 设在 xOy 面内有一段材质非均匀的曲线弧 L，在点 (x, y) 处它的线密度为 $\mu(x, y)$. 用对弧长的曲线积分分别表达：

(1) 这曲线段对 x 轴、y 轴的转动惯量 I_x，I_y；

(2) 这曲线段的质心坐标 $\bar{x}$，$\bar{y}$.

2. 计算下列对弧长的曲线积分.

(1) $\oint_L (x^2+y^2)\mathrm{d}s$，其中 L 为圆周 $x=a\cos t$，$y=a\sin t\,(0 \leqslant t \leqslant 2\pi)$；

(2) $\int_L (x+y)\mathrm{d}s$，其中 L 为连接(1，0)及(0，1)两点的直线段；

(3) $\oint_L x\mathrm{d}s$，其中 L 为由直线 $y=x$ 及抛物线 $y=x^2$ 所围成的区域的整个边界；

(4) $\oint_L \mathrm{e}^{\sqrt{x^2+y^2}}\mathrm{d}s$，其中 L 为圆周 $x^2=y^2=a^2$，直线 $y=x$ 及 x 轴在第一象限内所围成的扇形的整个边界；

(5) $\int_\Gamma \frac{1}{x^2+y^2+z^2}\mathrm{d}s$，其中 Γ 为曲线 $x=\mathrm{e}^t\cos t$，$y=\mathrm{e}^t\sin t$，$z=\mathrm{e}^t$ 上相应于 t 从 0 变到 2 的这段弧；

(6) $\int_\Gamma x^2yz\mathrm{d}s$，其中 Γ 为折线 $ABCD$，这里 A，B，C，D 依次为点(0，0，0)，(0，0，2)，(1，0，2)，(1，3，2)；

(7) $\int_L y^2\mathrm{d}s$，其中 L 为摆线的一拱 $x=a(t-\sin t)$，$y=a(1-\cos t)\,(0 \leqslant t \leqslant 2\pi)$；

(8) $\int_L (x^2+y^2)\mathrm{d}s$，其中 L 为曲线 $x=a(\cos t+t\sin t)$，$y=a(\sin t-t\cos t)\,(0 \leqslant t \leqslant 2\pi)$.

3. 求半径为 1，中心角为 α 的均匀圆弧的质心.

4. 设螺旋形弹簧的方程为 $x=a\cos t$，$y=a\sin t$，$z=2t$，其中 $0 \leqslant t \leqslant 2\pi$，它的线密度 $\rho(x, y, z)=x^2+y^2+z^2$. 求：

(1)关于 z 轴的转动惯量；

(2)它的质心.

§ 9.2 对坐标的曲线积分

§ 9.2.1 对坐标的曲线积分的概念与性质

1. 变力沿曲线所做的功

设 xOy 面内一个质点在变力 $\mathbf{F}(x, y)$的作用下，沿着光滑的有向曲线段 $\mathbf{L}$ 从点 A 移动到点 B(如图 9.5 所示)，试求变力 $\mathbf{F}(x, y)$所做的功.

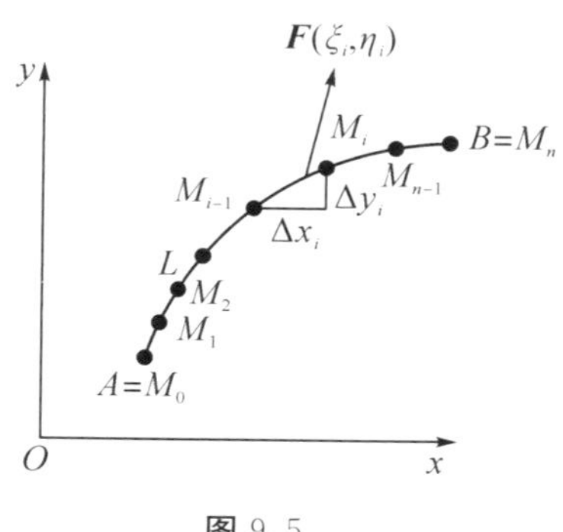

图 9.5

我们知道，如果力 $\mathbf{F}$ 是恒力，且质点沿着直线从点 A 移动到点 B 所做的功为

$$W = |\mathbf{F}|\,|\overrightarrow{AB}|\cos\theta = \mathbf{F}\cdot\overrightarrow{AB},$$

式中，θ 是力 $\mathbf{F}$ 和$\overrightarrow{AB}$的夹角. 在上册 § 6.5.5 中，我们用“元素法”的思想建立定积分来计算变力 $\mathbf{F}$ 沿直线所做的功，本节继续讨论变力沿曲线所做的功的问题.

首先，用有向弧段 $\mathbf{L}$ 的任一个点列

$$A = M_0(x_0, y_0),\ M_1(x_1, y_1),\ \cdots,\ M_i(x_i, y_i),\cdots, M_n(x_n, y_n) = B,$$

把 $\mathbf{L}$ 分成 n 个有向小弧段：

$$\overparen{M_0M_1},\cdots,\overparen{M_{i-1}M_i},\cdots,\overparen{M_{n-1}M_n}.$$

当力 $\mathbf{F}$ 连续变化时，只要小弧段$\overparen{M_{i-1}M_i}$很短，力 $\mathbf{F}$ 变化就很小，可近似地看作是恒力:用其上任一点(ξ_i, η_i)处的力 $\mathbf{F}(\xi_i, \eta_i)$作为这段上的平均作用力；同时，小弧段$\overparen{M_{i-1}M_i}$也看作是有向直线段$\overrightarrow{M_{i-1}M_i}$(或小切线段). 即把在这小弧段上变力沿曲线所做的功近似地看作是恒力沿直线所做的功，则力 $\mathbf{F}$ 在第 i 小弧段$\overparen{M_{i-1}M_i}$上所做的功为

$$\Delta W_i \approx \mathbf{F}(\xi_i, \eta_i)\cdot\Delta\mathbf{s}_i,$$

式中，位移向量 $\Delta\mathbf{s}_i=\overrightarrow{M_{i-1}M_i}(i=1, 2, \cdots, n)$. 因此，力 $\mathbf{F}$ 在整个弧段所做的功

$$W \approx \sum_{i=1}^{n}\mathbf{F}(\xi_i, \eta_i)\cdot\Delta\mathbf{s}_i.$$

令 $\lambda=\max\{|\Delta\mathbf{s}_1|, \cdots, |\Delta\mathbf{s}_n|\}$. 为了计算做功的精确值，我们把分割无限加密，当$\lambda\to0$时上式右端和的极限存在，该极限就是力 $\mathbf{F}$ 在整个弧段所做的功

$$W = \lim_{\lambda\to0}\sum_{i=1}^{n}\mathbf{F}(\xi_i, \eta_i)\cdot\Delta\mathbf{s}_i.$$

由向量点积的定义，$\Delta W_i=\mathbf{F}(\xi_i, \eta_i)\cdot\Delta\mathbf{s}_i=|\mathbf{F}(\xi_i, \eta_i)|\cos\theta_i\Delta s_i$，其中 $\Delta s_i=|\Delta\mathbf{s}_i|$，$\theta_i$是 $\mathbf{F}(\xi_i, \eta_i)$与 $\Delta\mathbf{s}_i$的夹角. 则变力 $\mathbf{F}(x, y)$沿 $\mathbf{L}$ 所做的功用“对弧长的曲线积分”表示为

$$W = \lim_{\lambda\to0}\sum_{i=1}^{n}|\mathbf{F}(\xi_i, \eta_i)|\cos\theta_i\Delta s_i = \int_L |\mathbf{F}(x, y)|\cos\theta\,\mathrm{d}s,$$

式中，θ 是 $\mathbf{L}$ 上任一点(x, y)处的力 $\mathbf{F}(x, y)$与过这点的切向量之间的夹角. 由于计算夹

角 θ 较麻烦，特别是为了揭示物理现象的内在规律，人们常常用向量分解的方式来处理.

任取点$(\xi_i, \eta_i) \in \overset{\frown}{M_{i-1}M_i}$，把力 $\mathbf{F}(\xi_i, \eta_i)$以及弧段$\overset{\frown}{M_{i-1}M_i}$都沿着坐标轴方向分解，有

$$\mathbf{F}(\xi_i, \eta_i) = P(\xi_i, \eta_i)\mathbf{i} + Q(\xi_i, \eta_i)\mathbf{j},\ \overset{\frown}{M_{i-1}M_i} = \Delta x_i\mathbf{i} + \Delta y_i\mathbf{j}.$$

则力 $\mathbf{F}(\xi_i, \eta_i)$在$\overset{\frown}{M_{i-1}M_i}$上分别沿 x 轴和 y 轴方向所做的分功为

$$\Delta W_{xi} = P(\xi_i, \eta_i)\Delta x_i,\quad \Delta W_{yi} = Q(\xi_i, \eta_i)\Delta y_i (i = 1, 2, \cdots, n).$$

因此，变力 $\mathbf{F}(x, y)$在 $\mathbf{L}$ 上分别沿 x 轴与 y 轴方向所做的分功为

$$W_x \approx \sum_{i=1}^{n} P(\xi_i, \eta_i)\Delta x_i,$$

$$W_y \approx \sum_{i=1}^{n} Q(\xi_i, \eta_i)\Delta y_i.$$

同样地，为了计算做功的精确值，我们把分割无限加密，当分割的小弧段的长度中最大值 $\lambda \to 0$ 时上两式右端和的极限都存在，这两个极限就是变力 $\mathbf{F}$ 在 $\mathbf{L}$ 上分别沿 x 轴与 y 轴方向所做的分功. 所以，变力 $\mathbf{F}(x, y)$沿 $\mathbf{L}$ 所做的功的精确值为

$$W = W_x + W_y = \lim_{\lambda \to 0} \sum_{i=1}^{n} P(\xi_i, \eta_i)\Delta x_i + Q(\xi_i, \eta_i)\Delta y_i.$$

2. 对坐标的曲线积分的定义和性质

定义 1　设函数 $P(x, y)$，$Q(x, y)$在有向光滑曲线 $\mathbf{L}$ 上有界. 在 $\mathbf{L}$ 上任意插入一个点列 $A = M_0(x_0, y_0)$，$M_1(x_1, y_1)$，$\cdots$，$M_i(x_i, y_i)$，$\cdots$，$M_n(x_n, y_n) = B$，把 $\mathbf{L}$ 分成 n 个有向小弧段$\overset{\frown}{M_{i-1}M_i}(i = 1, 2, \cdots, n)$，记 λ 为各小弧段长度的最大值. 设$\Delta x_i = x_i - x_{i-1}$，$\Delta y_i = y_i - y_{i-1}$，取$\overset{\frown}{M_{i-1}M_i}$上任一点$(\xi_i, \eta_i)$，如果$\lim\limits_{\lambda \to 0}\sum\limits_{i=1}^{n} P(\xi_i, \eta_i)\Delta x_i$ 总存在，则称此极限为函数 $P(x, y)$ 在 $\mathbf{L}$ 上对坐标 x 的曲线积分，记作$\int_{\mathbf{L}} P(x, y)\mathrm{d}x$；如果$\lim\limits_{\lambda \to 0}\sum\limits_{i=1}^{n} Q(\xi_i, \eta_i)\Delta y_i$ 总存在，则称此极限为函数 $Q(x, y)$ 在 $\mathbf{L}$ 上对坐标 y 的曲线积分，记作$\int_{\mathbf{L}} Q(x, y)\mathrm{d}y$. 即

$$\int_{\mathbf{L}} P(x, y)\mathrm{d}x = \lim_{\lambda \to 0}\sum_{i=1}^{n} P(\xi_i, \eta_i)\Delta x_i,$$

$$\int_{\mathbf{L}} Q(x, y)\mathrm{d}y = \lim_{\lambda \to 0}\sum_{i=1}^{n} Q(\xi_i, \eta_i)\Delta y_i.$$

式中，(x, y)叫作积分变量，$P(x, y)$和 $Q(x, y)$叫作被积函数，$\mathbf{L}$ 叫作有向积分弧段.

这两种积分称为对坐标的曲线积分，也称为第Ⅱ型曲线积分. 变力 $\mathbf{F}(x, y)$沿光滑曲线弧段 $\mathbf{L}$ 所做的功表示成组合形式为

$$W = \int_{\mathbf{L}} P(x, y)\mathrm{d}x + Q(x, y)\mathrm{d}y.$$

下面讨论两类曲线积分之间的联系. 设有向曲线弧 $\mathbf{L}$ 上点(x, y)处单位切向量 $\mathbf{T}^0 = (\cos\alpha, \sin\alpha)$，则 $\mathrm{d}x = \cos\alpha\mathrm{d}s$，$\mathrm{d}y = \sin\alpha\mathrm{d}s$. 由对坐标的曲线积分定义，得

$$\begin{aligned}\int_{\mathbf{L}} P\mathrm{d}x + Q\mathrm{d}y &= \int_{\mathbf{L}} (P\cos\alpha + Q\sin\alpha)\mathrm{d}s \\ &= \int_{\mathbf{L}} \{P, Q\} \cdot (\cos\alpha, \sin\alpha)\mathrm{d}s \\ &= \int_{\mathbf{L}} \mathbf{F} \cdot \mathbf{ds} = \int_{\mathbf{L}} \mathbf{F} \cdot \mathbf{T}^0 \mathrm{d}s = \int_{\mathbf{L}} \mathbf{F}_t \mathrm{d}s,\end{aligned}$$

式中，$\mathbf{F}=\{P, Q\}$，$\mathbf{ds}=\mathbf{T}^0\mathrm{d}s=\{\mathrm{d}x, \mathrm{d}y\}$，$\mathbf{F}_t$ 是 $\mathbf{F}$ 在切向量 $\mathbf{T}^0$ 上的投影.

该定义可推广到空间内一条光滑有向曲线 Γ 的情形：

$$\int_{\Gamma} P(x, y, z)\mathrm{d}x = \lim_{\lambda\to 0}\sum_{i=1}^{n} P(\xi_i, \eta_i, \zeta_i)\Delta x_i,$$

$$\int_{\Gamma} Q(x, y, z)\mathrm{d}y = \lim_{\lambda\to 0}\sum_{i=1}^{n} Q(\xi_i, \eta_i, \zeta_i)\Delta y_i,$$

$$\int_{\Gamma} R(x, y, z)\mathrm{d}z = \lim_{\lambda\to 0}\sum_{i=1}^{n} R(\xi_i, \eta_i, \zeta_i)\Delta z_i.$$

则变力 $\mathbf{F}(x, y, z)$沿光滑曲线弧段 Γ 所做的功表示成组合形式为

$$W = \int_{\Gamma} P(x, y, z)\mathrm{d}x + Q(x, y, z)\mathrm{d}y + R(x, y, z)\mathrm{d}z.$$

令 $\mathbf{F}=(P, Q, R)$，$\mathbf{T}^0=(\cos\alpha, \cos\beta, \cos\gamma)$为有向曲线弧 Γ 上点(x, y, z)处单位切向量，$\mathbf{ds}=\mathbf{T}^0\mathrm{d}s=(\mathrm{d}x, \mathrm{d}y, \mathrm{d}z)$，$\mathbf{F}_t$ 是 $\mathbf{F}$ 在向量 $\mathbf{T}^0$ 上的投影，则

$$\begin{aligned}\int_{\Gamma} P\mathrm{d}x + Q\mathrm{d}y + R\mathrm{d}z &= \int_{\Gamma} (P\cos\alpha + Q\cos\beta + R\cos\gamma)\mathrm{d}s \\ &= \int_{\Gamma} \mathbf{F}\cdot\mathbf{ds} = \int_{\Gamma} \mathbf{F}\cdot\mathbf{T}^0\mathrm{d}s = \int_{\Gamma} \mathbf{F}_t\mathrm{d}s.\end{aligned}$$

对坐标的曲线积分的性质如下：

(1)如果把 $\mathbf{L}$ 分成 $\mathbf{L}_1$ 和 $\mathbf{L}_2$，则

$$\int_{\mathbf{L}} P\mathrm{d}x + Q\mathrm{d}y = \int_{\mathbf{L}_1} P\mathrm{d}x + Q\mathrm{d}y + \int_{\mathbf{L}_2} P\mathrm{d}x + Q\mathrm{d}y.$$

(2)设 $\mathbf{L}$ 是有向曲线弧，$-\mathbf{L}$ 是与 $\mathbf{L}$ 方向相反的有向曲线弧，则

$$\int_{-\mathbf{L}} P(x, y)\mathrm{d}x + Q(x, y)\mathrm{d}y = -\int_{\mathbf{L}} P(x, y)\mathrm{d}x + Q(x, y)\mathrm{d}y.$$

§9.2.2 对坐标的曲线积分的计算

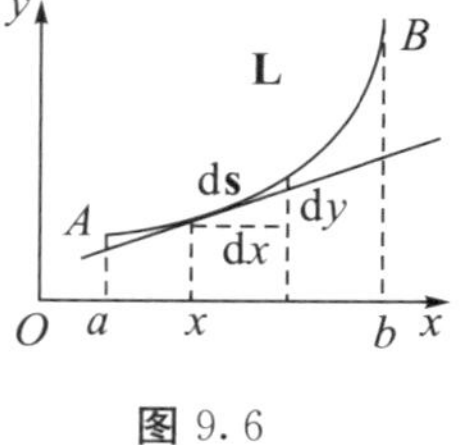

图 9.6

我们把对坐标的曲面积分化为定积分来进行计算. 不妨将 $\mathbf{L}$ 投影到 x 轴上，$\mathbf{L}$ 的起点和终点分别对应 x 轴上的 a 点和 b 点. 设曲线段函数$y=y(x)$在$[a, b]$上一阶连续可导. 如图 9.6 所示，在 a 点和 b 点之间任取一点 x 以及坐标元素 $\mathrm{d}x$，对应 $\mathbf{L}$ 上弧长元素 $\mathrm{d}s$. 可以把 $\mathbf{ds}$ 看作有向(切线)直线元素，即

$$\mathbf{ds} = (\mathrm{d}x, \mathrm{d}y) = (1, y'(x))\mathrm{d}x.$$

因此有

$$\int_{\mathbf{L}} P(x, y)\mathrm{d}x + Q(x, y)\mathrm{d}y = \int_a^b \{P[x, y(x)] + Q[x, y(x)]y'(x)\}\mathrm{d}x.$$

上面的公式表明，右端定积分的积分区间恰是曲线 L 在坐标轴上的投影区间，但要注意下限未必小于上限，下限一定要对应 L 的起点，上限一定要对应 L 的终点；又因为积分变量(x, y)限制在 L 上，所以要把曲线 L 的函数代入被积函数；最后把坐标元素 $\mathrm{d}y$ 替换为坐标变量元素 $\mathrm{d}x$. 这种方法也称为“一投二代三换”或“一投二代三定号”.

如果将 L 投影到 y 轴，L 的起点和终点分别对应 y 轴上的 c 点和 d 点，则

$$\int_{\mathbf{L}} P(x, y)\mathrm{d}x + Q(x, y)\mathrm{d}y = \int_c^d \{P[x(y), y]x'(y) + Q[x(y), y]\}\mathrm{d}y.$$

一般地，对由参数方程确定的有向弧段，可类似地计算.

定理 1 设 $P(x, y)$，$Q(x, y)$是定义在光滑有向曲线 L：$x=\varphi(t)$，$y=\psi(t)$上的连续函数，当参数 t 单调地由 α 变到 β 时，动点沿曲线 L 从起点 A 运动到终点 B，则

$$\int_{\mathbf{L}} P(x, y)\mathrm{d}x + Q(x, y)\mathrm{d}y = \int_\alpha^\beta \{P[\varphi(t), \psi(t)]\varphi'(t) + Q[\varphi(t), \psi(t)]\psi'(t)\}\mathrm{d}t.$$

上式右端定积分中下限 α 对应于 L 的起点，上限 β 对应于 L 的终点，α 不一定小于 β.

对于空间曲线的情形，若空间曲线 Γ 的参数方程为

$$x=\varphi(t), \quad y=\psi(t), \quad z=\omega(t)$$

式中，参数 t 单调地由 α 变到 β 时，则

$$\int_\Gamma P(x, y, z)\mathrm{d}x + Q(x, y, z)\mathrm{d}y + R(x, y, z)\mathrm{d}z$$

$$= \int_\alpha^\beta \{P[\varphi(t), \psi(t), \omega(t)]\varphi'(t) + Q[\varphi(t), \psi(t), \omega(t)]\psi'(t) + R[\varphi(t), \psi(t), \omega(t)]\omega'(t)\}\mathrm{d}t.$$

例 1 计算$\int_{\mathbf{L}} xy\,\mathrm{d}x$，其中 L 为抛物线 $y^2=x$ 上从点$A(1, -1)$到点 $B(1, 1)$ 的一段弧.

解法一 如图 9.7 所示，以 x 为参数. L 分为$\widehat{AO}$和$\widehat{OB}$两部分：$\widehat{AO}$曲线段的函数为 $y=-\sqrt{x}$，x 从 1 变到 0；$\widehat{OB}$ 曲线段的函数为 $y=\sqrt{x}$，x 从 0 变到 1. 因此有

$$\begin{aligned}\int_{\mathbf{L}} xy\,\mathrm{d}x &= \int_{\widehat{AO}} xy\,\mathrm{d}x + \int_{\widehat{OB}} xy\,\mathrm{d}x \\ &= \int_1^0 x(-\sqrt{x})\mathrm{d}x + \int_0^1 x\sqrt{x}\,\mathrm{d}x \\ &= 2\int_0^1 x^{\frac{3}{2}}\mathrm{d}x = \frac{4}{5}.\end{aligned}$$

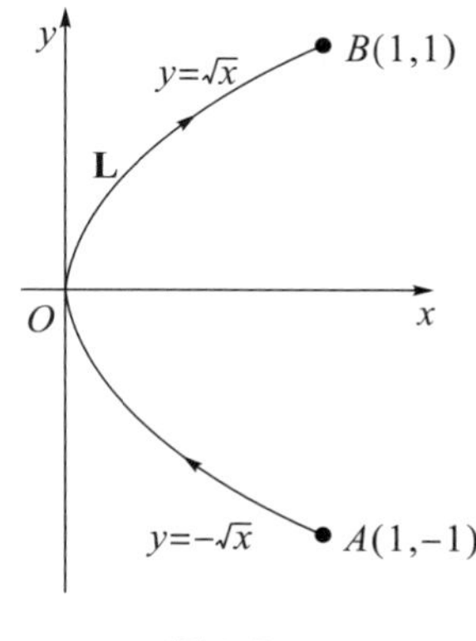

图 9.7

解法二 以 y 为积分变量. L 曲线段的函数为 $x=y^2$，y 从 -1 变到 1. 因此

$$\int_{\mathbf{L}} xy\,\mathrm{d}x = \int_{-1}^1 y^2 y(y^2)'\mathrm{d}y = 2\int_{-1}^1 y^4\mathrm{d}y = \frac{4}{5}.$$

例 2 计算$\int_{\mathbf{L}} y^2\mathrm{d}x$.

(1)L 为按逆时针方向绕行的上半圆周 $x^2+y^2=a^2$；

(2)从点 $A(a, 0)$沿 x 轴到点 $B(-a, 0)$的直线段.

解 (1)如图 9.8 所示，L 的参数方程为 $x=a\cos\theta$，$y=a\sin\theta$，θ 从 0 变到 π. 因此有

$$\int_{\mathbf{L}} y^2\mathrm{d}x = \int_0^\pi a^2\sin^2\theta(-a\sin\theta)\mathrm{d}\theta$$

$$= a^3\int_0^{\pi}(1-\cos^2\theta)\mathrm{d}\cos\theta = -\frac{4}{3}a^3.$$

(2) **L** 的方程为 $y=0$，x 从 a 变到 $-a$. 因此有

$$\int_{\mathbf{L}} y^2\mathrm{d}x = \int_a^{-a} 0\mathrm{d}x = 0.$$

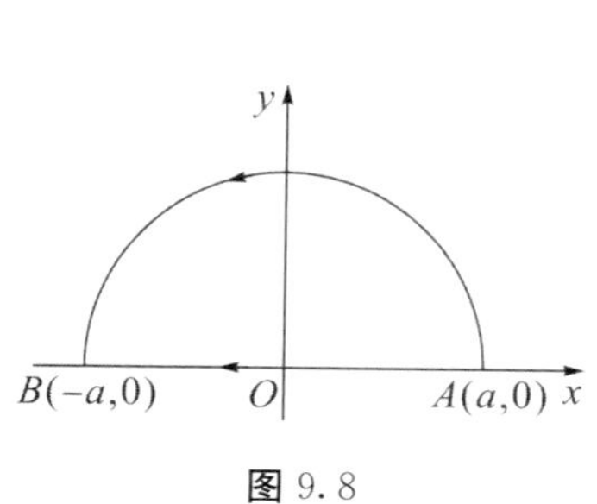

图 9.8

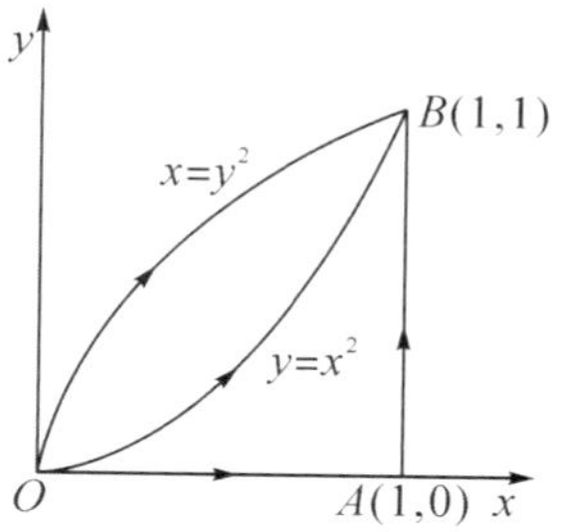

图 9.9

例 3　计算$\int_{\mathbf{L}} 2xy\mathrm{d}x + x^2\mathrm{d}y$.

(1) 抛物线 $y=x^2$ 上从 $O(0,0)$ 到 $B(1,1)$ 的一段弧；

(2) 抛物线 $x=y^2$ 上从 $O(0,0)$ 到 $B(1,1)$ 的一段弧；

(3) 从 $O(0,0)$ 到 $A(1,0)$，再到 $B(1,1)$ 的有向折线 OAB.

解　(1)如图 9.9 所示,因为 **L**：$y=x^2$，x 从 0 变到 1，所以

$$\int_{\mathbf{L}} 2xy\mathrm{d}x + x^2\mathrm{d}y = \int_0^1 (2x\cdot x^2 + x^2\cdot 2x)\mathrm{d}x = 4\int_0^1 x^3\mathrm{d}x = 1.$$

(2)因为 **L**：$x=y^2$，y 从 0 变到 1，所以

$$\int_{\mathbf{L}} 2xy\mathrm{d}x + x^2\mathrm{d}y = \int_0^1 (2y^2\cdot y\cdot 2y + y^4)\mathrm{d}y = 5\int_0^1 y^4\mathrm{d}y = 1.$$

(3)因为$\overrightarrow{OA}$：$y=0$，x 从 0 变到 1；$\overrightarrow{AB}$：$x=1$，y 从 0 变到 1，所以

$$\begin{aligned}\int_{\mathrm{L}} 2xy\mathrm{d}x + x^2\mathrm{d}y &= \int_{OA} 2xy\mathrm{d}x + x^2\mathrm{d}y + \int_{AB} 2xy\mathrm{d}x + x^2\mathrm{d}y \\ &= \int_0^1 (2x\cdot 0 + x^2\cdot 0)\mathrm{d}x + \int_0^1 (2y\cdot 0 + 1)\mathrm{d}y \\ &= 0 + 1 = 1.\end{aligned}$$

例 4　计算$\int_{\Gamma} \mathrm{x}^3\mathrm{d}x + 3zy^2\mathrm{d}y - x^2y\mathrm{d}z$，其中 Γ 是从点 A(3，2，1) 到点 B(0，0，0) 的直线段 AB.

解　直线 AB 的参数方程为 $x=3t$，$y=2t$，$x=t$，t 从 1 变到 0,所以有

$$I = \int_1^0 [(3t)^3\cdot 3 + 3t\,(2t)^2\cdot 2 - (3t)^2\cdot 2t]\mathrm{d}t = 87\int_1^0 t^3\mathrm{d}t = -\frac{87}{4}.$$

例 5　设一个质点在力 **F** 的作用下沿椭圆$\frac{x^2}{a^2}+\frac{y^2}{b^2}=1$ 按逆时针方向从点 $A(a,0)$移动到点 $B(0,b)$，**F** 的大小与质点到原点的距离成正比，方向恒指向原点. 求力 **F** 所做的功 W.

解　椭圆的参数方程为 $x=a\cos t$，$y=b\sin t$，t 从 0 变到$\frac{\pi}{2}$. 任取椭圆上一点 M,有

$$\mathbf{r}=\overrightarrow{OM}=x\mathbf{i}+y\mathbf{j},\quad \mathbf{F}=k\,|\,\mathbf{r}\,|\left(-\frac{\mathbf{r}}{|\mathbf{r}|}\right)=-k(x\mathbf{i}+y\mathbf{j}),$$

式中，$k>0$ 是比例常数. 于是

$$\begin{aligned}W&=\int_{\widehat{AB}}\mathbf{F}\cdot\mathrm{d}\mathbf{s}=-k\int_{\widehat{AB}}x\mathrm{d}x+y\mathrm{d}y\\&=-k\int_0^{\frac{\pi}{2}}(-a^2\cos t\sin t+b^2\sin t\cos t)\mathrm{d}t\\&=k(a^2-b^2)\int_0^{\frac{\pi}{2}}\sin t\cos t\mathrm{d}t=\frac{k}{2}(a^2-b^2).\end{aligned}$$

习题 9－2

1. 设 $\mathbf{L}$ 为 xOy 面内直线 $x=a$ 上的一段，证明：

$$\int_{\mathbf{L}}P(x,y)\mathrm{d}x=0.$$

2. 设 $\mathbf{L}$ 为 xOy 面内 x 轴上从点$(a,0)$到点$(b,0)$的一段直线，证明：

$$\int_{\mathbf{L}}P(x,y)\mathrm{d}x=\int_a^b P(x,0)\mathrm{d}x.$$

3. 计算下列对坐标的曲线积分.

(1)$\int_{\mathbf{L}}(x^2-y^2)\mathrm{d}x$，其中 $\mathbf{L}$ 是抛物线 $y=x^2$ 上从点$(0,0)$到点$(2,4)$的一段弧；

(2)$\oint_{\mathbf{L}}xy\mathrm{d}x$，其中 $\mathbf{L}$ 为圆周$(x-a)^2+y^2=a^2(a>0)$及 x 轴所围成的在第一象限内的区域的整个边界(按逆时针方向绕行)；

(3)$\int_{\mathbf{L}}y\mathrm{d}x+x\mathrm{d}y$，其中 $\mathbf{L}$ 为圆周 $x=R\cos t$，$y=R\sin t$ 上对应 t 从 0 到$\frac{\pi}{2}$的一段弧；

(4)$\oint_{\mathbf{L}}\frac{(x+y)\mathrm{d}x-(x-y)\mathrm{d}y}{x^2+y^2}$，其中 $\mathbf{L}$ 为圆周 $x^2+y^2=a^2$(按逆时针方向绕行)；

(5)$\int_{\Gamma}x^2\mathrm{d}x+z\mathrm{d}y-y\mathrm{d}z$，其中 Γ 为曲线 $x=k\theta$，$y=a\cos\theta$，$z=a\sin\theta$ 上对应 θ 从 0 到 π 的一段弧；

(6)$\int_{\Gamma}x\mathrm{d}x+y\mathrm{d}y+(x+y-1)\mathrm{d}z$，其中 Γ 是从点$(1,1,1)$到点$(2,3,4)$的一段直线；

(7)$\oint_{\Gamma}\mathrm{d}x-\mathrm{d}y+y\mathrm{d}z$，其中 Γ 为有向闭折线 $ABCA$，这里的 A，B，C 依次为点$(1,0,0)$，$(0,1,0)$，$(0,0,1)$；

(8)$\int_{\mathbf{L}}(x^2-2xy)\mathrm{d}x+(y^2-2xy)\mathrm{d}y$，其中 $\mathbf{L}$ 是抛物线 $y=x^2$ 上从点$(-1,1)$到点$(1,1)$的一段弧.

4. 计算$\int_{\mathbf{L}}(x+y)\mathrm{d}x+(y-x)\mathrm{d}y$，其中 $\mathbf{L}$ 是：

(1)抛物线 $y^2=x$ 上从点$(1,1)$到点$(4,2)$的一段弧；

(2)从点$(1,1)$到点$(4,2)$的直线段；

(3)先沿直线从点(1，1)到点(1，2)，然后再沿直线到点(4，2)的折线；

(4)曲线 $x=2t^2+t+1$，$y=t^2+1$ 上从点(1，1)到点(4，2)的一段弧.

5. 一力场由沿横轴正方向的恒力 **F** 所构成. 试求当一质量为 m 的质点沿圆周 $x^2+y^2=R^2$ 按逆时针方向移过位于第一象限的那一段弧时场力所做的功.

6. 设 z 轴与重力的方向一致，求质量为 m 的质点从位置(x_1, y_1, z_1)沿直线移到(x_2, y_2, z_2)时重力所做的功.

7. 把对坐标的曲线积分$\int_L P(x, y)\mathrm{d}x+Q(x, y)\mathrm{d}y$ 化成对弧长的曲线积分，其中 **L** 是：

(1)在 xOy 面内沿直线从点(0，0)到点(1，1)；

(2)沿抛物线 $y=x^2$ 从点(0，0)到点(1，1)；

(3)沿上半圆周 $x^2+y^2=2x$ 从点(0，0)到点(1，1).

8. 设 Γ 为曲线 $x=t$，$y=t^2$，$z=t^3$ 上相应于 t 从 0 变到 1 的曲线弧. 把对坐标的曲线积分$\int_\Gamma P\mathrm{d}x+Q\mathrm{d}y+R\mathrm{d}z$ 化成对弧长的曲线积分.

§9.3　格林公式及其应用

在一元函数积分学中，牛顿－莱布尼茨公式

$$\int_a^b f(x)\mathrm{d}x=F(b)-F(a)$$

表示了 $f(x)$在区间$[a, b]$上的积分可通过 $f(x)$的原函数 $F(x)$在积分区间端点函数值的差来计算. 下面将要介绍的格林(Green)公式告诉我们，在平面闭区域 D 上的二重积分可通过沿该闭区域 D 的有向边界曲线 **L** 上的曲线积分来计算.

§9.3.1　格林公式

先介绍平面单连通区域的概念. 设 D 为平面区域，如果 D 内任一闭曲线所围的部分都属于 D，则称 D 为平面单连通区域，否则称为复连通区域. 通俗地说，平面单连通区域就是不含有“洞”的区域，复连通区域就是含有“洞”的区域. 例如，平面上圆形区域$\{(x, y)|x^2+y^2\leqslant 1\}$是单连通区域，环形区域$\{(x, y)|1\leqslant x^2+y^2\leqslant 4\}$，$\{(x, y)|0<x^2+y^2<4\}$都是复连通区域.

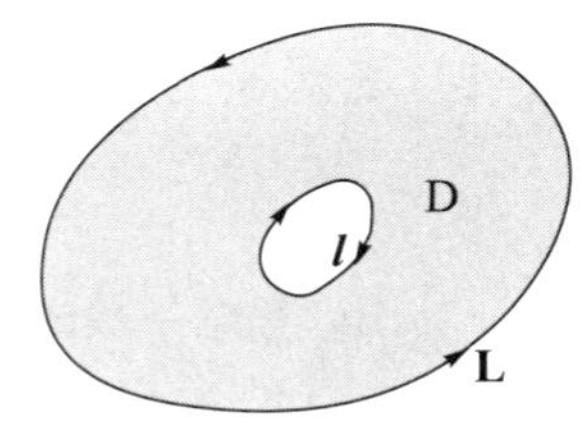

图 9.10

对平面区域 D 的有向边界曲线 **L**，我们规定它的正向如下：当观察者沿边界的这个方向行走时，D 内在他近处的那一部分总在他的左边. 如图 9.10 所示，区域 D 是由两条闭曲线 **L** 和 ***l*** 围成的，**L** 的正向是逆时针方向，***l*** 的正向是顺时针方向.

定理 1　设闭区域 D 由分段光滑的曲线 **L** 围成，函数 $P(x, y)$及 $Q(x, y)$在 D 内具有一阶连续偏导数，则有

$$\iint_D \left(\frac{\partial Q}{\partial x} - \frac{\partial P}{\partial y}\right) dx dy = \oint_L P dx + Q dy,$$

式中，L 是 D 的取正向的边界曲线. 该公式称为**格林公式**.

证明 按平面区域 D 的形状分三种情形证明. 先假设穿过平面单连通区域 D 内部且平行于坐标轴的直线与 D 的边界 L 恰有两个交点，即区域 D 既是 X－型，又是Y－型区域：

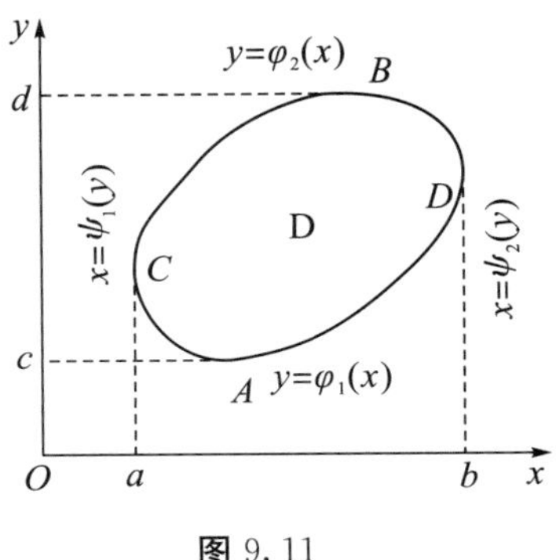

图 9.11

$$D = \{(x, y) \mid a \leqslant x \leqslant b, \varphi_1(x) \leqslant y \leqslant \varphi_2(x)\}$$
$$= \{(x, y) \mid c \leqslant y \leqslant d, \psi_1(y) \leqslant x \leqslant \psi_2(y)\}.$$

如图 9.11 所示，其中 A，B，C，D 是它的端点.

因为$\frac{\partial P}{\partial y}$连续，把区域 D 看成 X－型区域，由二重积分的计算法有

$$\iint_D \frac{\partial P}{\partial y} dx dy = \int_a^b \left[\int_{\varphi_1(x)}^{\varphi_2(x)} \frac{\partial P}{\partial y}(x, y) dy\right] dx$$
$$= \int_a^b \{P[x, \varphi_2(x)] - P[x, \varphi_1(x)]\} dx.$$

另一方面，由对坐标的曲线积分的性质及计算法有

$$\oint_L P(x,y) dx = \int_{\overset{\frown}{CAD}} P(x,y) dx + \int_{\overset{\frown}{DBC}} P(x,y) dx$$
$$= \int_a^b P[x, \varphi_1(x)] dx + \int_b^a P[x, \varphi_2(x)] dx$$
$$= \int_a^b \{P[x, \varphi_1(x)] - P[x, \varphi_2(x)]\} dx.$$

因此
$$-\iint_D \frac{\partial P}{\partial y} dx dy = \oint_L P dx.$$

把区域 D 看成 Y－型区域，类似地可证

$$\iint_D \frac{\partial Q}{\partial x} dx dy = \oint_L Q dx.$$

由于 D 既是 X－型区域，又是 Y－型区域，所以以上两式同时成立，两式合并即得

$$\iint_D \left(\frac{\partial Q}{\partial x} - \frac{\partial P}{\partial y}\right) dx dy = \oint_L P dx + Q dy.$$

其次，考虑一般的平面单连通区域 D. 我们可在 D 内引入一条或几条辅助曲线把 D 分成有限个既是 X－型又是 Y－型的小区域. 例如，如图 9.12(a)所示闭区域 D，引进辅助线 ABC，把 D 分成 D_1，D_2，D_3三个部分，得

$$\iint_{D_1} \left(\frac{\partial Q}{\partial x} - \frac{\partial P}{\partial y}\right) dx dy = \oint_{\overset{\frown}{MCBAM}} P dx + Q dy,$$

$$\iint_{D_2} \left(\frac{\partial Q}{\partial x} - \frac{\partial P}{\partial y}\right) dx dy = \oint_{\overset{\frown}{ABPA}} P dx + P dy,$$

$$\iint_{D_3} \left(\frac{\partial Q}{\partial x} - \frac{\partial P}{\partial y}\right) dx dy = \oint_{\overset{\frown}{BCNB}} P dx + Q dy.$$

把这三个等式相加，注意沿辅助曲线来回时方向相反，曲线积分相互抵消，得

$$\iint\limits_{D}\left(\frac{\partial Q}{\partial x}-\frac{\partial P}{\partial y}\right)\mathrm{d}x\mathrm{d}y=\oint_{\mathbf{L}}P\mathrm{d}x+Q\mathrm{d}y.$$

最后，考虑平面复连通区域 D. 如图 9.12(b)所示，对于复连通区域 D，我们引进辅助线 AB，把 D 看成单连通区域. 从 A 点出发，沿外边界 $\mathbf{L}$ 逆时针方向转一圈，经 AB 到达内边界 $\boldsymbol{l}$，顺时针方向转一圈，再经 BA 又回到起点 A. 这样的方向对单连通区域 D 来说是正向，因此格林公式也成立，证毕.

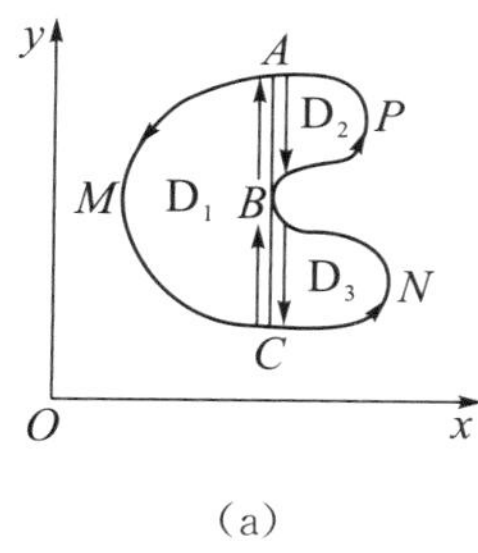

(a)

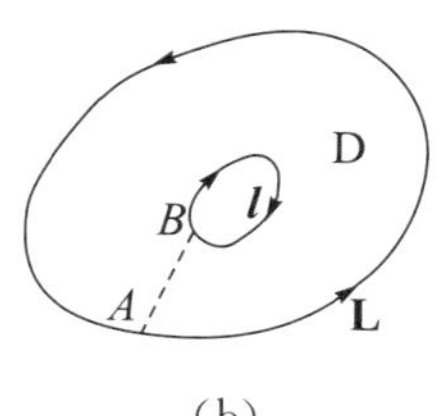

(b)

图 9.12

§9.3.2　格林公式的简单应用

设单连通区域 D 的有向边界曲线为 $\mathbf{L}$，取 $P=-y$，$Q=x$，则由格林公式可得区域 D 的面积为

$$A=\iint\limits_{D}\mathrm{d}x\mathrm{d}y=\frac{1}{2}\oint_{\mathbf{L}}x\mathrm{d}y-y\mathrm{d}x.$$

例 1　椭圆 $x=a\cos\theta$，$y=b\sin\theta$ 所围成图形的面积 A.

解　设 D 是由椭圆 $x=a\cos\theta$，$y=b\sin\theta$ 所围成的区域.

令 $P=-\frac{1}{2}y$，$Q=\frac{1}{2}x$，则

$$\frac{\partial Q}{\partial x}-\frac{\partial P}{\partial y}=\frac{1}{2}+\frac{1}{2}=1.$$

由格林公式，可得

$$\begin{aligned}A&=\iint\limits_{D}\mathrm{d}x\mathrm{d}y=\frac{1}{2}\oint_{\mathbf{L}}-y\mathrm{d}x+x\mathrm{d}y\\&=\frac{1}{2}\int_{0}^{2\pi}(ab\sin^{2}\theta+ab\cos^{2}\theta)\mathrm{d}\theta=\frac{1}{2}ab\int_{0}^{2\pi}\mathrm{d}\theta=\pi ab.\end{aligned}$$

例 2　设 $\mathbf{L}$ 是任意一条分段光滑的闭曲线，证明：

$$\oint_{\mathbf{L}}2xy\mathrm{d}x+x^{2}\mathrm{d}y=0.$$

证明　这里 $P=2xy$，$Q=x^{2}$，则

$$\frac{\partial Q}{\partial x}-\frac{\partial P}{\partial y}=2x-2x=0.$$

因此，由格林公式有

$$\oint_{L} 2xy\mathrm{d}x + x^2\mathrm{d}y = \pm\iint_{D} 0\mathrm{d}x\mathrm{d}y = 0.$$

例 3 计算 $\int_{\widehat{AB}} x\mathrm{d}y$，其中有向曲线 $\widehat{AB}$ 是半径为 r 的圆在第一象限部分.

解 如图 9.13 所示，补充有向线段 $\overrightarrow{BO}$ 和 $\overrightarrow{OA}$，则有向闭曲线 $\mathbf{L}$：$\widehat{AB}+\overrightarrow{BO}+\overrightarrow{OA}$ 围成第一象限内扇形区域 D，顺时针方向. 应用格林公式，有

$$-\iint_{D}\mathrm{d}x\mathrm{d}y = \oint_{L} x\mathrm{d}y$$

$$= \int_{\widehat{AB}} x\mathrm{d}y + \int_{\overrightarrow{BO}} x\mathrm{d}y + \int_{\overrightarrow{OA}} x\mathrm{d}y,$$

因为 $\int_{\overrightarrow{BO}} x\mathrm{d}y = 0$，$\int_{\overrightarrow{OA}} x\mathrm{d}y = 0$，所以

$$\oint_{L} x\mathrm{d}y = -\iint_{D}\mathrm{d}x\mathrm{d}y = -\frac{1}{4}\pi r^2.$$

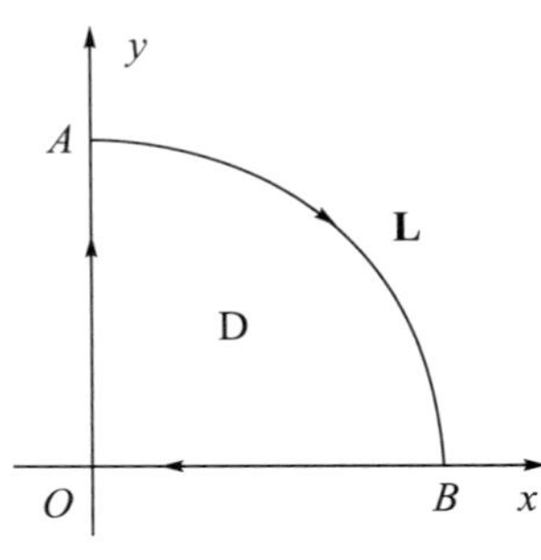

图 9.13

例 4 计算 $\iint_{D} \mathrm{e}^{-y^2}\mathrm{d}x\mathrm{d}y$，其中 D 是以 $O(0, 0)$，$A(1, 1)$，$B(0, 1)$ 为顶点的三角形闭区域.

解 如图 9.14 所示，这里 $P=0$，$Q=x\mathrm{e}^{-y^2}$，则

$$\frac{\partial Q}{\partial x}-\frac{\partial P}{\partial y}=\mathrm{e}^{-y^2}.$$

因此，由格林公式有

$$\iint_{D}\mathrm{e}^{-y^2}\mathrm{d}x\mathrm{d}y = \int_{\overrightarrow{OA}+\overrightarrow{AB}+\overrightarrow{BO}} x\mathrm{e}^{-y^2}\mathrm{d}y$$

$$= \int_{\overrightarrow{OA}} x\mathrm{e}^{-y^2}\mathrm{d}y = \int_0^1 x\mathrm{e}^{-x^2}\mathrm{d}x = \frac{1}{2}(1-\mathrm{e}^{-1}).$$

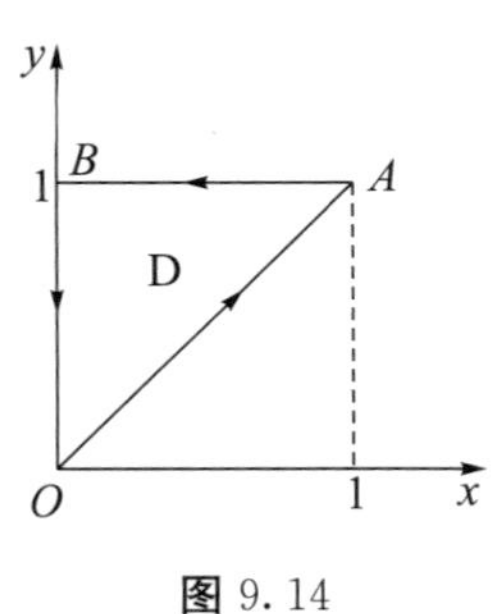

图 9.14

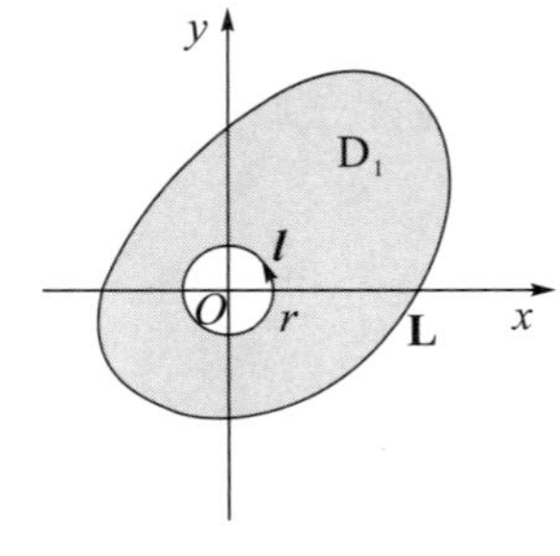

图 9.15

例 5 计算 $\oint_{L}\frac{x\mathrm{d}y-y\mathrm{d}x}{x^2+y^2}$，其中 $\mathbf{L}$ 为一条无重点、分段光滑且不经过原点的连续闭曲线，方向为逆时针方向.

解 这里 $P=\frac{-y}{x^2+y^2}$，$Q=\frac{x}{x^2+y^2}$. 则当 $x^2+y^2\neq 0$ 时，有

$$\frac{\partial Q}{\partial x}=\frac{y^2-x^2}{(x^2+y^2)^2}=\frac{\partial P}{\partial y}.$$

记 $\mathbf{L}$ 所围成的闭区域为 D. 当$(0, 0)\notin$D 时，由格林公式得

$$\oint_{\mathbf{L}} \frac{x\mathrm{d}y - y\mathrm{d}x}{x^2 + y^2} = \iint_{D} 0\mathrm{d}x\mathrm{d}y = 0;$$

当$(0, 0)\in$D 时，在 D 内取一圆周 $\boldsymbol{l}$：$x^2 + y^2 = r^2 (r > 0)$. 由 $\mathbf{L} + (-\boldsymbol{l})$围成了一个复连通区域 D_1 正向边界闭曲线(如图 9.15 所示)，应用格林公式得

$$\oint_{\mathbf{L}+(-\boldsymbol{l})} \frac{x\mathrm{d}y - y\mathrm{d}x}{x^2 + y^2} = \left(\oint_{\mathbf{L}} - \oint_{\boldsymbol{l}}\right) \frac{x\mathrm{d}y - y\mathrm{d}x}{x^2 + y^2} = \iint_{D_1} 0\mathrm{d}x\mathrm{d}y = 0,$$

于是

$$\oint_{\mathbf{L}} \frac{x\mathrm{d}y - y\mathrm{d}x}{x^2 + y^2} = \oint_{\boldsymbol{l}} \frac{x\mathrm{d}y - y\mathrm{d}x}{x^2 + y^2} = \int_0^{2\pi} \frac{r^2\cos^2\theta + r^2\sin^2\theta}{r^2}\mathrm{d}\theta = 2\pi.$$

§9.3.3　平面上曲线积分与路径无关的条件

在物理学中，我们需要研究场力在什么条件下所做的功与路径无关，这个问题体现在数学上就是研究曲线积分在什么条件下与路径无关.

设 D 是一个开区域，$P(x, y)$，$Q(x, y)$在区域 D 内具有一阶连续偏导数. 如果对于 D 内任意指定的两个点 A，B，以及 D 内从点 A 到点 B 的任意两条曲线 $\mathbf{L}_1$，$\mathbf{L}_2$，等式

$$\int_{\mathbf{L}_1} P\mathrm{d}x + Q\mathrm{d}y = \int_{\mathbf{L}_2} P\mathrm{d}x + Q\mathrm{d}y$$

恒成立，则称曲线积分$\int_{\mathbf{L}} P\mathrm{d}x + Q\mathrm{d}y$ 在 D 内与路径无关，否则称积分与路径有关.

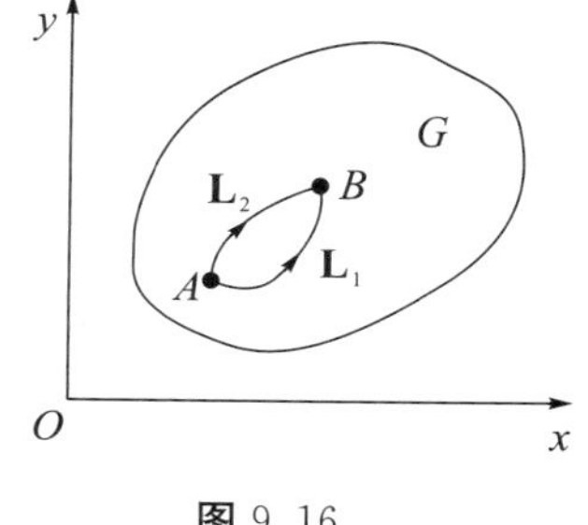

图 9.16

设曲线积分$\int_{\mathbf{L}} P\mathrm{d}x + Q\mathrm{d}y$ 在 D 内与路径无关，$\mathbf{L}_1$ 和 $\mathbf{L}_2$ 是 D 内任两条从点 A 到点 B 的曲线，则

$$\begin{aligned}\oint_{\mathbf{L}_1+(-\mathbf{L}_2)} P\mathrm{d}x + Q\mathrm{d}y &= \int_{\mathbf{L}_1} P\mathrm{d}x + Q\mathrm{d}y + \int_{-\mathbf{L}_2} P\mathrm{d}x + Q\mathrm{d}y \\ &= \int_{\mathbf{L}_1} P\mathrm{d}x + Q\mathrm{d}y - \int_{\mathbf{L}_2} P\mathrm{d}x + Q\mathrm{d}y = 0.\end{aligned}$$

这表明，曲线积分$\int_{\mathbf{L}} P\mathrm{d}x + Q\mathrm{d}y$ 在 D 内与路径无关等价于沿 D 内任意闭曲线 $\mathbf{L}$ 的曲线积分 $\oint_{\mathbf{L}} P\mathrm{d}x + Q\mathrm{d}y = 0$.

定理 2　设开区域 D 是一个单连通区域，函数 $P(x, y)$ 及 $Q(x, y)$ 在 D 内具有一阶连续偏导数，则曲线积分$\int_{\mathbf{L}} P\mathrm{d}x + Q\mathrm{d}y$ 在 D 内与路径无关(或沿 D 内任意闭曲线的曲线积分为零) 的充分必要条件是等式

$$\frac{\partial P}{\partial y} = \frac{\partial Q}{\partial x}$$

在 D 内恒成立.

证明　(充分性) 若$\frac{\partial P}{\partial y} = \frac{\partial Q}{\partial x}$，则$\frac{\partial Q}{\partial x} - \frac{\partial P}{\partial y} = 0$. 由格林公式，对任意闭曲线 $\mathbf{L}$，有

$$\oint_L P\mathrm{d}x + Q\mathrm{d}y = \iint_D \left(\frac{\partial Q}{\partial x} - \frac{\partial P}{\partial y}\right)\mathrm{d}x\mathrm{d}y = 0.$$

（必要性）设存在一点 $M_0 \in \mathrm{D}$，使$\frac{\partial Q}{\partial x}-\frac{\partial P}{\partial y}=\eta\neq 0$. 不妨设 $\eta>0$，则由$\frac{\partial Q}{\partial x}-\frac{\partial P}{\partial y}$的连续性，存在 M_0 的一个 D 邻域 $U(M_0, D)$，使在此邻域内有$\frac{\partial Q}{\partial x}-\frac{\partial P}{\partial y}\geqslant\frac{\eta}{2}$. 于是沿邻域 $U(M_0, D)$边界 $\boldsymbol{l}$ 的闭曲线积分为

$$\oint_l P\mathrm{d}x + Q\mathrm{d}y = \iint_{U(M_0, \delta)} \left(\frac{\partial Q}{\partial x} - \frac{\partial P}{\partial y}\right)\mathrm{d}x\mathrm{d}y \geqslant \frac{\eta}{2}\cdot\pi\delta^2 > 0,$$

这与闭曲线积分为零相矛盾，因此在 D 内$\frac{\partial Q}{\partial x}-\frac{\partial P}{\partial y}=0$.

注意定理的要求，区域 D 是单连通区域，且函数 $P(x, y)$及 $Q(x, y)$在 D 内具有一阶连续偏导数. 如果这两个条件之一不能满足，那么定理的结论不能保证成立.

例 6 计算$\int_L 2xy\mathrm{d}x + x^2\mathrm{d}y$，其中 **L** 为曲线 $y = x^2$ 上从 $O(0, 0)$ 到 $B(1, 1)$ 的一段弧.

解 因为$\frac{\partial P}{\partial y} = \frac{\partial Q}{\partial x} = 2x$ 在整个 xOy 面内都成立，所以在整个 xOy 面内，积分$\int_L 2xy\mathrm{d}x + x^2\mathrm{d}y$ 与路径无关. 我们选择一条折线：$O(0, 0)\to A(1, 0)\to B(1, 1)$，得

$$\int_L 2xy\mathrm{d}x + x^2\mathrm{d}y = \int_{\overrightarrow{OA}} 2xy\mathrm{d}x + x^2\mathrm{d}y + \int_{\overrightarrow{AB}} 2xy\mathrm{d}x + x^2\mathrm{d}y$$
$$= \int_0^1 1^2\mathrm{d}y = 1.$$

习惯上，把破坏函数 P，Q 及$\frac{\partial P}{\partial y}$，$\frac{\partial Q}{\partial x}$连续性的点称为奇点. 例如，曲线积分$\oint_L \frac{x\mathrm{d}y - y\mathrm{d}x}{x^2+y^2}$中，**L** 为一条无重点、分段光滑且不经过原点的连续闭曲线，**L** 的方向为逆时针方向. 当 $x^2+y^2\neq 0$ 时，$\frac{\partial Q}{\partial x}=\frac{y^2-x^2}{(x^2+y^2)^2}=\frac{\partial P}{\partial y}$，但 $P=\frac{-y}{x^2+y^2}$和 $Q=\frac{x}{x^2+y^2}$在点(0, 0)没有定义. 因此，如果(0, 0)不在 **L** 所围成的区域内，则定理 2 的结论成立；但当(0, 0)在 **L** 所围成的区域内时，定理 2 的结论未必成立.

§9.3.4 二元函数的全微分求积

我们知道，二元函数 $u(x, y)$的全微分为 $\mathrm{d}u(x, y)=u_x(x, y)\mathrm{d}x+u_y(x, y)\mathrm{d}y$. 曲线积分被积表达式 $P(x, y)\mathrm{d}x+Q(x, y)\mathrm{d}y$ 与函数的全微分有相同的形式，但它未必就是某个函数的全微分. 这里讨论函数 $P(x, y)$，$Q(x, y)$在什么条件下，表达式 $P(x, y)\mathrm{d}x+Q(x, y)\mathrm{d}y$ 恰是某个二元函数 $u(x, y)$的全微分，并求出这样的二元函数.

定理 3 设开区域 D 是一个单连通域，函数 $P(x, y)$及 $Q(x, y)$在 D 内具有一阶连续偏导数，则 $P(x, y)\mathrm{d}x+Q(x, y)\mathrm{d}y$ 在 D 内为某一函数 $u(x, y)$的全微分的充分必要条件是等式

$$\frac{\partial P}{\partial y}=\frac{\partial Q}{\partial x}$$

在 D 内恒成立.

证明　(必要性)假设存在某一函数 $u(x, y)$，使得

$$\mathrm{d}u=P(x, y)\mathrm{d}x+Q(x, y)\mathrm{d}y,$$

则有
$$\frac{\partial P}{\partial y}=\frac{\partial}{\partial y}\left(\frac{\partial u}{\partial x}\right)=\frac{\partial^2 u}{\partial x\partial y},\quad \frac{\partial Q}{\partial x}=\frac{\partial}{\partial x}\left(\frac{\partial u}{\partial y}\right)=\frac{\partial^2 u}{\partial y\partial x}.$$

由于$\frac{\partial^2 u}{\partial x\partial y}=\frac{\partial P}{\partial y}$，$\frac{\partial^2 u}{\partial y\partial x}=\frac{\partial Q}{\partial x}$连续，所以

$$\frac{\partial^2 u}{\partial x\partial y}=\frac{\partial^2 u}{\partial y\partial x},$$

即

$$\frac{\partial P}{\partial y}=\frac{\partial Q}{\partial x}.$$

(充分性)如果在 D 内有$\frac{\partial P}{\partial y}=\frac{\partial Q}{\partial x}$，则积分$\int_L P(x, y)\mathrm{d}x+Q(x, y)\mathrm{d}y$ 在 D 内与路径无关. 考虑在 D 内从点(x_0, y_0)到点(x, y)的曲线积分 $u(x, y)=\int_{(x_0, y_0)}^{(x, y)} P(x, y)\mathrm{d}x+Q(x, y)\mathrm{d}y$. 沿折线$(x_0,y_0)\to(x_0,y)\to(x,y)$积分,得

$$u(x, y)=\int_{y_0}^{y} Q(x_0, y)\mathrm{d}y+\int_{x_0}^{x} P(x, y)\mathrm{d}x,$$

两边对 x 求导,得

$$\frac{\partial u}{\partial x}=\frac{\partial}{\partial x}\int_{y_0}^{y} Q(x_0, y)\mathrm{d}y+\frac{\partial}{\partial x}\int_{x_0}^{x} P(x, y)\mathrm{d}x=P(x, y).$$

类似地,可得$\frac{\partial u}{\partial y}=Q(x, y)$，从而 $\mathrm{d}u=P(x, y)\mathrm{d}x+Q(x, y)\mathrm{d}y$. 即 $P(x, y)\mathrm{d}x+Q(x, y)\mathrm{d}y$ 是函数 $u(x,y)$的全微分，证毕.

当曲线积分与路径无关时，为了方便计算原函数，可以选择折线 M_0RM 作为积分路径(如图 9.17 所示),得

$$\begin{aligned}u(x, y)&=\int_{y_0}^{y} Q(x_0, y)\mathrm{d}y+\int_{x_0}^{x} P(x, y)\mathrm{d}x\\&=\int_{x_0}^{x} P(x, y_0)\mathrm{d}x+\int_{y_0}^{y} Q(x, y)\mathrm{d}y,\end{aligned}$$

也可以选择折线 M_0SM 为积分路径，得

$$u(x, y)=\int_{y_0}^{y} Q(x_0, y)\mathrm{d}y+\int_{x_0}^{x} P(x, y)\mathrm{d}x.$$

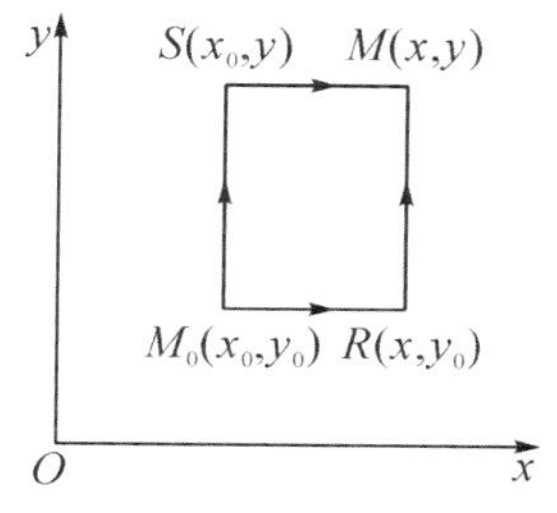

图 9.17

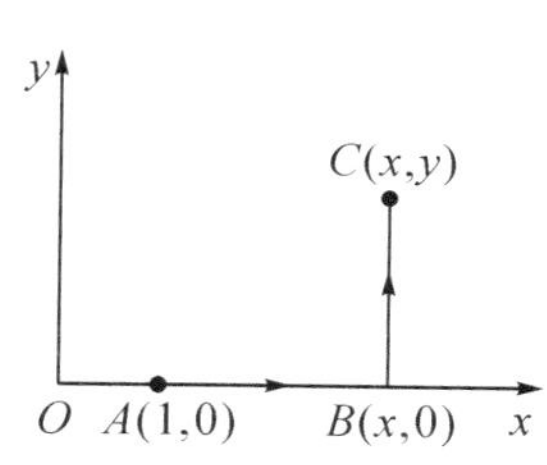

图 9.18

例 7　验证：$\dfrac{x\mathrm{d}y-y\mathrm{d}x}{x^2+y^2}$在右半平面($x>0$)内是某个函数的全微分，并求出一个这样的函数.

解　这里 $P=\dfrac{-y}{x^2+y^2}$，$Q=\dfrac{x}{x^2+y^2}$. 则 P，Q 在右半平面内具有一阶连续偏导数，且有

$$\frac{\partial Q}{\partial x}=\frac{y^2-x^2}{(x^2+y^2)^2}=\frac{\partial P}{\partial y},$$

所以在右半平面内，$\dfrac{x\mathrm{d}y-y\mathrm{d}x}{x^2+y^2}$是某个函数的全微分.

如图 9.18 所示，取折线积分路径：$A(1,0)\rightarrow B(x,0)\rightarrow C(x,y)$，得一个原函数为

$$u(x,y)=\int_{(1,0)}^{(x,y)}\frac{x\mathrm{d}y-y\mathrm{d}x}{x^2+y^2}=0+\int_0^y\frac{x\mathrm{d}y}{x^2+y^2}=\arctan\frac{y}{x}.$$

例 8　验证：在整个 xOy 面内，$xy^2\mathrm{d}x+x^2y\mathrm{d}y$ 是某个函数的全微分，并求出一个这样的函数.

解　这里 $P=xy^2$，$Q=x^2y$. 则 P，Q 在整个 xOy 面内具有一阶连续偏导数，且有

$$\frac{\partial Q}{\partial x}=2xy=\frac{\partial P}{\partial y},$$

所以在整个 xOy 面内，$xy^2\mathrm{d}x+x^2y\mathrm{d}y$ 是某个函数的全微分.

取折线积分路径：$O(0,0)\rightarrow A(x,0)\rightarrow B(x,y)$，则所求函数为

$$u(x,y)=\int_{(0,0)}^{(x,y)}xy^2\mathrm{d}x+x^2y\mathrm{d}y=0+\int_0^y x^2y\mathrm{d}y=x^2\int_0^y y\mathrm{d}y=\frac{x^2y^2}{2}.$$

§9.3.5　曲线积分的基本定理

如果曲线积分$\int_{\mathrm{L}}P(x,y)\mathrm{d}x+Q(x,y)\mathrm{d}y=\int_{\mathrm{L}}\mathbf{F}\cdot\mathrm{d}\mathbf{s}$在区域 D 内与积分路径无关，则称向量场 $\mathbf{F}$ 为保守场. 下面的定理为计算保守场中曲线积分的一种方法.

定理 4(曲线积分的基本定理)　设$\mathbf{F}(x,y)=P(x,y)\mathbf{i}+Q(x,y)\mathbf{j}$是平面区域 D 内的一个向量场，$P(x,y)$，$Q(x,y)$ 都在 D 内连续，且存在一个数量函数 $f(x,y)$，使得 $P=f_x$，$Q=f_y$，则曲线积分$\int_{\mathrm{L}}\mathbf{F}\cdot\mathrm{d}\mathbf{s}$ 在 D 内与路径无关，且

$$\int_{\mathrm{L}}\mathbf{F}\cdot\mathrm{d}\mathbf{s}=f(B)-f(A),$$

式中，$\mathbf{L}$ 是位于 D 内起点为 A、终点为 B 的任一分段光滑曲线.

证明　设 $\mathbf{L}$ 的向量方程为

$$\mathbf{s}=\varphi(t)\mathbf{i}+\psi(t)\mathbf{j},\quad t\in[\alpha,\beta],$$

起点 A 对应参数 $t=\alpha$，终点 B 对应参数 $t=\beta$.

由假设，$f_x=P$，$f_y=Q$，P，Q 连续，从而 f 可微，且

$$\frac{\mathrm{d}f}{\mathrm{d}t}=f_x\frac{\mathrm{d}x}{\mathrm{d}t}+f_y\frac{\mathrm{d}y}{\mathrm{d}t}=(f_x,f_y)\cdot\left(\frac{\mathrm{d}x}{\mathrm{d}t},\frac{\mathrm{d}y}{\mathrm{d}t}\right)=\mathbf{F}\cdot\frac{\mathrm{d}\mathbf{s}}{\mathrm{d}t},$$

于是

$$\int_{\mathbf{L}} \mathbf{F} \cdot \mathrm{d}\mathbf{s} = \int_{\alpha}^{\beta} \mathbf{F} \cdot \frac{\mathrm{d}\mathbf{s}}{\mathrm{d}t}\mathrm{d}t = \int_{\alpha}^{\beta} \frac{\mathrm{d}f}{\mathrm{d}t}\mathrm{d}t = f(\varphi(t), \psi(t))\Big|_{\alpha}^{\beta} = f(B) - f(A),$$

证毕.

定理 4 表明，对于势场 $\mathbf{F}$，曲线积分 $\int_{\mathbf{L}} \mathbf{F} \cdot \mathrm{d}\mathbf{s}$ 的值仅依赖于它的势函数 f 在路径 $\mathbf{L}$ 的两端点的值，而不依赖于两点间的路径，即积分 $\int_{\mathbf{L}} \mathbf{F} \cdot \mathrm{d}\mathbf{s}$ 在 D 内与路径无关，也就是说，势场是保守场.

习题 9－3

1. 在单连通区域 D 内，如果 $P(x, y)$ 和 $Q(x, y)$ 具有一阶连续偏导数，且恒有 $\frac{\partial Q}{\partial x} = \frac{\partial P}{\partial y}$，那么，

(1) 在 D 内的曲线积分 $\int_{\mathrm{L}} P(x, y)\mathrm{d}x + Q(x, y)\mathrm{d}y$ 是否与路径无关？

(2) 在 D 内的闭曲线积分 $\oint_{\mathrm{L}} P(x, y)\mathrm{d}x + Q(x, y)\mathrm{d}y$ 是否为零？

(3) 在 D 内 $P(x, y)\mathrm{d}x + Q(x, y)\mathrm{d}y$ 是否是某一函数 $u(x, y)$ 的全微分？

2. 在区域 D 内除 M_0 点外，如果 $P(x, y)$ 和 $Q(x, y)$ 具有一阶连续偏导数，且恒有 $\frac{\partial Q}{\partial x} = \frac{\partial P}{\partial y}$，$\mathrm{D}_1$ 是 D 内不含 M_0 的单连通区域，那么，

(1) 在 D_1 内的曲线积分 $\int_{\mathrm{L}} P(x, y)\mathrm{d}x + Q(x, y)\mathrm{d}y$ 是否与路径无关？

(2) 在 D_1 内的闭曲线积分 $\oint_{\mathrm{L}} P(x, y)\mathrm{d}x + Q(x, y)\mathrm{d}y$ 是否为零？

(3) 在 D_1 内 $P(x, y)\mathrm{d}x + Q(x, y)\mathrm{d}y$ 是否是某一函数 $u(x, y)$ 的全微分？

3. 在单连通区域 D 内，如果 $P(x, y)$ 和 $Q(x, y)$ 具有一阶连续偏导数，$\frac{\partial P}{\partial y} \neq \frac{\partial Q}{\partial x}$，但 $\frac{\partial Q}{\partial x} - \frac{\partial P}{\partial y}$ 非常简单，那么，

(1)如何计算 D 内的闭曲线积分？

(2)如何计算 D 内的非闭曲线积分？

(3) 计算 $\int_{\mathrm{L}} (\mathrm{e}^x \sin y - 2y)\mathrm{d}x + (\mathrm{e}^x \cos y - 2)\mathrm{d}y$，其中 $\mathbf{L}$ 为逆时针方向的上半圆周 $(x - a)^2 + y^2 = a^2$，$y \geqslant 0$.

4. 计算曲线积分.

(1) $\oint_{\mathrm{L}} (2xy - x^2)\mathrm{d}x + (x + y^2)\mathrm{d}y$，其中 $\mathbf{L}$ 是由 $y = x^2$ 与 $y^2 = x$ 所围区域的正向边界曲线；

(2) $\oint_{\mathrm{L}} (x^2 - 2xy^3)\mathrm{d}x + (y - x^2 y)\mathrm{d}y$，其中 $\mathbf{L}$ 是顶点分别为 $(1, 0)$，$(0, 1)$，$(-1, 0)$，

(0，－1)的方形区域的正向边界.

5. 计算$\oint_L \frac{y\mathrm{d}x - x\mathrm{d}y}{x^2 + y^2}$，其中L为圆角$(x-1)^2 + y^2 = 2$，$L$的方向为逆时针方向.

6. 先验证下列曲线积分是否与路径无关，再求它们的值.

(1)$\int_{(1,1)}^{(2,3)} (x+y)\mathrm{d}x + (x-y)\mathrm{d}y$；

(2)$\int_{(1,2)}^{(3,4)} (6xy^2 - y^3)\mathrm{d}x + (6x^2y - 3xy^2)\mathrm{d}y$；

(3)$\int_{(1,0)}^{(2,1)} (2xy - y^4 + 6)\mathrm{d}x + (x^2 - 4xy^3)\mathrm{d}y$.

7. 利用格林公式计算.

(1)$\oint_L (2x-3y)\mathrm{d}x + (5y+4x-8)\mathrm{d}y$，其中L为顶点在(0，0)，(4，0)，(0，5)的三角形正向边界；

(2)$\int_L (2xy^3 - y^2\cos x)\mathrm{d}x + (1 - 2y\sin x + 3x^2y^2)\mathrm{d}y$，其中L为曲线$2x = \pi y^2$由点(0，0)到$(\frac{\pi}{2}, 1)$的一段弧.

§9.4 对面积的曲面积分

本章§9.1节介绍了用曲线积分来计算曲线形构件的质量，作为一个推广，这节介绍用曲面积分来计算曲面形构件的质量等问题.

§9.4.1 对面积的曲面积分的概念与性质

考虑空间曲面Σ上的一个曲面形构件，如果构件是均匀的，即面密度为常数，则

$$\text{曲面构件的质量} = \text{面密度} \times \text{曲面面积}.$$

当曲面构件的面密度变化时，它的质量就不能直接用上面的公式来计算. 设曲面Σ上任一点(x, y, z)处的面密度为$\rho(x, y, z)$，下面我们用“元素法”的思想讨论它的质量问题.

把曲面Σ任意分成n个小片：ΔS_1，ΔS_2，…，ΔS_n(如图9.19所示). 当面密度连续变化时，只要小片ΔS_i的直径很小，其密度的变化就很小，可把它的面密度近似地看作是不变的，即用ΔS_i内任一点(ξ_i, η_i, ξ_i)处的面密度$\rho(\xi_i, \eta_i, \xi_i)$作为这小片的平均面密度. 相应地，这小片的质量为

$$\Delta M_i \approx \rho(\xi_i, \eta_i, \zeta_i)\Delta S_i (i = 1,2,\cdots,n).$$

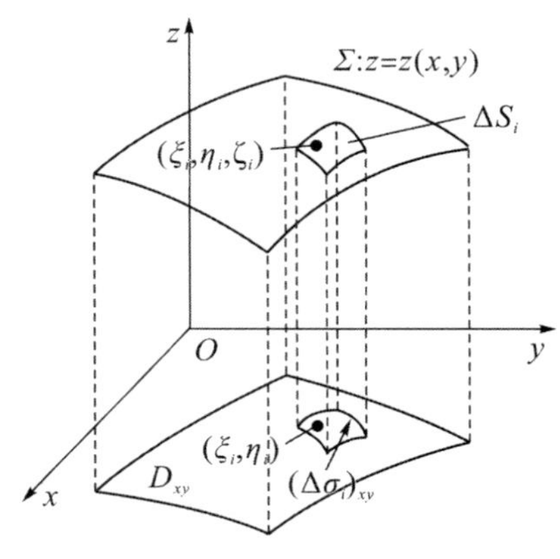

图9.19

因此，曲面构件的质量为

$$M \approx \sum_{i=1}^{n} \rho(\xi_i, \eta_i, \zeta_i)\Delta S_i.$$

当各小片曲面的直径的最大值 $\lambda \to 0$ 时，取上式右端的极限，得曲面构件的质量的精确值为

$$M = \lim_{\lambda \to 0} \sum_{i=1}^{n} \rho(\xi_i, \eta_i, \zeta_i)\Delta S_i.$$

定义 1　设 Σ 是一片光滑曲面，函数 $f(x, y, z)$ 在 Σ 上有界．把 Σ 任意分成 n 个小片：ΔS_1，ΔS_2，…，ΔS_n，在每个小片 ΔS_i 上任取一点 (ξ_i, η_i, ζ_i)，如果当各小片曲面的直径的最大值 $\lambda \to 0$ 时，极限 $\lim\limits_{\lambda \to 0}\sum\limits_{i=1}^{n} f(\xi_i, \eta_i, \zeta_i)\Delta S_i$ 总存在且相等，则称此极限为函数 $f(x, y, z)$ 在曲面 Σ 上对面积的曲面积分或第Ⅰ型曲面积分，记作 $\iint\limits_{\Sigma} f(x, y, z)\mathrm{d}S$，即

$$\iint_{\Sigma} f(x, y, z)\mathrm{d}S = \lim_{\lambda \to 0} \sum_{i=1}^{n} f(\xi_i, \eta_i, \zeta_i)\Delta S_i.$$

式中，Σ 叫作积分曲面，$f(x, y, z)$ 叫作被积函数，$\mathrm{d}S$ 叫作面积元素．

当 $f(x, y, z)$ 在光滑或分片光滑曲面 Σ 上连续时，上式右端的极限是存在的，今后总是假定 $f(x, y, z)$ 在 Σ 上连续或分片连续．根据上述定义，面密度为连续函数 $\rho(x, y, z)$ 的光滑曲面形构件的质量 M，可表示为 $\rho(x, y, z)$ 在 Σ 上对面积的曲面积分，即

$$M = \iint_{\Sigma} \rho(x, y, z)\mathrm{d}S.$$

对面积的曲面积分有下面的一些性质：

(1)（线性运算性质）设 c_1，c_2 为常数，则

$$\iint_{\Sigma}[c_1 f(x, y, z) + c_2 g(x, y, z)]\mathrm{d}S = c_1\iint_{\Sigma} f(x, y, z)\mathrm{d}S + c_2\iint_{\Sigma} g(x, y, z)\mathrm{d}S;$$

(2)（积分对区域可加性）若曲面 Σ 可分成两片光滑曲面 Σ_1 及 Σ_2，则

$$\iint_{\Sigma} f(x, y, z)\mathrm{d}S = \iint_{\Sigma_1} f(x, y, z)\mathrm{d}S + \iint_{\Sigma_2} f(x, y, z)\mathrm{d}S;$$

(3)（单调性）设在曲面 Σ 上 $f(x, y, z) \leqslant g(x, y, z)$，则

$$\iint_{\Sigma} f(x, y, z)\mathrm{d}S \leqslant \iint_{\Sigma} g(x, y, z)\mathrm{d}S;$$

(4) $\iint\limits_{\Sigma} \mathrm{d}S = S$，其中 S 为曲面 Σ 的面积．

§9.4.2　对面积的曲面积分的计算

设积分曲面 Σ 在 xOy 面上的投影区域为 D_{xy}，曲面的函数 $z = z(x, y)$ 在 D_{xy} 上具有一阶连续偏导数（如图 9.19 所示）．在 D_{xy} 上任取一点 (x, y) 和面积元素 $\mathrm{d}\sigma = \mathrm{d}x\mathrm{d}y$，对应 Σ 上曲面面积元素 $\mathrm{d}S$，从§8.5.1 节的内容我们有

$$\mathrm{d}S = \sqrt{1 + z_x^2(x, y) + z_y^2(x, y)}\,\mathrm{d}\sigma.$$

因此,连续函数 $f(x, y, z)$ 在Σ上曲面积分有

$$\iint_{\Sigma} f(x, y, z)\mathrm{d}S$$

$$=\iint_{D_{xy}} f[x, y, z(x, y)]\sqrt{1+z_x^2(x, y)+z_y^2(x, y)}\,\mathrm{d}x\mathrm{d}y.$$

上式右端的二重积分的积分区域是曲面Σ在 xOy 面上的投影区域 D_{xy};由于点(x, y, z)限制在曲面Σ上，积分变量 z 用曲面的函数$z(x, y)$代替;再把曲面面积元素 $\mathrm{d}S$ 换为曲面的投影因子乘以坐标面的面积元素 $\mathrm{d}\sigma$ 或 $\mathrm{d}x\mathrm{d}y$. 这种方法称为“一投二代三换”，把曲面积分化为二重积分来进行计算.

如果积分曲面Σ在 zOx 面上的投影区域为 D_{zx}，曲面的函数 $y=y(z, x)$在 D_{zx} 上具有一阶连续偏导数，则连续函数 $f(x, y, z)$在Σ上对面积的曲面积分化为

$$\iint_{\Sigma} f(x, y, z)\mathrm{d}S=\iint_{D_{zx}} f[x, y(z, x), z]\sqrt{1+y_z^2(z, x)+y_x^2(z, x)}\,\mathrm{d}z\mathrm{d}x.$$

如果积分曲面Σ在 yOz 面上的投影区域为 D_{yz},曲面的函数 $x=x(y,z)$在 D_{yz} 上具有一阶连续偏导数，则连续函数$f(x, y, z)$在Σ上对面积的曲面积分化为

$$\iint_{\Sigma} f(x, y, z)\mathrm{d}S=\iint_{D_{yz}} f[x(y, z), y, z]\sqrt{1+x_y^2(y, z)+x_z^2(y, z)}\,\mathrm{d}y\mathrm{d}z.$$

例 1 计算曲面积分$\iint_{\Sigma}\frac{1}{z}\mathrm{d}S$，其中$\Sigma$是球面 $x^2+y^2+z^2=a^2$被平面 $z=h\,(0<h<a)$截出的顶部.

解 如图 9.20 所示，Σ 的方程为 $x^2+y^2+z^2=a^2$ 或对应的函数为 $z=\sqrt{a^2-x^2-y^2}$，其中 D_{xy}：$x^2+y^2\leqslant a^2-h^2$.

因为
$$z_x=-\frac{x}{z}=\frac{-x}{\sqrt{a^2-x^2-y^2}},\quad z_y=-\frac{y}{z}=\frac{-y}{\sqrt{a^2-x^2-y^2}},$$

$$\mathrm{d}S=\sqrt{1+z_x^2+z_y^2}\,\mathrm{d}x\mathrm{d}y=\frac{a}{z}\mathrm{d}x\mathrm{d}y=\frac{a}{\sqrt{a^2-x^2-y^2}}\mathrm{d}x\mathrm{d}y,$$

所以
$$\iint_{\Sigma}\frac{1}{z}\mathrm{d}S=\iint_{D_{xy}}\frac{a}{z^2}\mathrm{d}x\mathrm{d}y=\iint_{D_{xy}}\frac{a}{a^2-x^2-y^2}\mathrm{d}x\mathrm{d}y$$

$$=a\int_0^{2\pi}\mathrm{d}\theta\int_0^{\sqrt{a^2-h^2}}\frac{1}{a^2-r^2}\cdot r\mathrm{d}r$$

$$=2\pi a\left[-\frac{1}{2}\ln(a^2-r^2)\right]_0^{\sqrt{a^2-h^2}}=2\pi a\ln\frac{a}{h}.$$

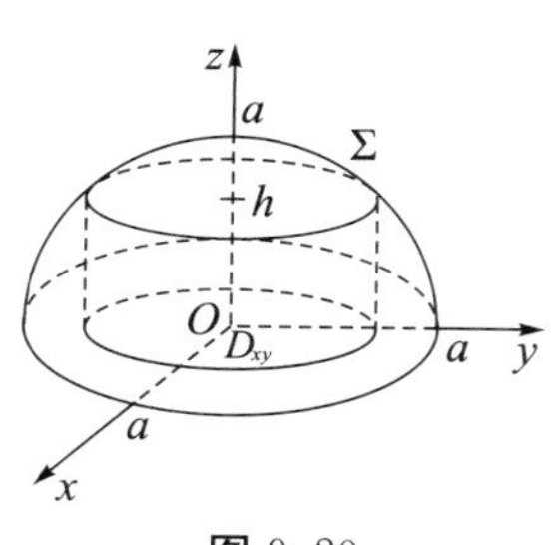

图 9.20

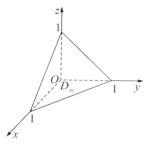

图 9.21

例 2　计算$\oiint\limits_{\Sigma} xyz\mathrm{d}S$，其中$\Sigma$是由平面 $x=0$，$y=0$，$z=0$ 及 $x+y+z=1$ 所围成的四面体的整个边界曲面(如图 9.21 所示).

解　四面体的边界曲面Σ在平面 $x=0$，$y=0$，$z=0$ 及 $x+y+z=1$ 上的部分依次记为Σ_1，Σ_2，Σ_3及Σ_4，于是

$$\begin{aligned}\oiint\limits_{\Sigma} xyz\mathrm{d}S &= \iint\limits_{\Sigma_1} xyz\mathrm{d}S + \iint\limits_{\Sigma_2} xyz\mathrm{d}S + \iint\limits_{\Sigma_3} xyz\mathrm{d}S + \iint\limits_{\Sigma_4} xyz\mathrm{d}S \\ &= 0+0+0+\iint\limits_{D_{xy}} \sqrt{3}xy(1-x-y)\mathrm{d}x\mathrm{d}y \\ &= \sqrt{3}\int_0^1 x\mathrm{d}x\int_0^{1-x} y(1-x-y)\mathrm{d}y = \frac{\sqrt{3}}{120}.\end{aligned}$$

习题 9—4

1. 设有一材质非均匀的曲面Σ，在点(x, y, z)处它的面密度为$\mu(x, y, z)$，用对面积的曲面积分表示这曲面对于 x 轴的转动惯量.

2. 按对面积的曲面积分的定义证明：

$$\iint\limits_{\Sigma} f(x, y, z)\mathrm{d}S = \iint\limits_{\Sigma_1} f(x, y, z)\mathrm{d}S + \iint\limits_{\Sigma_2} f(x, y, z)\mathrm{d}S,$$

其中Σ是由Σ_1 和Σ_2 组成的.

3. 当Σ是 xOy 面内的一个闭区域时，曲面积分$\iint\limits_{\Sigma} f(x, y, z)\mathrm{d}S$ 与二重积分有什么关系？

4. 计算曲面积分$\iint\limits_{\Sigma} f(x, y, z)\mathrm{d}S$，其中$\Sigma$为抛物面 $z=2-(x^2+y^2)$在 xOy 面上方的部分，$f(x, y, z)$分别如下：

(1)$f(x, y, z)=1$；

(2)$f(x, y, z)=x^2+y^2$；

(3)$f(x, y, z)=3z$.

5. 计算$\iint\limits_{\Sigma}(x^2+y^2)\mathrm{d}S$，其中$\Sigma$是：

(1)锥面 $z=\sqrt{x^2+y^2}$ 及平面 $z=1$ 所围成的区域的整个边界曲面；

(2)锥面 $x^2=3(x^2+y^2)$ 被平面 $z=0$ 和 $z=3$ 所截得的部分.

6. 计算下列对面积的曲面积分.

(1) $\iint\limits_{\Sigma}\left(z+2x+\frac{4}{3}y\right)\mathrm{d}S$，其中$\Sigma$为平面$\frac{x}{2}+\frac{y}{3}+\frac{z}{4}=1$ 在第一卦限中的部分；

(2) $\iint\limits_{\Sigma}(2xy-2x^2-x+z)\mathrm{d}S$，其中$\Sigma$为平面 $2x+2y+z=6$ 在第一卦限中的部分；

(3) $\iint\limits_{\Sigma}(x+y+z)\mathrm{d}S$，其中$\Sigma$为球面 $x^2+y^2+z^2=a^2$ 上 $z\geqslant h(0<h<a)$的部分；

(4) $\iint\limits_{\Sigma}(xy+yz+zx)\mathrm{d}S$，其中$\Sigma$为锥面 $z=\sqrt{x^2+y^2}$ 被柱面 $x^2+y^2=2ax$ 所截得的有限部分.

7. 求抛物面壳 $z=\frac{1}{2}(x^2+y^2)(0\leqslant z\leqslant 1)$的质量，此壳的面密度为 $\mu=z$.

8. 求面密度为 μ_0 的均匀半球壳 $x^2+y^2+z^2=a^2(z\geqslant 0)$对于 z 轴的转动惯量.

§9.5 对坐标的曲面积分

§9.5.1 对坐标的曲面积分的概念与性质

液体流量问题：设均匀流体流过平面上一片面积为 A 的闭区域 A，流体在这闭区域上各点处的流速是与平面的法向量 $\boldsymbol{n}$ 的夹角为θ 的常向量 $\boldsymbol{v}$（如图 9.22 所示），则在单位时间内流过这闭区域 A 的流体的流量通常认为是一个有向数. 若流进取正，则流出取负，其流量的大小恰是一个底面积为 A、斜高为 $|\boldsymbol{v}|$ 的斜柱体的体积，即

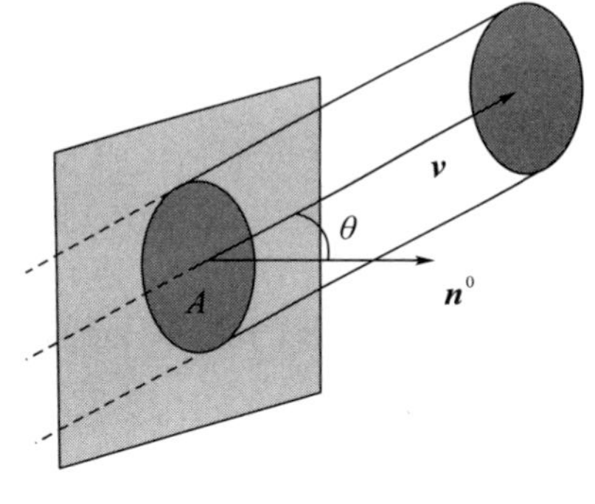

图 9.22

$$\text{单位时间内流体的流量} = A\ |\boldsymbol{v}|\ \cos\theta.$$

为了方便，常用两个向量的点积来表示上式右端的乘积，即

$$\Phi=\mathbf{A}\cdot\boldsymbol{v},$$

式中，$\mathbf{A}$ 叫作有向平面向量. 一般地，平面的法向量有两个方向，如何确定向量 $\mathbf{A}$ 及流量的符号呢？下面引入有向平面的概念.

有向平面：如图 9.23 所示，空间中一片平面闭区域 A，面积为 A，在三个坐标面的投影面的面积分别为 δ_{xy}，δ_{yz}，δ_{zx}. 给定其法向量 $\boldsymbol{n}^0=(\cos\alpha,\ \cos\beta,\ \cos\gamma)$，我们考虑从这法向量正向看到的平面 $\mathbf{A}$ 那一面(侧)，引入有向平面 $\mathbf{A}$ 的概念. 把 $\mathbf{A}$ 向三个坐标面作投影，分别得到投影 A_{yz}，A_{zx} 和 A_{xy}. 约定有向平面 $\mathbf{A}$ 在 xOy 面的投影为

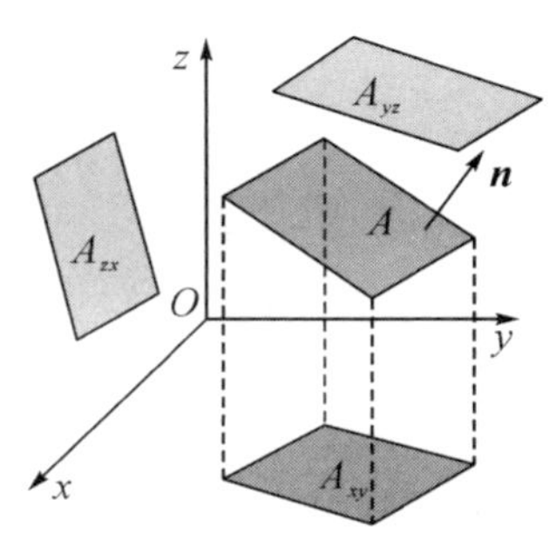

图 9.23

$$A_{xy} = A\cos\gamma = \begin{cases} \delta_{xy}, & \gamma \in \left[0, \dfrac{\pi}{2}\right), \\ 0, & \gamma = \dfrac{\pi}{2}, \\ -\delta_{xy}, & \gamma \in \left(\dfrac{\pi}{2}, \pi\right]. \end{cases}$$

类似地，约定 $A_{yz} = A\cos\alpha$，$A_{zx} = A\cos\beta$，把有序数组 (A_{yz}, A_{zx}, A_{xy}) 记为向量 $\mathbf{A}$，则

$$\mathbf{A} = (A_{yz}, A_{zx}, A_{xy}) = (A\cos\alpha, A\cos\beta, A\cos\gamma) = A\boldsymbol{n}^0 = |\mathbf{A}|\boldsymbol{n}^0,$$

按这样的约定，有向平面向量 $\mathbf{A}$ 的大小就是该平面的面积，方向是给定的单位法向量. 并且，投影之间有下面的关系：

$$A_{yz} = \frac{\cos\alpha}{\cos\gamma}A_{xy}, \quad A_{zx} = \frac{\cos\beta}{\cos\gamma}A_{xy}.$$

有向曲面：通常我们遇到的平面或曲面都是双侧的. 如图 9.24 所示，从 z 轴的正向来看，二元函数 $z = z(x, y)$ 表示的曲面 Σ 有上侧和下侧之分. 例如，上侧曲面 $\boldsymbol{\Sigma}$ 上任一点 (x, y, z) 处约定的单位法向量 $\boldsymbol{n}^0(\cos\alpha, \cos\beta, \cos\gamma)$ 方向向上，即 $\cos\gamma > 0$. 显然，在下侧曲面 $(-\boldsymbol{\Sigma})$ 有 $\cos\gamma < 0$. 另外，闭曲面还有内侧与外侧之分.

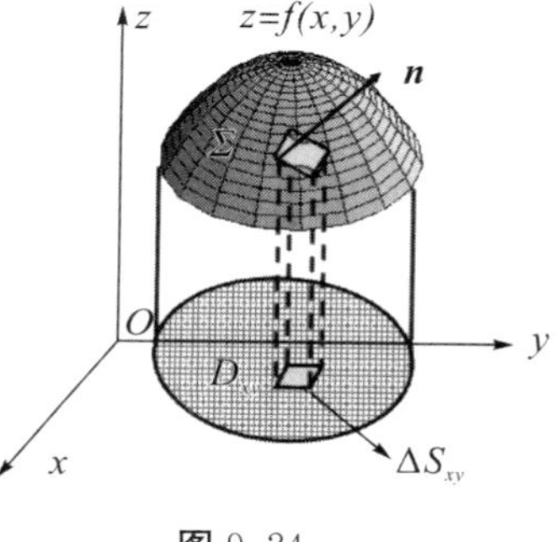

图 9.24

设 $z = z(x, y)$ 在 D_{xy} 上具有一阶连续的偏导数. 任取曲面 Σ 上一点 (x_0, y_0, z_0)，则曲面在这点的切平面方程为

$$\left.\frac{\partial z}{\partial x}\right|_{(x_0, y_0)}(x - x_0) + \left.\frac{\partial z}{\partial y}\right|_{(x_0, y_0)}(y - y_0) = z - z_0,$$

因此，我们常常取曲面在点 (x_0, y_0, z_0) 处上侧的法向量

$$\boldsymbol{n} = (-z_x(x_0, y_0), -z_y(x_0, y_0), +1),$$

相应地，取曲面下侧的法向量

$$\boldsymbol{n} = (z_x(x_0, y_0), z_y(x_0, y_0), -1).$$

显然，这样取的法向量的第三个坐标的符号与曲面上侧或下侧方向是一致的，并且有

$$|\boldsymbol{n}| = \sqrt{1 + z_x^2(x_0, y_0) + z_y^2(x_0, y_0)},$$

恰是包含点 (x_0, y_0, z_0) 的曲面元素向 xOy 面作投影的投影因子. 过点 (x, y, z) 任取一小片有向曲面元素 $\mathrm{d}\mathbf{S}$，当它的直径很小时，可看作一小片有向平面 $\mathrm{d}\mathbf{A}$，即 $\mathrm{d}\mathbf{S} = \mathrm{d}\mathbf{A} = \boldsymbol{n}^0\mathrm{d}S$. 所以，有向曲面元素表示为

$$\mathrm{d}\mathbf{S} = \boldsymbol{n}^0\mathrm{d}S = (\cos\alpha, \cos\beta, \cos\gamma)\mathrm{d}S.$$

流向曲面一侧的流量：设稳定流动的不可压缩流体的速度场

$$\boldsymbol{v}(x, y, z) = (P(x, y, z), Q(x, y, z), R(x, y, z)).$$

式中，$\boldsymbol{\Sigma}$ 是速度场中的一片光滑的有向曲面，函数 $P(x, y, z)$，$Q(x, y, z)$，$R(x, y, z)$ 都在 $\boldsymbol{\Sigma}$ 上连续，求单位时间内流向 $\boldsymbol{\Sigma}$ 指定侧的流体的质量，即流量 Φ.

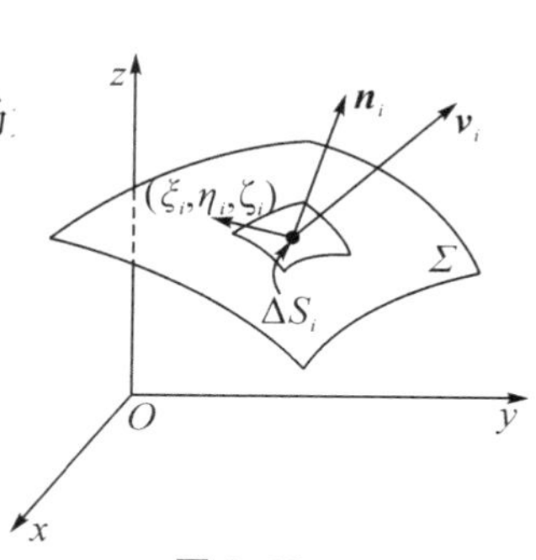

图 9.25

如图 9.25 所示，把有向曲面 $\boldsymbol{\Sigma}$ 分割成 n 片小有向曲面 $\Delta\mathbf{S}_i (i = 1, \cdots, n)$. 当每个 $\Delta\mathbf{S}_i$ 的直径很小时，用 $\Delta\mathbf{S}_i$ 上任一点

(ξ_i, η_i, ζ_i)处的流速

$$\boldsymbol{v}(\xi_i, \eta_i, \zeta_i) = (P(\xi_i, \eta_i, \zeta_i), Q(\xi_i, \eta_i, \zeta_i), R(\xi_i, \eta_i, \zeta_i))$$

作为$\Delta\boldsymbol{S}_i$上平均的流速;同时,以曲面在该点处的法向量

$$\boldsymbol{n}_i^0 = (\cos\alpha_i, \cos\beta_i, \cos\gamma_i)$$

作为$\Delta\boldsymbol{S}_i$上其他各点处的单位法向量,即

$$\Delta\boldsymbol{S}_i \approx \boldsymbol{n}_i^0 \Delta S_i = ((\Delta S_i)_{yz}, (\Delta S_i)_{zx}, (\Delta S_i)_{xy})$$

式中,ΔS_i表示$\Delta\boldsymbol{S}_i$的面积. 则通过$\Delta\boldsymbol{S}_i$流向指定侧的流量

$$\begin{aligned}\Delta\Phi &\approx \boldsymbol{v} \cdot \Delta\boldsymbol{S}_i \\ &= P(\xi_i, \eta_i, \zeta_i)(\Delta S_i)_{yz} + Q(\xi_i, \eta_i, \zeta_i)(\Delta S_i)_{zx} + R(\xi_i, \eta_i, \zeta_i)(\Delta S_i)_{xy}.\end{aligned}$$

于是,通过Σ流向指定侧的流量

$$\Phi \approx \sum_{i=1}^{n}[P(\xi_i, \eta_i, \zeta_i)(\Delta S_i)_{yz} + Q(\xi_i, \eta_i, \zeta_i)(\Delta S_i)_{zx} + R(\xi_i, \eta_i, \zeta_i)(\Delta S_i)_{xy}].$$

记λ为分割的各小片曲面的直径的最大值. 当分割越来越密时,当$\lambda \to 0$时取上述和的极限,就得到流量Φ的精确值

$$\Phi = \lim_{\lambda \to 0}\sum_{i=1}^{n}[P(\xi_i, \eta_i, \zeta_i)(\Delta S_i)_{yz} + Q(\xi_i, \eta_i, \zeta_i)(\Delta S_i)_{zx} + R(\xi_i, \eta_i, \zeta_i)(\Delta S_i)_{xy}].$$

一般地,我们引入对坐标的曲面积分的概念.

定义 设$\boldsymbol{\Sigma}$为光滑的有向曲面,函数$P(x, y, z)$,$Q(x, y, z)$和$R(x, y, z)$在Σ上有界. 把$\boldsymbol{\Sigma}$任意分成n片小曲面$\Delta\boldsymbol{S}_i(i=1, \cdots, n)$,$\Delta\boldsymbol{S}_i$在坐标面上的投影分别为$(\Delta\boldsymbol{S}_i)_{yz}$,$(\Delta\boldsymbol{S}_i)_{zx}$和$(\Delta\boldsymbol{S}_i)_{xy}$. 任意取$\Delta\boldsymbol{S}_i$上一点$(\xi_i, \eta_i, \zeta_i)$. 如果当各小片曲面的直径的最大值$\lambda \to 0$时,

$$\lim_{\lambda \to 0}\sum_{i=1}^{n}R(\xi_i, \eta_i, \zeta_i)(\Delta S_i)_{xy}$$

极限总存在且相等,则称此极限为函数$R(x, y, z)$在有向曲面$\boldsymbol{\Sigma}$上对坐标x,y的曲面积分,记作$\iint\limits_{\boldsymbol{\Sigma}}R(x, y, z)\mathrm{d}x\mathrm{d}y$,即

$$\iint\limits_{\boldsymbol{\Sigma}}R(x, y, z)\mathrm{d}x\mathrm{d}y = \lim_{\lambda \to 0}\sum_{i=1}^{n}R(\xi_i, \eta_i, \zeta_i)(\Delta S_i)_{xy}.$$

类似地有

$$\iint\limits_{\boldsymbol{\Sigma}}P(x, y, z)\mathrm{d}y\mathrm{d}z = \lim_{\lambda \to 0}\sum_{i=1}^{n}P(\xi_i, \eta_i, \zeta_i)(\Delta S_i)_{yz}.$$

$$\iint\limits_{\boldsymbol{\Sigma}}Q(x, y, z)\mathrm{d}z\mathrm{d}x = \lim_{\lambda \to 0}\sum_{i=1}^{n}Q(\xi_i, \eta_i, \zeta_i)(\Delta S_i)_{zx}.$$

式中,$P(x, y, z)$,$Q(x, y, z)$和$R(x, y, z)$叫作被积函数,$\boldsymbol{\Sigma}$叫作积分曲面.

上面三个式子也称为第Ⅱ型曲面积分. 当P,Q,R在光滑曲面$\boldsymbol{\Sigma}$上连续或分片连续时,它们的积分是存在的. 在应用上出现较多的是组合形式

$$\iint_{\Sigma} P(x, y, z)\mathrm{d}y\mathrm{d}z + Q(x, y, z)\mathrm{d}z\mathrm{d}x + R(x, y, z)\mathrm{d}x\mathrm{d}y.$$

对坐标的曲面积分具有与对坐标的曲线积分类似的一些性质. 例如：

(1)如果 $\boldsymbol{\Sigma}$ 由 $\boldsymbol{\Sigma}_1$ 和 $\boldsymbol{\Sigma}_2$ 组成，则

$$\begin{aligned}&\iint_{\Sigma} P\mathrm{d}y\mathrm{d}z + Q\mathrm{d}z\mathrm{d}x + R\mathrm{d}x\mathrm{d}y \\ =&\iint_{\Sigma_1} P\mathrm{d}y\mathrm{d}z + Q\mathrm{d}z\mathrm{d}x + R\mathrm{d}x\mathrm{d}y + \iint_{\Sigma_2} P\mathrm{d}y\mathrm{d}z + Q\mathrm{d}z\mathrm{d}x + R\mathrm{d}x\mathrm{d}y.\end{aligned}$$

(2)设 $\boldsymbol{\Sigma}$ 是有向曲面，$-\boldsymbol{\Sigma}$ 表示与 $\boldsymbol{\Sigma}$ 取相反侧的有向曲面，则

$$\iint_{-\Sigma} P\mathrm{d}y\mathrm{d}z + Q\mathrm{d}z\mathrm{d}x + R\mathrm{d}x\mathrm{d}y = -\iint_{\Sigma} P\mathrm{d}y\mathrm{d}z + Q\mathrm{d}z\mathrm{d}x + R\mathrm{d}x\mathrm{d}y.$$

§9.5.2　对坐标的曲面积分的计算

考虑铅直水管中由函数 $z = z(x, y)$ 给出的上侧或下侧曲面 $\boldsymbol{\Sigma}$, $\boldsymbol{\Sigma}$ 在 xOy 面上的投影为 D_{xy}，函数 $z = z(x, y)$ 在 D_{xy} 上具有一阶连续偏导数. 如图 9.26 所示，设均匀流体在水管中流动的速度为

$$\boldsymbol{v} = (0, 0, R(x, y, z)),$$

式中,$R(x, y, z)$在 $\boldsymbol{\Sigma}$ 上连续. 单位时间内流向 $\boldsymbol{\Sigma}$ 上侧或下侧的流量用曲面积分表示为

$$\Phi = \iint_{\Sigma} R(x, y, z)\mathrm{d}x\mathrm{d}y.$$

这流量刚好是同一流体通过投影面 D_{xy} 的流量,因此有

$$\iint_{\Sigma} R(x, y, z)\mathrm{d}x\mathrm{d}y = \pm\iint_{\mathrm{D}_{xy}} R[x, y, z(x, y)]\mathrm{d}x\mathrm{d}y,$$

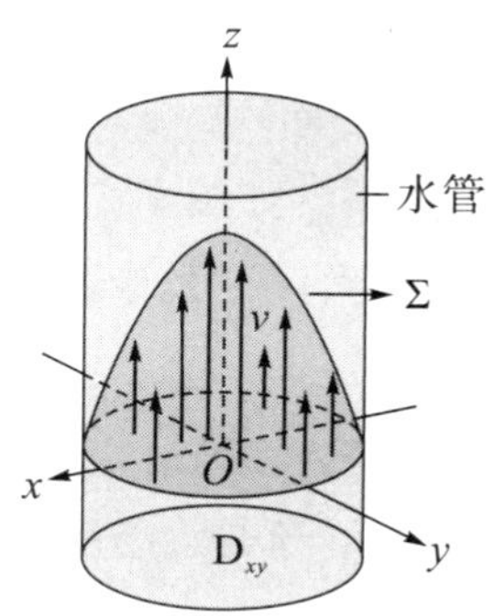

图 9.26

式中，二重积分的积分区域是 $\boldsymbol{\Sigma}$ 在 xOy 面上的投影为 D_{xy};同时，由于点(x, y, z)在 $\boldsymbol{\Sigma}$ 上，积分变量 z 用 $z(x, y)$来计算. 按照我们的约定，当 $\boldsymbol{\Sigma}$ 取上侧时其投影就是 D_{xy}，因此积分不变号，即取“+”；当 $\boldsymbol{\Sigma}$ 取下侧时其投影就是 $-\mathrm{D}_{xy}$，因此积分必须要变号，即取“−”. 这种方法叫“一投二代三定号”，把对坐标的曲面积分化为二重积分. 类似地，有

$$\iint_{\Sigma} P(x, y, z)\mathrm{d}y\mathrm{d}z = \pm\iint_{\mathrm{D}_{yz}} P[x(y, z), y, z]\mathrm{d}y\mathrm{d}z,$$

$$\iint_{\Sigma} Q(x, y, z)\mathrm{d}z\mathrm{d}x = \pm\iint_{\mathrm{D}_{xz}} Q[x, y(x, z), z]\mathrm{d}z\mathrm{d}x.$$

式中,积分前符号是由 $\boldsymbol{\Sigma}$ 在相应坐标面上投影的符号决定的.

例 1　计算曲面积分$\iint\limits_{\boldsymbol{\Sigma}} x^2\mathrm{d}y\mathrm{d}z+y^2\mathrm{d}z\mathrm{d}x+z^2\mathrm{d}x\mathrm{d}y$，其中$\boldsymbol{\Sigma}$是长方体$\Omega$:$[0,a;0,b;0,c]$的整个表面的外侧.

解　长方体Ω有 6 个面,外侧分别是：

上面$\boldsymbol{\Sigma}_1$：$z=c$ $(0\leqslant x\leqslant a,\ 0\leqslant y\leqslant b)$,取上侧.

下面$\boldsymbol{\Sigma}_2$：$z=0$ $(0\leqslant x\leqslant a,\ 0\leqslant y\leqslant b)$,取下侧.

前面$\boldsymbol{\Sigma}_3$：$x=a$ $(0\leqslant y\leqslant b,\ 0\leqslant z\leqslant c)$,取前侧.

后面$\boldsymbol{\Sigma}_4$：$x=0$ $(0\leqslant y\leqslant b,\ 0\leqslant z\leqslant c)$,取后侧.

左面$\boldsymbol{\Sigma}_5$：$y=0$ $(0\leqslant x\leqslant a,\ 0\leqslant z\leqslant c)$,取左侧.

右面$\boldsymbol{\Sigma}_6$：$y=b$ $(0\leqslant x\leqslant a,\ 0\leqslant z\leqslant c)$,取右侧.

除$\boldsymbol{\Sigma}_3$，$\boldsymbol{\Sigma}_4$外，其余四片曲面在yOz面上的投影为零，因此

$$\iint\limits_{\boldsymbol{\Sigma}} x^2\mathrm{d}y\mathrm{d}z=\iint\limits_{\boldsymbol{\Sigma}_3} x^2\mathrm{d}y\mathrm{d}z+\iint\limits_{\boldsymbol{\Sigma}_4} x^2\mathrm{d}y\mathrm{d}z=\iint\limits_{D_{yz}} a^2\mathrm{d}y\mathrm{d}z-\iint\limits_{D_{yz}} 0\mathrm{d}y\mathrm{d}z=a^2bc.$$

类似地可得

$$\iint\limits_{\boldsymbol{\Sigma}} y^2\mathrm{d}z\mathrm{d}x=b^2ac,\quad \iint\limits_{\boldsymbol{\Sigma}} z^2\mathrm{d}x\mathrm{d}y=c^2ab.$$

于是所求曲面积分为

$$\iint\limits_{\boldsymbol{\Sigma}} x^2\mathrm{d}y\mathrm{d}z+y^2\mathrm{d}z\mathrm{d}x+z^2\mathrm{d}x\mathrm{d}y=(a+b+c)abc.$$

例 2　计算曲面积分$\iint\limits_{\boldsymbol{\Sigma}} xyz\mathrm{d}x\mathrm{d}y$，其中$\boldsymbol{\Sigma}$是球面$x^2+y^2+z^2=1$外侧在$x\geqslant 0$，$y\geqslant 0$的部分.

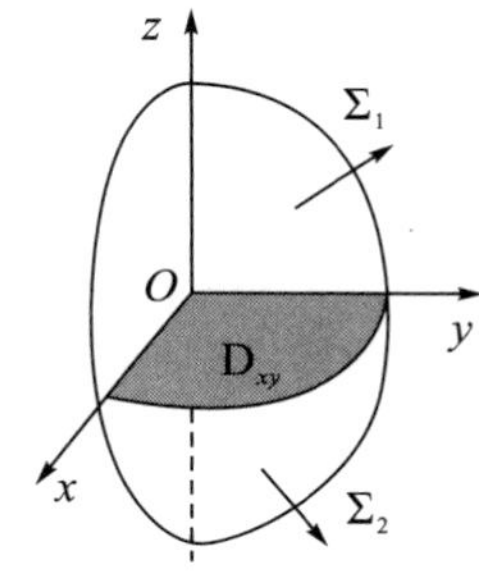

图 9.27

解　如图 9.27 所示,把有向曲面$\boldsymbol{\Sigma}$分成以下两部分：

$\boldsymbol{\Sigma}_1$：$z=\sqrt{1-x^2-y^2}$ $(x\geqslant 0,\ y\geqslant 0)$,取上侧,

$\boldsymbol{\Sigma}_2$：$z=-\sqrt{1-x^2-y^2}$ $(x\geqslant 0,\ y\geqslant 0)$,取下侧.

$\boldsymbol{\Sigma}_1$和$\boldsymbol{\Sigma}_2$在xOy面上的投影区域都是D_{xy}：$x^2+y^2\leqslant 1(x\geqslant 0,\ y\geqslant 0)$. 于是

$$\begin{aligned}\iint\limits_{\boldsymbol{\Sigma}} xyz\mathrm{d}x\mathrm{d}y&=\iint\limits_{\boldsymbol{\Sigma}_1} xyz\mathrm{d}x\mathrm{d}y+\iint\limits_{\boldsymbol{\Sigma}_2} xyz\mathrm{d}x\mathrm{d}y\\&=\iint\limits_{D_{xy}} xy\sqrt{1-x^2-y^2}\,\mathrm{d}x\mathrm{d}y-\iint\limits_{D_{xy}} xy(-\sqrt{1-x^2-y^2})\mathrm{d}x\mathrm{d}y\\&=2\iint\limits_{D_{xy}} xy\sqrt{1-x^2-y^2}\,\mathrm{d}x\mathrm{d}y\\&=2\int_0^{\frac{\pi}{2}}\mathrm{d}\theta\int_0^1 r^2\sin\theta\cos\theta\sqrt{1-r^2}\,r\mathrm{d}r=\frac{2}{15}.\end{aligned}$$

§9.5.3　两类曲面积分之间的联系

设有向曲面 $\boldsymbol{\Sigma}$ 由函数 $z=z(x, y)$ 给出，$\boldsymbol{n}^0=(\cos\alpha, \cos\beta, \cos\gamma)$ 为指定的那一侧的法向量，$\boldsymbol{\Sigma}$ 在 xOy 面上的投影区域为 D_{xy}，函数 $z=z(x, y)$ 在 D_{xy} 上具有一阶连续偏导数，$P(x,y,z)$,$Q(x,y,z)$,$R(x,y,z)$ 在 $\boldsymbol{\Sigma}$ 上连续. 下面讨论将组合形式的对坐标的曲面积分

$$\Phi=\iint_{\boldsymbol{\Sigma}} P(x, y, z)\mathrm{d}y\mathrm{d}z+Q(x, y, z)\mathrm{d}z\mathrm{d}x+R(x, y, z)\mathrm{d}x\mathrm{d}y$$

直接化为二重积分计算的方法.

根据对坐标的曲面积分的定义，上式右端的被积表达式表示成向量的形式为

$$(P, Q, R)\cdot\mathrm{d}\boldsymbol{S}=P(x, y, z)\mathrm{d}y\mathrm{d}z+Q(x, y, z)\mathrm{d}z\mathrm{d}x+R(x, y, z)\mathrm{d}x\mathrm{d}y,$$

式中,有向曲面元素 $\mathrm{d}\boldsymbol{S}=(\mathrm{d}y\mathrm{d}z,\mathrm{d}z\mathrm{d}x,\mathrm{d}x\mathrm{d}y)$. 因此，组合形式对坐标的曲面积分可表示为

$$\Phi=\iint_{\boldsymbol{\Sigma}}(P, Q, R)\cdot\mathrm{d}\boldsymbol{S}=\iint_{\boldsymbol{\Sigma}}(P, Q, R)\cdot\boldsymbol{n}^0\mathrm{d}S=\iint_{\boldsymbol{\Sigma}}\left[(P, Q, R)\cdot\frac{\boldsymbol{n}}{|\boldsymbol{n}|}\right]\mathrm{d}S.$$

上式右端是对面积的曲面积分. 为了方便,我们按曲面Σ的切平面方程(全微分)来取其上侧法向量$(-z_x, -z_y, 1)$，按对面积的曲面积分计算法，得

$$\begin{aligned}\Phi&=\pm\iint_{D_{xy}}\left[(P, Q, R)\cdot\frac{(-z_x, -z_y, 1)}{\sqrt{1+z_x^2+z_y^2}}\right]\sqrt{1+z_x^2+z_y^2}\,\mathrm{d}x\mathrm{d}y\\&=\pm\iint_{D_{xy}}(-Pz_x-Qz_y+R)\mathrm{d}x\mathrm{d}y,\end{aligned}$$

上式中，如果实际的有向曲面 $\boldsymbol{\Sigma}$ 指定为下侧，与我们取的上侧方向相反，则二重积分前取“$-$”. 这种方法叫作“向量法”，把组合形式的第Ⅱ型即对坐标的曲面积分直接化为二重积分，其优点是这样取的法向量的模与曲面的投影因子刚好抵消，简化了计算.

例 3　计算曲面积分$\iint\limits_{\boldsymbol{\Sigma}}(z^2+x)\mathrm{d}y\mathrm{d}z-z\mathrm{d}x\mathrm{d}y$,其中 $\boldsymbol{\Sigma}$ 是曲面 $z=\frac{1}{2}(x^2+y^2)$介于平面 $z=0$ 及 $z=2$ 之间的部分的下侧，如图 9.28 所示.

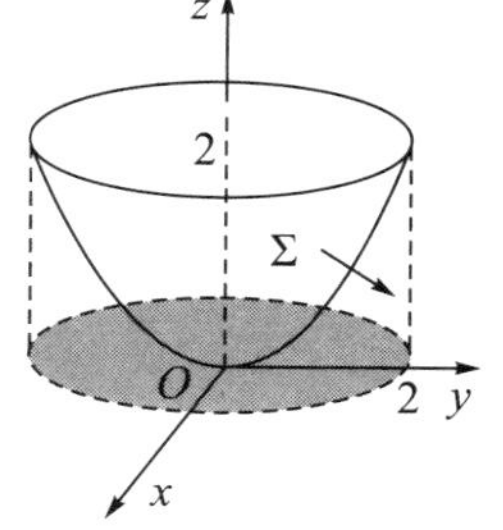

图 9.28

解　因为 $P=z^2+x$,$Q=0$,$R=-z$，且 $z_x=x$，$z_y=y$，所以

$$\begin{aligned}&\iint_{\boldsymbol{\Sigma}}(z^2+x)\mathrm{d}y\mathrm{d}z-z\mathrm{d}x\mathrm{d}y\\&=-\iint_{D_{xy}}[-(z^2+x)x-z]\mathrm{d}x\mathrm{d}y\end{aligned}$$

$$= \iint\limits_{x^2+y^2\leqslant 4} \left[\frac{1}{4}x(x^2+y^2)^2 + x^2 + \frac{1}{2}(x^2+y^2)\right]\mathrm{d}x\mathrm{d}y,$$

由对称性，有

$$\iint\limits_{x^2+y^2\leqslant 4} x(x^2+y^2)^2\mathrm{d}x\mathrm{d}y = 0,\quad \iint\limits_{x^2+y^2\leqslant 4} x^2\mathrm{d}x\mathrm{d}y = \iint\limits_{x^2+y^2\leqslant 4} y^2\mathrm{d}x\mathrm{d}y,$$

因此

$$\iint\limits_{\boldsymbol{\Sigma}}(z^2+x)\mathrm{d}y\mathrm{d}z - z\mathrm{d}x\mathrm{d}y = \iint\limits_{x^2+y^2\leqslant 4}(x^2+y^2)\mathrm{d}x\mathrm{d}y$$

$$= \int_0^{2\pi}\mathrm{d}\theta\int_0^2 r^2\cdot r\mathrm{d}r = 8\pi.$$

习题 9—5

1. 当Σ为 xOy 内的一个闭区域时，曲面积分 $\iint\limits_{\Sigma} R(x,y,z)\mathrm{d}x\mathrm{d}y$ 与二重积分有什么关系？

2. 计算下面曲面积分.

(1) $\iint\limits_{\boldsymbol{\Sigma}} x^2y^2z\mathrm{d}x\mathrm{d}y$，其中 $\boldsymbol{\Sigma}$ 是球面 $x^2+y^2+z^2=R^2$ 的下半部分的下侧；

(2) $\iint\limits_{\boldsymbol{\Sigma}} z\mathrm{d}x\mathrm{d}y + x\mathrm{d}y\mathrm{d}z + y\mathrm{d}z\mathrm{d}x$，其中 $\boldsymbol{\Sigma}$ 是柱面 $x^2+y^2=1$ 被平面 $z=0$ 及 $z=3$ 所截得的在第一卦限内的部分的前侧；

(3) $\iint\limits_{\boldsymbol{\Sigma}} [f(x,y,z)+x]\mathrm{d}y\mathrm{d}z + [2f(x,y,z)+y]\mathrm{d}z\mathrm{d}x + [f(x,y,z)+z]\mathrm{d}x\mathrm{d}y$，其中 $f(x,y,z)$为连续函数，$\boldsymbol{\Sigma}$ 是平面 $x-y+z=1$ 在第四卦限部分的上侧；

(4) $\oiint\limits_{\boldsymbol{\Sigma}} xz\mathrm{d}x\mathrm{d}y + xy\mathrm{d}y\mathrm{d}z + yz\mathrm{d}z\mathrm{d}x$，其中 $\boldsymbol{\Sigma}$ 是平面 $x=0$，$y=0$，$z=0$，$x+y+z=1$ 所围成的空间区域的整个边界曲面的外侧.

3. 把对坐标的曲面积分 $\iint\limits_{\boldsymbol{\Sigma}} P(x,y,z)\mathrm{d}y\mathrm{d}z + Q(x,y,z)\mathrm{d}z\mathrm{d}x + R(x,y,z)\mathrm{d}x\mathrm{d}y$ 化为对面积的曲面积分：

(1) $\boldsymbol{\Sigma}$ 为平面 $3x+2y+2\sqrt{3}z=6$ 在第一卦限部分的上侧；

(2) $\boldsymbol{\Sigma}$ 为球面 $x^2+y^2+z^2=a^2$ 的内侧.

4. 求 $\iint\limits_{\boldsymbol{\Sigma}} [f(x,y,z)+x]\mathrm{d}y\mathrm{d}z + [2f(x,y,z)+y]\mathrm{d}z\mathrm{d}x + [f(x,y,z)+z]\mathrm{d}x\mathrm{d}y$，其中 $f(x,y,z)$为连续函数，$\boldsymbol{\Sigma}$ 为平面 $x-y+z=1$ 在第四卦限部分的上侧.

§9.6　高斯公式　通量与散度

格林公式揭示了平面闭区域上的二重积分与其边界闭曲线上的曲线积分之间的关系，高斯公式则揭示了空间闭区域上的三重积分与其边界闭曲面上的曲面积分之间的关系.

§9.6.1　高斯公式

定理 1　设空间闭区域 Ω 是由光滑或分片光滑的闭曲面 $\boldsymbol{\Sigma}$ 所围成的，函数 $P(x, y, z)$，$Q(x, y, z)$，$R(x, y, z)$在 Ω 上具有一阶连续偏导数，则有

$$\iiint_{\Omega}\left(\frac{\partial P}{\partial x}+\frac{\partial Q}{\partial y}+\frac{\partial R}{\partial z}\right)\mathrm{d}v=\oint\!\!\!\oint_{\boldsymbol{\Sigma}} P\mathrm{d}y\mathrm{d}z+Q\mathrm{d}z\mathrm{d}x+R\mathrm{d}x\mathrm{d}y, \tag{1}$$

这里 $\boldsymbol{\Sigma}$ 为闭区域 Ω 的整个边界曲面的外侧. 这个公式叫高斯公式.

如果在有向曲面 Σ 上点(x, y, z)处外侧法向量的方向余弦为 $\cos\alpha$，$\cos\beta$，$\cos\gamma$，因为 $\mathrm{d}y\mathrm{d}z=\cos\alpha\mathrm{d}S$，$\mathrm{d}z\mathrm{d}x=\cos\beta\mathrm{d}S$，$\mathrm{d}x\mathrm{d}y=\cos\gamma\mathrm{d}S$，所以高斯公式也可以表示为

$$\iiint_{\Omega}\left(\frac{\partial P}{\partial x}+\frac{\partial Q}{\partial y}+\frac{\partial R}{\partial z}\right)\mathrm{d}v=\oint\!\!\!\oint_{\boldsymbol{\Sigma}}(P\cos\alpha+Q\cos\beta+R\cos\gamma)\mathrm{d}S \tag{2}$$

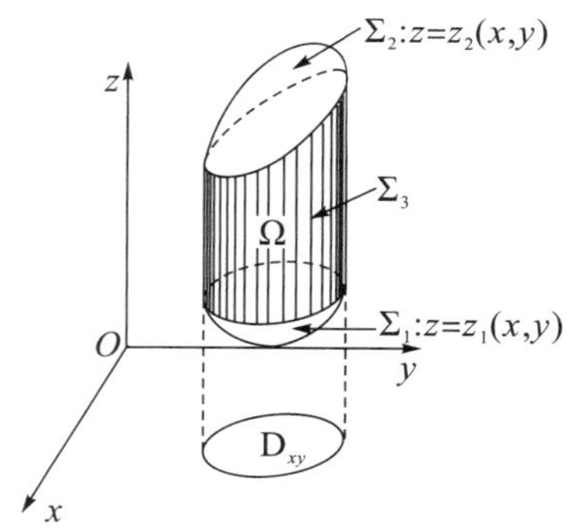

图 9.29

证明　设 Ω 是 XY－型柱体(如图 9.29 所示)，底面为 $\boldsymbol{\Sigma}_1$：$z=z_1(x, y)$，顶面为 $\boldsymbol{\Sigma}_2$：$z=z_2(x, y)$，侧面为柱面 $\boldsymbol{\Sigma}_3$，都取外侧($\boldsymbol{\Sigma}_1$ 的外侧是下侧，$\boldsymbol{\Sigma}_2$ 的外侧是上侧). 根据三重积分的计算法，有

$$\begin{aligned}\iiint_{\Omega}\frac{\partial R}{\partial z}\mathrm{d}v&=\iint_{D_{xy}}\mathrm{d}x\mathrm{d}y\int_{z_1(x,y)}^{z_2(x,y)}\frac{\partial R}{\partial z}\mathrm{d}z=\iint_{D_{xy}}R(x, y, z)\Big|_{z_1(x,y)}^{z_2(x,y)}\mathrm{d}x\mathrm{d}y\\&=\iint_{D_{xy}}\{R[x, y, z_2(x, y)]-R[x, y, z_1(x, y)]\}\mathrm{d}x\mathrm{d}y.\end{aligned}$$

再考虑对坐标的曲面积分，有

$$\iint_{\Sigma_1} R(x, y, z)\mathrm{d}x\mathrm{d}y = -\iint_{D_{xy}} R[x, y, z_1(x, y)]\mathrm{d}x\mathrm{d}y,$$

$$\iint_{\Sigma_2} R(x, y, z)\mathrm{d}x\mathrm{d}y = \iint_{D_{xy}} R[x, y, z_2(x, y)]\mathrm{d}x\mathrm{d}y,$$

$$\iint_{\Sigma_3} R(x, y, z)\mathrm{d}x\mathrm{d}y = 0,$$

以上三式相加，得

$$\oiint_{\Sigma} R(x, y, z)\mathrm{d}x\mathrm{d}y = \iint_{D_{xy}} \{R[x, y, z_2(x, y)] - R[x, y, z_1(x, y)]\}\mathrm{d}x\mathrm{d}y.$$

所以
$$\iiint_{\Omega} \frac{\partial R}{\partial z}\mathrm{d}v = \oiint_{\Sigma} R(x, y, z)\mathrm{d}x\mathrm{d}y.$$

类似地，如果 Ω 是 YZ－型柱体或 Ω 是 ZX－型柱体，则分别有

$$\iiint_{\Omega} \frac{\partial P}{\partial x}\mathrm{d}v = \oiint_{\Sigma} P(x, y, z)\mathrm{d}y\mathrm{d}z, \qquad \iiint_{\Omega} \frac{\partial Q}{\partial y}\mathrm{d}v = \oiint_{\Sigma} Q(x, y, z)\mathrm{d}z\mathrm{d}x.$$

如果 Ω 既是 XY－型又是 YZ－型或 ZX－型柱体，上面三个式子都成立，把这三个式子相加，就得到高斯公式(1). 这里对 Ω 作了限制，一般地，我们可以引入一片或几片辅助曲面把任意的 Ω 分为有限个闭区域，使得每个闭区域都满足上面的条件，并注意到沿这些辅助曲面相反两侧的两个曲面积分大小相等但符号相反，相加时正好抵消，所以高斯公式仍然成立. 证毕.

例 1 利用高斯公式计算曲面积分 $\oiint_{\Sigma} (x-y)\mathrm{d}x\mathrm{d}y + (y-z)x\mathrm{d}y\mathrm{d}z$，其中 $\boldsymbol{\Sigma}$ 为柱面 $x^2+y^2=1$ 及平面 $z=0$，$z=3$ 所围成的空间闭区域 Ω 的整个边界曲面的外侧(如图 9.30 所示).

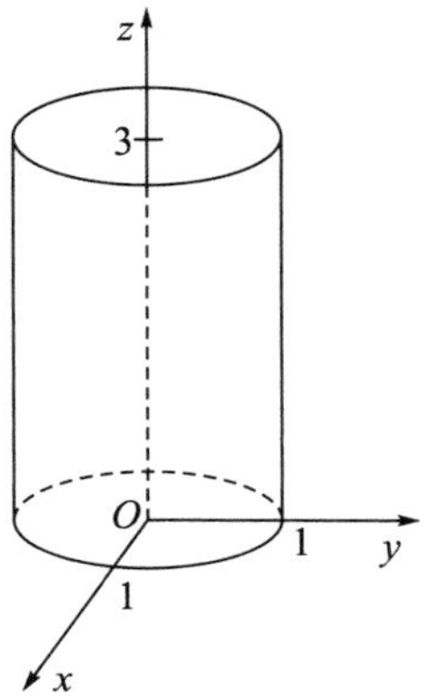

解 这里 $P=(y-z)x$，$Q=0$，$R=x-y$，则

$$\frac{\partial P}{\partial x} = y - z, \quad \frac{\partial Q}{\partial y} = 0, \quad \frac{\partial R}{\partial z} = 0.$$

由高斯公式(1)，得

$$\begin{aligned} &\oiint_{\Sigma} (x-y)\mathrm{d}x\mathrm{d}y + (y-z)\mathrm{d}y\mathrm{d}z \\ &= \iiint_{\Omega} (y-z)\mathrm{d}x\mathrm{d}y\mathrm{d}z = -\iiint_{\Omega} z\rho\mathrm{d}\rho\mathrm{d}\theta\mathrm{d}z \\ &= -\int_0^{2\pi}\mathrm{d}\theta\int_0^1\rho\mathrm{d}\rho\int_0^3 z\mathrm{d}z = -\frac{9\pi}{2}. \end{aligned}$$

图 9.30

注意，由对称性可知 $\iiint_{\Omega} y\mathrm{d}x\mathrm{d}y\mathrm{d}z=0$. 当被积函数 $f(x,y,z)=z$ 时，可用“截面法”来计算三重积分，即

$$\iiint_{\Omega} z\mathrm{d}x\mathrm{d}y\mathrm{d}z = \int_0^3 z\mathrm{d}z\iint_{D_z}\mathrm{d}x\mathrm{d}y = \frac{9}{2}\pi.$$

例 2　计算曲面积分$\iint\limits_{\Sigma}(x^2\cos\alpha+y^2\cos\beta+z^2\cos\gamma)\mathrm{d}S$，其中$\Sigma$为锥面$x^2+y^2=z^2$介于平面$z=0$及$z=h\ (h>0)$之间的部分的下侧，$\cos\alpha$，$\cos\beta$，$\cos\gamma$是$\boldsymbol{\Sigma}$上点$(x, y, z)$处的法向量的方向余弦.

解　补充有向平面$\boldsymbol{\Sigma}_1: z=h\ (x^2+y^2\leqslant h^2)$，取上侧，则$\boldsymbol{\Sigma}$与$\boldsymbol{\Sigma}_1$构成一个闭曲面，方向为外侧，设围成的空间闭区域为$\Omega$（如图 9.31 所示），由高斯公式(2)，得

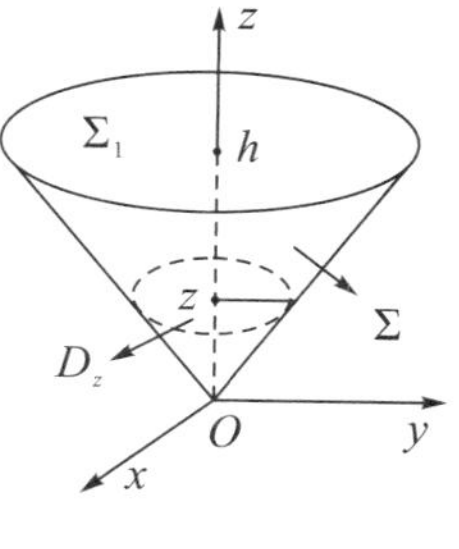

图 9.31

$$G=\oiint\limits_{\boldsymbol{\Sigma}+\boldsymbol{\Sigma}_1}(x^2\cos\alpha+y^2\cos\beta+z^2\cos\gamma)\mathrm{d}S=2\iiint\limits_{\Omega}(x+y+z)\mathrm{d}x\mathrm{d}y\mathrm{d}z.$$

由对称性可知$\iiint\limits_{\Omega}x\mathrm{d}x\mathrm{d}y\mathrm{d}z=\iiint\limits_{\Omega}y\mathrm{d}x\mathrm{d}y\mathrm{d}z=0$，则

$$G=2\iiint\limits_{\Omega}z\mathrm{d}x\mathrm{d}y\mathrm{d}z=2\int_0^h z\mathrm{d}z\iint\limits_{D_z}\mathrm{d}x\mathrm{d}y=2\int_0^h z\cdot\pi z^2\mathrm{d}z=\frac{1}{2}\pi h^4.$$

因为
$$\iint\limits_{\boldsymbol{\Sigma}_1}(x^2\cos\alpha+y^2\cos\beta+z^2\cos\gamma)\mathrm{d}S=\iint\limits_{\boldsymbol{\Sigma}_1}z^2\mathrm{d}S=\iint\limits_{D_{xy}}h^2\mathrm{d}x\mathrm{d}y=\pi h^4,$$

所以
$$\iint\limits_{\boldsymbol{\Sigma}}(x^2\cos\alpha+y^2\cos\beta+z^2\cos\gamma)\mathrm{d}S=\frac{1}{2}\pi h^4-\pi h^4=-\frac{1}{2}\pi h^4.$$

§ 9.6.2　通量与散度

下面解释高斯公式的物理意义. 设密度为 1 的稳定流动的不可压缩流体的速度场为

$$\boldsymbol{v}(x, y, z)=(P(x, y, z), Q(x, y, z), R(x, y, z)),$$

式中，P，Q，R具有一阶连续偏导数，$\boldsymbol{\Sigma}$是该速度场内的一片有向闭曲面，在点(x, y, z)处的单位法向量为$\boldsymbol{n}^0=(\cos\alpha, \cos\beta, \cos\gamma)$，则单位时间内流体通过曲面$\boldsymbol{\Sigma}$向着指定侧的流量为

$$\begin{aligned}\Phi&=\oiint\limits_{\boldsymbol{\Sigma}}P\mathrm{d}y\mathrm{d}z+Q\mathrm{d}z\mathrm{d}x+R\mathrm{d}x\mathrm{d}y\\&=\oiint\limits_{\boldsymbol{\Sigma}}(P\cos\alpha+Q\cos\beta+R\cos\gamma)\mathrm{d}S\\&=\oiint\limits_{\boldsymbol{\Sigma}}\boldsymbol{v}\cdot\boldsymbol{n}^0\mathrm{d}S=\oiint\limits_{\boldsymbol{\Sigma}}v_n\mathrm{d}S,\end{aligned}$$

式中，$v_n=\boldsymbol{v}\cdot\boldsymbol{n}^0=P\cos\alpha+Q\cos\beta+R\cos\gamma$表示速度向量$\boldsymbol{v}$在有向曲面$\boldsymbol{\Sigma}$的法向量上的投影. 如果有向曲面$\boldsymbol{\Sigma}$指向外侧，那么上面公式的右端可解释为单位时间内离开闭区域Ω的流体的总质量. 由于液体是不可压缩且流动是稳定的，因此在流体流出Ω的同时，Ω内部

必须有产生流体的源头来补充同样多的流体. 所以，高斯公式左端可解释为分布在 Ω 内的源头在单位时间内所产生的流体的总质量.

高斯公式可以改写为

$$\iiint_{\Omega}\left(\frac{\partial P}{\partial x}+\frac{\partial Q}{\partial y}+\frac{\partial R}{\partial z}\right)\mathrm{d}v=\oiint_{\boldsymbol{\Sigma}} v_n \mathrm{d}S.$$

上式两端除以体积 V，得

$$\frac{1}{V}\iiint_{\Omega}\left(\frac{\partial P}{\partial x}+\frac{\partial Q}{\partial y}+\frac{\partial R}{\partial z}\right)\mathrm{d}v=\frac{1}{V}\oiint_{\boldsymbol{\Sigma}} v_n \mathrm{d}S,$$

其左端可解释为分布在 Ω 内的源头在单位时间内所产生的流体的平均值. 当 Ω 收缩到一点 $M(x, y, z)$时，应用积分中值定理并取极限，得

$$\frac{\partial P}{\partial x}+\frac{\partial Q}{\partial y}+\frac{\partial R}{\partial z}=\lim_{\Omega\to M}\frac{1}{V}\oiint_{\boldsymbol{\Sigma}} v_n \mathrm{d}S,$$

上式左端称为速度向量 $\boldsymbol{v}$ 在点 M 的散度，记为 $\operatorname{div}\boldsymbol{v}$，即

$$\operatorname{div}\boldsymbol{v}=\frac{\partial P}{\partial x}+\frac{\partial Q}{\partial y}+\frac{\partial R}{\partial z}.$$

一般地，设某向量场由 $\boldsymbol{A}(x, y, z)=(P(x, y, z), Q(x, y, z), R(x, y, z))$给出，其中 P, Q, R 具有一阶连续偏导数，$\boldsymbol{\Sigma}$ 是场内的一片有向曲面，$\boldsymbol{n}^0$ 是Σ上点(x, y, z)处的单位法向量，则 $\iint_{\boldsymbol{\Sigma}}\boldsymbol{A}\cdot\boldsymbol{n}^0\mathrm{d}S$ 叫作向量场 $\boldsymbol{A}$ 通过曲面 $\boldsymbol{\Sigma}$ 向着指定侧的通量(或流量)，而 $\frac{\partial P}{\partial x}+\frac{\partial Q}{\partial y}+\frac{\partial R}{\partial z}$叫作向量场 $\boldsymbol{A}$ 的散度，记作 $\operatorname{div}\boldsymbol{A}$，即

$$\operatorname{div}\boldsymbol{A}=\frac{\partial P}{\partial x}+\frac{\partial Q}{\partial y}+\frac{\partial R}{\partial z}.$$

高斯公式的另一形式为

$$\iiint_{\Omega}\operatorname{div}\boldsymbol{A}\mathrm{d}v=\oiint_{\boldsymbol{\Sigma}}\boldsymbol{A}\cdot\boldsymbol{n}\mathrm{d}S \quad \text{或} \quad \iiint_{\Omega}\operatorname{div}\boldsymbol{A}\mathrm{d}v=\oiint_{\boldsymbol{\Sigma}}A_n\mathrm{d}S,$$

式中，$\boldsymbol{\Sigma}$ 是空间闭区域 Ω 的边界曲面，而

$$A_n=\boldsymbol{A}\cdot\boldsymbol{n}^0=P\cos\alpha+Q\cos\beta+R\cos\gamma$$

是向量 $\boldsymbol{A}$ 在曲面Σ的外侧法向量上的投影.

习题 9—6

1. 利用高斯公式计算曲面积分.

(1) $\oiint_{\boldsymbol{\Sigma}} x^2\mathrm{d}y\mathrm{d}z+y^2\mathrm{d}z\mathrm{d}x+z^2\mathrm{d}x\mathrm{d}y$, 其中 $\boldsymbol{\Sigma}$ 为平面 $x=0$, $y=0$, $z=0$, $x=a$, $y=a$, $z=a$ 所围成的立体的表面的外侧；

*(2) $\oiint_{\boldsymbol{\Sigma}} x^3\mathrm{d}y\mathrm{d}z+y^3\mathrm{d}z\mathrm{d}x+z^3\mathrm{d}x\mathrm{d}y$, 其中 $\boldsymbol{\Sigma}$ 为球面 $x^2+y^2+z^2=a^2$ 的外侧；

*(3) $\oiint\limits_{\Sigma} xz^2\mathrm{d}y\mathrm{d}z+(x^2y-z^3)\mathrm{d}z\mathrm{d}x+(2xy+y^2z)\mathrm{d}x\mathrm{d}y$，其中 $\boldsymbol{\Sigma}$ 为上半球体 $0\leqslant z\leqslant\sqrt{a^2-x^2-y^2}$，$x^2+y^2\leqslant a^2$ 的表面的外侧；

(4) $\oiint\limits_{\Sigma} x\mathrm{d}y\mathrm{d}z+y\mathrm{d}z\mathrm{d}x+z\mathrm{d}x\mathrm{d}y$，其中 $\boldsymbol{\Sigma}$ 是介于 $z=0$ 和 $z=3$ 之间的圆柱体 $x^2+y^2\leqslant 9$ 的整个表面的外侧；

(5) $\oiint\limits_{\Sigma} 4xz\mathrm{d}y\mathrm{d}z-y^2\mathrm{d}z\mathrm{d}x+yz\mathrm{d}x\mathrm{d}y$，其中 $\boldsymbol{\Sigma}$ 是平面 $x=0$，$y=0$，$z=0$，$x=1$，$y=1$，$z=1$ 所围成的立方体的全表面的外侧.

*2. 求下列向量 $\boldsymbol{A}$ 穿过曲面 $\boldsymbol{\Sigma}$ 流向指定侧的通量.

(1)$\boldsymbol{A}=yz\boldsymbol{i}+xz\boldsymbol{j}+xy\boldsymbol{k}$，$\boldsymbol{\Sigma}$ 为圆柱 $x^2+y^2\leqslant a^2(0\leqslant z\leqslant h)$的全表面，流向外侧；

(2)$\boldsymbol{A}=(2x-z)\boldsymbol{i}+x^2y\boldsymbol{j}-xz^2\boldsymbol{k}$，$\boldsymbol{\Sigma}$ 为立方体 $0\leqslant z\leqslant a$，$0\leqslant y\leqslant a$，$0\leqslant z\leqslant a$ 的全表面，流向外侧；

(3)$\boldsymbol{A}=(2x+3z)\boldsymbol{i}-(xz+y)\boldsymbol{j}+(y^2+2z)\boldsymbol{k}$，$\boldsymbol{\Sigma}$ 是以点(3，−1，2)为球心，半径 $R=3$ 的球面，流向外侧.

*3. 求下列向量场 $\boldsymbol{A}$ 的散度.

(1)$\boldsymbol{A}=(x^2+yz)\boldsymbol{i}+(y^2+xz)\boldsymbol{j}+(z^2+xy)\boldsymbol{k}$；

(2)$\boldsymbol{A}=\mathrm{e}^{xy}\boldsymbol{i}+\cos(xy)\boldsymbol{j}+\cos(xz^2)\boldsymbol{k}$；

(3)$\boldsymbol{A}=y^2\boldsymbol{i}+xy\boldsymbol{j}+xz\boldsymbol{k}$.

4. 设 $u(x,y,z)$，$v(x,y,z)$是两个定义在闭区域 Ω 上的具有二阶连续偏导数的函数，$\frac{\partial u}{\partial n}$，$\frac{\partial v}{\partial n}$依次表示 $u(x,y,z)$，$v(x,y,z)$沿 $\boldsymbol{\Sigma}$ 的外法线方向的方向导数. 证明：

$$\iiint\limits_{\Omega}(u\Delta v-v\Delta u)\mathrm{d}x\mathrm{d}y\mathrm{d}z=\oiint\limits_{\Sigma}\left(u\frac{\partial v}{\partial n}-v\frac{\partial u}{\partial n}\right)\mathrm{d}S,$$

式中，$\boldsymbol{\Sigma}$ 是空间闭区域 Ω 的整个边界曲面. 这个公式叫作格林第二公式.

§9.7　斯托克斯公式　环流量与旋度

斯托克斯(Stokes)公式是格林公式的推广. 格林公式给出了在平面闭区域 D 上的二重积分与沿闭区域 D 的有向边界曲线 **L** 上的曲线积分之间的关系，斯托克斯公式则给出了在空间曲面 $\boldsymbol{\Sigma}$ 上的曲面积分与沿曲面 $\boldsymbol{\Sigma}$ 的有向边界曲线 **L** 上的曲线积分之间的关系.

§9.7.1　斯托克斯公式

定理 1　设 Γ 为光滑或分段光滑的空间有向闭曲线，Σ 是以 Γ 为边界的光滑或分片光滑的有向曲面，Γ 的正向与 Σ 的侧面符合右手规则，函数 $P(x,y,z)$，$Q(x,y,z)$，$R(x,y,z)$ 在曲面 Σ(连同边界)上具有一阶连续偏导数，则有

$$\iint\limits_{\Sigma}\left(\frac{\partial R}{\partial y}-\frac{\partial Q}{\partial z}\right)\mathrm{d}y\mathrm{d}z+\left(\frac{\partial P}{\partial z}-\frac{\partial R}{\partial x}\right)\mathrm{d}z\mathrm{d}x+\left(\frac{\partial Q}{\partial x}-\frac{\partial P}{\partial y}\right)\mathrm{d}x\mathrm{d}y=\oint_{\Gamma}P\mathrm{d}x+Q\mathrm{d}y+R\mathrm{d}z.$$

为了方便记忆，斯托克斯公式可写为

$$\iint\limits_{\Sigma}\begin{vmatrix}\mathrm{d}y\mathrm{d}z & \mathrm{d}z\mathrm{d}x & \mathrm{d}x\mathrm{d}y\\ \dfrac{\partial}{\partial x} & \dfrac{\partial}{\partial y} & \dfrac{\partial}{\partial z}\\ P & Q & R\end{vmatrix}=\oint_{\Gamma}P\mathrm{d}x+Q\mathrm{d}y+R\mathrm{d}z$$

或

$$\iint\limits_{\Sigma}\begin{vmatrix}\cos\alpha & \cos\beta & \cos\gamma\\ \dfrac{\partial}{\partial x} & \dfrac{\partial}{\partial y} & \dfrac{\partial}{\partial z}\\ P & Q & R\end{vmatrix}\mathrm{d}S=\oint_{\Gamma}P\mathrm{d}x+Q\mathrm{d}y+R\mathrm{d}z,$$

式中，$(\cos\alpha,\cos\beta,\cos\gamma)$ 为有向曲面 Σ 的单位法向量(如图 9.32 所示).

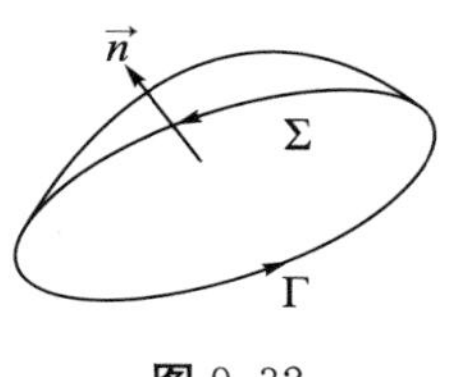

图 9.32

讨论：如果 Σ 是 xOy 面上的一块平面闭区域，斯托克斯公式将变成什么?

例 1　利用斯托克斯公式计算曲线积分 $\oint_{\Gamma}z\mathrm{d}x+x\mathrm{d}y+y\mathrm{d}z$，其中 Γ 为平面 $x+y+z=1$ 被三个坐标面所截成的三角形的整个边界，它的正向与这个三角形上侧的法向量之间符合右手规则.

解法一　按斯托克斯公式，有

$$\oint_{\Gamma}z\mathrm{d}x+x\mathrm{d}y+y\mathrm{d}z=\iint\limits_{\Sigma}\mathrm{d}y\mathrm{d}z+\mathrm{d}z\mathrm{d}x+\mathrm{d}x\mathrm{d}y.$$

由 Σ 的对称性可知，$\iint\limits_{\Sigma}\mathrm{d}y\mathrm{d}z=\iint\limits_{\Sigma}\mathrm{d}z\mathrm{d}x=\iint\limits_{\Sigma}\mathrm{d}x\mathrm{d}y=\iint\limits_{D_{xy}}\mathrm{d}\sigma$，其中 D_{xy} 为 xOy 面上由直线 $x+y=1$ 及两条坐标轴围成的三角形闭区域(如图 9.33 所示)，因此

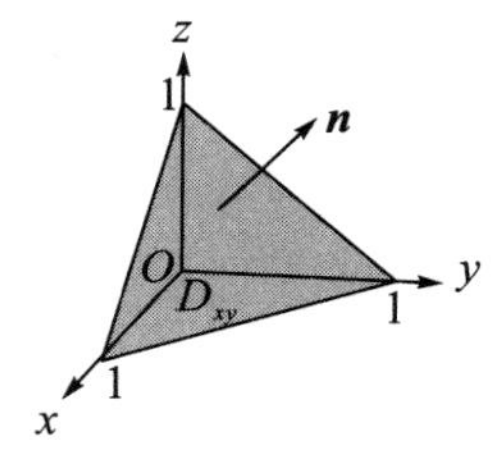

图 9.33

$$\oint_{\Gamma}z\mathrm{d}x+x\mathrm{d}y+y\mathrm{d}z=\frac{3}{2}.$$

解法二　设 Σ 为闭曲线 Γ 所围成的三角形平面，Σ 在 yOz 面、zOx 面和 xOy 面上的

投影区域分别为 D_{yz}，D_{zx}，D_{xy}，按斯托克斯公式，有

$$\oint_{\Gamma} z\mathrm{d}x + x\mathrm{d}y + y\mathrm{d}z = \iint_{\Sigma} \begin{vmatrix} \mathrm{d}y\mathrm{d}z & \mathrm{d}z\mathrm{d}x & \mathrm{d}x\mathrm{d}y \\ \frac{\partial}{\partial x} & \frac{\partial}{\partial y} & \frac{\partial}{\partial z} \\ z & x & y \end{vmatrix}$$

$$= \iint_{\Sigma} \mathrm{d}y\mathrm{d}z + \mathrm{d}z\mathrm{d}x + \mathrm{d}x\mathrm{d}y$$

$$= 3\iint_{D_{xy}} \mathrm{d}x\mathrm{d}y = \frac{3}{2}.$$

例 2　利用斯托克斯公式计算曲线积分

$$I = \oint_{\Gamma} (y^2 - z^2)\mathrm{d}x + (z^2 - x^2)\mathrm{d}y + (x^2 - y^2)\mathrm{d}z,$$

式中，Γ 是用平面 $x+y+z=\frac{3}{2}$ 截立方体：$0\leqslant x\leqslant 1$，$0\leqslant y\leqslant 1$，$0\leqslant z\leqslant 1$ 的表面所得的截痕，若从 x 轴的正向看去取逆时针方向(如图 9.34 所示).

解　取 Σ 为平面 $x+y+z=\frac{3}{2}$ 被 Γ 所围成的部分，上侧平面 Σ 的单位法向量 $\boldsymbol{n}=\frac{1}{\sqrt{3}}(1, 1, 1)$，即 $\cos\alpha=\cos\beta=\cos\gamma=\frac{1}{\sqrt{3}}$. 按斯托克斯公式，有

$$I = \iint_{\Sigma} \begin{vmatrix} \frac{1}{\sqrt{3}} & \frac{1}{\sqrt{3}} & \frac{1}{\sqrt{3}} \\ \frac{\partial}{\partial x} & \frac{\partial}{\partial y} & \frac{\partial}{\partial z} \\ y^2 - z^2 & z^2 - x^2 & x^2 - y^2 \end{vmatrix} \mathrm{d}S = -\frac{4}{\sqrt{3}}\iint_{\Sigma}(x+y+z)\mathrm{d}S$$

$$= -\frac{4}{\sqrt{3}}\iint_{\Sigma}\frac{3}{2}\mathrm{d}S = -2\sqrt{3}\iint_{D_{xy}}\sqrt{3}\,\mathrm{d}x\mathrm{d}y,$$

式中，D_{xy} 为 Σ 在 xOy 平面上的投影区域(如图 9.35 所示)，且在 Σ 上 $x+y+z=\frac{3}{2}$，于是

$$I = -6\iint_{D_{xy}}\mathrm{d}x\mathrm{d}y = -6\cdot\frac{3}{4} = -\frac{9}{2}.$$

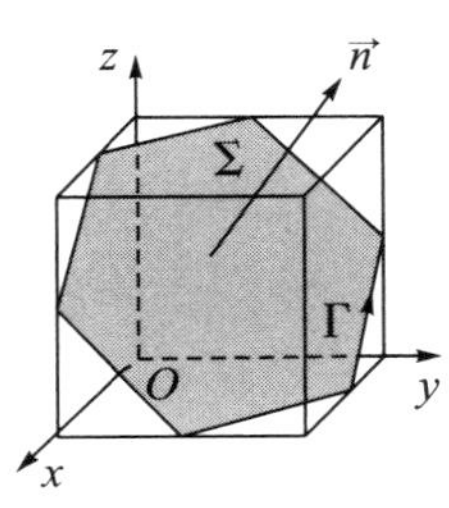

图 9.34

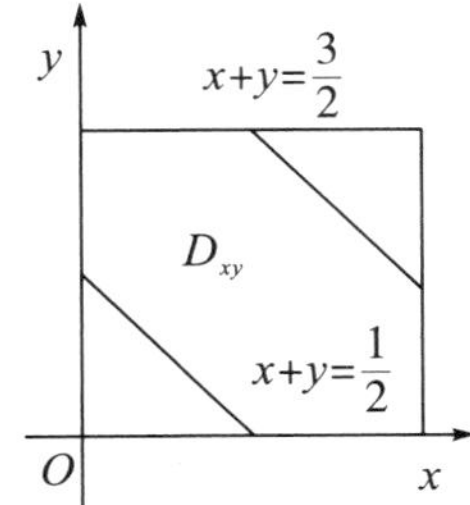

图 9.35

§9.7.2 环流量与旋度

我们把向量场 $\mathbf{A}=(P(x, y, z), Q(x, y, z), R(x, y, z))$所确定的向量场

$$\left(\frac{\partial R}{\partial y}-\frac{\partial Q}{\partial z}\right)\mathbf{i}+\left(\frac{\partial P}{\partial z}-\frac{\partial R}{\partial x}\right)\mathbf{j}+\left(\frac{\partial Q}{\partial x}-\frac{\partial P}{\partial y}\right)\mathbf{k}$$

称为向量场 $\mathbf{A}$ 的旋度，记为 $\mathbf{rot\ A}$，即

$$\mathbf{rot\ A}=\left(\frac{\partial R}{\partial y}-\frac{\partial Q}{\partial z}\right)\mathbf{i}+\left(\frac{\partial P}{\partial z}-\frac{\partial R}{\partial x}\right)\mathbf{j}+\left(\frac{\partial Q}{\partial x}-\frac{\partial P}{\partial y}\right)\mathbf{k}=\begin{vmatrix}\mathbf{i} & \mathbf{j} & \mathbf{k}\\ \dfrac{\partial}{\partial x} & \dfrac{\partial}{\partial y} & \dfrac{\partial}{\partial z}\\ P & Q & R\end{vmatrix}.$$

斯托克斯公式的另一形式为

$$\oint_{\Gamma}P\mathrm{d}x+Q\mathrm{d}y+R\mathrm{d}z=\iint_{\Sigma}\mathbf{rot\ A}\cdot\boldsymbol{n}\mathrm{d}S=\oint_{\Gamma}\mathbf{A}\cdot\boldsymbol{\tau}\mathrm{d}s$$

或

$$\oint_{\Gamma}P\mathrm{d}x+Q\mathrm{d}y+R\mathrm{d}z=\iint_{\Sigma}(\mathbf{rot\ A})_n\mathrm{d}S=\oint_{\Gamma}A_{\tau}\mathrm{d}s,$$

式中，$\boldsymbol{n}^0$ 是曲面 $\boldsymbol{\Sigma}$ 上点(x, y, z)处的单位法向量，$\boldsymbol{\tau}$ 是 $\boldsymbol{\Sigma}$ 的正向边界曲线 $\boldsymbol{\Gamma}$ 上点(x, y, z)处的单位切向量，$(\mathbf{rot\ A})_n$ 为 $\mathbf{rot\ A}$ 在 $\boldsymbol{\Sigma}$ 的法向量上的投影，A_{τ} 为 $\mathbf{A}$ 在 $\boldsymbol{\Gamma}$ 的切向量上的投影.

沿有向闭曲线 $\boldsymbol{\Gamma}$ 的曲线积分

$$\oint_{\Gamma}P\mathrm{d}x+Q\mathrm{d}y+R\mathrm{d}z=\oint_{\Gamma}A_{\tau}\mathrm{d}s$$

叫作向量场 $\mathbf{A}$ 沿有向闭曲线 $\boldsymbol{\Gamma}$ 的环流量. 因此，斯托克斯公式表示向量场 $\mathbf{A}$ 沿有向闭曲线 $\boldsymbol{\Gamma}$ 的环流量等于向量场 $\mathbf{A}$ 的旋度场通过 $\boldsymbol{\Gamma}$ 所张的曲面 $\boldsymbol{\Sigma}$ 的通量.

习题 9—7

1. 试对曲面 $\boldsymbol{\Sigma}$: $z=x^2+y^2$, $x^2+y^2\leqslant 1$, $P=y^2$, $Q=x$, $R=z^2$ 验证斯托克斯公式.

*2. 利用斯托克斯公式，计算下列曲线积分.

(1) $\oint_{\Gamma}y\mathrm{d}x+z\mathrm{d}y+x\mathrm{d}z$，其中 $\boldsymbol{\Gamma}$ 为圆周 $x^2+y^2+z^2=a^2$, $x+y+z=0$，若从 x 轴的正向看去，这圆周是取逆时针方向；

(2) $\oint_{\Gamma}(y-z)\mathrm{d}x+(z-x)\mathrm{d}y+(x-y)\mathrm{d}z$，其中 $\boldsymbol{\Gamma}$ 为椭圆 $x^2+y^2=a^2$, $\dfrac{x}{a}+\dfrac{z}{b}=1$ $(a>0, b>0)$，若从 x 轴正向看去，这椭圆是取逆时针方向；

(3) $\oint_{\Gamma}3y\mathrm{d}x-xz\mathrm{d}y+yz^2\mathrm{d}z$，其中 $\boldsymbol{\Gamma}$ 是圆周 $x^2+y^2=2z$, $z=2$，若从 z 轴正向看去，这圆周是取逆时针方向；

(4) $\oint_{\Gamma} 2y\mathrm{d}x + 3x\mathrm{d}y - z^2\mathrm{d}z$，其中 Γ 是圆周 $x^2+y^2+z^2=9$，$z=0$，若从 z 轴正向看去，这圆周是取逆时针方向.

*3. 利用斯托克斯公式把曲面积分 $\iint\limits_{\Sigma} \mathbf{rot}\,\mathbf{A}\cdot\boldsymbol{n}\mathrm{d}S$ 化为曲线积分，并计算积分值，其中 $\mathbf{A}$，$\boldsymbol{\Sigma}$，$\boldsymbol{n}$ 分别如下：

(1) $\mathbf{A}=y^2\boldsymbol{i}+xy\boldsymbol{j}+xz\boldsymbol{k}$，$\boldsymbol{\Sigma}$ 为上半球面 $z=\sqrt{1-x^2-y^2}$ 的上侧，$\boldsymbol{n}$ 是 $\boldsymbol{\Sigma}$ 的单位法向量；

(2) $\mathbf{A}=(y-z)\boldsymbol{i}+yz\boldsymbol{j}-xz\boldsymbol{k}$，$\boldsymbol{\Sigma}$ 为立方体 $\{(x,y,z)\mid 0\leqslant x\leqslant 2,\ 0\leqslant y\leqslant 2,\ 0\leqslant z\leqslant 2\}$ 的表面外侧去掉 xOy 面上的那个底面，$\boldsymbol{n}$ 是 $\boldsymbol{\Sigma}$ 的单位法向量.

4. 求下列向量场 $\mathbf{A}$ 沿闭曲线 Γ（从 z 轴正向看 Γ 依逆时针方向）的环流量.

(1) $\mathbf{A}=-y\boldsymbol{i}+x\boldsymbol{j}+c\boldsymbol{k}$（$c$ 为常量），其中 Γ 为圆周 $x^2+y^2=1$，$z=0$；

(2) $\mathbf{A}=(x-z)\boldsymbol{i}+(x^3+yz)\boldsymbol{j}-3xy^2\boldsymbol{k}$，其中 Γ 为圆周 $z=2-\sqrt{x^2+y^2}$，$z=0$.

5. 证明：$\mathbf{rot}(\boldsymbol{a}+\boldsymbol{b})=\mathbf{rot}\,\boldsymbol{a}+\mathbf{rot}\,\boldsymbol{b}$.

6. 设 $u=u(x,y,z)$ 具有二阶连续偏导数，求 $\mathbf{rot}(\mathbf{grad}\,u)$.

总复习题九

1. 填空.

(1) 第二类曲线积分 $\int_{\Gamma} P\mathrm{d}x+Q\mathrm{d}y+R\mathrm{d}z$ 化成第一类曲线积分是________，其中 α，β，γ 为有向曲线弧 Γ 在点 (x,y,z) 处的________的方向角；

(2) 第二类曲面积分 $\iint\limits_{\Sigma} P\mathrm{d}y\mathrm{d}z+Q\mathrm{d}z\mathrm{d}x+R\mathrm{d}x\mathrm{d}y$ 化成第一类曲面积分是________，其中 α，β，γ 为有向曲面 $\boldsymbol{\Sigma}$ 在点 (x,y,z) 处的________的方向角.

2. 选择下述题中给出的四个结论中一个正确的结论.

设曲面 Σ 是上半球面：$x^2+y^2+z^2=R^2\ (z\geqslant 0)$，曲面 Σ_1 是曲面 Σ 在第一卦限中的部分，则有________.

A. $\iint\limits_{\Sigma} x\mathrm{d}S=4\iint\limits_{\Sigma_1} x\mathrm{d}S$　　B. $\iint\limits_{\Sigma} y\mathrm{d}S=4\iint\limits_{\Sigma_1} x\mathrm{d}S$

C. $\iint\limits_{\Sigma} z\mathrm{d}S=4\iint\limits_{\Sigma_1} x\mathrm{d}S$　　D. $\iint\limits_{\Sigma} xyz\mathrm{d}S=4\iint\limits_{\Sigma_1} xyz\mathrm{d}S$

3. 计算下列曲线积分.

(1) $\oint_{L} \sqrt{x^2+y^2}\,\mathrm{d}s$，其中 L 为圆周 $x^2+y^2=ax$；

(2) $\int_{\Gamma} z\mathrm{d}s$，其中 Γ 为曲线 $x=t\cos t$，$y=t\sin t$，$z=t\ (0\leqslant t\leqslant t_0)$；

(3) $\int_{L} (2a-y)\mathrm{d}x+x\mathrm{d}y$，其中 $\mathbf{L}$ 为摆线 $x=a(t-\sin t)$，$y=a(1-\cos t)$ 上对应 t 从 0 到 2π 的一段弧；

(4)$\int_{\Gamma}(y^2-z^2)\mathrm{d}x+2yz\mathrm{d}y-x^2\mathrm{d}z$，其中 Γ 是曲线 $x=t$，$y=t^2$，$z=t^3$ 上由 $t_1=0$ 到 $t_2=1$ 的一段弧；

(5)$\int_{L}(\mathrm{e}^x\sin y-2y)\mathrm{d}x+(\mathrm{e}^x\cos y-2)\mathrm{d}y$，其中 L 为上半圆周 $(x-a)^2+y^2=a^2$，$y\geqslant 0$ 沿逆时针方向；

(6)$\oint_{\Gamma}xyz\mathrm{d}z$，其中 Γ 是用平面 $y=z$ 截球面 $x^2+y^2+z^2=1$ 所得的截痕，从 z 轴的正向看去，沿逆时针方向.

4. 计算下列曲面积分.

(1)$\iint\limits_{\Sigma}\dfrac{\mathrm{d}S}{x^2+y^2+z^2}$，其中$\Sigma$是介于平面 $z=0$ 及 $z=H$ 之间的圆柱面 $x^2+y^2=R^2$；

(2)$\iint\limits_{\Sigma}(y^2-z)\mathrm{d}y\mathrm{d}z+(z^2-x)\mathrm{d}z\mathrm{d}x+(x^2-y)\mathrm{d}x\mathrm{d}y$，其中 Σ 为锥面 $z=\sqrt{x^2+y^2}$ $(0\leqslant z\leqslant h)$的外侧；

(3)$\iint\limits_{\Sigma}x\mathrm{d}y\mathrm{d}z+y\mathrm{d}z\mathrm{d}x+z\mathrm{d}x\mathrm{d}y$，其中 Σ 为半球面 $z=\sqrt{R^2-x^2-y^2}$ 的上侧；

(4)$\iint\limits_{\Sigma}xyz\mathrm{d}x\mathrm{d}z$，其中 Σ 为球面 $x^2+y^2+z^2=1(x\geqslant 0，y\geqslant 0)$的外侧.

5. 证明：$\dfrac{x\mathrm{d}x+y\mathrm{d}y}{x^2+y^2}$在整个 xOy 平面除去 y 的负半轴及原点的区域 G 内是某个二元函数的全微分，并求出一个这样的二元函数.

6. 设在半平面 $x>0$ 内有力 $\boldsymbol{F}=-\dfrac{k}{\rho^3}(x\boldsymbol{i}+y\boldsymbol{j})$构成力场，其中 k 为常数，$\rho=\sqrt{x^2+y^2}$. 证明在此力场中场力所做的功与所取的路径无关.

7. 设函数 $f(x)$在$(-\infty，+\infty)$内具有一阶连续导数，L 是上半平面$(y>0)$内的有向分段光滑曲线，其起点为$(a，b)$，终点为$(c，d)$. 记

$$I=\int_{L}\frac{1}{y}[1+y^2f(xy)]\mathrm{d}x+\frac{x}{y^2}[y^2f(xy)-1]\mathrm{d}y.$$

(1)证明曲线积分 I 与路径无关；

(2)当 $ab=cd$ 时，求 I 的值.

8. 求均匀曲面 $z=\sqrt{a^2-x^2-y^2}$ 的质心的坐标.

9. 求$\iint\limits_{\Sigma}\dfrac{2}{a+y}f[(a+x)(a+y)^2]\mathrm{d}y\mathrm{d}z-\dfrac{1}{a+x}f[(a+x)(a+y)^2]\mathrm{d}z\mathrm{d}x+[(x^2+y^2)z+\dfrac{z^3}{3}]\mathrm{d}x\mathrm{d}y$，其中 Σ 为球面 $x^2+y^2+z^2=1$ 的下半部分的上侧，常数 $a>1$，f 可导.

10. 求$\iint\limits_{\Sigma}[f(x,y,z)+x]\mathrm{d}y\mathrm{d}z+[2f(x,y,z)+y]\mathrm{d}z\mathrm{d}x+[f(x,y,z)+z]\mathrm{d}x\mathrm{d}y$，其中 $f(x，y，z)$为连续函数，Σ 为平面 $x-y+z=1$ 在第四卦限部分的上侧.

第 10 章　无穷级数

以数列为基础我们将讨论常数项无穷级数，它是研究函数项无穷级数的基础. 作为表示函数、研究函数性质以及进行数值计算的重要手段，函数项级数（包括常数项级数）在自然科学、工程技术和数学本身都有广泛的应用.

§10.1　常数项级数

§10.1.1　常数项级数的概念

与数列$\{u_n\}$极限紧密相关的一个问题，那就是这里我们将讨论的常数项无穷级数问题. 如果我们尝试将数列$\{u_n\}$的各项依序加起来，会得到表达式

$$u_1+u_2+\cdots+u_n+\cdots$$

记为$\sum\limits_{n=1}^{\infty}u_n$或$\sum u_n$，它被称为无穷级数（或级数）. 但它具体所代表的意义如何，我们可以通过下述若干例子来对它进行认识.

例 1　计算半径为 R 的圆面积 A，具体做法如下.

作圆的内接正六边形，算出这六边形的面积 a_1，它是圆面积 A 的一个粗糙的近似值. 为了比较准确地计算出 A 的值，我们以这个正六边形的每一边为底分别作一个顶点在圆周上的等腰三角形，算出这六个等腰三角形的面积之和 a_2. 那么 a_1+a_2（即内接正十二边形的面积）就是 A 的一个较好的近似值. 同样地，在这正十二边形的每一边上分别作一个顶点在圆周上的等腰三角形，算出这十二个等腰三角形的面积之和 a_3. 那么 $a_1+a_2+a_3$（即内接正二十四边形的面积）就是 A 的一个更好的近似值. 如此继续下去，内接正 3×2^n 边形的面积就逐步逼近圆面积：

$$A\approx a_1,\ A\approx a_1+a_2,\ A\approx a_1+a_2+a_3,\ \cdots,$$
$$A\approx a_1+a_2+\cdots+a_n.$$

如果内接正多边形的边数无限增多，即 n 无限增大，则和 $a_1+a_2+\cdots+a_n$ 的极限就是所要求的圆面积A. 这时和式中的项数无限增多，于是出现了无穷多个数量依次相加的数学表达式 $a_1+a_2+\cdots+a_n+\cdots$.

例 2　对自然数列$\{n\}$，构造 $1+2+3+\cdots+n+\cdots$，从头开始相加各项得到累计和为 $1,3,6,10,15,21,\cdots$，相加到第 n 项和$\frac{n(n+1)}{2}$，但随着 n 增大将会越来越大，最终的

趋势该表达式不表具体数值.

但对数列$\{\frac{1}{2^n}\}$，它所构造的表达式$\frac{1}{2}+\frac{1}{4}+\frac{1}{8}+\cdots+\frac{1}{2^n}+\cdots$，前 n 项累计相加分别为 $\frac{1}{2}$，$\frac{3}{4}$，$\frac{7}{8}$，$\frac{15}{16}$，$\frac{31}{32}$，…，$\frac{2^n-1}{2^n}$. 由此可看出随着 n 增大，这些部分和越来越接近 1. 此时称这个无穷级数的和为 1 是合理的，记作

$$\sum_{n=1}^{\infty}\frac{1}{2^n}=\frac{1}{2}+\frac{1}{4}+\frac{1}{8}+\frac{1}{16}+\cdots+\frac{1}{2^n}+\cdots=1.$$

我们用类似的思想来确定一般的级数 $\sum u_n$ 是否有和，可考虑部分和

$$\begin{aligned}s_1&=u_1,\\ s_2&=u_1+u_2,\\ s_3&=u_1+u_2+u_3,\\ &\vdots\\ s_n&=u_1+u_2+\cdots+u_n,\end{aligned}$$

它们组成一个新的数列$\{s_n\}$，它或有极限或没有极限，于是产生了下述定义.

定义 1 给定数列$\{u_n\}$，称表达式 $u_1+u_2+\cdots+u_n+\cdots$为常数项无穷级数，简称数项级数或级数，记为 $\sum\limits_{n=1}^{\infty}u_n$ 或$\sum u_n$. u_n 称为该级数的一般项. 构造新数列

$\{s_n\}$：$s_1=u_1$，$s_2=u_1+u_2$，$s_3=u_1+u_2+u_3$，…，$s_n=u_1+u_2+\cdots+u_n$，…

称 s_n 为级数 $\sum\limits_{n=1}^{\infty}u_n$ 的部分和，数列$\{s_n\}$为 $\sum\limits_{n=1}^{\infty}u_n$ 的部分和数列. 若级数 $\sum\limits_{n=1}^{\infty}u_n$ 的部分和数列$\{s_n\}$有极限 s，即$\lim\limits_{n\to\infty}s_n=s$，则称无穷级数 $\sum\limits_{n=1}^{\infty}u_n$ 收敛，该极限 s 称为级数的和，写成

$$\sum_{n=1}^{\infty}u_n=u_1+u_2+\cdots+u_n+\cdots=s;$$

若$\{s_n\}$没有极限，则称无穷级数 $\sum\limits_{n=1}^{\infty}u_n$ 发散. 称

$$r_n=u_{n+1}+u_{n+2}+\cdots=\sum_{k=n+1}^{\infty}u_k$$

为级数 $\sum\limits_{n=1}^{\infty}u_n$ 的余项. 级数的收敛性与发散性统称为敛散性.

显然，当级数收敛时，其部分和 s_n 是级数和 s 的近似值，它们的差值即为余项，$|r_n|$ 即为用近似值 s_n 代替和 s 所产生的误差. 而当级数发散时，级数及余项均为一个记号而已.

由定义易证明，例 2 中，$\sum\limits_{n=1}^{\infty}\frac{1}{2^n}=1$，即和为 1，而 $\sum\limits_{n=1}^{\infty}n$ 是发散的. 此时 $s_n=\frac{n(n+1)}{2}\to\infty$(当 $n\to\infty$)，记 $\sum\limits_{n=1}^{\infty}n=\infty$，也称 $\sum\limits_{n=1}^{\infty}n$ 的和为无穷大(发散).

例 3 讨论级数$\sum\limits_{n=1}^{\infty}(-1)^{n-1}=1-1+1-1+1\cdots+(-1)^{n-1}+\cdots$ 的敛散性.

解　设其部和为 s_n，有 $s_{2n}=0$，$s_{2n+1}=1$，所以数列$\{s_n\}$发散，故 $\sum\limits_{n=1}^{\infty}(-1)^{n-1}$ 发散.

例 4　讨论几何级数(等比级数) $\sum\limits_{n=1}^{\infty}ar^{n-1}=a+ar+ar^2+\cdots+ar^{n-1}+\cdots(a\neq 0)$ 的敛散性，如果收敛，求其和.

解　当 $r=1$ 时，$s_n=na\to\infty(n\to\infty)$，级数发散.

当 $r=-1$ 时，$s_{2n}=0$，$s_{2n+1}=a$，故 $\lim\limits_{n\to\infty}s_n$ 不存在，级数也发散.

当$|r|\neq 1$ 时，$s_n=\dfrac{a(1-r^n)}{1-r}$. 显然，$|r|<1$ 时，级数收敛，和为$\dfrac{a}{1-r}$.

当$|r|>1$ 时,级数发散.

综上所述，当$|r|<1$ 时，几何级数收敛，和为$\dfrac{a}{1-r}$；当$|r|\geqslant 1$ 时，几何级数发散.

例 5　级数 $\sum\limits_{n=1}^{\infty}2^{2n}3^{1-n}$ 收敛还是发散?

解　$\sum\limits_{n=1}^{\infty}2^{2n}3^{1-n}=\sum\limits_{n=1}^{\infty}\dfrac{4^n}{3^{n-1}}=\sum\limits_{n=1}^{\infty}4\left(\dfrac{4}{3}\right)^{n-1}$，即为 $a=4$，$r=\dfrac{4}{3}$，故为发散的($r=\dfrac{4}{3}>1$).

例 6　级数 $\sum\limits_{n=1}^{\infty}\dfrac{1}{n(n+1)}$ 收敛吗? 若收敛，试求其和.

解　因为

$$u_n=\frac{1}{n(n+1)}=\frac{1}{n}-\frac{1}{n+1},$$

故有

$$\begin{aligned}s_n&=\sum_{k=1}^{n}u_k=\sum_{k=1}^{n}(\frac{1}{k}-\frac{1}{k+1})\\&=(1-\frac{1}{2})+(\frac{1}{2}-\frac{1}{3})+\cdots+(\frac{1}{n}-\frac{1}{n+1})\\&=1-\frac{1}{n+1}\to 1\ (n\to\infty).\end{aligned}$$

所以级数收敛，和为 1.

§ 10.1.2　常数项级数的性质

由于无穷级数的敛散性决定于部分和数列的敛散性，我们有如下几个关于收敛级数的基本性质.

性质 1　若 $\sum\limits_{n=1}^{\infty}u_n$ 和$\sum\limits_{n=1}^{\infty}v_n$ 均收敛，则级数 $\sum\limits_{n=1}^{\infty}ku_n$(其中 k 为常数)，$\sum\limits_{n=1}^{\infty}(u_n\pm v_n)$ 也收敛，且

$$\sum_{n=1}^{\infty}ku_n=k\sum_{n=1}^{\infty}u_n,\qquad \sum_{n=1}^{\infty}(u_n\pm v_n)=\sum_{n=1}^{\infty}u_n\pm\sum_{n=1}^{\infty}v_n.$$

证明　设级数 $\sum_{n=1}^{\infty} u_n$，$\sum_{n=1}^{\infty} v_n$ 的部分和分别为 s_n，σ_n，则 $\sum_{n=1}^{\infty} ku_n$ 的部分和 $w_n = ku_1 + ku_2 + \cdots + ku_n = ks_n$，因为 $\lim\limits_{n\to\infty} s_n$ 存在，故 $\lim\limits_{n\to\infty} w_n = k\lim\limits_{n\to\infty} s_n$ 亦存在，即 $\sum_{n=1}^{\infty} ku_n$ 收敛，且

$$\sum_{n=1}^{\infty} ku_n = k\sum_{n=1}^{\infty} u_n.$$

又因为 $\sum_{n=1}^{\infty}(u_n \pm v_n)$ 的部分和为

$$\begin{aligned}\tau_n &= (u_1 \pm v_1) + (u_2 \pm v_2) + \cdots + (u_n \pm v_n)\\ &= (u_1 + u_2 + \cdots + u_n) \pm (v_1 + v_2 + \cdots + v_n)\\ &= s_n \pm \sigma_n,\end{aligned}$$

于是 $\lim\limits_{n\to\infty}\tau_n = \lim\limits_{n\to\infty}(s_n \pm \sigma_n) = \lim\limits_{n\to\infty} s_n \pm \lim\limits_{n\to\infty}\sigma_n$，即 $\sum_{n=1}^{\infty}(u_n \pm v_n)$ 收敛，且

$$\sum_{n=1}^{\infty}(u_n \pm v_n) = \sum_{n=1}^{\infty} u_n \pm \sum_{n=1}^{\infty} v_n.$$

该性质表明，对收敛级数，常数因子可以从求和号内移到求和号外面(而当 $k \neq 0$ 时，$\sum_{n=1}^{\infty} ku_n$ 与 $\sum_{n=1}^{\infty} u_n$ 同敛散性)；两个收敛级数可以逐项加减，并可推广到有限个收敛级数的加减.

性质 2　在级数中去掉、加上或改变有限项，不改变级数的敛散性. 当级数收敛时其和一般会改变.

证明　因为 $\sum_{n=1}^{\infty} u_n = \sum_{n=1}^{N} u_n + \sum_{n=N+1}^{\infty} u_n$，而去掉、加上或改变有限项后的新级数为 $\sum_{n=1}^{\infty} u'_n = \sum_{n=1}^{N_1} u'_n + \sum_{n=N_1+1}^{\infty} u'_n$，可选取适当大的正整数 N，N_1(有限数)，使 $\sum_{n=N+1}^{\infty} u_n$ 与 $\sum_{n=N_1+1}^{\infty} u'_n$ 完全相同，而 $\sum_{n=1}^{N} u_n$ 及 $\sum_{n=1}^{N_1} u'_n$ 均为常数，故新、旧级数的敛散性是相同的，而和(若有)的改变是显然的.

性质 3　收敛级数保持各项次序任意加入括号所得新级数仍收敛于原级数和.

证明　设收敛级数 $\sum_{n=1}^{\infty} u_n$ 按某一规律依次加括号后所成新级数为

$$(u_1 + \cdots + u_{r_1}) + (u_{r_1+1} + \cdots + u_{r_2}) + \cdots + (u_{r_{n-1}+1} + \cdots + u_{r_n}) + \cdots$$

这个新级数的部分和 σ_n 和原级数的部分和 s_n 有如下关系：

$$\sigma_1 = s_{r_1},\ \sigma_2 = s_{r_2},\ \cdots,\ \sigma_n = s_{r_n},\ \cdots$$

即新级数的部分和数列为原级数部分和数列的一个子列，由于 s_n 收敛(设 $s_n \to s$)，则其任一子列均收敛，且 $\lim\limits_{n\to\infty}\sigma_n = \lim\limits_{n\to\infty} s_{r_n} = \lim\limits_{n\to\infty} s_n = s$. 所以新级数收敛且和不变.

推论 1　如果加括号后级数发散，则原级数是发散的.

但应注意，加括号后收敛，而原级数仍可能发散，比如 $\sum_{n=0}^{\infty}(-1)^n = 1 - 1 + 1 - 1 + \cdots$ 为发散级数，但可加括号使其收敛.

性质 4(级数收敛的必要条件)　若 $\sum_{n=1}^{\infty} u_n$ 收敛，则 $\lim_{n\to\infty} u_n = 0$.

证明　设 $\sum_{n=1}^{\infty} u_n$ 的部分和为 s_n，因为 $u_n = s_n - s_{n-1}$，且级数收敛，所以

$$\lim_{n\to\infty} u_n = \lim_{n\to\infty}(s_n - s_{n-1}) = \lim_{n\to\infty} s_n - \lim_{n\to\infty} s_{n-1} = 0.$$

性质 4 可用来判别一些较简单的发散情形:若 u_n 不趋于 0，则 $\sum_{n=1}^{\infty} u_n$ 发散. 但 $u_n \to 0$ 仅为级数收敛的必要条件，而非充分条件，即当 $u_n \to 0$ 时，$\sum_{n=1}^{\infty} u_n$ 仍可能发散.

例 7　调和级数 $\sum_{n=1}^{\infty} \frac{1}{n} = 1 + \frac{1}{2} + \frac{1}{3} + \cdots$，证明该级数发散.

证明　对该级数加括号如下:

$$(1 + \frac{1}{2}) + (\frac{1}{3} + \frac{1}{4}) + (\frac{1}{5} + \frac{1}{6} + \frac{1}{7} + \frac{1}{8}) + \cdots + (\frac{1}{2^m + 1} + \frac{1}{2^m + 2} + \cdots + \frac{1}{2^{m+1}}) + \cdots$$

一般项 $v_m = \frac{1}{2^m + 1} + \frac{1}{2^m + 2} + \cdots + \frac{1}{2^{m+1}} > \frac{1}{2^{m+1}} + \frac{1}{2^{m+1}} + \cdots + \frac{1}{2^{m+1}}$(共 2^m 项)，即 $v_m > \frac{1}{2}$，故 v_m 不趋于 0，由性质 4 知加括号后级数是发散的，故原级数是发散的.

调和级数即是发散的，但它的一般项 $\frac{1}{n} \to 0 (n \to \infty)$.

习题 10－1

1. 用定义或性质判别下列级数的敛散性.

(1) $\sum_{n=1}^{\infty} (-1)^n$;　　(2) $\sum_{n=1}^{\infty} \frac{1}{(4n-3)(4n+1)}$;

(3) $\sum_{n=1}^{\infty} (\sqrt{n+1} - \sqrt{n})$;　　(4) $\sum_{n=1}^{\infty} \ln(1 + \frac{1}{n})$;

(5) $\sum_{n=1}^{\infty} \frac{n}{(n+1)!}$;　　(6) $\sum_{n=1}^{\infty} (\frac{1}{2^n} + \frac{1}{3^n})$;

(7) $\sum_{n=1}^{\infty} \frac{1}{3n}$;　　(8) $\sum_{n=1}^{\infty} (\frac{3}{5^n} + \frac{2}{n})$.

2. 若级数 $\sum_{n=1}^{\infty} u_n$ 的部分和为 $s_n = \frac{n-1}{n+1}$，写出级数 $\sum_{n=1}^{\infty} u_n$ 并求其和.

3. 证明:数列 $\{u_n\}$ 收敛等价于级数 $\sum_{n=1}^{\infty} (u_{n+1} - u_n)$ 收敛.

4. 证明:若数列 $\{b_n\}$ 满足 $\lim_{n\to\infty} b_n = \infty$，则当 $b_n \neq 0$ 时，级数 $\sum_{n=1}^{\infty} (\frac{1}{b_n} - \frac{1}{b_{n+1}}) = \frac{1}{b_1}$.

§ 10.2 常数项级数审敛法

§ 10.2.1 正项级数审敛法

作为数项级数，如何判定其敛散性是这里我们将要重点讨论的问题(和的问题以后将在函数项级数中有所涉及).

对一般数项级数 $\sum\limits_{n=1}^{\infty} u_n$ 而言，其一般项 u_n 可为正、负或零，其敛散性的判定是比较困难的. 而当 $u_n \geqslant 0$ 时，称 $\sum\limits_{n=1}^{\infty} u_n$ 为正项级数，此时其敛散性的判定则要容易一些.

定理 1 正项级数 $\sum\limits_{n=1}^{\infty} u_n$ 收敛的充分必要条件是它的部分和数列 $\{s_n\}$ 有界.

证明 若 $\sum\limits_{n=1}^{\infty} u_n$ 收敛，则 $\lim\limits_{n\to\infty} s_n = s$，故 $\{s_n\}$ 有界.

反之，若 $\{s_n\}$ 有界，而

$$s_n = u_1 + u_2 + \cdots + u_n,$$

因为 $u_n \geqslant 0$,所以 $\{s_n\}$ 是单调增加的数列. 由单调有界知 $\{s_n\}$ 必有极限，即 $\sum\limits_{n=1}^{\infty} u_n$ 收敛.

对正项级数，若 $\sum\limits_{n=1}^{\infty} u_n$ 发散，由于 $\{s_n\}$ 单增，故 $\lim s_n = +\infty$，即 $\sum\limits_{n=1}^{\infty} u_n = +\infty$.

定理 2(比较审敛法) 对正项级数 $\sum\limits_{n=1}^{\infty} u_n$，$\sum\limits_{n=1}^{\infty} v_n$，且 $u_n \leqslant v_n (n=1, 2, \cdots)$. 若 $\sum\limits_{n=1}^{\infty} v_n$ 收敛，则 $\sum\limits_{n=1}^{\infty} u_n$ 收敛；反之，若 $\sum\limits_{n=1}^{\infty} u_n$ 发散，则 $\sum\limits_{n=1}^{\infty} v_n$ 发散.

证明 设 $\sum\limits_{n=1}^{\infty} u_n$，$\sum\limits_{n=1}^{\infty} v_n$ 的部分和分别为 s_n 及 σ_n，因为 $u_n \leqslant v_n$，有 $s_n = u_1 + \cdots + u_n \leqslant v_1 + \cdots + v_n = \sigma_n$. 利用定理 1 可证明.

利用 § 10.1.2 性质 1 及性质 2，我们可得适用性更广的关于定理 2 的如下推广.

定理 3 设正项级数 $\sum\limits_{n=1}^{\infty} u_n$，$\sum\limits_{n=1}^{\infty} v_n$ 满足 $u_n \leqslant k v_n (k>0, n \geqslant N, N$ 为某正整数)，若 $\sum\limits_{n=1}^{\infty} v_n$ 收敛，则 $\sum\limits_{n=1}^{\infty} u_n$ 收敛；若 $\sum\limits_{n=1}^{\infty} u_n$ 发散，则 $\sum\limits_{n=1}^{\infty} v_n$ 发散.

在用比较审敛法时，我们要事先知道某个级数的敛散性，将其作为比较的标准. 通常情况下，我们常用几何级数和 p −级数(见下例)作为比较的标准.

例 1 级数 $\sum\limits_{n=1}^{\infty} \dfrac{1}{n^p}$ ($p>0$ 为常数)称为 p −级数. 证明:当 $0<p\leqslant 1$ 时发散，当 $p>1$ 时收敛.

证明　当 $0<p\leqslant 1$ 时，$\frac{1}{n^p}\geqslant\frac{1}{n}$，由比较审敛法知 $\sum\limits_{n=1}^{\infty}\frac{1}{n^p}$ 发散；当 $p>1$ 时，将 p－级数写成

$$1+\left(\frac{1}{2^p}+\frac{1}{3^p}\right)+\left(\frac{1}{4^p}+\frac{1}{5^p}+\frac{1}{6^p}+\frac{1}{7^p}\right)+\left(\frac{1}{8^p}+\frac{1}{9^p}+\cdots+\frac{1}{15^p}\right)+\cdots$$
$$+\left[\frac{1}{(2^{n-1})^p}+\frac{1}{(2^{n-1}+1)^p}+\cdots\frac{1}{(2^n-1)^p}\right]+\cdots$$

它的每一项都不超过级数

$$1+\left(\frac{1}{2^p}+\frac{1}{2^p}\right)+\left(\frac{1}{4^p}+\frac{1}{4^p}+\frac{1}{4^p}+\frac{1}{4^p}\right)+\left(\frac{1}{8^p}+\frac{1}{8^p}+\cdots+\frac{1}{8^p}\right)+\cdots$$
$$+\left[\frac{1}{(2^{n-1})^p}+\frac{1}{(2^{n-1})^p}+\cdots+\frac{1}{(2^{n-1})^p}\right]+\cdots$$

的对应项，而后一级数即为 $1+\frac{1}{2^{p-1}}+\left(\frac{1}{2^{p-1}}\right)^2+\left(\frac{1}{2^{p-1}}\right)^3+\cdots+\left(\frac{1}{2^{p-1}}\right)^{n-1}+\cdots$，当 $p>1$ 时为收敛的几何级数，其部分和 σ_n 有界. 对 p－级数的部分和 $s_n\leqslant s_{2^n-1}\leqslant\sigma_n$，所以 s_n 有界，由定理 1 知，当 $p>1$ 时，p－级数收敛.

用上例证明思想可证明，对正项级数，若加括号后是收敛的，则原级数也是收敛的.

例 2　判别级数(1) $\sum\limits_{n=1}^{\infty}\frac{5}{2n^2+4n+3}$，(2) $\sum\limits_{n=1}^{\infty}\frac{1}{\sqrt{n(n+1)}}$，(3) $\sum\limits_{n=1}^{\infty}\frac{\ln n}{n}$ 的敛散性.

解　(1) $u_n=\frac{5}{2n^2+4n+3}<\frac{5}{2}\cdot\frac{1}{n^2}$，而 $\sum\limits_{n=1}^{\infty}\frac{1}{n^2}$ 为 p－级数($p=2$)，收敛，由比较审敛法知原级数收敛.

(2) $u_n=\frac{1}{\sqrt{n(n+1)}}>\frac{1}{n+1}$，而 $\sum\limits_{n=1}^{\infty}\frac{1}{n+1}$ 发散，故原级数发散.

(3) $u_n=\frac{\ln n}{n}>\frac{1}{n}(n\geqslant 3)$，而 $\sum\limits_{n=1}^{\infty}\frac{1}{n}$ 发散，故原级数发散.

例 3　证明 $\sum\limits_{n=1}^{\infty}\frac{a^n}{n!}$ ($a>0$，常数)收敛.

证明　设 $m=[a]$，当 $n>m$ 时，有

$$u_n=\frac{a^n}{n!}=\frac{a^m}{1\cdot 2\cdot\cdots\cdot m}\cdot\frac{a^{n-m}}{(m+1)\cdot\cdots\cdot n}\leqslant c\cdot\left(\frac{a}{m+1}\right)^{n-m}.$$

其中，$c=\frac{a^m}{m!}>0$，为常数，而 $0<\frac{a}{m+1}<1$，则 $\sum\left(\frac{a}{m+1}\right)^{n-m}$ 为收敛的几何级数，由比较审敛法知 $\sum\limits_{n=1}^{\infty}\frac{a^n}{n!}$ 收敛.

比较审敛法要求不等式具有确定的方向性，即要想说明 $\sum u_n$ 收敛，有 $u_n\leqslant v_n$，且 $\sum v_n$ 收敛. 但对 $\sum\limits_{n=1}^{\infty}\frac{1}{2^n-1}$，我们有 $\frac{1}{2^n-1}>\frac{1}{2^n}$，这就不能用比较审敛法来说明其收敛性(事实上该级数是收敛的). 为此我们有下述审敛法.

定理 4(比较审敛法的极限形式)　设正项级数 $\sum\limits_{n=1}^{\infty}u_n$，$\sum\limits_{n=1}^{\infty}v_n$.

若$\lim\limits_{n\to\infty}\frac{u_n}{v_n}=l(0<l<+\infty)$，则这两个级数同敛散性.

若$\lim\limits_{n\to\infty}\frac{u_n}{v_n}=0$，则如果 $\sum\limits_{n=1}^{\infty}v_n$ 收敛可知 $\sum\limits_{n=1}^{\infty}u_n$ 收敛.

若$\lim\limits_{n\to\infty}\frac{u_n}{v_n}=+\infty$，则如果 $\sum\limits_{n=1}^{\infty}v_n$ 发散可知 $\sum\limits_{n=1}^{\infty}u_n$ 发散.

证明　若$\lim\limits_{n\to\infty}\frac{u_n}{v_n}=l(0<l<+\infty)$，由极限定义，取 $\varepsilon=\frac{l}{2}>0$，存在 N，当 $n>N$ 时，有$\left|\frac{u_n}{v_n}-l\right|<\varepsilon=\frac{l}{2}$，亦$\frac{1}{2}l<\frac{u_n}{v_n}<\frac{3}{2}l$，即当 $n>N$ 时，$\frac{l}{2}v_n<u_n<\frac{3l}{2}v_n$，由比较审敛法可知 $\sum\limits_{n=1}^{\infty}u_n$，$\sum\limits_{n=1}^{\infty}v_n$ 具有相同的敛散性.

若$\lim\limits_{n\to\infty}\frac{u_n}{v_n}=0$，对 $\varepsilon>0$，存在 N，当 $n>N$ 时，有$\frac{u_n}{v_n}<\varepsilon$，即 $u_n<\varepsilon\cdot v_n$，由比较审敛法可知，若 $\sum v_n$ 收敛可得 $\sum u_n$ 收敛.

若$\lim\limits_{n\to\infty}\frac{u_n}{v_n}=+\infty$，取 $M=1$，存在 N，当 $n>N$ 时，有$\frac{u_n}{v_n}>M=1$，即 $u_n>v_n$，由比较审敛法可知，当$\sum v_n$ 发散时，$\sum u_n$ 亦发散.

对 $\sum\limits_{n=1}^{\infty}\frac{1}{2^n-1}$，令 $u_n=\frac{1}{2^n-1}$，$v_n=\frac{1}{2^n}$，则有

$$\lim_{n\to\infty}\frac{u_n}{v_n}=\lim_{n\to\infty}\frac{1}{1-\left(\frac{1}{2}\right)^n}=1>0.$$

因为 $\sum\limits_{n=1}^{\infty}\frac{1}{2^n}$ 收敛，故 $\sum\limits_{n=1}^{\infty}\frac{1}{2^n-1}$ 是收敛的.

在定理 4 中若取 $v_n=\frac{1}{n^p}$，可得如下审敛法.

定理 5(极限审敛法)　设 $\sum\limits_{n=1}^{\infty}u_n$ 为正项级数.

(1)若$\lim\limits_{n\to\infty}nu_n=l>0$ 或$\lim\limits_{n\to\infty}nu_n=+\infty$，则 $\sum\limits_{n=1}^{\infty}u_n$ 发散.

(2)若$\lim\limits_{n\to\infty}n^pu_n=l\geqslant0(p>1)$，则 $\sum\limits_{n=1}^{\infty}u_n$ 收敛.

例 4　判别级数的敛散性:(1) $\sum\limits_{n=1}^{\infty}\sin\frac{1}{n}$，(2) $\sum\limits_{n=1}^{\infty}\ln(1+\frac{1}{n^2})$.

解　(1)$\lim\limits_{n\to\infty}n\cdot\sin\frac{1}{n}=1>0$，所以 $\sum\limits_{n=1}^{\infty}\sin\frac{1}{n}$发散.

(2)$\lim\limits_{n\to\infty}n^2\ln\left(1+\frac{1}{n^2}\right)=1>0(p=2>1)$，故 $\sum\limits_{n=1}^{\infty}\ln\left(1+\frac{1}{n^2}\right)$收敛.

§10.2.2　交错级数审敛法

前述审敛法均只适用于正项级数(源于§10.2.1 定理 1)，当然也能处理级数

$\sum_{n=1}^{\infty} u_n (u_n \leqslant 0)$，它与正项级数 $\sum_{n=1}^{\infty}(-u_n)$ 同敛散性．而对任意项级数的审敛则相对较难．下面首先讨论一个特殊的任意项级数——交错级数的审敛法．

交错级数即为正负项交替出现的数项级数，可写为

$$u_1 - u_2 + u_3 - u_4 + \cdots + (-1)^{n-1} u_n + \cdots = \sum_{n=1}^{\infty}(-1)^{n-1} u_n$$

或

$$-u_1 + u_2 - u_3 + u_4 - \cdots + (-1)^n u_n + \cdots = \sum_{n=1}^{\infty}(-1)^n u_n,$$

其中 $u_n > 0$．它们同敛散性，我们以前一种形式来讨论．

定理 6(莱布尼茨审敛法)　如果交错级数 $\sum_{n=1}^{\infty}(-1)^{n-1} u_n$ 满足条件：

(1) $u_n \geqslant u_{n+1} (n=1, 2, \cdots)$，

(2) $\lim_{n\to\infty} u_n = 0$，

则级数 $\sum_{n=1}^{\infty}(-1)^{n-1} u_n$ 收敛，且其和 $s \leqslant u_1$，其余项 r_n 的绝对值 $|r_n| \leqslant u_{n+1}$．

证明　先证明前 $2n$ 项的和 s_{2n} 的极限存在，为此把 s_{2n} 写成两种形式：

$$s_{2n} = (u_1 - u_2) + (u_3 - u_4) + \cdots + (u_{2n-1} - u_{2n})$$

及

$$s_{2n} = u_1 - (u_2 - u_3) - (u_4 - u_5) - \cdots - (u_{2n-2} - u_{2n-1}) - u_{2n}.$$

根据条件(1)知道所有括弧中的差都是非负的．由第一种形式可见数列 $\{s_{2n}\}$ 是单调增加的，由第二种形式可见 $s_{2n} < u_1$．于是，根据单调有界数列必有极限的准则知道，当 n 无限增大时，s_{2n} 存在极限 s，并且 s 不大于 u_1，即

$$\lim_{n\to\infty} s_{2n} = s \leqslant u_1.$$

再证明前 $2n+1$ 项的和 s_{2n+1} 的极限也是 s．事实上，我们有

$$s_{2n+1} = s_{2n} + u_{2n+1}.$$

由条件(2)知 $\lim_{n\to\infty} u_{2n+1} = 0$，因此

$$\lim_{n\to\infty} s_{2n+1} = \lim_{n\to\infty}(s_{2n} + u_{2n+1}) = s.$$

由于级数的前偶数项的和与奇数项的和趋于同一极限 s，故级数 $\sum_{n=1}^{\infty}(-1)^{n-1} u_n$ 的部分和 s_n 当 $n\to\infty$ 时有极限 s．这就证明了级数 $\sum_{n=1}^{\infty}(-1)^{n-1} u_n$ 收敛于和 s，且 $s \leqslant u_1$．

最后，不难看出余项 r_n 可以写成

$$r_n = \pm(u_{n+1} - u_{n+2} + \cdots),$$

其绝对值为

$$|r_n| = u_{n+1} - u_{n+2} + \cdots$$

上式右端也是一个交错级数，它也满足收敛的两个条件，所以其和小于级数的第一项，也就是说

$$|r_n| \leqslant u_{n+1}.$$

条件(1)可改为 $u_n \geqslant u_{n+1} (n \geqslant N$，$N$ 为某正整数)．

例 5 证明交错调和级数 $1-\frac{1}{2}+\frac{1}{3}-\frac{1}{4}+\cdots=\sum\limits_{n=1}^{\infty}(-1)^{n-1}\frac{1}{n}$ 收敛.

证明 因为 $u_n=\frac{1}{n}>u_{n+1}=\frac{1}{n+1}$，且 $u_n=\frac{1}{n}\to 0(n\to\infty)$，由定理 6 知该交错级数收敛.

例 6 判别级数 $\sum\limits_{n=1}^{\infty}(-1)^{n-1}\frac{n^2}{n^3+1}$ 的敛散性.

解 所给级数为交错级数，$u_n=\frac{n^2}{n^3+1}$，因为

$$\begin{aligned}
u_n=\frac{n^2}{n^3+1}&>u_{n+1}=\frac{(n+1)^2}{(n+1)^3+1}\\
&\Leftrightarrow n^2(n+1)^3+n^2>(n+1)^2n^3+(n+1)^2\\
&\Leftrightarrow n^2(n^3+3n^2+3n+1)+n^2>(n^2+2n+1)n^3+n^2+2n+1\\
&\Leftrightarrow n^4+2n(n^2-1)+n^2>1,
\end{aligned}$$

而当 $n\geqslant 1$ 时，$n^4+2n(n^2-1)+n^2>1$ 成立，故 $u_n>u_{n+1}$，而 $\lim\limits_{n\to\infty}u_n=0$，故原级数收敛.

§10.2.3 任意项级数审敛法

对任意项级数的审敛，我们亦希望借助于正项级数的审敛法，为此我们引入绝对值级数 $\sum\limits_{n=1}^{\infty}|u_n|$.

定义 1 $\sum\limits_{n=1}^{\infty}u_n$ 为常数项级数，称 $\sum\limits_{n=1}^{\infty}|u_n|$ 为 $\sum\limits_{n=1}^{\infty}u_n$ 的绝对值级数. 若 $\sum\limits_{n=1}^{\infty}|u_n|$ 收敛，称 $\sum\limits_{n=1}^{\infty}u_n$ 为绝对收敛；若 $\sum\limits_{n=1}^{\infty}|u_n|$ 发散而 $\sum\limits_{n=1}^{\infty}u_n$ 收敛，称 $\sum\limits_{n=1}^{\infty}u_n$ 为条件收敛.

显然收敛的正项级数均为绝对收敛的.

例 7 $\sum\limits_{n=1}^{\infty}\frac{(-1)^{n-1}}{n^2}=1-\frac{1}{2^2}+\frac{1}{3^2}-\frac{1}{4^2}+\cdots$ 是绝对收敛的，因为 $\sum\limits_{n=1}^{\infty}\left|\frac{(-1)^{n-1}}{n^2}\right|=\sum\limits_{n=1}^{\infty}\frac{1}{n^2}$ 是收敛的 p 一级数($p=2$).

例 8 交错调和级数 $\sum\limits_{n=1}^{\infty}\frac{(-1)^{n-1}}{n}=1-\frac{1}{2}+\frac{1}{3}-\frac{1}{4}+\cdots$ 收敛，但其绝对值级数 $\sum\limits_{n=1}^{\infty}\left|\frac{(-1)^{n-1}}{n}\right|=1+\frac{1}{2}+\frac{1}{3}+\cdots$ 是发散的，故 $\sum\limits_{n=1}^{\infty}\frac{(-1)^{n-1}}{n}$ 是条件收敛的.

定理 7 若 $\sum\limits_{n=1}^{\infty}u_n$ 是绝对收敛的，则它一定是收敛的.

证明 因为 $0\leqslant u_n+|u_n|\leqslant 2|u_n|$ 成立. 若 $\sum\limits_{n=1}^{\infty}u_n$ 绝对收敛，即 $\sum\limits_{n=1}^{\infty}|u_n|$ 收敛. 从而 $\sum\limits_{n=1}^{\infty}2|u_n|$ 收敛，由比较审敛法，正项级数 $\sum\limits_{n=1}^{\infty}(u_n+|u_n|)$ 收敛，由 §10.1.2 性质 1 知

$$\sum_{n=1}^{\infty}u_n=\sum_{n=1}^{\infty}[(u+|u_n|)-|u_n|]=\sum_{n=1}^{\infty}(u_n+|u_n|)-\sum_{n=1}^{\infty}|u_n|$$

也是收敛的.

对正项级数 $\sum\limits_{n=1}^{\infty}|u_n|$，有关正项级数的审敛法均可使用，若得到 $\sum\limits_{n=1}^{\infty}|u_n|$ 收敛，进而 $\sum u_n$ 收敛.

例 9　判别级数 $\sum\limits_{n=1}^{\infty}\dfrac{\cos n}{n^2}$ 的敛散性.

解　其绝对值级数为 $\sum\limits_{n=1}^{\infty}\dfrac{|\cos n|}{n^2}$，为正项级数，一般项 $\dfrac{|\cos n|}{n^2}\leqslant\dfrac{1}{n^2}$. 由比较审敛法知 $\sum\limits_{n=1}^{\infty}\dfrac{|\cos n|}{n^2}$ 收敛，故 $\sum\limits_{n=1}^{\infty}\dfrac{\cos n}{n^2}$ 是收敛的.

而当不能判定绝对收敛时，下述审敛法可直接使用.

定理 8(比值审敛法，达朗贝尔审敛法)　对级数 $\sum\limits_{n=1}^{\infty}u_n$，如果 $\lim\limits_{n\to\infty}\left|\dfrac{u_{n+1}}{u_n}\right|=\rho$，则

(1)若 $\rho<1$，则 $\sum\limits_{n=1}^{\infty}u_n$ 绝对收敛(从而收敛).

(2)若 $\rho>1$ 或 $\lim\limits_{n\to\infty}\left|\dfrac{u_{n+1}}{u_n}\right|=+\infty$，则 $\sum\limits_{n=1}^{\infty}u_n$ 发散.

证明　由 $\lim\limits_{n\to\infty}\left|\dfrac{u_{n+1}}{u_n}\right|=\rho$，$\forall\varepsilon>0$，$\exists N>0$，当 $n\geqslant N$ 时有

$$\rho-\varepsilon<\left|\frac{u_{n+1}}{u_n}\right|<\rho+\varepsilon.$$

(1)若 $\rho<1$，取适当小的正数 $\varepsilon>0$，使 $\rho+\varepsilon=q<1$，当 $n\geqslant N$ 时有

$$\left|\frac{u_{n+1}}{u_n}\right|<q,$$

因此 $|u_{N+1}|<q|u_N|$，$|u_{N+2}|<q^2|u_N|$，…，$|u_{N+k}|<q^k|u_N|$，…，级数 $\sum\limits_{k=1}^{\infty}q^k|u_N|$ 收敛(几何级数，公比 $q<1$)，由比较审敛法知 $\sum\limits_{k=1}^{\infty}|u_{N+k}|$ 收敛，即 $\sum\limits_{n=1}^{\infty}|u_n|$ 收敛，$\sum\limits_{n=1}^{\infty}u_n$ 绝对收敛，即本身收敛.

(2)若 $\rho>1$，取适当小的正数 $\varepsilon>0$，使 $\rho-\varepsilon>1$，当 $n\geqslant N$ 时有

$$\left|\frac{u_{n+1}}{u_n}\right|>\rho-\varepsilon>1,$$

也就是 $|u_{n+1}|>|u_n|$，从而 $\lim\limits_{n\to\infty}|u_n|\neq0$，进而 $\lim\limits_{n\to\infty}u_n\neq0$，故 $\sum\limits_{n=1}^{\infty}u_n$ 发散.

当 $\lim\limits_{n\to\infty}\left|\dfrac{u_{n+1}}{u_n}\right|=+\infty$ 时，取 $M=1>0$，存在 N，当 $n\geqslant N$ 时有 $\left|\dfrac{u_{n+1}}{u_n}\right|>M=1$，也就是 $|u_{n+1}|>|u_n|$，同样可得 $\sum\limits_{n=1}^{\infty}u_n$ 发散.

注意，本定理可直接适用于正项级数而不用加绝对值. 由证明过程可知发散的结果来源于 $\lim\limits_{n\to\infty}u_n\neq0$，故本定理对发散判定只适用于一般项不趋于零的情形，且若由本定理判知

级数发散，则一定有$\lim\limits_{n\to\infty}u_n\neq 0$. 最后当$\lim\limits_{n\to\infty}\left|\dfrac{u_{n+1}}{u_n}\right|=1$，不能说明级数的敛散性，比如 p－级数，总有$\lim\limits_{n\to\infty}\left|\dfrac{1}{(n+1)^p}\Big/\dfrac{1}{n^p}\right|=1$，但 p－级数可收敛，也可发散.

例 10 判别级数(1) $\sum\limits_{n=1}^{\infty}(-1)^n\dfrac{n^3}{3^n}$，(2) $\sum\limits_{n=1}^{\infty}\dfrac{n!}{n^n}$，(3) $\sum\limits_{n=1}^{\infty}\dfrac{n!}{10^n}$ 的敛散性.

解 (1) $\left|\dfrac{u_{n+1}}{u_n}\right|=\left|(-1)^{n+1}\dfrac{(n+1)^3}{3^{n+1}}\Big/(-1)^n\dfrac{n^3}{3^n}\right|=\dfrac{1}{3}(1+\dfrac{1}{n})^3\to\dfrac{1}{3}<1$，
由比值审敛法知所给级数绝对收敛，从而收敛.

(2)所给级数为正项级数，

$$\frac{u_{n+1}}{u_n}=\frac{(n+1)!}{(n+1)^{n+1}}\Big/\frac{n!}{n^n}=\left(\frac{n}{n+1}\right)^n=\frac{1}{\left(1+\dfrac{1}{n}\right)^n}\to\frac{1}{\mathrm{e}}<1,$$

由比值审敛法知所给级数收敛.

(3)所给级数为正项级数，

$$\frac{u_{n+1}}{u_n}=\frac{(n+1)!}{10^{n+1}}\Big/\frac{n!}{10^n}=\frac{n+1}{10}\to+\infty,$$

由比值审敛法知所给级数发散.

比值审敛法适用于比值极限存在时，而当一般项出现 n 次幂时，常用下述审敛法. 证明与比值法类似，留作练习.

定理 9(根值审敛法，柯西审敛法) 对级数 $\sum\limits_{n=1}^{\infty}u_n$，如果

$$\lim_{n\to\infty}\sqrt[n]{|u_n|}=\rho,$$

(1)若 $\rho<1$，则 $\sum\limits_{n=1}^{\infty}u_n$ 绝对收敛(从而收敛).

(2)若 $\rho>1$ 或$\lim\limits_{n\to\infty}\sqrt[n]{|u_n|}=+\infty$，则$\sum\limits_{n=1}^{\infty}u_n$ 发散.

同比值法一样，对正项级数可直接使用，所得发散仅为$\lim\limits_{n\to\infty}u_n\neq 0$ 的情形. 若 $\rho=1$ 时失效.

例 11 判别级数 $\sum\limits_{n=1}^{\infty}\left(\dfrac{2n+3}{3n+2}\right)^n$ 的敛散性.

解 $\sqrt[n]{|u_n|}=\dfrac{2n+3}{3n+2}\to\dfrac{2}{3}<1$，由根值审敛法知所给级数收敛.

例 12 讨论级数 $\sum\limits_{n=1}^{\infty}(-1)^{n-1}\dfrac{x^n}{n}=x-\dfrac{1}{2}x^2+\dfrac{1}{3}x^3-\cdots$ 的敛散性.

解 $\sqrt[n]{|u_n|}=\sqrt[n]{\dfrac{|x|^n}{n}}=\dfrac{1}{\sqrt[n]{n}}|x|\to|x|$，由根值审敛法知：

当$|x|<1$ 时，级数收敛(绝对收敛).

当$|x|>1$，级数发散.

当 $x=1$ 时，即为 $\sum\limits_{n=1}^{\infty}(-1)^{n-1}\dfrac{1}{n}$，条件收敛.

当 $x=-1$ 时，即为 $\sum_{n=1}^{\infty}\frac{-1}{n}$，发散.

绝对收敛级数有许多性质是条件收敛级数所没有的，下面给出两个关于绝对收敛级数的结论(其证明从略).

***定理 10**　若级数 $\sum_{n=1}^{\infty}u_n$ 绝对收敛，则任意交换它的各项次序所得新级数 $\sum_{n=1}^{\infty}u_n'$ 也是绝对收敛的，且和不变.

***定理 11**　设级数 $\sum_{n=1}^{\infty}u_n$ 和 $\sum_{n=1}^{\infty}v_n$ 都绝对收敛，其和分别为 s 和 σ，则它们的柯西乘积(一种乘积级数)

$$u_1v_1+(u_1v_2+u_2v_1)+\cdots+(u_1v_n+u_2v_{n-1}+\cdots+u_nv_1)+\cdots$$

也是绝对收敛的，且其和为 $s\sigma$.

绝对收敛作为一种强收敛，有定理 10 的结论. 当级数仅条件收敛时考察交错调和级数及其和.

$1-\frac{1}{2}+\frac{1}{3}-\frac{1}{4}+\frac{1}{5}-\frac{1}{6}+\frac{1}{7}-\frac{1}{8}+\cdots=\ln 2$(将在函数项级数中可得此结论). 将此级数乘以 $\frac{1}{2}$，我们得到

$$\frac{1}{2}-\frac{1}{4}+\frac{1}{6}-\frac{1}{8}+\cdots=\frac{1}{2}\ln 2,$$

在各项之间插入数零，有

$$0+\frac{1}{2}+0-\frac{1}{4}+0+\frac{1}{6}+0-\frac{1}{8}+\cdots=\frac{1}{2}\ln 2,$$

利用收敛级数相加性质，将上式与交错调和级数相加，有

$$1+\frac{1}{3}-\frac{1}{2}+\frac{1}{5}+\frac{1}{7}-\frac{1}{4}+\cdots=\frac{3}{2}\ln 2.$$

该级数即为交错调和级数的一个换序相加级数，每两个正项后出现一个负项. 而这个级数的和就不相同了. 事实上，黎曼证明了若 $\sum_{n=1}^{\infty}u_n$ 为条件收敛，r 为任意实数，则总存在 $\sum u_n$ 的一个换序级数收敛于 r (参阅 James Stewart 著，《微积分》，第 11 章).

习题 10—2

1. 用比较审敛法或极限审敛法判别下列级数的敛散性.

(1) $\sum_{n=1}^{\infty}\frac{1}{n^2+n+1}$；　(2) $\sum_{n=1}^{\infty}\frac{5}{2+3^n}$；

(3) $\sum_{n=2}^{\infty}\frac{1}{n-\sqrt{n}}$；　(4) $\sum_{n=1}^{\infty}\frac{1}{n\cdot\sqrt[n]{n}}$；

(5) $\sum_{n=1}^{\infty}\frac{2+(-1)^n}{n\sqrt{n}}$；　(6) $\sum_{n=2}^{\infty}\frac{1}{\ln n}$.

2. 证明:若 $u_n>0$，且 $\sum u_n$ 收敛，则 $\sum \ln(1+u_n)$收敛.

3. 用莱布尼茨审敛法判别下列级数的敛散性.

(1) $\sum\limits_{n=1}^{\infty}(-1)^{n-1}\frac{1}{\sqrt{n}}$;　　(2) $\sum\limits_{n=1}^{\infty}(-1)^{n-1}\frac{n}{n^2+1}$;

(3) $\sum\limits_{n=1}^{\infty}(-1)^{n-1}\ln(1+\frac{1}{\sqrt{n}})$.

4. 判别下列级数是绝对收敛、条件收敛还是发散.

(1) $\sum\limits_{n=1}^{\infty}\frac{n^2}{2^n}$;　　(2) $\sum\limits_{n=1}^{\infty}\frac{2^n n!}{n^n}$;

(3) $\sum\limits_{n=0}^{\infty}\frac{(-10)^n}{n!}$;　　(4) $\sum\limits_{n=1}^{\infty}(-1)^{n-1}\frac{2^n}{n^4}$;

(5) $\sum\limits_{n=2}^{\infty}\frac{(-1)^n}{(\ln n)^n}$;　　(6) $\sum\limits_{n=2}^{\infty}\frac{(-1)^n}{\ln n}$;

(7) $\sum\limits_{n=1}^{\infty}\frac{\sin 4n}{4^n}$;　　(8) $\sum\limits_{n=1}^{\infty}\left(\frac{n^2+1}{2n^2+1}\right)^n$;

(9) $\sum\limits_{n=1}^{\infty}a_n$, $a_1=2$, $a_{n+1}=\frac{5n+1}{4n+3}a_n$.

5. 证明:若级数 $\sum u_n^2$ 及 $\sum v_n^2$ 收敛，则级数 $\sum u_n v_n$，$\sum(u_n+v_n)^2$ 及 $\sum\frac{u_n}{n}$ 均收敛.

6. 设 $\sum\limits_{n=1}^{\infty}a_n$ 与 $\sum\limits_{n=1}^{\infty}b_n$ 收敛，且 $a_n\leqslant c_n\leqslant b_n(n=1,2,\cdots)$. 证明 $\sum\limits_{n=1}^{\infty}c_n$ 也收敛.

§10.3　幂级数

§10.3.1　函数项级数的收敛域与和函数

给定一个定义在非空数集 l 上的函数列$\{u_n(x)\}$:$u_1(x)$，$u_2(x)$，…，$u_n(x)$，…，称表达式 $u_1(x)+u_2(x)+\cdots+u_n(x)+\cdots$为定义在 l 上的函数项无穷级数，简称无穷级数或级数，记为 $\sum\limits_{n=1}^{\infty}u_n(x)$，其前 n 项和 $s_n(x)=u_1(x)+\cdots+u_n(x)$称为它的部分和函数.

定义 1　对非空数集 l 上的一个函数项级数 $\sum\limits_{n=1}^{\infty}u_n(x)$，若 $x_0\in l$，数项级数 $\sum\limits_{n=1}^{\infty}u_n(x_0)$ 收敛，则称 x_0是函数项级数 $\sum\limits_{n=1}^{\infty}u_n(x)$ 的收敛点；否则称 x_0为它的发散点. 所有收敛点的全体称为它的收敛域，所有发散点的全体称为它的发散域.

设 D 为 $\sum\limits_{n=1}^{\infty}u_n(x)$ 的收敛域，$\forall x\in D$，$\sum\limits_{n=1}^{\infty}u_n(x)$ 收敛，记和为 $s(x)$，称 $s(x)$为

$\sum_{n=1}^{\infty}u_n(x)$ 的和函数，即 $\sum_{n=1}^{\infty}u_n(x)=s(x)=\lim_{n\to\infty}s_n(x)(x\in D)$. 此时有余项 $r_n(x)=s(x)-s_n(x)=\sum_{k=n+1}^{\infty}u_k(x)$，且 $\lim_{n\to\infty}r_n(x)=0$.

在数项级数中我们讨论过(数项)级数 $\sum_{n=0}^{\infty}x^n$（几何级数），这里可视为定义在 $(-\infty, +\infty)$ 上的函数项级数，由前面讨论知，当 $-1<x<1$ 时收敛，其余发散. 故收敛域为 $(-1, 1)$，且有和函数 $s(x)=\frac{1}{1-x}$.

§10.3.2　幂级数及其收敛性

一般函数项级数的研究是很复杂的问题，其中结构最简单、应用上也很重要的级数是幂级数，即

$$\sum_{n=0}^{\infty}a_n(x-x_0)^n=a_0+a_1(x-x_0)+a_2(x-x_0)^2+\cdots+a_n(x-x_0)^n+\cdots$$

其中，x_0 及系数 $a_n(n=0, 1, 2, \cdots)$ 均为实数. 当 $x_0=0$ 时，有更简单的形式 $\sum_{n=0}^{\infty}a_nx^n=a_0+a_1x+a_2x^2+\cdots+a_nx^n+\cdots$，称为关于 x 的幂级数.

对幂级数 $\sum_{n=0}^{\infty}x^n$，我们已经知道 $x\in(-1, 1)$ 时收敛，$|x|\geqslant 1$ 时发散. 这里收敛域是一个对称区间，它对一般幂级数也是成立的，这就是我们将要讨论的关于幂级数的收敛性问题.

定理 1(阿贝尔定理)　若幂级数 $\sum_{n=0}^{\infty}a_nx^n$ 在 $x_0(x_0\neq 0)$ 处收敛，则当 $|x|<|x_0|$ 时，幂级数绝对收敛. 若幂级数 $\sum_{n=0}^{\infty}a_nx^n$ 在 $x_0(x_0\neq 0)$ 处发散，则当 $|x|>|x_0|$ 时，幂级数发散.

证明　设 $x_0\neq 0$，使 $\sum_{n=0}^{\infty}a_nx_0^n$ 收敛，此时 $\lim_{n\to\infty}a_nx_0^n=0$. 由数列极限存在必有界知，存在 $M>0$，使 $|a_nx_0^n|\leqslant M(n=0, 1, 2, \cdots)$，此时

$$|a_nx^n|=\left|a_nx_0^n\cdot\frac{x^n}{x_0^n}\right|=|a_nx_0^n|\cdot\left|\frac{x}{x_0}\right|^n\leqslant M\left|\frac{x}{x_0}\right|^n,$$

当 $|x|<|x_0|$ 时，有 $\left|\frac{x}{x_0}\right|<1$，几何级数 $\sum_{n=0}^{\infty}M\left|\frac{x}{x_0}\right|^n$ 收敛，由比较审敛法知 $\sum_{n=0}^{\infty}|a_nx^n|$ 收敛，即当 $|x|<|x_0|$ 时幂级数绝对收敛.

若幂级数在 x_0 处发散，假设定理结论不成立，即有 x_1，$|x_1|>|x_0|$，使 $\sum_{n=0}^{\infty}a_nx_1^n$ 收敛，而 x_1 作为收敛点，由前述证明知在 x_0 处幂级数收敛，这与假设矛盾. 故定理结论成立.

本定理告诉我们，若幂级数在 x_0 处收敛，则它在开区间 $(-|x_0|, |x_0|)$ 内绝对收敛；若幂级数在 x_0 处发散，则在闭区间 $[-|x_0|, |x_0|]$ 外均发散. 于是有下述重要结论.

结论 如果幂级数 $\sum_{n=1}^{\infty}a_nx^n$ 不是仅在 $x=0$ 一点收敛，也不是在整个数轴上都收敛，则必有一个确定的正数 R 存在，使得：

当 $|x|<R$ 时，幂级数绝对收敛；

当 $|x|>R$ 时，幂级数发散；

当 $x=R$ 与 $x=-R$ 时，幂级数可能收敛，也可能发散.

称该正数 R 为幂级数的收敛半径，开区间 $(-R, R)$ 称为幂级数的收敛区间. 收敛区间加上收敛的端点形成幂级数的收敛域.

这里规定，若幂级数仅在 $x=0$ 处收敛，则 $R=0$；若幂级数对一切 $x\in(-\infty, +\infty)$ 均收敛，则 $R=+\infty$. 当 $R=+\infty$ 时，收敛区间 $(-\infty, +\infty)$ 即为其收敛域.

对 $\sum_{n=0}^{\infty}x^n$，$R=1$，收敛区间及收敛域均为 $(-1, 1)$.

对 $\sum_{n=1}^{\infty}\frac{1}{n!}x^n$，由比值审敛法，$\left|\frac{1}{(n+1)!}x^{n+1}\Big/\frac{1}{n!}x^n\right|=\frac{1}{n+1}|x|\to 0<1$，故对一切 $x\in(-\infty, +\infty)$，$\sum_{n=1}^{\infty}\frac{1}{n!}x^n$ 绝对收敛，所以 $R=+\infty$.

一般地，比值(或根值)审敛法常被用来确定幂级数的敛散性，进而得到其收敛半径.

例 1 讨论级数 $\sum_{n=0}^{\infty}\frac{(-3)^nx^n}{\sqrt{n+1}}$ 的敛散性.

解 令 $u_n(x)=\frac{(-3)^n}{\sqrt{n+1}}x^n$，则

$$\left|\frac{u_{n+1}(x)}{u_n(x)}\right|=3\sqrt{\frac{n+1}{n+2}}|x|\to 3|x| \quad (n\to\infty).$$

由比值审敛法，若 $3|x|<1$，即 $|x|<\frac{1}{3}$，幂级数绝对收敛；若 $3|x|>1$，即 $|x|>\frac{1}{3}$，幂级数发散. 因此 $R=\frac{1}{3}$，收敛区间为 $(-\frac{1}{3}, \frac{1}{3})$.

当 $x=-\frac{1}{3}$ 时，级数变为 $\sum_{n=0}^{\infty}\frac{(-3)^n(-\frac{1}{3})^n}{\sqrt{n+1}}=\sum_{n=0}^{\infty}\frac{1}{\sqrt{n+1}}$，是发散的($p$－级数，$p=\frac{1}{2}$)；

当 $x=\frac{1}{3}$ 时，级数变为 $\sum_{n=0}^{\infty}\frac{(-3)^n(\frac{1}{3})^n}{\sqrt{n+1}}=\sum_{n=0}^{\infty}\frac{(-1)^n}{\sqrt{n+1}}$，为交错级数，由莱布尼茨审敛法可判知为收敛的.

故收敛域为 $(-\frac{1}{3}, \frac{1}{3}]$.

上述讨论也可用根值审敛法来完成. 在收敛区间端点 $x=\pm R$ 处，比值或根值审法总是会失效的，必须用其他审敛法来判断.

例 2 求幂级数 $\sum_{n=0}^{\infty}\frac{(2n)!}{(n!)^2}x^{2n}$ 的收敛半径.

解　由比值审敛法

$$\lim_{n\to\infty}\left|\frac{u_{n+1}(x)}{u_n(x)}\right|=\lim_{n\to\infty}\left|\frac{[2(n+1)]!}{[(n+1)!]^2}x^{2(n+1)}\Big/\frac{(2n)!}{(n!)^2}x^{2n}\right|$$

$$=\lim_{n\to\infty}\frac{2(n+1)(2n+1)}{(n+1)^2}|x^2|=4x^2.$$

当 $4x^2<1$，即 $|x|<\frac{1}{2}$时，幂级数绝对收敛；当 $4x^2>1$，即 $|x|>\frac{1}{2}$时，幂级数发散. 于是有 $R=\frac{1}{2}$.

例 3　讨论幂级数 $\sum\limits_{n=0}^{\infty}\frac{n}{3^{n+1}}(x+2)^n$ 的敛散性.

解　令 $x+2=y$，原级数变为 y 的幂级数 $\sum\limits_{n=0}^{\infty}\frac{n}{3^{n+1}}y^n$，用根值审敛法

$$\lim_{n\to\infty}\sqrt[n]{|u_n(y)|}=\lim_{n\to\infty}\frac{\sqrt[n]{n}}{3^{\frac{n+1}{n}}}|y|=\frac{1}{3}|y|.$$

当$\frac{1}{3}|y|<1$，即$|y|<3$ 时，幂级数绝对收敛；当$\frac{1}{3}|y|>1$，即$|y|>3$ 时，幂级数发散. 于是 $R=3$，关于 y 的幂级数的收敛区间为$(-3,3)$. 由 $-3<y=x+2<3$，得 $-5<x<1$. 所以原级数 $\sum\limits_{n=0}^{\infty}\frac{n}{3^{n+1}}(x+2)^n$ 的收敛区间为$(-5,1)$. 易判知 $y=\pm3$，即 $x=-5$，1 处，级数发散.

本题也可直接以 x 为变量进行讨论.

§10.3.3　幂级数的运算

由于幂级数在收敛区间内是绝对收敛的，由数项级数的有关代数运算性质，可得到幂级数的如下代数运算性质.

1. 加减运算

设幂级数 $\sum\limits_{n=0}^{\infty}a_nx^n$ 与$\sum\limits_{n=0}^{\infty}b_nx^n$ 的收敛半径分别为R_1 与 R_2，和函数分别为 $s(x)$与$\sigma(s)$，记 $R=\min\{R_1,R_2\}$，则在它们的公共收敛区间$(-R,R)$上有

$$\sum_{n=0}^{\infty}a_nx^n\pm\sum_{n=0}^{\infty}b_nx^n=\sum_{n=0}^{\infty}(a_n\pm b_n)x^n=s(x)\pm\sigma(s).$$

2. 乘法运算(柯西乘积)

在$(-R,R)$上有

$$\left(\sum_{n=0}^{\infty}a_nx^n\right)\cdot\left(\sum_{n=0}^{\infty}b_nx^n\right)=\sum_{n=0}^{\infty}c_nx^n=s(x)\cdot\sigma(s).$$

其中，$c_n=a_0b_n+a_1b_{n-1}+\cdots+a_{n-1}b_1+a_nb_0$.

3. 商运算(柯西乘积的逆运算)

$\dfrac{\sum\limits_{n=0}^{\infty}a_nx^n}{\sum\limits_{n=0}^{\infty}b_nx^n}=\sum\limits_{n=0}^{\infty}d_nx^n$，满足 $\sum\limits_{n=0}^{\infty}a_nx^n=(\sum\limits_{n=0}^{\infty}b_nx^n)\cdot(\sum\limits_{n=0}^{\infty}d_nx^n)$，其中乘积为柯西乘积，故有：

$a_0=b_0d_0$，

$a_1=b_1d_0+b_0d_1$，

$a_2=b_2d_0+b_1d_1+b_0d_2$，

……

这里假设 $b_0\neq 0$，则可逐项求出 d_0，d_1，d_2，…，d_n，…，进一步得幂级数的商级数 $\sum\limits_{n=0}^{\infty}d_nx^n$，但应注意相除后所得幂级数 $\sum\limits_{n=0}^{\infty}d_nx^n$ 的收敛半径可能比原两幂级数的收敛半径小得多. 比如，$\dfrac{1}{1-x}=1+x+x^2+\cdots+x^n+\cdots$，而 $\sum\limits_{n=0}^{\infty}a_nx^n=1$ 与 $\sum\limits_{n=0}^{\infty}b_nx^n=1-x$ 作为两个幂级数，$R=+\infty$，而其商级数 $1+x+x^2+\cdots+x^n+\cdots$，其收敛半径仅为 1.

关于幂级数还有如下重要分析性质，其证明需用到级数的一致收敛性，这里从略.

定理 2　$\sum\limits_{n=0}^{\infty}a_nx^n$ 的和函数 $s(x)$ 在收敛区间 $(-R,R)$ 上是连续的，若在端点收敛，则 $s(x)$ 在收敛的端点是单侧连续的.

定理 3　在 $(-R,R)$ 上有

$$s'(x)=(\sum_{n=0}^{\infty}a_nx^n)'=\sum_{n=0}^{\infty}(a_nx^n)'=\sum_{n=1}^{\infty}na_nx^{n-1},$$

这里 $\sum\limits_{n=1}^{\infty}na_nx^{n-1}$ 与原幂级数 $\sum\limits_{n=0}^{\infty}a_nx^n$ 有相同的收敛半径，但在 $x=\pm R$ 处的敛散性可能改变，且在 $(-R,R)$ 内可有限次进行求导运算.

定理 4　在 $(-R,R)$ 上有

$$\int_0^x s(x)\mathrm{d}x=\int_0^x\Big[\sum_{n=0}^{\infty}a_nx^n\Big]\mathrm{d}x=\sum_{n=0}^{\infty}\int_0^x a_nx^n\mathrm{d}x=\sum_{n=0}^{\infty}\frac{a_n}{n+1}x^{n+1},$$

这里 $\sum\limits_{n=0}^{\infty}\dfrac{a_n}{n+1}x^{n+1}$ 与原幂级数 $\sum\limits_{n=0}^{\infty}a_nx^n$ 有相同的收敛半径，但在 $x=\pm R$ 处的敛散性可能改变，且在 $(-R,R)$ 内可有限次进行积分运算.

利用上述有关幂级数的运算性质，结合一些已知幂级数的和函数($\sum\limits_{n=0}^{\infty}x^n=\dfrac{1}{1-x}$，$\sum\limits_{n=0}^{\infty}(-1)^nx^n=\dfrac{1}{1+x}$，$R=1$)，常用来求解未知幂级数的和函数，并可解决某些数项级数求和.

例 4　求和函数(1) $\sum\limits_{n=0}^{\infty}(-1)^n x^{2n}$，(2) $\sum\limits_{n=0}^{\infty}\frac{1}{2^{n+1}}x^n$.

解　(1) $\sum\limits_{n=0}^{\infty}(-1)^n x^{2n}=\sum\limits_{n=0}^{\infty}(-x^2)^n=\frac{1}{1-(-x^2)}$，$|-x^2|<1$，即

$$\sum_{n=0}^{\infty}(-1)^n x^{2n}=\frac{1}{1+x^2},\ |x|<1.$$

(2) $\sum\limits_{n=0}^{\infty}\frac{1}{2^{n+1}}x^n=\frac{1}{2}\sum\limits_{n=0}^{\infty}\left(\frac{x}{2}\right)^n=\frac{1}{2}\frac{1}{1-\frac{x}{2}}$，$\left|\frac{x}{2}\right|<1$，即

$$\sum_{n=0}^{\infty}\frac{1}{2^{n+1}}x^n=\frac{1}{2-x},\ |x|<2.$$

例 5　在$(-1,1)$内求 $\sum\limits_{n=0}^{\infty}\frac{x^n}{n+1}$ 的和函数.

解法一　因为 $\sum\limits_{n=0}^{\infty}x^n=\frac{1}{1-x}$，$|x|<1$，所以

$$\sum_{n=0}^{\infty}\frac{1}{n+1}x^{n+1}=\int_0^x\frac{1}{1-x}\mathrm{d}x=-\ln(1-x),$$

即

$$x\sum_{n=0}^{\infty}\frac{1}{n+1}x^n=-\ln(1-x).$$

当 $x\neq 0$ 时，有 $\sum\limits_{n=0}^{\infty}\frac{1}{n+1}x^n=-\frac{\ln(1-x)}{x}$；

当 $x=0$ 时，由原级数有 $\sum\limits_{n=0}^{\infty}\frac{1}{n+1}x^n=1$.

故 $\sum\limits_{n=0}^{\infty}\frac{1}{n+1}x^n=\begin{cases}-\frac{\ln(1-x)}{x}, & 0<|x|<1,\\ 1, & x=0.\end{cases}$

解法二　设 $s(x)=\sum\limits_{n=0}^{\infty}\frac{1}{n+1}x^n$，$|x|<1$.

$$xs(x)=\sum_{n=0}^{\infty}\frac{1}{n+1}x^{n+1},$$

$$(xs(x))'=\sum_{n=0}^{\infty}x^n=\frac{1}{1-x}\ (|x|<1).$$

所以

$$\int_0^x(xs(x))'\mathrm{d}x=\int_0^x\frac{1}{1-x}\mathrm{d}x,$$

即

$$xs(x)=-\ln(1-x),\ s(x)=-\frac{\ln(1-x)}{x},\ 0<|x|<1,$$

而当 $x=0$ 时，有 $s(x)=1$.

注意，$\sum\limits_{n=0}^{\infty}\frac{1}{n+1}x^n$ 在 $x=-1$ 处收敛，由和函数连续性，最终我们可得

$$\sum_{n=0}^{\infty}\frac{1}{n+1}x^n=\begin{cases}-\frac{\ln(1-x)}{x}, & -1\leqslant x<1,\ x\neq 0,\\ 1, & x=0.\end{cases}$$

上述级数求和来源于 $\sum\limits_{n=0}^{\infty} x^n = \frac{1}{1-x}$，但它们在端点 $x=-1$ 处的敛散性改变了. 令 $x=-1$,可得

$$\sum_{n=0}^{\infty} \frac{(-1)^n}{n+1} = 1 - \frac{1}{2} + \frac{1}{3} - \frac{1}{4} + \cdots = \ln 2.$$

例 6　求 $\sum\limits_{n=2}^{\infty} \frac{1}{n(n-1)} x^n$，并求 $\sum\limits_{n=2}^{\infty} \frac{1}{n(n-1)} \cdot \frac{1}{2^n}$.

解　由比值审敛法易求得 $R=1$.

设 $s(x) = \sum\limits_{n=2}^{\infty} \frac{1}{n(n-1)} x^n$，$|x|<1$.

求导 $s'(x) = \sum\limits_{n=2}^{\infty} \frac{1}{n-1} x^{n-1}$，$s''(x) = \sum\limits_{n=2}^{\infty} x^{n-2} = \frac{1}{1-x}$；

积分 $s'(x) - s'(0) = \int_0^x \frac{1}{1-x} \mathrm{d}x = -\ln(1-x)$，即$s'(x) = -\ln(1-x)$；

再积分 $s(x) - s(0) = s(x) = \int_0^x -\ln(1-x)\mathrm{d}x = x + (1-x)\ln(1-x)$，$|x|<1$.

而当$x=\pm 1$时均收敛，易求得(利用了和函数的连续性,对 $x=-1$ 取函数值,而对 $x=1$ 则取极限值)

$$\sum_{n=2}^{\infty} \frac{1}{n(n-1)} x^n = s(x) = \begin{cases} x + (1-x)\ln(1-x), & -1 \leqslant x < 1, \\ 1, & x = 1. \end{cases}$$

令 $x=\frac{1}{2}$，可得

$$\sum_{n=2}^{\infty} \frac{1}{n(n-1)} \cdot \frac{1}{2^n} = s\left(\frac{1}{2}\right) = \frac{1}{2}(1-\ln 2).$$

另解，当$|x|<1$，有

$$\sum_{n=2}^{\infty} \frac{1}{n(n-1)} x^n = \sum_{n=2}^{\infty} \left(\frac{1}{n-1} - \frac{1}{n}\right) x^n = \sum_{n=2}^{\infty} \frac{1}{n-1} x^n - \sum_{n=2}^{\infty} \frac{1}{n} x^n.$$

由例 5,可得

$$\sum_{n=2}^{\infty} \frac{1}{n-1} x^n = x^2 \sum_{n=2}^{\infty} \frac{1}{n-1} x^{n-2} = x^2 \cdot \frac{-\ln(1-x)}{x} = -x\ln(1-x) \quad (|x|<1),$$

$$\sum_{n=2}^{\infty} \frac{1}{n} x^n = x \sum_{n=2}^{\infty} \frac{1}{n} x^{n-1} = x\left(\sum_{n=1}^{\infty} \frac{1}{n} x^{n-1} - 1\right) = x\left[-\frac{\ln(1-x)}{x} - 1\right]$$
$$= -x - \ln(1-x) \quad (|x|<1).$$

由幂级数的代数运算性质可得

$$\sum_{n=2}^{\infty} \frac{1}{n(n-1)} x^n = -x\ln(1-x) - [-x - \ln(1-x)]$$
$$= x + (1-x)\ln(1-x) \quad (|x|<1).$$

利用幂级数运算性质求和函数，结果均在收敛区间内成立，而端点 $x=\pm R$ 处的敛散性问题一般需用其他方法判断. 对收敛的端点,利用和函数的连续性知其值为极限值.

§10.3.4 泰勒级数

在上一小节中我们讨论了幂级数在收敛域内的和函数问题. 反之，给出一函数 $f(x)$，它能作为某一幂级数的和函数吗？这就是我们下面要讨论的将函数 $f(x)$ 展开成幂级数的问题，也即幂级数求和的反问题.

若在某区间内，$f(x)=\sum\limits_{n=0}^{\infty}a_nx^n$，我们称 $f(x)$ 在该区间内能展开成幂级数，该级数称为函数 $f(x)$ 的幂级数展开式.

在一元函数微分学中我们讨论过泰勒公式，若 $f(x)$ 在 $x=x_0$ 的某邻域内有 $(n+1)$ 导数，则有

$$f(x)=f(x_0)+f'(x_0)(x-x_0)+\frac{f''(x_0)}{2!}(x-x_0)^2+\cdots+\frac{f^{(n)}(x_0)}{n!}(x-x_0)^n+R_n(x),$$

其中，$R_n(x)$ 为拉格朗日型余项，即

$$R_n(x)=\frac{f^{(n+1)}(\xi)}{(n+1)!}(x-x_0)^{n+1},$$

其中，ξ 是 x_0 与 x 之间的某个值.

若 $f(x)$ 在 x_0 的某邻域内任意阶可导，可设想泰勒公式中的多项式的项数趋于无穷而形成幂级数形式：

$$f(x_0)+f'(x_0)(x-x_0)+\frac{f''(x_0)}{2!}(x-x_0)^2+\cdots+\frac{f^n(x_0)}{n!}(x-x_0)^n+\cdots$$

称其为函数 $f(x)$ 在 x_0 处的泰勒级数. 它在 $x=x_0$ 处收敛于 $f(x_0)$，但除此点以外它收敛吗？若收敛，它是否一定收敛于 $f(x)$ 呢？

定理 1 设函数 $f(x)$ 在 x_0 的某邻域 $U(x_0)$ 内具有各阶导数，则 $f(x)$ 在该邻域内能展开成泰勒级数，即 $f(x)=\sum\limits_{n=0}^{\infty}\frac{f^{(n)}(x_0)}{n!}(x-x_0)^n$ 的充分必要条件是 $\lim\limits_{n\to\infty}R_n(x)=0\,(x\in U(x_0))$.

证明 先证必要性. 设 $f(x)=\sum\limits_{n=0}^{\infty}\frac{f^{(n)}(x_0)}{n!}(x-x_0)^n\,(x\in U(x_0))$.

由泰勒公式，有

$$f(x)=f(x_0)+f'(x_0)(x-x_0)+\cdots+\frac{f^{(n)}(x_0)}{n!}(x-x_0)^n+R_n(x).$$

记 $f(x)$ 的泰勒级数的部分和为 $s_n(x)$，则

$$f(x)=s_{n+1}(x)+R_n(x).$$

由级数的收敛定义有 $\lim\limits_{n\to\infty}s_{n+1}(x)=f(x)$，故有

$$\lim_{n\to\infty}R_n(x)=\lim_{n\to\infty}[f(x)-s_{n+1}(x)]=0\quad(x\in U(x_0)).$$

再证充分性. 设 $\lim\limits_{n\to\infty}R_n(x)=0\ (x\in U(x_0))$.

由泰勒公式有$\lim\limits_{n\to\infty}s_{n+1}(x)=\lim\limits_{n\to\infty}(f(x)-R_n(x))=f(x)$，即 $f(x)$的泰勒级数收敛于 $f(x)$，即

$$\sum_{n=0}^{\infty}\frac{f^{(n)}(x_0)}{n!}(x-x_0)^n=f(x)\quad(x\in U(x_0)).$$

为了形式简单，常取 $x_0=0$，得 x 的幂级数

$$f(0)+f'(0)x+\frac{f''(0)}{2!}x^2+\cdots+\frac{f^{(n)}(0)}{n!}x^n+\cdots$$

称其为函数 $f(x)$的麦克劳林级数(即 $f(x)$在 $x=0$ 处的泰勒级数).

定理 2 若 $f(x)$能展开成 x 的幂级数，则展式唯一，即为 $f(x)$的麦克劳林级数.

证明 设在某邻域$U(0)$内，有

$$f(x)=\sum_{n=0}^{\infty}a_nx^n=a_0+a_1x+a_2x^2+\cdots+a_nx^n+\cdots$$

由幂级数在收敛区间内可逐项求导，有

$$f'(x)=a_1+2a_2x+3a_3x^2+\cdots+na_nx^{n-1}+\cdots$$
$$f''(x)=2a_2+3\cdot 2a_3x+4\cdot 3\cdot a_4x^2+\cdots+n(n-1)a_nx^{n-2}+\cdots$$
$$\cdots\cdots$$
$$f^{(n)}(x)=n!a^n+(n+1)n(n-1)\cdots 2a_{n+1}x+\cdots$$

令 $x=0$，可得

$$a_0=f(0),\ a_1=f'(0),\ a_2=\frac{1}{2!}f''(0),\ \cdots,\ a_n=\frac{f^{(n)}(0)}{n!},\ \cdots$$

即证明 $f(x)$的幂级数恰为麦克劳林级数，是唯一的.

§10.3.5 函数展开成幂级数

由定理 2 的唯一性知，若 $f(x)$能展开成 x 的幂级数，它就是 $f(x)$的麦克劳林级数.而若通过构造法直接得到 $f(x)$的麦克劳林级数后，在其收敛域内，可通过定理 1 来判断其是否收敛于 $f(x)$.

1. 直接展开法

(1) 求出 $f(x)$在 $x=0$ 处的各阶导数值 $f(0)$，$f'(0)$，$f''(0)$，…，$f^{(n)}(0)$，….若某阶导数不存在就停止，该函数不能展开成为 x 的幂级数.

(2) 构造 $f(x)$的麦克劳林级数 $\sum\limits_{n=0}^{\infty}\frac{f^{(n)}(0)}{n!}x^n$，并求出其收敛半径 R.

(3)对 $x\in(-R,R)$(亦可用于端点)，考察是否有

$$\lim_{n\to\infty}R_n(x)=\lim_{n\to\infty}\frac{f^{(n+1)}(\xi)}{(n+1)!}x^{n+1}=0,$$

其中，ξ 介于 0 与 x 之间. 如果为 0，则函数 $f(x)$在$(-R,R)$内有幂级数展开式

$$f(x)=\sum_{n=0}^{\infty}\frac{f^{(n)}(0)}{n!}x^n\quad(-R<x<R).$$

例 1 将函数 $f(x)=\mathrm{e}^x$ 展开成 x 的幂级数.

解　$f^{(n)}(x)=\mathrm{e}^x(n=1, 2, \cdots)$，于是 $f^{(n)}(0)=1(n=0, 1, 2, \cdots)$，可得其麦克劳林级数 $1+x+\frac{1}{2!}x^2+\cdots+\frac{1}{n!}x^n+\cdots$，易得其收敛半径 $R=+\infty$.

$$|R_n(x)|=\left|\frac{f^{(n+1)}(\xi)}{(n+1)!}x^{n+1}\right|=\frac{|\mathrm{e}^{\xi}|}{(n+1)!}|x|^{n+1}\leqslant\frac{|x|^{n+1}}{(n+1)!}\mathrm{e}^{|x|}\text{（}\xi\text{ 介于 0 与 }x\text{ 之间）}$$

易知级数 $\sum_{n=0}^{\infty}\frac{|x|^{n+1}}{(n+1)!}$ 对任意 x 均收敛，故一般项 $\lim_{n\to\infty}\frac{|x|^{n+1}}{(n+1)!}=0$，进而 $\lim_{n\to\infty}R_n(x)=0$ $(x\in(-\infty, +\infty))$. 于是

$$\mathrm{e}^x=1+x+\frac{1}{2!}x^2+\cdots+\frac{1}{n!}x^n+\cdots=\sum_{n=0}^{\infty}\frac{1}{n!}x^n\quad(-\infty<x<+\infty).$$

例 2　将 $f(x)=\sin x$ 展开成 x 的幂级数.

解　$f^{(n)}(x)=\sin(x+n\cdot\frac{\pi}{2})\ (n=0, 1, 2, \cdots)$.

$f^{(n)}(0)$ 的取值为 0，1，0，−1；0，1，0，−1；…，于是得到 $\sin x$ 的麦克劳林级数为

$$x-\frac{1}{3!}x^3+\frac{1}{5!}x^5-\frac{1}{7!}x^7+\cdots+\frac{(-1)^{n-1}}{(2n-1)!}x^{2n-1}+\cdots,\quad R=+\infty.$$

对于 $x\in(-\infty, +\infty)$，有

$$|R_n(x)|=\left|\frac{1}{(n+1)!}\sin(\xi+\frac{n+1}{2}\pi)\cdot x^{n+1}\right|\leqslant\frac{|x|^{n+1}}{(n+1)!}.$$

所以

$$\lim_{n\to\infty}R_n(x)=0\quad(x\in(-\infty, +\infty)).$$

于是

$$\sin x=\sum_{n=1}^{\infty}\frac{(-1)^{n-1}}{(2n-1)!}x^{2n-1}=x-\frac{1}{3!}x^3+\frac{1}{5!}x^5-\frac{1}{7!}x^7+\cdots(-\infty<x<+\infty).$$

对于直接展开法，其难点有两个：一是 $f^{(n)}(x)$ 的计算问题，二是 $\lim_{n\to\infty}R_n(x)=0$ 很难判定. 为此我们常用间接法展开.

2. 间接展开法

所谓间接展开法，主要是利用幂级数的各种运算性质，利用已知的函数的幂级数展开式，得到所求函数的幂级数的展开式. 常用的已知展开式有

$$\frac{1}{1-x}=\sum_{n=0}^{\infty}x^n=1+x+x^2+\cdots+x^n+\cdots\quad(-1<x<1);$$

$$\frac{1}{1+x}=\sum_{n=0}^{\infty}(-1)^nx^n=1-x+x^2-x^3+\cdots+(-1)^nx^n+\cdots\quad(-1<x<1);$$

$$\mathrm{e}^x=\sum_{n=0}^{\infty}\frac{1}{n!}x^n=1+x+\frac{1}{2!}x^2+\cdots+\frac{1}{n!}x^n+\cdots\quad(-\infty<x<+\infty);$$

$$\sin x=\sum_{n=1}^{\infty}\frac{(-1)^{n-1}}{(2n-1)!}x^{2n-1}=x-\frac{1}{3!}x^3+\frac{1}{5!}x^5-\cdots+\frac{(-1)^{n-1}}{(2n-1)!}x^{2n-1}+\cdots\quad(-\infty<x<+\infty).$$

由 $\sin x$ 的展开式，由逐项求导性质可得

$$\cos x=(\sin x)'=\sum_{n=1}^{\infty}\frac{(-1)^{n-1}}{(2n-2)!}x^{2n-2}=\sum_{n=0}^{\infty}\frac{(-1)^n}{(2n)!}x^{2n}$$

$$=1-\frac{1}{2!}x^2+\frac{1}{4!}x^4-\frac{1}{6!}x^6+\cdots \qquad (-\infty<x<+\infty).$$

利用级数性质有

$$x\cos x=x\sum_{n=0}^{\infty}\frac{(-1)^n}{(2n)!}x^{2n}=\sum_{n=0}^{\infty}\frac{(-1)^n}{(2n)!}x^{2n+1} \qquad (-\infty<x<+\infty).$$

变量替换也是一种常用方法，如对 $\frac{1}{1-x}=\sum_{n=0}^{\infty}x^n$，令 x 换为$(-x^2)$得

$$\frac{1}{1+x^2}=\sum_{n=0}^{\infty}(-x^2)^n=\sum_{n=0}^{\infty}(-1)^n x^{2n},$$

其中$|-x^2|<1$，即$|x|<1$.

例 3 将 $f(x)=\ln(1+x)$展开成 x 的幂级数.

解 $f'(x)=\frac{1}{1+x}=\sum_{n=0}^{\infty}(-1)^n x^n$，$|x|<1$，积分得

$$\int_0^x f'(x)\mathrm{d}x=f(x)-f(0)=\sum_{n=0}^{\infty}\frac{(-1)^n}{n+1}x^{n+1}, \quad |x|<1.$$

即

$$\ln(1+x)=\sum_{n=0}^{\infty}\frac{(-1)^n}{n+1}x^{n+1} \qquad (|x|<1).$$

间接法通常都是在$(-R,R)$内来讨论的，若在$(-R,R)$内我们有 $f(x)=\sum_{n=0}^{\infty}a_n x^n$，而该级数在 $x=R$(或 $x=-R$)处收敛，又 $f(x)$在 $x=R$(或 $x=-R$)处连续，由和函数的连续性知上面的展开式对该端点也是成立的. 比如

$$\ln(1+x)=\sum_{n=0}^{\infty}\frac{(-1)^n}{n+1}x^{n+1}, \ |x|<1.$$

对 $x=1$，级数收敛，且 $\ln(1+x)$在 $x=1$ 处连续，故有

$$\ln(1+x)=\sum_{n=0}^{\infty}\frac{(-1)^n}{n+1}x^{n+1} \qquad (-1<x\leqslant 1).$$

例 4 将函数 $f(x)=(1+x)^{\mu}$展开成 x 的幂级数，其中 μ 为实常数.

解 $f(x)$的各阶导数为

$$\begin{aligned}
f'(x)&=\mu(1+x)^{\mu-1},\\
f''(x)&=\mu(\mu-1)(1+x)^{\mu-2},\\
&\cdots\cdots\\
f^{(n)}(x)&=\mu(\mu-1)(\mu-2)\cdots(\mu-n+1)(1+x)^{\mu-n},\\
&\cdots\cdots
\end{aligned}$$

所以

$$\begin{aligned}
&f(0)=1,\ f'(0)=\mu,\ f''(0)=\mu(\mu-1),\ \cdots,\\
&f^{(n)}(0)=\mu(\mu-1)(\mu-2)\cdots(\mu-n+1),\\
&\cdots\cdots,
\end{aligned}$$

于是得级数

$$1+\mu x+\frac{\mu(\mu-1)}{2!}x^2+\cdots+\frac{\mu(\mu-1)\cdots(\mu-n-1)}{n!}x^n+\cdots.$$

该级数对任意实常数 μ 有公共收敛区间$(-1,1)$，级数在开区间$(-1,1)$内收敛.

为了避免直接研究余项，设这一级数在开区间$(-1, 1)$内收敛于函数$F(x)$：

$$F(x)=1+\mu x+\frac{\mu(\mu-1)}{2!}x^2+\cdots+\frac{\mu(\mu-1)\cdots(\mu-n+1)}{n!}x^n+\cdots \quad (-1<x<1),$$

下面证明$F(x)=(1+x)^\mu(-1<x<1)$.

逐项求导，得

$$F'(x)=\mu\left[1+\frac{\mu-1}{1}x+\cdots+\frac{(\mu-1)\cdots(\mu-n+1)}{(n-1)!}x^{n-1}+\cdots\right],$$

两边各乘以$(1+x)$，并将含有$x^n(n=1, 2, \cdots)$的两项合并起来. 根据恒等式

$$\frac{(\mu-1)\cdots(\mu-n+1)}{(n-1)!}+\frac{(\mu-1)\cdots(\mu-n)}{n!}=\frac{\mu(\mu-1)\cdots(\mu-n+1)}{n!} \quad (n=1, 2, \cdots),$$

我们有

$$(1+x)F'(x)=\mu\left[1+\mu x+\frac{\mu(\mu-1)}{2!}x^2+\cdots+\frac{\mu(\mu-1)\cdots(\mu-n+1)}{n!}x^n+\cdots\right]=\mu F(x) \quad (-1<x<1).$$

令$\varphi(x)=\frac{F(x)}{(1+x)^\mu}$，于是$\varphi(0)=F(0)=1$，且$\varphi'(x)=0$，所以$\varphi(x)=c$(常数). 但是$\varphi(0)=1$，从而$\varphi(x)=1$，即

$$F(x)=(1+x)^\mu.$$

因此在$(-1, 1)$内，我们有展开式

$$(1+x)^\mu=1+\mu x+\frac{\mu(\mu-1)}{2!}x^2+\cdots+\frac{\mu(\mu-1)\cdots(\mu-n+1)}{n!}x^n+\cdots \quad (-1<x<1).$$

在区间的端点，展开式是否成立要根据μ的数值而定.

该结果常称为二项展开式. 特别地，当μ为正整数时，这就是代数学中的二项式定理. 注意当μ取不同值时，$x=\pm1$的敛散性可能不同. 比如取$\mu=\frac{1}{2}, -\frac{1}{2}$，分别有

$$\sqrt{1+x}=1+\frac{1}{2}x-\frac{1}{2\cdot4}x^2+\frac{1\cdot3}{2\cdot4\cdot6}x^3-\frac{1\cdot3\cdot5}{2\cdot4\cdot6\cdot8}x^4+\cdots \quad (-1\leqslant x\leqslant1)$$

$$\frac{1}{\sqrt{1+x}}=1-\frac{1}{2}x+\frac{1\cdot3}{2\cdot4}x^2-\frac{1\cdot3\cdot5}{2\cdot4\cdot6}x^3+\frac{1\cdot3\cdot5\cdot7}{2\cdot4\cdot6\cdot8}x^4-\cdots \quad (-1<x\leqslant1)$$

例 5　将$f(x)=\arctan x$展开成x的幂级数.

解　$f'(x)=\frac{1}{1+x^2}=\sum_{n=0}^{\infty}(-1)^n x^{2n}$，$x\in(-1, 1)$.

积分得$f(x)-f(0)=\sum_{n=0}^{\infty}\frac{(-1)^n}{2n+1}x^{2n+1}$，而$f(0)=0$，于是

$$\arctan x=\sum_{n=0}^{\infty}\frac{(-1)^n}{2n+1}x^{2n+1}, \quad x\in(-1, 1).$$

在 $x=\pm 1$ 处级数均为收敛的交错级数，而 $f(x)$ 在 $x=\pm 1$ 处有定义且连续，故

$$\arctan x=\sum_{n=0}^{\infty}\frac{(-1)^n}{2n+1}x^{2n+1}\qquad(-1\leqslant x\leqslant 1).$$

如果我们得到 $f(x)$ 的 x 幂级数：$f(x)=\sum\limits_{n=0}^{\infty}a_nx^n$，由展开式的唯一性，它即为麦克劳林级数，于是由 $a_n=\dfrac{f^{(n)}(0)}{n!}$，得到

$$f^{(n)}(0)=n!a_n.$$

常用它来求 $f(x)$ 在 $x=0$ 处 n 阶导数值. 对上例有

$(\arctan x)^{(7)}\big|_{x=0}=7!\ a_7=7!\ \dfrac{(-3)^3}{2\times 3+1}=-6!$（注意 a_7 对应展开式中 x^7 的系数，即 $n=3$）

$(\arctan x)^{(8)}\big|_{x=0}=8!\ a_8=0$（$a_8$ 对应展开式中 x^8 的系数，为 0）.

例 6 将 $\sin x$ 展开成 $(x-\frac{\pi}{4})$ 的幂级数.

解 因为

$$\begin{aligned}\sin x&=\sin\left[\frac{\pi}{4}+(x-\frac{\pi}{4})\right]\\&=\sin\frac{\pi}{4}\cos(x-\frac{\pi}{4})+\cos\frac{\pi}{4}\sin(x-\frac{\pi}{4})\\&=\frac{1}{\sqrt{2}}\left[\cos(x-\frac{\pi}{4})+\sin(x-\frac{\pi}{4})\right],\end{aligned}$$

并且有

$$\cos(x-\frac{\pi}{4})=1-\frac{(x-\frac{\pi}{4})^2}{2!}+\frac{(x-\frac{\pi}{4})^4}{4!}-\cdots\qquad(-\infty<x<+\infty),$$

$$\sin(x-\frac{\pi}{4})=(x-\frac{\pi}{4})-\frac{(x-\frac{\pi}{4})^3}{3!}+\frac{(x-\frac{\pi}{4})^5}{5!}-\cdots\qquad(-\infty<x<+\infty),$$

所以

$$\sin x=\frac{1}{\sqrt{2}}\left[1+(x-\frac{\pi}{4})-\frac{(x-\frac{\pi}{4})^2}{2!}-\frac{(x-\frac{\pi}{4})^3}{3!}+\cdots\right]\qquad(-\infty<x<+\infty).$$

例 7 将 $f(x)=\dfrac{1}{x^2+4x+3}$ 展开成 $(x-1)$ 的幂级数.

解 因为

$$\begin{aligned}f(x)&=\frac{1}{x^2+4x+3}=\frac{1}{(x+1)(x+3)}=\frac{1}{2(1+x)}-\frac{1}{2(3+x)}\\&=\frac{1}{4(1+\frac{x-1}{2})}-\frac{1}{8(1+\frac{x-1}{4})},\end{aligned}$$

而

$$\frac{1}{4\left(1+\frac{x-1}{2}\right)} = \frac{1}{4}\sum_{n=0}^{\infty}\frac{(-1)^n}{2^n}(x-1)^n \qquad (-1<x<3),$$

$$\frac{1}{8\left(1+\frac{x-1}{2}\right)} = \frac{1}{8}\sum_{n=0}^{\infty}\frac{(-1)^n}{4^n}(x-1)^n \qquad (-3<x<5),$$

所以

$$f(x) = \frac{1}{x^2+4x+3} = \sum_{n=0}^{\infty}(-1)^n\left(\frac{1}{2^{n+2}}-\frac{1}{2^{2n+3}}\right)(x-1)^n \qquad (-1<x<3).$$

§10.3.6　幂级数应用举例

1. 近似计算

利用函数的幂级数展开式，可在展开式成立的范围内，函数值可近似地用级数的有限项和来计算，并由余项作出误差估计.

例 8　计算 ln2 的近似值，要求误差不超过 10^{-4}.

解　由交错调和级数的结果知

$$\ln 2 = 1-\frac{1}{2}+\frac{1}{3}-\frac{1}{4}+\cdots+(-1)^{n-1}\frac{1}{n}+\cdots$$

取前 n 项和作为 ln2 的近似，其误差有

$$|r_n| \leqslant \frac{1}{n+1}.$$

要想保证其误差不超过 10^{-4}，需 $|r_n| \leqslant \frac{1}{n+1} \leqslant 10^{-4}$，即 $n \geqslant 10^{-4}-1$. 这样做计算量太大，其原因是交错调和级数的收敛速度太慢.

又知

$$\ln(1+x) = x-\frac{x^2}{2}+\frac{x^3}{3}-\frac{x^4}{4}+\cdots \qquad (-1<x\leqslant 1),$$

$$\ln(1-x) = -x-\frac{x^2}{2}-\frac{x^3}{3}-\frac{x^4}{4}-\cdots \qquad (-1\leqslant x<1),$$

两式相减，得

$$\ln\frac{1+x}{1-x} = 2\left(x+\frac{1}{3}x^3+\frac{1}{5}x^5+\cdots\right) \qquad (-1<x<1).$$

令 $x=\frac{1}{3}\in(-1, 1)$，得

$$\ln 2 = 2\left(\frac{1}{3}+\frac{1}{3}\cdot\frac{1}{3^3}+\frac{1}{5}\cdot\frac{1}{3^5}+\frac{1}{7}\cdot\frac{1}{3^7}+\cdots\right).$$

若取前 4 项和作为 ln2 的近似值，可得 $\ln 2\approx 0.6931$，其误差 $|r_4|<10^4$. 这说明上述新级数的收敛较快，用较少项数相加作为近似值就能达到误差的要求.

例 9　计算积分 $\int_0^1 \frac{\sin x}{x}\mathrm{d}x$ 的近似值，要求误差不超过 10^{-4}.

解 由于$\lim\limits_{x\to 0}\dfrac{\sin x}{x}=1$，因此所给积分不是反常积分. 如果定义被积函数在 $x=0$ 处的值为 1，则它在积分区间[0，1]上连续.

展开被积函数，有

$$\frac{\sin x}{x}=1-\frac{x^2}{3!}+\frac{x^4}{5!}-\frac{x^6}{7!}+\cdots \qquad (-\infty<x<+\infty).$$

在区间[0，1]上逐项积分，得

$$\int_0^1 \frac{\sin x}{x}\mathrm{d}x=1-\frac{1}{3\cdot 3!}+\frac{1}{5\cdot 5!}-\frac{1}{7\cdot 7!}+\cdots$$

因为第四项的绝对值

$$\frac{1}{7\cdot 7!}<\frac{1}{30000},$$

所以取前三项的和作为积分的近似值：

$$\int_0^1 \frac{\sin x}{x}\mathrm{d}x\approx 1-\frac{1}{3\cdot 3!}+\frac{1}{5\cdot 5!},$$

计算得

$$\int_0^1 \frac{\sin x}{x}\mathrm{d}x\approx 0.9461.$$

2. 欧拉公式

欧拉公式是关于复数的一个基本公式，这里我们可利用复数形式的(幂)级数来得到它.

设有复数项级数为

$$(u_1+\mathrm{i}v_1)+(u_2+\mathrm{i}v_2)+\cdots+(u_n+\mathrm{i}v_n)+\cdots,$$

其中，u_n，v_n($n=1，2，3，\cdots$)为实常数或实函数. 如果实部所成的级数 $u_1+u_2+\cdots+u_n\cdots$收敛于和 u，并且虚部所成的级数 $v_1+v_2+\cdots+v_n+\cdots$收敛于 v，称复数项级数 $\sum\limits_{n=1}^{\infty}(u_n+\mathrm{i}v_n)$ 收敛，其和为 $u+\mathrm{i}v$.

如果复数项级数各项的模所构成的级数 $\sum\limits_{n=1}^{\infty}\sqrt{u_n^2+v_n^2}$ 收敛，则称原复数项级数 $\sum\limits_{n=1}^{\infty}(u_n+\mathrm{i}v_n)$ 绝对收敛. 由于$|u_n|\leqslant\sqrt{u_n^2+v_n^2}$，$|v_n|\leqslant\sqrt{u_n^2+v_n^2}$($n=1，2，\cdots$)，从而 $\sum\limits_{n=1}^{\infty}u_n$，$\sum\limits_{n=1}^{\infty}v_n$绝对收敛，进而 $\sum\limits_{n=1}^{\infty}(u_n+\mathrm{i}v_n)$收敛.

考察复数项级数

$$1+z+\frac{1}{2!}z^2+\cdots+\frac{1}{n!}z^n+\cdots=\sum_{n=0}^{\infty}\frac{1}{n!}z^n \qquad (z=x+\mathrm{i}y),$$

可以证明它在整个复平面上是绝对收敛的，定义为 e^z.

取 $z=\mathrm{i}y$ 时有

$$\mathrm{e}^{\mathrm{i}y}=\sum_{n=0}^{\infty}\frac{1}{n!}(\mathrm{i}y)^n=1+\mathrm{i}y+\frac{1}{2!}(\mathrm{i}y)^2+\frac{1}{3!}(\mathrm{i}y)^3+\cdots+\frac{1}{n!}(\mathrm{i}y)^n+\cdots$$

$$= 1 + \mathrm{i}y - \frac{1}{2!}y^2 - \mathrm{i}\frac{1}{3!}y^3 + \frac{1}{4!}y^4 + \mathrm{i}\frac{1}{5!}y^5 - \cdots$$

$$= \left(1 - \frac{1}{2!}y^2 + \frac{1}{4!}y^4 - \cdots\right) + \mathrm{i}\left(y - \frac{1}{3!}y^3 + \frac{1}{5!}y^5 - \cdots\right) \quad \text{（绝对收敛级数可换序）}$$

$$= \cos y + \mathrm{i}\sin y,$$

记 y 为 x，这就是欧拉公式

$$\mathrm{e}^{\mathrm{i}x} = \cos x + \mathrm{i}\sin x.$$

令 x 为 $-x$，有

$$\mathrm{e}^{-\mathrm{i}x} = \cos x - \mathrm{i}\sin x.$$

两式相加减，可得

$$\begin{cases} \cos x = \dfrac{\mathrm{e}^{\mathrm{i}x} + \mathrm{e}^{-\mathrm{i}x}}{2}, \\ \sin x = \dfrac{\mathrm{e}^{\mathrm{i}x} - \mathrm{e}^{-\mathrm{i}x}}{2\mathrm{i}}. \end{cases}$$

我们也常称其为欧拉公式，它揭示了三角函数与复指数函数之间的联系.

习题 10－3

1. 求下列幂级数的收敛半径和收敛域.

(1) $\sum\limits_{n=1}^{\infty}(-1)^{n-1}\frac{1}{n^2}x^n$；　　(2) $\sum\limits_{n=1}^{\infty}\frac{\ln(1+n)}{n}x^{n-1}$；

(3) $\sum\limits_{n=1}^{\infty}\frac{1}{n\cdot 3^n}x^n$；　　(4) $\sum\limits_{n=1}^{\infty}\frac{2^n}{n^2+1}x^n$；

(5) $\sum\limits_{n=1}^{\infty}(-1)^{n-1}\frac{2n-1}{2^n}x^{2n-1}$；　　(6) $\sum\limits_{n=1}^{\infty}\frac{1}{n\cdot 2^n}(x-1)^n$.

2. 求和函数.

(1) $\sum\limits_{n=1}^{\infty}nx^{n-1}$；　　(2) $\sum\limits_{n=1}^{\infty}\frac{1}{2n-1}x^{2n-1}$；

(3) $\sum\limits_{n=1}^{\infty}\frac{n(n+1)}{2}x^{n-1}$；　　(4) $\sum\limits_{n=0}^{\infty}(2n+1)x^n$，并求和 $\sum\limits_{n=0}^{\infty}\frac{2n+1}{2^n}$.

3. 设幂级数 $\sum\limits_{n=0}^{\infty}a_n(x-2)^n$ 在 $x_1=-1$ 处发散，在 $x_2=5$ 处收敛，求该幂级数的收敛半径.

4. 求级数 $\sum\limits_{n=0}^{\infty}\frac{(-1)^n(n^2-n+1)}{2^n}$ 的和.

5. 将下列函数展开成 x 的幂级数，并求展开式成立的区间.

(1) $\mathrm{sh}x=\frac{\mathrm{e}^x-\mathrm{e}^{-x}}{2}$；　　(2) $(1+x)\ln(1+x)$；

(3) $\ln\left(\frac{1+x}{1-x}\right)$；　　(4) $\cos^2 x$.

6. 将函数 $f(x)=\frac{x}{1+x^2}$ 展开成 x 的幂级数，并求 $f^{(7)}(0)$.

7. 将函数 $f(x)=\dfrac{1}{x^2+3x+2}$ 展开成 $(x+4)$ 的幂级数，并求 $f^{(6)}(-4)$.

8. 将函数 $f(x)=\cos x$ 展开成 $(x+\dfrac{\pi}{4})$ 的幂级数.

9. 将函数 $\sum\limits_{n=0}^{\infty}\dfrac{1}{n!\cdot 2^n}x^n$ 展开成 $(x-1)$ 的幂级数.

10. 展开 $f(x)=\ln(1+x+x^2+x^3)$ 为 x 的幂级数.

11. 将 $f(x)=\int_0^x e^{-x^2}dx$ 展开成 x 的幂级数.

12. 求 $\int_0^{\frac{1}{2}}\dfrac{1}{1+x^4}dx$ 的近似值，误差不超过 10^{-4}.

§10.4 付立叶级数

将函数展开成幂级数，级数形式虽简单，但要求条件却很高(任意阶可导等)，为此，我们将研究在较低条件要求下将函数展开为某种函数项级数. 由三角函数组成的函数项级数——三角级数就是本节将讨论的问题，并着重研究如何将函数展开成为三角级数的问题.

§10.4.1 三角函数系的正交性及函数的付立叶系数

实际现象中的周期现象在数学上均以周期函数来描述，而正(余)弦函数则为最简单的周期函数. 对较复杂的周期函数，我们希望用较简单的正(余)弦函数构成的级数来表示，为便于研究，取三角级数为下述形式

$$\frac{a_0}{2}+\sum_{n=1}^{\infty}(a_n\cos nx+b_n\sin nx),$$

称其为三角级数，其中 a_0，a_n，$b_n(n=1,2,\cdots)$ 均为常数.

要进一步讨论该级数，先讨论构成该级数的函数系的正交性.

三角函数系 $1,\cos x,\sin x,\cos 2x,\sin 2x,\cdots,\cos nx,\sin nx,\cdots$ 具有下述性质：

在 $[-\pi,\pi]$ 上，任两个不同函数之积的积分为零，而任两个相同函数之积的积分一定非零，即

$$\int_{-\pi}^{\pi}1\cdot\cos nx\,dx=\int_{-\pi}^{\pi}1\cdot\sin nx\,dx=0\qquad(n=1,2,\cdots),$$

$$\int_{-\pi}^{\pi}\sin mx\cdot\cos nx\,dx=0\qquad(m,n=1,2,\cdots),$$

$$\int_{-\pi}^{\pi}\cos mx\cdot\cos nx\,dx=\int_{-\pi}^{\pi}\sin mx\cdot\sin nx\,dx=0\qquad(m,n=1,2,\cdots,m\neq n),$$

$$\int_{-\pi}^{\pi}1^2\,dx=2\pi,\int_{-\pi}^{\pi}\cos^2 nx\,dx=\int_{-\pi}^{\pi}\sin^2 nx\,dx=\pi\qquad(n=1,2,\cdots),$$

称上述三角函数系在区间 $[-\pi,\pi]$ 上是正交的.

设 $f(x)$为周期是 2π 的周期函数，若

$$f(x)=\frac{a_0}{2}+\sum_{n=1}^{\infty}(a_n\cos nx+b_n\sin nx),$$

为找出系数与 $f(x)$的关系，我们进一步假设上述级数可逐项积分. 由三角函数系在$[-\pi, \pi]$上的正交性有

$$\int_{-\pi}^{\pi}f(x)\mathrm{d}x=\int_{-\pi}^{\pi}\frac{a_0}{2}\mathrm{d}x+\sum_{n=1}^{\infty}\left[a_n\int_{-\pi}^{\pi}\cos nx\,\mathrm{d}x+b\int_{-\pi}^{\pi}\sin nx\,\mathrm{d}x\right]=a_0\pi,$$

于是

$$a_0=\frac{1}{\pi}\int_{-\pi}^{\pi}f(x)\mathrm{d}x.$$

其次用 $\cos mx(m=1, 2, \cdots)$乘以展开式两端，再积分有

$$\begin{aligned}\int_{-\pi}^{\pi}f(x)\cos mx\,\mathrm{d}x&=\frac{a_0}{2}\int_{-\pi}^{\pi}\cos mx\,\mathrm{d}x+\sum_{n=1}^{\infty}\left[a_n\int_{-\pi}^{\pi}\cos nx\cos mx\,\mathrm{d}x\right.\\&\left.\quad+b_n\int_{-\pi}^{\pi}\sin nx\cos mx\,\mathrm{d}x\right]\\&=a_m\int_{-\pi}^{\pi}\cos mx\cos mx\,\mathrm{d}x=a_m\cdot\pi,\end{aligned}$$

于是

$$a_m=\frac{1}{\pi}\int_{-\pi}^{\pi}f(x)\cos mx\,\mathrm{d}x\qquad(m=1, 2, \cdots).$$

用 $\sin mx$ 乘以展开式两端，再积分可得

$$b_m=\frac{1}{\pi}\int_{-\pi}^{\pi}f(x)\sin mx\,\mathrm{d}x\qquad(m=1, 2, \cdots).$$

将 m 换为 n，得到表达式

$$\begin{cases}a_n=\dfrac{1}{\pi}\displaystyle\int_{-\pi}^{\pi}f(x)\cos nx\,\mathrm{d}x & (n=0, 1, 2, \cdots),\\ b_n=\dfrac{1}{\pi}\displaystyle\int_{-\pi}^{\pi}f(x)\sin nx\,\mathrm{d}x & (n=1, 2, 3, \cdots).\end{cases}$$

称其为 $f(x)$的付立叶系数，相应的级数$\frac{a_0}{2}+\sum\limits_{n=1}^{\infty}(a_n\cos nx+b_n\sin nx)$称为 $f(x)$的付立叶级数.

上述过程我们看到，只要上述积分在$[-\pi, \pi]$上存在，通过 $f(x)$我们就可得到$f(x)$的付立叶系数，进而构造出 $f(x)$的付立叶级数. 现在我们将研究在什么条件下 $f(x)$的付立叶级数收敛，且收敛于 $f(x)$，即将函数 $f(x)$展开成付立叶级数的问题.

§10.4.2　以 2π 为周期的函数的付立叶级数展开

定理 1(收敛定理，狄利克雷定理)　设 $f(x)$是周期为 2π 的周期函数，它满足：

(1)在一个周期内连续或只有有限个第一类间断点，

(2)在一个周期内至多只有有限个极值点，

则 $f(x)$的付立叶级数是收敛的，并且其和函数为

$$s(x)=\begin{cases}f(x), & \text{当 } x \text{ 为连续点时},\\ \dfrac{f(x-0)+f(x+0)}{2}, & \text{当 } x \text{ 为间断点时}.\end{cases}$$

本定理为关于付立叶级数的基本收敛性定理，这里我们不作证明. 由定理条件可看出，只要函数在$[-\pi, \pi]$上至多有有限个第一类间断点，并不作无限次振动，函数的付立叶级数在连续点处就收敛于该点函数值，即

$$f(x)=\frac{a_0}{2}+\sum_{n=1}^{\infty}(a_n\cos nx+b_n\sin nx) \qquad (x \text{ 为 } f(x) \text{ 的连续点}).$$

其中，a_0，a_n，$b_n(n=1, 2, \cdots)$为$f(x)$的付立叶系数. 相比较$f(x)$展开为x的幂级数而言，这里对$f(x)$的要求条件要低得多.

由函数的周期性，为便于计算，总有

$$s(\pm\pi)=\frac{f(-\pi+0)+f(\pi-0)}{2}.$$

根据收敛定理，如果函数$f(x)$是以2π为周期的函数，且满足收敛定理条件，可按定理在$(-\infty, +\infty)$上将$f(x)$展开成付立叶级数并确定其收敛性. 但若$f(x)$是仅定义在$(-\pi, \pi)$(或半开半闭、或闭区间)上，且在该区间上满足收敛定理的两个条件，需要将$f(x)$在该区间上展开为付立叶级数，为此我们可将定义在$(-\pi, \pi)$内的函数$f(x)$延拓为以2π为周期的函数$F(x)(x\in(-\infty, +\infty))$：

$$F(x)=f(x), \qquad x\in(-\pi, \pi),$$
$$F(x)=F(x+2\pi), \quad x\in(-\infty, +\infty).$$

在$x=(2k+1)\pi(k=0, \pm1, \pm2, \cdots)$处，可根据$f(\pm\pi)$的情况适当定义(这不会影响后面的讨论)，这样$F(x)$即为$(-\infty, +\infty)$上以$2\pi$为周期的函数(该过程称为将$f(x)$以$2\pi$为周期作周期延拓)，且满足收敛定理条件，按定理展开后将x限制在$(-\pi, \pi)$上即为$f(x)$的付立叶展开式，此时付立叶系数为

$$a_n=\frac{1}{\pi}\int_{-\pi}^{\pi}F(x)\cos nx\,dx=\frac{1}{\pi}\int_{-\pi}^{\pi}f(x)\cos nx\,dx \qquad (n=0, 1, 2, \cdots),$$

$$b_n=\frac{1}{\pi}\int_{-\pi}^{\pi}F(x)\sin nx\,dx=\frac{1}{\pi}\int_{-\pi}^{\pi}f(x)\sin nx\,dx \qquad (n=1, 2, 3, \cdots).$$

特别地，如果$f(x)$在$(-\pi, \pi)$上为奇函数(无论$f(x)$是仅定义在$(-\pi, \pi)$上，还是以2π为周期的函数)，此时付立叶系数可简化为

$$a_n=\frac{1}{\pi}\int_{-\pi}^{\pi}f(x)\cos nx\,dx=0 \qquad (n=0, 1, 2, \cdots),$$

$$b_n=\frac{1}{\pi}\int_{-\pi}^{\pi}f(x)\sin nx\,dx=\frac{2}{\pi}\int_{0}^{\pi}f(x)\sin nx\,dx \qquad (n=1, 2, \cdots).$$

此时$f(x)$的付立叶级数成为

$$\sum_{n=1}^{\infty}b_n\sin nx,$$

称其为正弦级数.

类似地，如果$f(x)$在$(-\pi, \pi)$上为偶函数，其付立叶系数为

$$a_n = \frac{2}{\pi}\int_0^{\pi} f(x)\cos nx\,\mathrm{d}x \qquad (n = 0, 1, 2, \cdots),$$

$$b_n = 0 \qquad (n = 1, 2, \cdots).$$

其付立叶级数为

$$\frac{a_0}{2} + \sum_{n=1}^{\infty} a_n \cos nx,$$

称其为余弦级数.

下面考虑对仅定义在$(0, \pi)$(或半开半闭、或闭区间)上函数的付立叶级数展开问题. 可先将 $f(x)$ 扩充定义到$(-\pi, \pi)$上，再以 2π 为周期作周期延拓(个别点的定义可补充或改变，不影响讨论)，将其展开后再限制到$(0, \pi)$可解决需要的付立叶级数展开问题.

由前面对奇偶函数展开的结果知，它们有较简单的展开式，故通常对定义在$(0, \pi)$上函数 $f(x)$的展开中，首先将 $f(x)$扩充为$(-\pi, \pi)$上的奇(偶)函数，再作周期延拓(个别点的定义可补充或改变,不影响讨论)，称将 $f(x)$作以 2π 为周期的奇(偶)延拓，最后得到 $f(x)$的付立叶正弦级数(余弦级数)展开式.

例 1　设 $f(x)$是以 2π 为周期的函数，它在$[-\pi, \pi)$上的表达式为

$$f(x) = \begin{cases} -1, & -\pi \leqslant x < 0, \\ 1, & 0 \leqslant x < \pi, \end{cases}$$

将 $f(x)$展开为付立叶级数.

解　函数满足收敛定理条件，仅在 $x = k\pi$($k = 0, \pm 1, \pm 2, \cdots$)处为第一类间断点，从而 $f(x)$的付立叶级数收敛，当 $x = k\pi$ 时收敛于 0，当 $x \neq k\pi$ 时收敛于 $f(x)$. 注意$f(x)$为奇函数，其付立叶系数为

$$a_n = \frac{2}{\pi}\int_0^{\pi} f(x)\cos nx\,\mathrm{d}x = 0 \qquad (n = 0, 1, 2, \cdots),$$

$$\begin{aligned} b_n &= \frac{1}{\pi}\int_{-\pi}^{\pi} f(x)\sin nx\,\mathrm{d}x = \frac{2}{\pi}\int_0^{\pi}\sin nx\,\mathrm{d}x \\ &= \frac{2}{\pi}\cdot\frac{1}{n}(-\cos nx)\Big|_0^{\pi} = \frac{2}{n\pi}[1-(-1)^n] \qquad (n = 1, 2, \cdots) \\ &= \begin{cases} \dfrac{4}{n\pi}, & n = 1, 3, 5, \cdots \\ 0, & n = 2, 4, 6, \cdots \end{cases} \end{aligned}$$

于是

$$f(x) = \frac{4}{\pi}\left[\sin x + \frac{1}{3}\sin 3x + \frac{1}{5}\sin 5x + \cdots + \frac{1}{(2n-1)}\sin(2n-1)x + \cdots\right]$$

$$(-\infty < x < +\infty,\ x \neq k\pi,\ k = 0, \pm 1, \pm 2, \cdots).$$

例 2　将函数

$$f(x) = \begin{cases} -x, & -\pi \leqslant x < 0, \\ x, & 0 \leqslant x < \pi \end{cases}$$

展开成付立叶级数，并求级数 $\sum\limits_{n=1}^{\infty}\dfrac{1}{n^2}$ 之和.

解　$f(x)$定义在$[-\pi, \pi)$上且满足收敛定理条件，将其作以 2π 为周期的周期延拓，

易知为连续函数，且为偶函数，于是

$$a_0 = \frac{2}{\pi}\int_0^{\pi} f(x)\mathrm{d}x = \frac{2}{\pi}\int_0^{\pi} x\mathrm{d}x = \pi,$$

$$a_n = \frac{2}{\pi}\int_0^{\pi} f(x)\cos nx\mathrm{d}x = \frac{2}{\pi}\int_0^{\pi} x\sin nx\mathrm{d}x \quad (n = 1, 2, 3, \cdots)$$

$$= \begin{cases} -\dfrac{4}{\pi n^2}, & n = 1, 3, 5, \cdots \\ 0, & n = 2, 4, 6, \cdots \end{cases}$$

$$b_n = 0 \quad (n = 1, 2, \cdots).$$

于是

$$f(x) = \frac{\pi}{2} - \frac{4}{\pi}\left[\cos x + \frac{1}{3^2}\cos 3x + \frac{1}{5^2}\cos 5x + \cdots + \frac{1}{(2n-1)^2}\cos(2n-1)x + \cdots\right] \quad (-\pi \leqslant x < \pi).$$

令 $x=0$，$f(0)=0$，得

$$s_1 = 1 + \frac{1}{3^2} + \frac{1}{5^2} + \cdots = \frac{1}{8}\pi^2.$$

记 $s=1+\frac{1}{2^2}+\frac{1}{3^2}+\frac{1}{4^2}+\cdots$，$s_2=\frac{1}{2^2}+\frac{1}{4^2}+\frac{1}{6^2}+\cdots$，有 $s_2=\frac{1}{4}(1+\frac{1}{2^2}+\frac{1}{3^2}+\cdots)=\frac{1}{4}s$，且 $s=s_1+s_2=\frac{\pi^2}{8}+\frac{1}{4}s$，于是

$$s = 1 + \frac{1}{2^2} + \frac{1}{3^2} + \cdots = \sum_{n=1}^{\infty}\frac{1}{n^2} = \frac{1}{6}\pi^2.$$

进一步可得

$$s_2 = \frac{1}{2^2} + \frac{1}{4^2} + \frac{1}{6^2} + \cdots = \frac{1}{24}\pi^2,$$

$$1 - \frac{1}{2^2} + \frac{1}{3^2} - \frac{1}{4^2} + \cdots = s_1 - s_2 = \frac{1}{12}\pi^2.$$

例 3 已知 $f(x)$是以 2π 为周期的周期函数，$f(x)$在$[-\pi, \pi)$上表达式为

$$f(x) = \begin{cases} -1, & -\pi \leqslant x < 0, \\ 1+x^2, & 0 \leqslant x < \pi, \end{cases}$$

求 $f(x)$的付立叶级数在$[-\pi, \pi]$上的和函数 $s(x)$.

解 $f(x)$满足收敛定理条件，在$(-\pi, \pi)$内有间断点 $x=0$，于是由收敛定理可得

$$s(x) = \begin{cases} f(x), & x \neq 0, -\pi < x < \pi, \\ \dfrac{f(0-0)+f(0+0)}{2}, & x = 0, \\ \dfrac{f(-\pi+0)+f(\pi-0)}{2}, & x = \pm\pi. \end{cases}$$

即

$$s(x) = \begin{cases} \dfrac{\pi^2}{2}, & x = \pm\pi, \\ -1, & -\pi < x < 0, \\ 0, & x = 0, \\ 1+x^2, & 0 < x < \pi. \end{cases}$$

例 4　将函数 $f(x)=x(0<x<\pi)$分别展开成正弦级数和余弦级数.

解　先求正弦级数. 为此对函数 $f(x)$进行奇延拓,有

$$a_n = 0 \qquad (n=0, 1, \cdots),$$

$$b_n = \frac{2}{\pi}\int_0^{\pi} x\sin nx\,\mathrm{d}x = \frac{2}{\pi}\left[-\frac{x\cos nx}{n}+\frac{\sin nx}{n^2}\right]\Bigg|_0^{\pi}$$

$$= (-1)^{n+1}\left(\frac{2}{n}\right) \qquad (n=1, 2, \cdots).$$

于是

$$x = 2\left(\sin x-\frac{1}{2}\sin 2x+\frac{1}{3}\sin 3x-\frac{1}{4}\sin 4x+\cdots\right) \qquad (0<x<\pi).$$

再求余弦级数. 为此将 $f(x)$进行偶延拓，有

$$b_n = 0 \qquad (n=1, 2, \cdots),$$

$$a_0 = \frac{2}{\pi}\int_0^{\pi} x\,\mathrm{d}x = \pi,$$

$$a_n = \frac{2}{\pi}\int_0^{\pi} x\cos nx\,\mathrm{d}x = \frac{2}{\pi}\left[\frac{x\sin nx}{n}+\frac{\cos nx}{n^2}\right]\Bigg|_0^{\pi} = \frac{2}{n^2\pi}[(-1)^n-1]$$

$$= \begin{cases} 0, & n=2, 4, 6, \cdots \\ -\dfrac{4}{n^2\pi}, & n=1, 3, 5, \cdots \end{cases}$$

于是

$$x = \frac{\pi}{2}-\frac{4}{\pi}\left[\cos x+\frac{1}{3^2}\cos 3x+\frac{1}{5^2}\cos 5x+\cdots\right] \qquad (0<x<\pi).$$

§10.4.3　以 $2l$ 为周期的函数的付立叶级数展开

实际问题中所遇到的周期函数，它的周期不一定是 2π，一般可记周期为 $2l(l>0)$. 同周期为 2π 一样，我们可讨论它的付立叶级数的各种展开问题.

首先，通过变量代换及狄利克雷定理，可得到关于 $2l$ 为周期的函数的付立叶级数展开的基本收敛定理.

定理 2　设 $f(x)$是周期为 $2l$ 的周期函数，且满足收敛定理条件，则它的付立叶级数

$$\frac{a_0}{2}+\sum_{n=1}^{\infty}\left(a_n\cos\frac{n\pi x}{l}+b_n\sin\frac{n\pi x}{l}\right)$$

收敛，其和函数 $s(x)$为

$$s(x) = \begin{cases} f(x), & \text{若 } x \text{ 为连续点时}, \\ \dfrac{f(x-0)+f(x+0)}{2}, & \text{若 } x \text{ 为间断点时}. \end{cases}$$

其中付立叶系数为

$$a_n = \frac{1}{l}\int_{-l}^{l} f(x)\cos\frac{n\pi x}{l}\mathrm{d}x \quad (n=0, 1, 2, \cdots),$$

$$b_n = \frac{1}{l}\int_{-l}^{l} f(x)\sin\frac{n\pi x}{l}\mathrm{d}x \quad (n=1, 2, 3, \cdots).$$

证明　作变换代换 $t=\frac{\pi x}{l}$，于是区间 $-l\leqslant x\leqslant l$ 就变成区间 $-\pi\leqslant t\leqslant\pi$，$f(x)=f\left(\frac{l}{\pi}t\right)=F(t)$，易知 $F(t)$ 为以 2π 为周期的函数，且满足收敛定理条件，按收敛定理可得到 $F(t)$ 的付立叶级数展开结论，换回原变量 x 即可得到本定理结论.

本定理为狄利克雷定理的推广. 由周期性，总有 $s(\pm l)=\frac{1}{2}[f(-l+0)+f(l-0)]$. 同样，对仅定义在 $(-l,l)$(或半开半闭、或闭区间)上的函数 $f(x)$，可以 $2l$ 为周期进行周期延拓，展开后限制到 $(-l,l)$ 即可解决 $f(x)$ 的付立叶级数展开问题. 而对仅定义在 $(0,l)$(或半开半闭、或闭区间)上的函数 $f(x)$，同样可按奇(偶)延拓后展开，然后限制到原区间 $(0,l)$ 上就可解决 $f(x)$ 的正(余)弦级数展开问题，此时注意由奇偶性可简化付立叶系数的计算公式.

例 5　设 $f(x)$ 是周期为 4 的周期函数，它在 $[-2,2)$ 上的表达式为

$$f(x)=\begin{cases}0, & -2\leqslant x<0,\\ 1, & 0\leqslant x<2,\end{cases}$$

将 $f(x)$ 展开为付立叶级数.

解　此时 $l=2$，且满足收敛定理条件，按系数公式有

$$\begin{aligned}a_n&=\frac{1}{l}\int_{-l}^{l}f(x)\cos\frac{n\pi x}{l}\mathrm{d}x=\frac{1}{2}\int_{-2}^{0}0\cdot\cos\frac{n\pi x}{2}\mathrm{d}x+\frac{1}{2}\int_{0}^{2}1\cdot\cos\frac{n\pi x}{2}\mathrm{d}x\\&=\left[\frac{1}{n\pi}\sin\frac{n\pi x}{2}\right]\Big|_0^2=0\qquad(n=1,2,\cdots),\\a_0&=\frac{1}{l}\int_{-l}^{l}f(x)\mathrm{d}x=\frac{1}{2}\int_{-2}^{0}0\mathrm{d}x+\frac{1}{2}\int_{0}^{2}1\mathrm{d}x=1,\\b_n&=\frac{1}{l}\int_{-l}^{l}f(x)\sin\frac{n\pi x}{l}\mathrm{d}x=\frac{1}{2}\int_{-2}^{0}0\cdot\sin\frac{n\pi x}{2}\mathrm{d}x+\frac{1}{2}\int_{0}^{2}1\cdot\sin\frac{n\pi x}{2}\mathrm{d}x\\&=\begin{cases}\frac{2}{n\pi}, & n=1,3,5,\cdots\\ 0, & n=2,4,6,\cdots\end{cases}\end{aligned}$$

于是

$$f(x)=\frac{1}{2}+\frac{2}{\pi}\left(\sin\frac{\pi x}{2}+\frac{1}{3}\sin\frac{3\pi x}{2}+\frac{1}{5}\sin\frac{5\pi x}{2}+\cdots\right)$$
$$(-\infty<x<+\infty,\ x\neq0,\pm2,\pm4,\cdots).$$

而在间断点 x_0 处，上述级数收敛于 $\frac{f(x_0-0)+f(x_0+0)}{2}=\frac{1}{2}$.

例 6　将 $f(x)=10-x\ (5<x<15)$ 展开为付立叶级数.

解　若要以 10 为周期展开，可先作平移变换到区间 $(-5,5)$ 上：令 $x=t+10$，$f(x)=-t=F(t)\ (-5<t<5)$. 将 $F(t)=-t\ (-5<t<5)$ 作周期延拓，且满足收敛定理条件，有

$$a_n=0\qquad(n=0,1,2,\cdots),$$

$$b_n=\frac{2}{l}\int_0^l F(t)\sin\frac{n\pi t}{l}\mathrm{d}t=\frac{2}{5}\int_0^5(-t)\sin\frac{n\pi t}{5}\mathrm{d}t=(-1)^n\frac{10}{n\pi}\quad(n=1,2,\cdots).$$

于是

$$F(t)=-t=\sum_{n=1}^{\infty}(-1)^n\frac{10}{n\pi}\sin\frac{n\pi t}{5}\qquad(-5<t<5),$$

$$10-x=\sum_{n=1}^{\infty}(-1)^n\frac{10}{n\pi}\sin\frac{n\pi(x-10)}{5}$$

$$=\frac{10}{\pi}\sum_{n=1}^{\infty}\frac{(-1)^n}{n}\sin\frac{n\pi x}{5}\qquad(5<x<15).$$

若要以 20 为周期展开，可先作平移变换到区间(0，10)上：令 $x=z+5$，$f(x)=10-(z+5)=5-z=G(z)$ $(0<z<10)$.

将 $G(z)=5-z(0<z<10)$以 20 为周期作奇延拓(亦可作偶延拓)，且满足收敛定理条件，由系数公式有

$$a_n=0\qquad(n=0,1,2,\cdots),$$

$$b_n=\frac{2}{l}\int_0^l G(z)\sin\frac{n\pi z}{l}\mathrm{d}z=\frac{2}{10}\int_0^{10}(5-z)\sin\frac{n\pi z}{10}\mathrm{d}z$$

$$=\frac{1}{5}\cdot\frac{50}{n\pi}[1+(-1)^n]=\begin{cases}0, & n=1,3,5,\cdots\\ \dfrac{20}{n\pi}, & n=2,4,6,\cdots\end{cases}$$

于是

$$G(z)=5-z=\frac{20}{\pi}\left(\frac{1}{2}\sin\frac{2\pi z}{10}+\frac{1}{4}\sin\frac{4\pi z}{10}+\frac{1}{6}\sin\frac{6\pi z}{10}+\cdots\right)$$

$$=\frac{20}{\pi}\sum_{n=1}^{\infty}\frac{1}{2n}\sin\frac{2n\pi z}{10}\qquad(0<z<10),$$

$$10-x=\frac{20}{\pi}\sum_{n=1}^{\infty}\frac{1}{2n}\sin\frac{2n\pi(x-5)}{10}\qquad(5<x<15).$$

此形式是将函数理解成以 20 为周期的周期函数，将其展开为正弦级数. 最终限制到原区间(5，15)，化简后与第一种结果完全相同. 当然，也可以按 20 为周期作偶延拓后将其展开为余弦级数，读者可自行完成.

习题 10—4

1. $f(x)$是以 2π 为周期的函数，它在$[-\pi,\pi)$上的表达式为

$$f(x)=3x^2+1\qquad(-\pi\leqslant x<\pi),$$

试将其展开成付立叶级数.

2. $f(x)=\begin{cases}e^x, & -\pi\leqslant x<0,\\ 1, & 0\leqslant x\leqslant\pi,\end{cases}$试将 $f(x)$展开成付立叶级数.

3. 将 $f(x)=x^2(0\leqslant x\leqslant\pi)$分别展开成正弦级数和余弦级数.

4. 函数 $f(x)$的周期为 2π，证明：

(1)如果 $f(x-\pi)=-f(x)$，则 $f(x)$的付立叶系数为

$$a_0=a_{2k}=b_{2k}=0\qquad(k=1,2,\cdots);$$

(2)如果 $f(x-\pi)=f(x)$，则 $f(x)$的付立叶系数为

$$a_{2k+1}=b_{2k+1}=0\qquad(k=0,1,2,\cdots).$$

5. 已知 $f(x)=\begin{cases}1+x, & -\pi\leqslant x<0,\\ x, & 0\leqslant x<\pi,\end{cases}$ 试按收敛定理求出它按 2π 为周期的付立叶级数的和函数 $s(x)$.

6. 将函数 $f(x)=x+|x|$ 在 $[-2,2]$ 上展开成付立叶级数，并写出和函数表达式.

7. 将函数 $f(x)=\begin{cases}x, & 0\leqslant x\leqslant 1,\\ 2-x, & 1<x\leqslant 2\end{cases}$ 展开成余弦级数，并求 $\sum\limits_{n=1}^{\infty}\dfrac{1}{(2n-1)^2}$ 的和.

8. 证明：$\sum\limits_{n=1}^{\infty}\dfrac{\cos nx}{n^2}=\dfrac{1}{12}(3x^2-6\pi x+2\pi^2)\quad(0\leqslant x\leqslant\pi)$.

总复习题十

1. 求级数 $\sum\limits_{n=1}^{\infty}\dfrac{1}{\sqrt{n(n+1)}(\sqrt{n}+\sqrt{n+1})}$ 的和.

2. 设 $a_n>0(n=1,2,\cdots)$，证明级数 $\sum\limits_{n=1}^{\infty}\dfrac{a_n}{(1+a_1)(1+a_2)\cdots(1+a_n)}$ 收敛.

3. 讨论级数 $\sum\limits_{n=1}^{\infty}\dfrac{2^n\sin^n x}{n}$ 的敛散性.

4. 证明 $\lim\limits_{n\to\infty}\dfrac{2^n\cdot n!}{n^n}=0$.

5. 设 $a_1=2,a_{n+1}=\dfrac{1}{2}(a_n+\dfrac{1}{a_n})(n=1,2,\cdots)$. 证明

(1) $\lim\limits_{n\to\infty}a_n$ 存在；

(2) $\sum\limits_{n=1}^{\infty}\left(\dfrac{a_n}{a_{n+1}}-1\right)$ 收敛.

6. 设正项数列 $\{u_n\}$ 单调减少，且 $\sum\limits_{n=1}^{\infty}(-1)^n u_n$ 发散. 证明级数 $\sum\limits_{n=1}^{\infty}\left(\dfrac{1}{u_n+1}\right)^n$ 收敛.

7. 求幂级数的收敛域.

(1) $\sum\limits_{n=1}^{\infty}(1+\dfrac{1}{2}+\cdots+\dfrac{1}{n})x^n$；

(2) $\sum\limits_{n=1}^{\infty}\left[\dfrac{(-1)^n}{2^n}+3^n\right]x^{2n-1}$；

(3) $\sum\limits_{n=1}^{\infty}(\sqrt{n+1}-\sqrt{n})2^n x^{2n}$；

(4))$\sum\limits_{n=1}^{\infty}\dfrac{1}{2n+1}\left(\dfrac{1-x}{1+x}\right)^n$.

8. 将下列函数展开成 x 的幂级数.

(1) $\arctan\dfrac{2-2x}{1+4x}$；

(2) $\arctan x-\ln\sqrt{1+x^2}$.

9. 将函数 $f(x)=(x-2)\mathrm{e}^{-x}$ 展开成 $(x-1)$ 的幂级数.

10. 讨论级数 $\sum\limits_{n=1}^{\infty}\dfrac{(-1)^{n-1}}{n^p}x^n$（$p>0$ 为常数）的敛散性.

11. 设 $a_0,a_1,a_2,\cdots$ 为等差数列 ($a_0\neq 0,d$ 为公差).

(1) 求 $\sum\limits_{n=0}^{\infty}a_n x^n$ 的收敛半径；

(2) 求 $\sum\limits_{n=0}^{\infty}\dfrac{a_n}{2^n}$ 的和.

12. 若 $f(x)=\sum_{n=0}^{\infty}a_nx^n$，证明：

(1) $f(x)$ 为偶函数时，$a_{2k+1}=0\ (k=0,1,2,\cdots)$；

(2) $f(x)$ 为奇函数时，$a_{2k}=0\ (k=0,1,2,\cdots)$.

13. 设 $f(x)=\sum_{n=0}^{\infty}a_nx^n$，$x\in(-\infty,+\infty)$，将 $F(x)=\dfrac{f(x)}{1-x}$ 展开成 x 的幂级数.

14. 设 $f(x)$ 是周期为 2π 的函数，它在 $[-\pi,\pi)$ 上的表达式为

$$f(x)=\begin{cases}0, & -\pi\leqslant x<0,\\ e^x, & 0\leqslant x<\pi.\end{cases}$$

将 $f(x)$ 展开成付立叶级数.

15. 将函数

$$f(x)=\begin{cases}1, & 0\leqslant x\leqslant h,\\ 0, & h<x<\pi\end{cases}$$

分别展开成正弦级数和余弦级数.

第 11 章　微分方程

在许多实际问题中，会遇到复杂的运动过程，表达运动规律的函数往往不能直接得到，但是根据问题所给的条件，有时可以得到含有自变量与未知函数及其导数(微分)的关系式，这样的关系式叫作微分方程. 微分方程建立后，对它进行研究，即找出未知函数，这就是解微分方程. 本章主要介绍微分方程的一些基本概念和几种常用的微分方程的解法.

§11.1　微分方程的基本概念

§11.1.1　微分方程基本概念

下面我们通过几何和物理学中的几个具体例子来阐明微分方程的基本概念.

例 1　已知曲线上任一点处的切线斜率等于这点横坐标的 2 倍，试建立曲线满足的关系式.

解　根据导数的几何意义，我们知道所求曲线应满足关系

$$\frac{\mathrm{d}y}{\mathrm{d}x}=2x. \tag{11.1}$$

例 2　质量为 m 的物体只受重力的作用而自由降落，试建立物体所经过的路程 s 与时间 t 的关系.

解　把物体降落的铅垂线取作 s 轴，其指向朝下(朝向地心). 设物体在时刻 t 的位置为 $s=s(t)$. 物体受重力 $F=mg$ 的作用而自由下落，物体下落运动的加速度 $a=\frac{\mathrm{d}^2s}{\mathrm{d}t^2}$.

由牛顿第二定律 $F=ma$，得物体在下落过程中满足的关系式为

$$m\frac{\mathrm{d}^2s}{\mathrm{d}t^2}=mg$$

或

$$\frac{\mathrm{d}^2s}{\mathrm{d}t^2}=g. \tag{11.2}$$

上述例子中的方程都是微分方程.

一般来说，凡表示未知函数与未知函数的导数(微分)以及自变量之间的关系式，叫作**微分方程**；如果未知函数是一元函数，则相应的微分方程称为**常微分方程**，而倘若未知函数是多元函数，相应的微分方程则称为**偏微分方程**. 本章我们只研究常微分方程.

微分方程中出现的未知函数的最高阶导数的阶数，叫作**微分方程的阶**.

如方程(11.1)是一阶微分方程，方程(11.2)是二阶微分方程.

如果把某个函数以及它的导数代入微分方程，能使该方程成为恒等式，则这个函数称为**微分方程的解**，或者说，满足微分方程的函数称为微分方程的解.

几何上，微分方程的解称为**微分方程的积分曲线**.

如例 1 中 $y=x^2+C$ 是

$$\frac{dy}{dx}=2x$$

的解.

例 2 中 $s=\frac{1}{2}gt^2+C_1t+C_2$ 是

$$\frac{d^2s}{dt^2}=g$$

的解.

这两个解中包含的独立任意常数的个数，分别与对应的微分方程的阶数相同. 我们把这样的解称为**微分方程的通解**.

根据具体问题的需要，有时需确定通解中的任意常数. 设微分方程的未知函数为 $y=y(x)$.

如果微分方程是一阶的，通常用来确定任意常数的条件为

$$x=x_0,\quad y=y_0,$$

或写成

$$y|_{x=x_0}=y_0.$$

式中，x_0，y_0 都是给定的值.

如果微分方程是二阶的，通常用来确定任意常数的条件为

$$x=x_0,\quad y=y_0,\quad y'=y'_0,$$

或写成

$$y|_{x=x_0}=y_0,\quad y'|_{x=x_0}=y'_0.$$

式中，x_0，y_0，y'_0都是给定的值. 这样的条件叫作**初值条件**.

求微分方程的一个解，使得它满足预先给定的初值条件，我们称这样的问题为**微分方程的初值问题**.

通解中的任意常数确定后，所得出的解叫作**微分方程的特解**.

例 3　图 11.1 是由电阻 R 及电容 E 串联成的闭合电路，微分方程 $RE\frac{du}{dt}+u=u_e$ 描述了电容器充放电时电容上电压降 u 变化率与外加电压降 u_e 的关系，当电容器放电，电压 u 逐渐变低到零时，相应的微分方程为 $RE\frac{du}{dt}+u=0$. 验证函数 $u=Ce^{-\frac{t}{RE}}$ 为充电方程

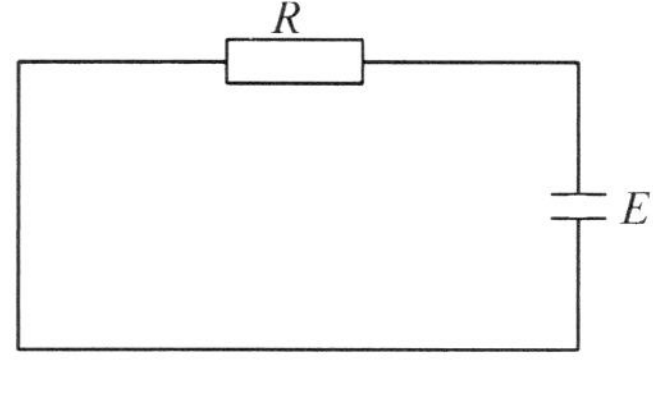

图 11.1

$RE\frac{du}{dt}+u=0$ 的通解；$u=u_e+Ce^{-\frac{t}{RE}}$是充电方程$RE\frac{du}{dt}+u=u_e$ 的通解.

解　由题设条件 $u=Ce^{-\frac{t}{RE}}$，有

$$\frac{du}{dt}=-\frac{C}{RE}e^{-\frac{t}{RE}},$$

将$\frac{du}{dt}$和 u 的表达式代入方程$RE\frac{du}{dt}+u$，得

$$-Ce^{-\frac{t}{RE}}+Ce^{-\frac{t}{RE}}=0,$$

故 $u=Ce^{-\frac{t}{RE}}$为充电方程$RE\frac{du}{dt}+u=0$ 的通解.

由题设条件 $u=u_e+Ce^{-\frac{t}{RE}}$,有

$$\frac{du}{dt}=-\frac{C}{RE}e^{-\frac{t}{RE}},$$

将$\frac{du}{dt}$和 u 的表达式代入方程$RE\frac{du}{dt}+u$，得

$$-Ce^{-\frac{t}{RE}}+Ce^{-\frac{t}{RE}}+u_e=u_e,$$

故 $u=u_e+Ce^{-\frac{t}{RE}}$为充电方程$RE\frac{du}{dt}+u=u_e$ 的通解.

例 4　验证:函数 $x=C_1\cos kt+C_2\sin kt$ 是微分方程$\frac{d^2x}{dt^2}+k^2x=0$ 的解. 并求满足初始条件$x\big|_{t=0}=A$，$\frac{dx}{dt}\Big|_{t=0}=0$ 的特解.

解　由题设条件

$$\frac{dx}{dt}=-kC_1\sin kt+kC_2\cos kt,$$

$$\frac{d^2x}{dt^2}=-k^2C_1\cos kt-k^2C_2\sin kt,$$

将$\frac{d^2x}{dt^2}$和 x 的表达式代入原方程，得

$$-k^2(C_1\cos kt+C_2\sin kt)+k^2(C_1\cos kt+C_2\sin kt)\equiv 0.$$

故 $x=C_1\cos kt+C_2\sin kt$ 是原方程的通解.

将初值条件$x\big|_{t=0}=A$ 代入通解，得

$$C_1=A,$$

将初值条件$\frac{dx}{dt}\Big|_{t=0}=0$ 代入通解，得

$$C_2=0,$$

所求特解为

$$x=A\cos kt.$$

§ 11.1.2　微分方程解的存在性

形如 $y'=f(x, y)$的方程，有时不一定能方便地求出满足初值条件的解，但我们能否

断定它有满足初值条件的解存在呢？如果知道方程的解存在，它的解又是否唯一呢？

已知一阶微分方程 $y'=f(x, y)$ 和初值条件 (x_0, y_0)，是否存在唯一的特解 $y=y(x)$，使 $y(x_0)=y_0$. 下面介绍的定理可回答此问题.

定理 1　对于微分方程

$$\frac{dy}{dx}=f(x, y)$$

和初值条件

$$y(x_0)=y_0,$$

如果 $f(x, y)$ 在矩形区域 $D: |x-x_0|\leqslant a, |y-y_0|\leqslant b$ 内连续，存在常数 $L>0$，使得对于 y 适合利普希茨条件

$$|f(x, y_1)-f(x, y_2)|\leqslant L|y_1-y_2|,$$

则初值问题在区间 $I=[x_0-h, x_0+h]$ 上存在唯一解，其中常数

$$h=\min\left(a, \frac{b}{M}\right), \quad M>\max_{(x, y)\in D}|f(x, y)|.$$

习题 11—1

1. 什么叫微分方程的阶？下列方程哪些是微分方程？并指出它的阶数.

(1) $y'=2x+6$；　(2) $y=2x+6$；

(3) $\frac{d^2y}{dx^2}=4y+x$；　(4) $x^2-2x=0$；

(5) $x^2dy+y^2dx=0$；　(6) $y(y')^2=1$；

(7) $\frac{d^2y}{dx^2}+2x+\left(\frac{dy}{dx}\right)^5=0$；　(8) $y^2-3y+2=0$；

(9) $3y^{(4)}+7y^{(3)}+8y'-15y^5=2t^3+t+1$；

(10) $y'''+8(y')^4+7y^8=e^{2t}$.

2. 验证下列函数（C 为任意常数）是否为相应微分方程的解？是通解还是特解？

(1) $\frac{dy}{dx}-2y=0$，$y=\sin x$，$y=e^x$，$y=Ce^{2x}$；

(2) $4y'=2y-x$，$y=\frac{1}{2}x+1$，$y=Ce^{-\frac{1}{x}x}$，$y=Ce^{\frac{1}{2}x}+\frac{x}{2}+1$；

(3) $xydx+(1+x^2)dy=0$，$y^2(1+x^2)=C$；

(4) $y''-9y=x+\frac{1}{2}$，$y=5\cos 3x+\frac{x}{9}+\frac{1}{8}$；

(5) $x^2y'''=2y'$，$y=\ln x+x^3$.

3. 验证 $x=2(\sin 2t-\sin 3t)$ 为 $\frac{d^2x}{dt^2}+4x=10\sin 3t$ 的满足初值条件 $x|_{t=0}=0$，$x'|_{t=0}=-2$ 的特解.

4. 求下列微分方程的特解.

(1) $\begin{cases}\frac{dy}{dt}=\sin\omega t,\\ y|_{t=0}=0;\end{cases}$　(2) $\begin{cases}y'=\frac{1}{x},\\ y|_{x=e}=0;\end{cases}$

(3) $\frac{d^2y}{dx^2}=6x$ 初值条件为 $y|_{x=0}=0$，$y'|_{x=0}=2$.

5. 一曲线通过点(1，0)，且曲线上任意点 $M(x, y)$ 处切线斜率为 x^2，求曲线的方程.

6. 试证:如果一曲线上各点处的曲率都等于零，此曲线一定是直线.

7. 已知一物体运动的加速度 a 按正弦规律变化，即

$$a = A\sin\frac{2\pi}{T}t,$$

且初速度为零，试求速度 v 承受时间的变化规律.

§11.2　一阶微分方程

一阶微分方程是含 x，y 及 y' 的方程，它的一般形式为

$$F(x, y, y') = 0.$$

最简单的一阶微分方程为

$$\frac{dy}{dx} = f(x),$$

改写为

$$dy = f(x)dx,$$

将两边积分得出通解

$$y = \int f(x)dx = F(x) + C.$$

若微分方程满足条件

$$y|_{x=x_0} = y_0,$$

将它代入方程的通解，确定出任意常数 C，即可得出方程的特解.

下面介绍两种类型的一阶微分方程的解法.

§11.2.1　可分离变量的微分方程

在一阶微分方程

$$\frac{dy}{dx} = F(x, y)$$

中，如果函数 $F(x, y)$ 可分解为两个连续函数 $f(x)$和 $g(y)$的乘积，即

$$\frac{dy}{dx} = f(x)g(y) \tag{11.3}$$

或

$$M_1(x)M_2(y)dx + N_1(x)N_2(y)dy = 0, \tag{11.4}$$

式中，$M_1(x)$，$N_1(x)$，$M_2(y)$，$N_2(y)$ 分别是 x 或 y 的连续函数，则称该微分方程叫作**可分离变量的微分方程**.

对于方程(11.3)，当 $g(y)\neq 0$ 时，用 $\dfrac{\mathrm{d}x}{g(y)}$ 乘方程的两端，得

$$\frac{\mathrm{d}y}{g(y)}=f(x)\mathrm{d}x,$$

这叫作**分离变量**，将上式两端分别积分，便得微分方程的通解为

$$\int\frac{\mathrm{d}y}{g(y)}=\int f(x)\mathrm{d}x+C\quad(C\text{ 为任意常数}).$$

式(11.3)中若 $g(y)=0$ 有实根 y_0，则 $y=y_0$(常函数)也是式(11.3)的解.

对于方程 (11.4)，当 $N_1(x)M_2(y)\neq 0$ 时，我们用$\dfrac{1}{N_1(x)M_2(y)}$ 乘方程(11.4)的两端，即得已分离变量的方程为

$$\frac{M_1(x)}{N_1(x)}\mathrm{d}x+\frac{N_2(y)}{M_2(y)}\mathrm{d}y=0,$$

两端分别积分，即得方程(11.4) 的通解为

$$\int\frac{M_1(x)}{N_1(x)}\mathrm{d}x+\int\frac{N_2(y)}{M_2(y)}\mathrm{d}y=C\quad(C\text{ 为任意常数}).$$

如果 $N_1(x)M_2(y)=0$，即若 $N_1(x)=0$ 有实根 x_0，则 $x=x_0$(常函数)也是方程(11.4) 的解；若 $M_2(y)=0$ 有实根 y_0，则 $y=y_0$(常函数)也是方程 (11.4) 的解.

例 1　求微分方程 $\dfrac{\mathrm{d}y}{\mathrm{d}x}=-\dfrac{x}{y}$ 的通解和满足初值条件 $y|_{x=0}=1$ 的特解.

解　将原方程分离变量，改写为

$$y\mathrm{d}y=-x\mathrm{d}x,$$

将两边分别积分，得通解为

$$\frac{1}{2}y^2=-\frac{1}{2}x^2+C,$$

即

$$x^2+y^2=2C,$$

或

$$x^2+y^2=a^2\quad(a\text{ 是任意常数}).$$

将初值条件 $y|_{x=0}=1$ 代入通解 $x^2+y^2=a^2$，得 $a^2=1$，于是特解为

$$x^2+y^2=1.$$

方程的通解为圆心在原点的一族同心圆，其特解是该圆族中过(0，1)点的单位圆.

例 2　求方程$(1+y^2)\mathrm{d}x-x(1+x^2)y\mathrm{d}y=0$ 的通解.

解　用 $x(1+x^2)(1+y^2)$ 除方程的两边，得

$$\frac{\mathrm{d}x}{x(1+x^2)}-\frac{y\mathrm{d}y}{1+y^2}=0.$$

两边分别积分得

$$\int\frac{\mathrm{d}x}{x(1+x^2)}-\int\frac{y\mathrm{d}y}{1+y^2}=C_1,$$

因为

$$\int\frac{\mathrm{d}x}{x(1+x^2)}=\int\left(\frac{1}{x}-\frac{x}{1+x^2}\right)\mathrm{d}x=\ln|x|-\frac{1}{2}\ln(1+x^2),$$

$$\int\frac{y\mathrm{d}y}{1+y^2}=\frac{1}{2}\ln(1+y^2),$$

所以
$$\ln|x|-\frac{1}{2}\ln(1+x^2)-\frac{1}{2}\ln(1+y^2)=C_1,$$
即
$$\ln\frac{x^2}{(1+x^2)(1+y^2)}=2C_1,$$
也即
$$\frac{x^2}{(1+x^2)(1+y^2)}=\mathrm{e}^{2C_1}=\frac{1}{C},$$
由此得出通解为
$$(1+x^2)(1+y^2)=Cx^2.$$
此外还有解 $x=0$.

例 3　衰变问题:衰变速度与未衰变原子含量 M 成正比，已知 $M|_{t=0}=M_0$，求衰变过程中铀含量 $M(t)$随时间 t 变化的规律.

解　衰变速度为$\frac{\mathrm{d}M}{\mathrm{d}t}$，由题设条件有
$$\frac{\mathrm{d}M}{\mathrm{d}t}=-\lambda M\qquad(\lambda>0，衰变系数),$$
将原方程分离变量，改写为
$$\frac{\mathrm{d}M}{M}=-\lambda\,\mathrm{d}t,$$
两边分别积分得
$$\int\frac{\mathrm{d}M}{M}=\int-\lambda\,\mathrm{d}t,$$
所以
$$\ln M=-\lambda t+\ln C,$$
由此得出通解为
$$M=C\mathrm{e}^{-\lambda t}.$$
将初值条件 $M|_{t=0}=M_0$ 代入通解 $M=C\mathrm{e}^{-\lambda t}$，得
$$M_0=C\mathrm{e}^0=C,$$
因此，衰变过程中铀含量 $M(t)$随时间 t 变化的规律为
$$M=M_0\mathrm{e}^{-\lambda t}.$$

例 4　有高为 1 m 的半球形容器，水从它的底部小孔流出，小孔横截面面积为 1 cm^2(如图 11.2 所示). 开始时容器内盛满了水，求水从小孔流出过程中容器里水面的高度 h(水面与孔口中心间的距离)随时间 t 的变化规律(由力学知识得，水从孔口流出的体积流量与孔的面积及水面高度的平方根成正比，其中水的流量系数为 2.74).

解　设孔的面积为 S，容器内水的体积为 V，由力学知识得，水从孔口流出的体积流量为
$$\frac{\mathrm{d}V}{\mathrm{d}t}=-2.74\cdot S\sqrt{h},$$
由题设条件有
$$\frac{\mathrm{d}V}{\mathrm{d}t}=-2.74\cdot10^{-4}\cdot\sqrt{h},\tag{11.5}$$

设在微小的时间间隔$[t, t+\mathrm{d}t]$，水面的高度由 h 降至 $h+\mathrm{d}h$（如图 11.3 所示），则

$$\mathrm{d}V = \pi r^2 \mathrm{d}h.$$

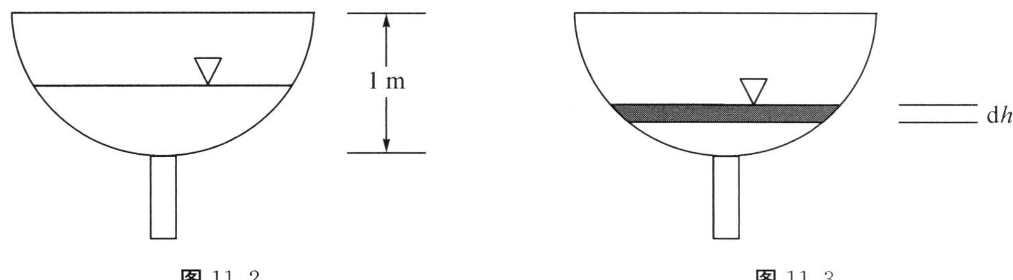

图 11.2　　　　图 11.3

因为
$$r=\sqrt{1^2-(1-h)^2}=\sqrt{2h-h^2},$$
所以
$$\mathrm{d}V=\pi(2h-h^2)\mathrm{d}h, \tag{11.6}$$
比较式(11.5)和(11.6)，得

$$-\pi(2h-h^2)\mathrm{d}h=2.74\cdot\sqrt{h}\times10^{-4}\mathrm{d}t.$$

此为可分离变量的微分方程.

将原方程分离变量，改写为

$$10^{-4}\mathrm{d}t=-\frac{\pi}{2.74}(2\sqrt{h}-\sqrt{h^3})\mathrm{d}h,$$

两边分别积分得

$$t=-\frac{\pi}{2.74}\left(\frac{4}{3}\sqrt{h^3}-\frac{2}{5}\sqrt{h^5}\right)\times10^4+C,$$

将初值条件 $t|_{h=1}=0$ 代入通解，得

$$C=0.34\times10^4\pi.$$

因此，水从小孔流出过程中容器里水面的高度 h 随时间 t 的变化规律为

$$t=\left[0.34\pi-\frac{\pi}{2.74}\left(\frac{4}{3}\sqrt{h^3}-\frac{2}{5}\sqrt{h^5}\right)\right]\times10^4.$$

有些微分方程从形式上看不是可分离变量方程，但只要作适当的代换，就可将它们化为可分离变量方程. 下面介绍两种常见的此类微分方程的解法.

1. $\frac{\mathrm{d}y}{\mathrm{d}x}=f(ax+by)$

作变量代换 $z=ax+by$，两端对 x 求导，得

$$\frac{\mathrm{d}z}{\mathrm{d}x}=a+b\frac{\mathrm{d}y}{\mathrm{d}x},$$

因 $\frac{\mathrm{d}y}{\mathrm{d}x}=f(z)$，故得

$$\frac{\mathrm{d}z}{\mathrm{d}x}=a+bf(z)$$

或
$$\frac{\mathrm{d}z}{a+bf(z)}=\mathrm{d}x.$$

这样，方程

$$\frac{\mathrm{d}y}{\mathrm{d}x}=f(ax+by) \tag{11.7}$$

已化为可分离变量方程，两端分别积分，得

$$x=\int\frac{\mathrm{d}z}{a+bf(z)}+C.$$

例 5　求微分方程 $\frac{\mathrm{d}y}{\mathrm{d}x}=\frac{1}{x-y}+1$ 的通解.

解　作变量代换 $z=x-y$，两端对 x 求导，得

$$\frac{\mathrm{d}z}{\mathrm{d}x}=1-\frac{\mathrm{d}y}{\mathrm{d}x},\quad \frac{\mathrm{d}y}{\mathrm{d}x}=\frac{1}{z}+1,$$

于是

$$\frac{\mathrm{d}z}{\mathrm{d}x}=1-\frac{1}{z}-1,$$

化简为

$$z\mathrm{d}z=-\mathrm{d}x\ .$$

两端分别积分得

$$z^2=-2x+C,$$

从而方程的通解为

$$(x-y)^2=-2x+C.$$

2. 一阶齐次微分方程

形如

$$\frac{\mathrm{d}y}{\mathrm{d}x}=\varphi\left(\frac{y}{x}\right) \tag{11.8}$$

的方程称为**一阶齐次微分方程**.

对方程(11.8)作变换代换 $\frac{y}{x}=u$，$y=ux$，两端对 x 求导，得

$$\frac{\mathrm{d}y}{\mathrm{d}x}=u+x\frac{\mathrm{d}u}{\mathrm{d}x},$$

由方程(11.8)有

$$\frac{\mathrm{d}y}{\mathrm{d}x}=\varphi(u),$$

于是

$$u+x\frac{\mathrm{d}u}{\mathrm{d}x}=\varphi(u),$$

分离变量得

$$\frac{\mathrm{d}u}{\varphi(u)-u}=\frac{\mathrm{d}x}{x}.$$

方程(11.8)已化为可分离变量方程，两边分别积分得

$$\int\frac{\mathrm{d}u}{\varphi(u)-u}=\ln|x|+C.$$

求出积分后，再用 $\frac{y}{x}$ 代替 u，便得方程(11.8)的通解.

例 6　求方程 $y\mathrm{d}x-(x+\sqrt{x^2+y^2})\mathrm{d}y=0$ 的通解.

解　将方程改写为

$$\frac{\mathrm{d}y}{\mathrm{d}x}=\frac{y}{x+\sqrt{x^2+y^2}},$$

因

$$\frac{y}{x+\sqrt{x^2+y^2}}=\frac{\frac{y}{x}}{1+\sqrt{1+\left(\frac{y}{x}\right)^2}}=\varphi\left(\frac{y}{x}\right),$$

故原方程为齐次微分方程.

作变量代换 $$u=\frac{x}{y},$$

则 $$x=uy,$$

两端微分得 $$\mathrm{d}x=u\mathrm{d}y+y\mathrm{d}u$$

代入方程，化简可得

$$\frac{\mathrm{d}y}{y}=\frac{\mathrm{d}u}{\sqrt{u^2+1}}.$$

两端分别积分得

$$\ln y=\ln(u+\sqrt{u^2+1})+\ln C,$$

即 $$u+\sqrt{u^2+1}=\frac{y}{C}.$$

从而得 $$u-\sqrt{u^2+1}=-\frac{C}{y}.$$

将 $u=\frac{x}{y}$ 代入并整理，得方程的通解为

$$y^2=2C\left(x+\frac{C}{2}\right).$$

§ 11.2.2　一阶线性微分方程

在一阶微分方程中，如果方程中未知函数和未知函数的导数都是一次的，则此类方程称为**一阶线性微分方程**.

一阶线性微分方程的一般形式为

$$y'+P(x)y=Q(x), \tag{11.9}$$

式中，$P(x)$，$Q(x)$ 都是 x 的已知连续函数.

若 $Q(x)\equiv 0$ ，方程(11.9)变成

$$y'+P(x)y=0, \tag{11.10}$$

称为**一阶线性齐次微分方程**.

若 $Q(x)\neq 0$ ，方程(11.9) 称为**一阶线性非齐次微分方程**.

1. 一阶线性齐次微分方程的通解

$$\frac{\mathrm{d}y}{\mathrm{d}x}+P(x)y=0$$

是可分离变量方程，$y\neq 0$ 时可改写为

$$\frac{\mathrm{d}y}{y}=-P(x)\mathrm{d}x.$$

将两边积分得 $$\ln y=-\int P(x)\mathrm{d}x+C_1.$$

一阶线性齐次微分方程的通解为

$$y=\mathrm{e}^{-\int P(x)\mathrm{d}x+C_1}=C\mathrm{e}^{-\int P(x)\mathrm{d}x}\quad (C\text{ 为任意常数}).$$

2. 一阶线性非齐次微分方程的通解

在§11.1.1中我们讨论的放电方程 $RE\frac{\mathrm{d}u}{\mathrm{d}t}+u=0$ 是一阶线性齐次微分方程，它的通解是 $Ce^{-\frac{t}{RE}}$；充电方程 $RC\frac{\mathrm{d}u}{\mathrm{d}t}+u=u_e$ 是一阶线性非齐次微分方程，它的通解是 $u_e+Ce^{-\frac{t}{RE}}$. 这里放电方程是充电方程相应的齐次微分方程，它们的通解相差一个常数 u_e，而且不难看出，u_e 也是非齐次微分方程 $RE\frac{\mathrm{d}u}{\mathrm{d}t}+u=u_e$ 的一个解. 这个事实不是偶然的，一般来说有下述定理.

定理 1 一阶线性非齐次微分方程的通解，等于它的任意一个特解加上与其相应的一阶线性齐次微分方程的通解.

证明 设 y_1 是方程(11.9)的一个特解，即

$$y_1'+P(x)y_1=Q(x).$$

又设 y_2 是方程(11.10)的一个通解，即

$$y_2'+P(x)y_2=0,$$

则对 $y=y_1+y_2$，有

$$\begin{aligned}y'+P(x)y&=(y_1+y_2)'+P(x)(y_1+y_2)\\&=[y_1'+P(x)y_1]+[y_2'+P(x)y_2]\\&=Q(x)+0=Q(x).\end{aligned}$$

因此 y_1+y_2 是方程(11.9)的解. 又因为 y_2 是方程(11.10)的通解，它已包含一个任意常数，所以 y_1+y_2 就是非齐次微分方程(11.9)的通解，也就是说，非齐次微分方程的通解等于相应的齐次微分方程的通解与非齐次微分方程的任一特解之和.

前面已求得齐次微分方程 $y'+P(x)y=0$ 的通解为

$$y=Ce^{-\int P(x)\mathrm{d}x}. \tag{11.11}$$

式中，C 为任意常数.

现在设想非齐次微分方程 $y'+P(x)y=Q(x)$ 也有这种形式的解，但其中 C 不是常数，而是某个 x 的函数，即

$$y=C(x)e^{-\int P(x)\mathrm{d}x}. \tag{11.12}$$

确定 $C(x)$ 之后，可得非齐次微分方程的通解.

将式(11.12)及它的导数

$$y'=C'(x)e^{-\int P(x)\mathrm{d}x}-C(x)P(x)e^{-\int P(x)\mathrm{d}x}$$

代入方程(11.9)中，得

$$C'(x)e^{-\int P(x)\mathrm{d}x}-C(x)P(x)e^{-\int P(x)\mathrm{d}x}+C(x)P(x)e^{-\int P(x)\mathrm{d}x}=Q(x).$$

即
$$C'(x)e^{-\int P(x)\mathrm{d}x}=Q(x)$$

或
$$C'(x)=Q(x)e^{\int P(x)\mathrm{d}x}.$$

两端积分得

$$C(x)=\int Q(x)e^{\int P(x)\mathrm{d}x}\mathrm{d}x+C_1,$$

所以一阶线性非齐次微分方程的通解为

$$y = e^{-\int P(x)dx}\left[\int Q(x)e^{\int P(x)dx}dx + C_1\right]. \tag{11.13}$$

上述将相应齐次微分方程通解中任意常数 C 换为函数 $C(x)$，这种求非齐次微分方程通解的方法，叫作**常数变易法**.

从式(11.13)可以看出，方程(11.9)的通解由两项组成，其中一项 $Ce^{-\int P(x)dx}$ 是相应的齐次线性微分方程(11.10)的通解，另一项为 $e^{-\int P(x)dx}\int Q(x)e^{\int P(x)dx}dx$，可以验证它是方程(11.9)的一个特解.

例 7　求方程 $xy'+y=e^x\ (x>0)$ 的通解.

解
$$y'+\frac{y}{x}=\frac{e^x}{x},\quad P(x)=\frac{1}{x},\quad Q(x)=\frac{e^x}{x}.$$

先求
$$\int P(x)dx = \int \frac{1}{x}dx = \ln x.$$

故
$$e^{\int P(x)dx} = e^{\ln x} = x.$$

由式(11.13)可得通解为

$$y = \frac{1}{x}\left(\int \frac{e^x}{x}x\,dx + C\right) = \frac{1}{x}\left(\int e^x dx + C\right) = \frac{1}{x}(e^x + C).$$

例 8　解方程 $\frac{dy}{dx}-\frac{2y}{x+1}=(x+1)^{\frac{5}{2}}$.

解
$$P(x)=\frac{-2}{x+1},\quad Q(x)=(x+1)^{\frac{5}{2}}.$$

先求

$$\int P(x)dx = -2\int\frac{dx}{x+1} = -2\ln|x+1|,$$

$$e^{\int P(x)dx} = e^{-2\ln|x+1|} = |x+1|^{-2},$$

$$e^{-\int P(x)dx} = (x+1)^2.$$

方程的通解为

$$\begin{aligned}
y &= (x+1)^2\left[\int (x+1)^{\frac{5}{2}}\cdot(x+1)^{-2}dx + C\right]\\
&= (x+1)^2\left[\int (x+1)^{\frac{1}{2}}dx + C\right]\\
&= (x+1)^2\left[\frac{2}{3}(x+1)^{\frac{3}{2}} + C\right]\\
&= \frac{2}{3}(x+1)^{\frac{7}{2}} + C(x+1)^2.
\end{aligned}$$

例 9　如图 11.4 所示，平行于 y 轴的动直线被曲线 $y=f(x)$ 与 $y=x^3\ (x\geqslant 0)$ 截下的线段 PQ 之长数值上等于阴影部分的面积，求曲线 $f(x)$.

解　阴影部分的面积为

$$S = \int_0^x y\,dx,$$

线段 PQ 之长为

$$PQ = x^3 - y.$$

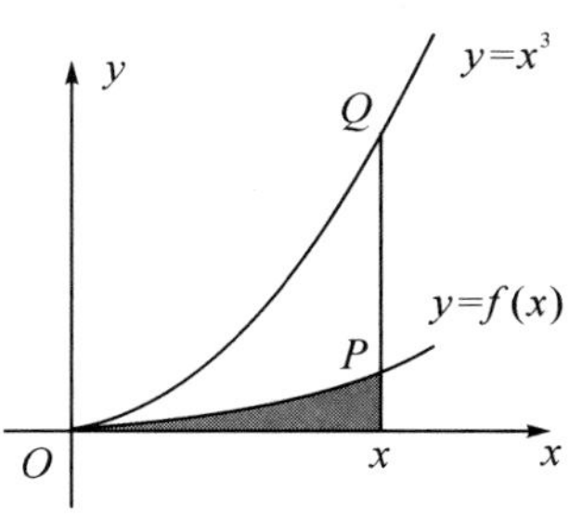

图 11.4

由题意

$$\int_0^x y\mathrm{d}x = \sqrt{(x^3 - y)^2},$$

两边求导得

$$y' + y = 3x^2,$$

这是一个一阶线性非齐次微分方程，其中，

$$P(x) = 1, \quad Q(x) = 3x^2.$$

先求

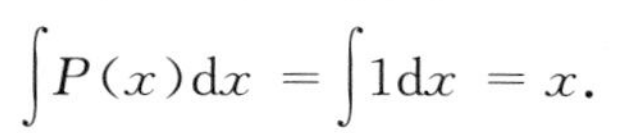

$$\int P(x)\mathrm{d}x = \int 1\mathrm{d}x = x.$$

故方程的通解为

$$y = \mathrm{e}^{-x}\left(C + \int 3x^2\mathrm{e}^x\mathrm{d}x\right) = C\mathrm{e}^{-x} + 3x^2 - 6x + 6,$$

由 $y|_{x=0}=0$，得 $C=-6$，所求曲线为

$$y = 3(-2\mathrm{e}^{-x} + x^2 - 2x + 2).$$

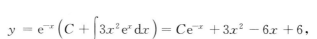

下面我们讨论一个本身不是线性微分方程，但经过适当变换可化为线性微分方程的伯努利微分方程.

伯努利(Bernoulli)微分方程：

$$y' + P(x)y = Q(x)y^n, \tag{11.14}$$

式中，$P(x)$，$Q(x)$是 x 的连续函数，$n(n\neq 0, 1)$是任意常数.

方程(11.14)不是线性微分方程. 设 $y\neq 0$，以 y^n 除以方程(11.14)两端，得

$$y^{-n}y' + P(x)y^{1-n} = Q(x), \tag{11.15}$$

令 $u=y^{1-n}$，对 x 求导，则得

$$u'=(1-n)y^{-n}y',$$

代入式(11.14)得

$$u'+(1-n)P(x)u=(1-n)Q(x).$$

这是关于新未知函数 u 和 u' 的非齐次线性微分方程. 由此不难求得伯努利微分方程的通解.

例 10 求方程 $xy'-4y=2x^2\sqrt{y}\ (x\neq 0,\ y>0)$ 的通解.

解 将原方程改写为

$$y' - \frac{4}{x}y = 2xy^{\frac{1}{2}}.$$

这是一个伯努利微分方程，因 $n=\dfrac{1}{2}$，故作代换

$$u = y^{1-\frac{1}{2}} = y^{\frac{1}{2}}, \quad u' = \frac{1}{2}y^{-\frac{1}{2}}y',$$

代入原方程，并整理，得非齐次微分方程为

$$u' - \frac{2}{x}u = x,$$

它的通解为

$$u=x^2(\ln|x|+C),$$

将 u 换成 $y^{\frac{1}{2}}$，得原方程的通解为

$$y=x^4(\ln|x|+C)^2.$$

习题 11－2

1. 用分离变量法求下列一阶微分方程的通解.

(1)$y'=e^y\sin x$；　(2)$y'=\dfrac{x^2}{\cos 2y}$；

(3)$x\dfrac{dy}{dx}-y\ln y=0$；　(4)$(e^{x+y}-e^x)dx+(e^{x+y}+e^y)dy=0$；

(5)$y'=\sqrt{\dfrac{1-y^2}{1-x^2}}$；　(6)$\sqrt{1-y^2}\,dx+y\sqrt{1-x^2}\,dy=0$；

(7)$(xy^2+x)dx+(y-x^2y)dy=0$；

(8)$y\ln x\,dx+x\ln y\,dy=0$；

(9)$\sec^2x\cdot\tan y\,dx+\sec^2y\cdot\tan x\,dy=0$；

(10)$xy(y-xy')=x+yy'$；

(11)$y^2dx+ydy=x^2ydy-dx$；

(12)$\sqrt{1+y^2}\ln x\,dx+dy+\sqrt{1+y^2}\,dx=0$.

2. 将下列方程化为可分离变量方程，并求解.

(1)$x^2y'+y^2=xyy'$；（提示：令 $y=xu(x)$）

(2)$xy'=y\ln\dfrac{y}{x}$；

(3)$\left(x+y\cos\dfrac{y}{x}\right)=xy'\cos\dfrac{y}{x}$；

(4)$(y+xy^2)dx+(x-x^2y)dy=0$.（提示：令 $xy=u(x)$）

3. 下列方程中哪些是线性方程？是齐次还是非齐次的？

(1)$\dfrac{dy}{dx}-y-1=0$；　(2)$y'+xy^2=0$；

(3)$xy'+y=0$；　(4)$y'=\tan y$；

(5)$3x^2+5y-5y'=0$；　(6)$x\left(\dfrac{dx}{dt}+2\right)=t^3$；

(7)$y'=\ln x$；　(8)$y'-\dfrac{3y}{x}=x$.

4. 解下列线性微分方程.

(1)$y'+x^2y=0$；　(2)$\dfrac{dy}{dx}+4y+5=0$；

(3)$\dfrac{dy}{dx}+y=e^{-x}$，$y|_{x=0}=5$；　(4)$y'=-2xy+xe^{-x^2}$；

(5)$xy'+y-e^{2x}=0$，$y|_{x=\frac{3}{2}}=2e$；　(6)$y'\cos^2x+y-\tan x=0$；

(7)$y'-2xy=e^{x^2}\cos x$；　(8)$xy'-y=\dfrac{x}{\ln x}$；

(9)$(x^2-1)y'+2xy-\cos x=0$;

(10)$\frac{ds}{dx}-s\cdot\tan x=\sec x$，$s|_{x=0}=0$;

(11)$(1+x^2)y'-2xy=(1+x^2)^2$;

(12)$x^2dy+(12xy-x+1)dx=0$.

5. 求下列伯努利微分方程的通解.

(1)$x\frac{dy}{dx}-4y=x^2\sqrt{y}$;　　(2)$y'-\frac{1}{x}y=x^2y^2$.

6. 一潜水艇在水中下降时，所受阻力与下降速度成正比，若潜水艇由静止状态开始下降，求其下降速度与时间的关系.

7. 设有一通过坐标原点的曲线，其上任一点的切线斜率等于 $\frac{\sqrt{1-y^2}}{1+x^2}$，求这曲线的方程.

§11.3 二阶微分方程

前面我们讨论了几种一阶微分方程的求解问题，但在科学和工程技术中，有许多实际问题归结为高阶微分方程，其中二阶常系数线性微分方程有着广泛的应用，本节我们将着重讨论这类方程的解法.

§11.3.1 特殊二阶微分方程

1. $y''=f(x)$型

如$\frac{d^2y}{dx^2}=-g$ 属此型，只要积分两次就可得出通解. 通解中包含两个任意常数，可由初始条件确定这两个任意常数.

例 1 求微分方程 $y''=e^{2x}-\cos x$ 的通解.

解 对所给方程积分，得

$$y'=\frac{1}{2}e^{2x}-\sin x+C_1,$$

再对上面的方程积分，得方程的通解为

$$y=\frac{1}{4}e^{2x}+\cos x+C_1x+C_2.$$

例 2 质量为 m 的质点受力 F 的作用沿 Ox 轴做直线运动. 设力 $F=F(t)$在开始时刻 $t=0$ 时 $F(0)=F_0$，随着时间 t 的增大，力 F 均匀地减小，直到 $t=T$ 时，$F(T)=0$. 如果开始时质点位于原点，且初速度为零，求这质点的运动规律.

解 设 $x=x(t)$表示在时刻 t 时质点的位置，根据牛顿第二定律，质点运动的微分方程为

$$m\frac{\mathrm{d}^2x}{\mathrm{d}t^2}=F(t).\tag{11.16}$$

由题设,力 $F(t)$随 t 增大而均匀地减小,且 $t=0$ 时,$F(0)=F_0$,所以 $F(t)=F_0-kt$;又当 $t=T$时,$F(T)=0$,从而

$$F(t)=F_0\left(1-\frac{t}{T}\right).$$

于是方程(11.16)可以写成

$$\frac{\mathrm{d}^2x}{\mathrm{d}t^2}=\frac{F_0}{m}\left(1-\frac{t}{T}\right).\tag{11.17}$$

其初始条件为

$$x\big|_{t=0}=0,\quad \left.\frac{\mathrm{d}x}{\mathrm{d}t}\right|_{t=0}=0.$$

把式(11.17)两端积分，得

$$\frac{\mathrm{d}x}{\mathrm{d}t}=\frac{F_0}{m}\int\left(1-\frac{t}{T}\right)\mathrm{d}t,$$

即

$$\frac{\mathrm{d}x}{\mathrm{d}t}=\frac{F_0}{m}\left(t-\frac{t^2}{2T}\right)+C_1.\tag{11.18}$$

将条件$\left.\frac{\mathrm{d}x}{\mathrm{d}t}\right|_{t=0}=0$ 代入式(11.18)，得

$$C_1=0,$$

于是式(11.18)变为

$$\frac{\mathrm{d}x}{\mathrm{d}t}=\frac{F_0}{m}\left(t-\frac{t^2}{2T}\right).\tag{11.19}$$

把式(11.19)两端积分，得

$$x=\frac{F_0}{m}\left(\frac{t^2}{2}-\frac{t^3}{6T}\right)+C_2,$$

将条件 $x\big|_{t=0}=0$ 代入上式，得

$$C_2=0.$$

于是所求质点的运动规律为

$$x=\frac{F_0}{m}\left(\frac{t^2}{2}-\frac{t^3}{6T}\right),\quad 0\leqslant t\leqslant T.$$

2. $y''=f(x,y')$型

这种类型方程右端不显含未知函数 y，可先把 y'看作未知函数.

作代换 $y'=P(x)$，则 $y''=P'(x)$．这样原方程 $y''=f(x,y')$ 可化为一阶微分方程

$$P'(x)=f(x,P(x)).$$

它是关于未知函数 $P(x)$ 的一阶微分方程，这种方法叫作降阶法. 解一阶微分方程可求出其通解为

$$P=P(x,C_1).$$

由关系式 $y'=P(x)$ 即得原方程的通解(通解中含有两个任意常数)为

$$y=\int P(x,C_1)\mathrm{d}x+C_2.$$

例 3 求方程 $y''-y'=e^x$ 的通解.

解 令 $y'=P(x)$，则 $y''=\frac{dP}{dx}$，原方程化为

$$\frac{dP}{dx}-P=e^x.$$

这是一阶线性非齐次微分方程. 由 § 11.2.2 式(11.13)得通解为

$$\frac{dy}{dx}=P(x)=e^x(x+C_1),$$

故原方程的通解为

$$y=\int e^x(x+C_1)dx=xe^x-e^x+C_1e^x+C_2=e^x(x-1+C_1)+C_2.$$

例 4 设有一均匀、柔软的绳索，两端固定，绳索仅受重力的作用而下垂. 试问该绳索在平衡状态时是怎样的曲线?

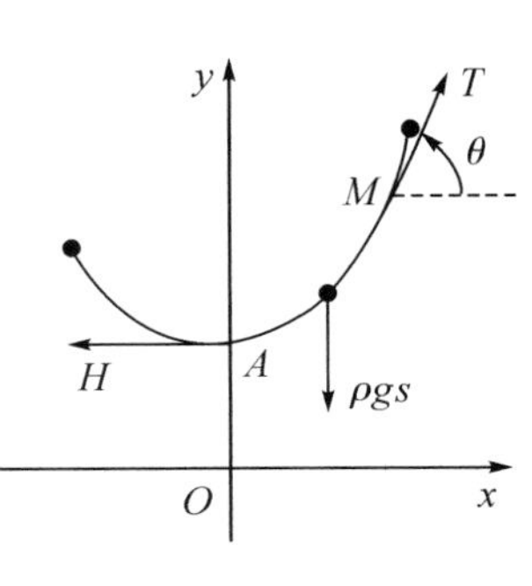

图 11.5

解 设绳索的最低点为 A. 取 y 轴通过点 A 铅直向上，并取 x 轴水平向右，且 $|OA|$ 等于某个定值(这个定值将在以后说明). 设绳索曲线的方程为 $y=\varphi(x)$. 考察绳索上点 A 到另一点 $M(x,y)$ 间的一段弧 $\overset{\frown}{AM}$，设其长为 s. 假定绳索的线密度为 ρ，则弧 $\overset{\frown}{AM}$ 所受重力为 ρgs. 由于绳索是柔软的，因而在点 A 处的张力沿水平的切线方向，其大小设为 H；在点 M 处的张力沿该点处的切线方向，设其倾角为 θ，其大小为 T(如图 11.5 所示). 因作用于弧段 $\overset{\frown}{AM}$ 的外力相互平衡，把作用于弧 $\overset{\frown}{AM}$ 上的力沿铅直及水平两方向分解，得

$$T\sin\theta=\rho gs,\quad T\cos\theta=H.$$

将此两式相除，得

$$\tan\theta=\frac{1}{a}s\quad\left(a=\frac{H}{\rho g}\right).$$

由于 $\tan\theta=y'$，$s=\int_0^x\sqrt{1+y'^2}\,dx$，代入上式即得

$$y'=\frac{1}{a}\int_0^x\sqrt{1+y'^2}\,dx.$$

将上式两端对 x 求导，便得 $y=\varphi(x)$ 满足的微分方程为

$$y''=\frac{1}{a}\sqrt{1+y'^2}.\tag{11.20}$$

取原点 O 到点 A 的距离为定值 a，即 $|OA|=a$，那么初始条件为

$$y|_{x=0}=a,\quad y'|_{x=0}=0.$$

下面来解方程(11.20).

方程(11.20)属于 $y''=f(x,y')$ 的类型. 设 $y'=p$，则

$$y''=\frac{dp}{dx}.$$

代入方程(11.20)，并分离变量，得

$$\frac{dp}{\sqrt{1+p^2}}=\frac{dx}{a}.$$

两端积分得

$$\ln(p+\sqrt{1+p^2})=\frac{x}{a}+C_1. \tag{11.21}$$

把条件 $y'|_{x=0}=p|_{x=0}=0$ 代入式(11.21)，得

$$C_1=0.$$

于是式(11.21)变为

$$\ln(p+\sqrt{1+p^2})=\frac{x}{a},$$

解得

$$p=\frac{1}{2}(e^{\frac{x}{a}}-e^{-\frac{x}{a}}),$$

即

$$y'=\frac{1}{2}(e^{\frac{x}{a}}-e^{-\frac{x}{a}}).$$

积分上式两端得

$$y=\frac{a}{2}(e^{\frac{x}{a}}+e^{-\frac{x}{a}})+C_2. \tag{11.22}$$

将条件 $y|_{x=0}=a$ 代入式(11.22)，得

$$C_2=0.$$

于是该绳索的形状可由曲线方程

$$y=\frac{a}{2}(e^{\frac{x}{a}}+e^{-\frac{x}{a}})=\frac{a}{2}\mathrm{ch}\frac{x}{a}$$

来表示. 这条曲线称为悬链线.

3. $y''=f(y,y')$ 型

这种类型方程右端不显含自变量 x.

若作代换 $y'=P(x)$，$y''=\frac{dP}{dx}$，代入原方程，则方程中含三个变量，即 x，P，y，将无法求解. 故令

$$y'=P(y),$$

则

$$y''=\frac{dP}{dy}\frac{dy}{dx}=\frac{dP}{dy}P,$$

从而方程化为

$$P\frac{dP}{dy}=f(y,P).$$

这是关于未知函数 $P(y)$ 的一阶微分方程，视 y 为自变量，P 是 y 的函数，设所求出的通解为 $P=P(y,C_1)$. 再由关系式 $\frac{dy}{dx}=P$，得

$$\frac{dy}{dx}=P(y,C_1).$$

用分离变量法解此方程，可得原方程的通解为

$$y=y(x,C_1,C_2).$$

例 5　求方程 $yy''-y'^2=0$ 的通解.

解　作代换 $y'=P(y)$，则 $y''=P'P$，原方程化为

$$yP\frac{\mathrm{d}P}{\mathrm{d}y}-P^2=0.$$

分离变量得
$$\frac{\mathrm{d}P}{P}=\frac{\mathrm{d}y}{y},$$

积分得
$$P=C_1y,$$

即

$$\frac{\mathrm{d}y}{\mathrm{d}x}=C_1y,$$

再分离变量，求积分，得通解为

$$y=C-2\mathrm{e}^{C_1x}.$$

例 6 一个离地面很高的物体，受地球引力的作用由静止开始落向地面. 求它落到地面时的速度和所需的时间(不计空气阻力).

解 取连接地球中心与该物体的直线为 y 轴，其方向铅直向上，取地球的中心为原点 O(如图 11.6 所示).

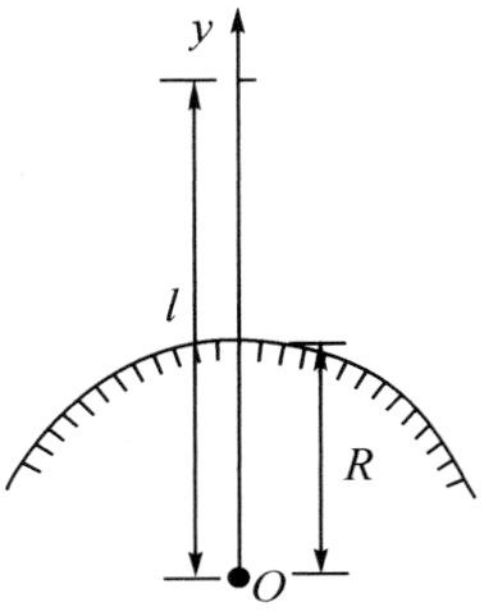

设地球的半径为 R，物体的质量为 m，物体开始下落时与地球中心的距离为 $l(l>R)$，在时刻 t 物体所在位置为 $y=\varphi(t)$，于是速度为 $v(t)=\frac{\mathrm{d}y}{\mathrm{d}t}$. 根据万有引力定律，即得微分方程为

$$m\frac{\mathrm{d}^2y}{\mathrm{d}t^2}=-\frac{GmM}{y^2},$$

即
$$\frac{\mathrm{d}^2y}{\mathrm{d}t^2}=-\frac{GM}{y^2}. \tag{11.23}$$

图 11.6

式中,M 为地球的质量，G 为引力常数. 因为当 $y=R$ 时，$\frac{\mathrm{d}^2y}{\mathrm{d}t^2}=-g$ (这里取负号是由于物体运动加速度的方向与 y 轴的正向相反的缘故)，所以 $g=\frac{GM}{R^2}$，$GM=gR^2$. 于是方程(11.23)变为

$$\frac{\mathrm{d}^2y}{\mathrm{d}t^2}=-\frac{gR^2}{y^2}, \tag{11.24}$$

初始条件为
$$y|_{t=0}=l,\quad y'|_{t=0}=0.$$

先求物体到达地面时的速度. 由 $\frac{\mathrm{d}y}{\mathrm{d}t}=v$，得

$$\frac{\mathrm{d}^2y}{\mathrm{d}t^2}=\frac{\mathrm{d}v}{\mathrm{d}t}=\frac{\mathrm{d}v}{\mathrm{d}y}\cdot\frac{\mathrm{d}y}{\mathrm{d}t}=v\frac{\mathrm{d}v}{\mathrm{d}y}.$$

代入方程(11.24)并分离变量，得

$$v\mathrm{d}v=-\frac{gR^2}{y^2}\mathrm{d}y.$$

两端积分得
$$v^2=\frac{2gR^2}{y}+C_1.$$

把初始条件代入上式，得

$$C_1=-\frac{2gR^2}{l}.$$

于是

$$v^2 = 2gR^2\left(\frac{1}{y}-\frac{1}{l}\right),\quad v=-R\sqrt{2g\left(\frac{1}{y}-\frac{1}{l}\right)}. \tag{11.25}$$

这里取负号是由于物体运动的方向与 y 轴的正向相反的缘故.

在式(11.25)中令 $y=R$，就得到物体到达地面时的速度为

$$v=-\sqrt{\frac{2gR(l-R)}{l}}.$$

下面来求物体落到地面所需的时间. 由式(11.25)有

$$\frac{\mathrm{d}y}{\mathrm{d}t}=v=-R\sqrt{2g\left(\frac{1}{y}-\frac{1}{l}\right)},$$

分离变量得

$$\mathrm{d}t=-\frac{1}{R}\sqrt{\frac{l}{2g}}\sqrt{\frac{y}{1-y}}\,\mathrm{d}y.$$

两端积分(对右端积分利用置换 $y=l\cos^2 u$)，得

$$t=\frac{1}{R}\sqrt{\frac{l}{2g}}\left(\sqrt{ly-y^2}+l\arccos\sqrt{\frac{y}{l}}\right)+C_2. \tag{11.26}$$

由条件 $y|_{t=0}=l$，得

$$C_2=0.$$

于是式(11.26)变为

$$t=\frac{1}{R}\sqrt{\frac{l}{2g}}\left(\sqrt{ly-y^2}+l\arccos\sqrt{\frac{y}{l}}\right).$$

在上式中令 $y=R$，便得到物体到达地面所需的时间为

$$t=\frac{1}{R}\sqrt{\frac{l}{2g}}\left(\sqrt{lR-R^2}+l\arccos\sqrt{\frac{R}{l}}\right).$$

§11.3.2　二阶线性微分方程

如果一个二阶微分方程中出现的未知函数及未知函数的一阶、二阶导数都是一次的，这个方程称为二阶线性微分方程. 它的一般形式为

$$y''+P_1(x)y'+P_2(x)y=f(x). \tag{11.27}$$

式中，$P_1(x)$，$P_2(x)$，$f(x)$ 都是 x 的连续函数. 若 $f(x)\equiv 0$，方程(11.27)变为

$$y''+P_1(x)y'+P_2(x)y=0, \tag{11.28}$$

方程(11.28)称为**二阶齐次线性微分方程.**

特别地，若 $P_1(x)$，$P_2(x)$ 分别为常数 p，q 时，方程(11.27)、(11.28)变为

$$y''+py'+qy=f(x) \tag{11.29}$$

和

$$y''+py'+qy=0. \tag{11.30}$$

方程(11.30)称为**二阶常系数齐次线性微分方程**，方程(11.29)称为**二阶常系数非齐次线性微分方程.**

现在我们讨论二阶线性微分方程具有的一些基本性质. 事实上，二阶线性微分方程的

这些性质，对于 n 阶线性微分方程也成立.

定理 1 设 y_1，y_2是二阶齐次线性微分方程(11.28)

$$y''+P_1(x)y'+P_2(x)y=0$$

的两个解，则 y_1，y_2的线性组合 $y=C_1y_1+C_2y_2$也是方程(11.28)的解，其中 C_1，C_2是任意常数.

证明 由假设有

$$y_1''+P_1y_1'+P_2y_1\equiv 0,\quad y_2''+P_1y_2'+P_2y_2\equiv 0.$$

将 $y=C_1y_1+C_2y_2$代入方程(11.28)有

$$\begin{aligned}&(C_1y_1+C_2y_2)''+P_1(C_1y_1+C_2y_2)'+P_2(C_1y_1+C_2y_2)\\=&C_1(y_1''+P_1y_1'+P_2y_1)+C_2(y_2''+P_1y_2'+P_2y_2)\\=&0.\end{aligned}$$

由此看出，如果 $y_1(x)$，$y_2(x)$ 是方程(11.28)的解，那么 $C_1y_1(x)+C_2y_2(x)$ 就是方程(11.28)含有两个任意常数的解. 它是否为方程(11.28)的通解呢？为了解决这个问题，需引入两个函数线性无关的概念.

如果 $y_1(x)$，$y_2(x)$ 中的任一个都不是另一个的非零常数倍，也就是说，$\dfrac{y_1(x)}{y_2(x)}$ 不恒等于非零常数，则称 $y_1(x)$ 和 $y_2(x)$ 是线性无关的.

在定理 1 中已知，若 y_1，y_2为方程(11.28)的解，则 $C_1y_1+C_2y_2$也是方程(11.28)的解. 但必须注意，并不是任意两个解的组合都是方程(11.28)的通解. 因为若 $y_1=ky_2$ (k 为非零常数)，则

$$y=C_1y_1+C_2y_2=C_1ky_2+C_2y_2=(C_1k+C_2)y_2.$$

这样上式实际上只含一个任意常数 $C=C_1k+C_2$，y 就不是二阶方程(11.28)的通解. 于是我们有下面的定理.

定理 2 如果 $y_1(x)$，$y_2(x)$ 是方程(11.28)的两个线性无关的解，则

$$y=C_1y_1+C_2y_2\quad (C_1,\ C_2\text{ 为任意常数})$$

是方程(11.28)的通解.

有了这个定理，求二阶线性微分方程的通解问题就转化为求它的两个线性无关的特解的问题.

定理 3 设 $y_1(x)$ 是二阶非齐次线性微分方程(11.27)

$$y''+P_1(x)y'+P_2(x)y=f(x)$$

的一个特解，$y_2(x)$ 是相应齐次线性微分方程(11.28)的通解，则

$$Y=y_1(x)+y_2(x)$$

是方程(11.27)的通解.

证明 因为 $y_1(x)$ 是方程(11.27)的解，即

$$y_1''+P_1(x)y_1'+P_2(x)y_1=f(x),$$

又 $y_2(x)$ 是方程(11.28)的解，即

$$y_2''+P_1(x)y_2'+P_2(x)y_2=0.$$

对 $Y=y_1+y_2$有

$$y''+P_1(x)y'+P_2(x)y=(y_1+y_2)''+P_1(x)(y_1+y_2)'+P_2(x)(y_1+y_2)$$

$$
\begin{aligned}
&= [y_1'' + P_1(x)y_1' + P_2(x)y_1] + [y_2'' + P_1(x)y_2' + P_2(x)y_2] \\
&= f(x) + 0 \\
&= f(x).
\end{aligned}
$$

因此 y_1+y_2是方程(11.27)的解. 又因 y_2是方程(11.28)的通解，在其中含有两个任意常数，故 y_1+y_2也含有两个任意常数，所以它就是方程(11.27)的通解.

定理 4　如果 $Y(x)=y_1(x)+\mathrm{i}y_2(x)$（其中 $\mathrm{i}=\sqrt{-1}$）是方程

$$
y'' + P_1(x)y' + P_2(x)y = f_1(x) + \mathrm{i}f_2(x) \tag{11.31}
$$

的解，则 $y_1(x)$ 与 $y_2(x)$ 分别是方程

$$
y'' + P_1(x)y' + P_2(x)y = f_1(x),
$$

$$
y'' + P_1(x)y' + P_2(x)y = f_2(x)
$$

的解.

证明　i是虚单位，可看作常数，故 $y=y_1+\mathrm{i}y_2$对 x 的一阶及二阶导数为

$$
y' = y_1' + \mathrm{i}y_2',
$$

$$
y'' = y_1'' + \mathrm{i}y_2'',
$$

代入方程(11.31)，得

$$
\begin{aligned}
&(y_1'' + \mathrm{i}y_2'') + P_1(x)(y_1' + \mathrm{i}y_2') + P_2(x)(y_1 + \mathrm{i}y_2) \\
&= [y_1'' + P_1(x)y_1' + P_2(x)y_1] + \mathrm{i}[y_2'' + P_1(x)y_2' + P_2(x)y_2] \\
&= f_1(x) + \mathrm{i}f_2(x).
\end{aligned}
$$

因为两个复数相等是指它们的实部和虚部分别相等，所以有

$$
y_1'' + P_1(x)y_1' + P_2(x)y_1 = f_1(x),
$$

$$
y_2'' + P_1(x)y_2' + P_2(x)y_2 = f_2(x).
$$

定理 5　设 $y_1(x)$ 及 $y_2(x)$ 分别是方程

$$
y'' + P_1(x)y' + P_2(x)y = f_1(x),
$$

$$
y'' + P_1(x)y' + P_2(x)y = f_2(x)
$$

的解，则 $y_1(x)+y_2(x)$ 是方程

$$
y'' + P_1(x)y' + P_2(x)y = f_1(x) + f_2(x)
$$

的解.

这个定理请读者自己证明.

例 7　求方程 $y''-\dfrac{x}{x-1}y'+\dfrac{1}{x-1}y=0(x\neq 1)$ 满足初值条件 $y|_{x=0}=3$，$y'|_{x=0}=2$ 的特解.

解　由观察得出 $y_1=x$，$y_2=\mathrm{e}^x$是方程的两个线性无关的特解；由定理 2 知，方程的通解为

$$
y = C_1x + C_2\mathrm{e}^x,
$$

求导得

$$
y' = C_1 + C_2\mathrm{e}^x.
$$

由初值条件得出

$$
3 = C_2,
$$

$$
2 = C_1 + C_2,
$$

解得

$$
C_1 = -1,\quad C_2 = 3.
$$

于是方程满足初值条件的特解为

$$y=-x+3e^x.$$

例 8 已知 $y_1(x)=e^x$ 是齐次方程 $y''-2y'+y=0$ 的解,求非齐次方程 $y''-2y'+y=\frac{1}{x}e^x$ 的通解.

解 令 $y=e^x u$,则 $y'=e^x(u'+u)$,$y''=e^x(u''+2u'+u)$,代入非齐次方程,得

$$e^x(u''+2u'+u)-2e^x(u'+u)+e^x u=\frac{1}{x}e^x,$$

即

$$e^x u''=\frac{1}{x}e^x,\quad u''=\frac{1}{x}.$$

这里不需再作变换去化为一阶线性方程,只要直接积分,便得

$$u'=C+\ln|x|,$$

再积分得

$$u=C_1+Cx+x\ln|x|-x,$$

即

$$u=C_1+C_2x+x\ln|x|\quad(C_2=C-1).$$

于是所求通解为

$$y=C_1e^x+C_2xe^x+xe^x\ln|x|.$$

§11.3.3 二阶常系数线性微分方程

在生产实践和科学实验中,有时需要研究力学系统或电路系统的问题.在一定条件下,这类问题的解决归结为二阶微分方程的研究.在这类微分方程中,经常遇到的是线性微分方程.如力学系统的机械振动等问题,都是最常见的问题.

例 9 弹簧的振动问题.

我们把弹簧作为简化了的振动系统来说明振动现象的基本特征.

在一垂直挂着的弹簧下端,系一质量为 m 的重物,弹簧伸长一段后,就会处于平衡状态.如果用力将重物向下拉,松开手后,弹簧就会上、下振动,那么在运动中重物的位置随时间的变化规律怎样呢?要想直接找出这个规律是困难的,但却容易建立它的微分方程.

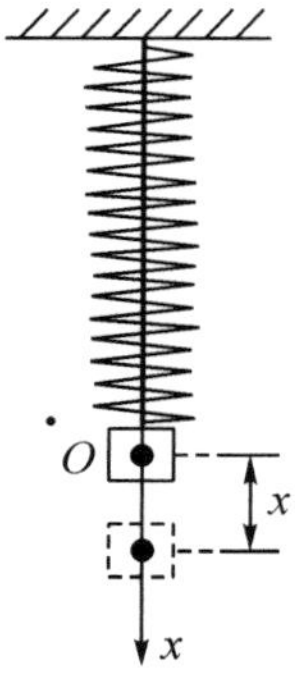

如图 11.7 所示,设平衡位置为坐标原点 O,运动开始后重物在某一时刻 t 离开平衡位置的位移为 x.

图 11.7

①如果不计摩擦阻力和介质阻力,则物体在任意位置所受的力只有弹簧的恢复力 f,由力学可知,f 与位移 x 成正比,即

$$f=-cx.$$

式中,$c>0$,是比例系数,称为弹簧刚度,负号表示恢复力和位移 x 反向.

由牛顿第二定律,得

$$m\frac{d^2x}{dt^2}=-cx.$$

设 $\omega^2=\frac{c}{m}(\omega>0)$,则方程化为

$$\frac{\mathrm{d}^2 x}{\mathrm{d}t^2}+\omega^2 x=0. \tag{11.32}$$

式(11.32)代表的振动称为无阻尼的自由振动或**简谐振动**.

②实际上，物体振动总要受到阻力的影响，例如摩擦力、介质阻力等. 实验证明，在运动速度不大的情况下，阻力 R 与速度成正比，而阻力的方向与物体运动的方向相反，设比例系数 $\mu>0$，则

$$R=-\mu\frac{\mathrm{d}x}{\mathrm{d}t}.$$

在这种情况下，物体所受的总外力为弹簧的恢复力及阻力之和，则物体运动的微分方程为

$$m\frac{\mathrm{d}^2 x}{\mathrm{d}t^2}=-cx-\mu\frac{\mathrm{d}x}{\mathrm{d}t}. \tag{11.33}$$

设$\frac{c}{m}=\omega^2(\omega>0)$，$\frac{\mu}{m}=2n>0$，方程(11.33)化为

$$\frac{\mathrm{d}^2 x}{\mathrm{d}t^2}+2n\frac{\mathrm{d}x}{\mathrm{d}t}+\omega^2 x=0. \tag{11.34}$$

式(11.34)代表的振动称为**阻尼自由振动**.

③外力仅在系统开始振动时作用的振动称为自由振动，但有些振动系统受到周期性外力的持续作用，这种振动称为强迫振动. 如电话耳机中的膜片或各种乐器的共鸣器部分的振动就是这种情形. 设外力方向是铅直的，且是正弦周期函数

$$f(t)=H\sin Pt,$$

也可用余弦周期函数 $f(t)=H\cos Pt$.

此时物体运动方程为

$$m\frac{\mathrm{d}^2 x}{\mathrm{d}t^2}=-cx+H\sin Pt$$

或

$$m\frac{\mathrm{d}^2 x}{\mathrm{d}t^2}=-cx-\mu\frac{\mathrm{d}x}{\mathrm{d}t}+H\sin Pt.$$

令$\frac{H}{m}=h$，则有

$$\frac{\mathrm{d}^2 x}{\mathrm{d}t^2}+\omega^2 x=h\sin Pt \tag{11.35}$$

或

$$\frac{\mathrm{d}^2 x}{\mathrm{d}t^2}+2n\frac{\mathrm{d}x}{\mathrm{d}t}+\omega^2 x=h\sin Pt. \tag{11.36}$$

式(11.35)是无阻尼强迫振动的微分方程，式(11.36)是有阻尼的强迫振动的微分方程. 式(11.32)、(11.34)、(11.35)、(11.36)均为二阶常系数线性微分方程.

已知二阶常系数非齐次线性微分方程的一般形式为

$$y''+py'+qy=f(x), \tag{11.37}$$

式中，p，q 为常数.

若 $f(x)\equiv 0$，则式(11.37)变为

$$y''+py'+qy=0, \tag{11.38}$$

方程(11.38)称为**二阶常系数齐次线性微分方程**.

1. 二阶常系数齐次线性微分方程的解法

由§11.3.2定理2知，要求 $y''+py'+qy=0$ 的通解，只需求出它的两个线性无关的特解. 为此，需进一步观察方程(11.38)的特点:它的左端是 y''，py' 和 qy 三项之和，而右端为 0，什么样的函数具有这个特点呢? 如果某个函数和它的二阶导数、一阶导数都是同一函数的倍数，则有可能合并为 0，这自然使我们想到指数函数 $e^{\lambda x}$. 下面我们验证这种想法.

设方程(11.38)有指数形式的特解 $y=e^{\lambda x}$(λ 为待定常数)，将

$$y=e^{\lambda x},\quad y'=\lambda e^{\lambda x},\quad y''=\lambda^2 e^{\lambda x}$$

代入方程(11.38)，有

$$\lambda^2 e^{\lambda x}+p\lambda e^{\lambda x}+qe^{\lambda x}=0,$$

即

$$e^{\lambda x}(\lambda^2+p\lambda+q)=0.$$

因 $e^{\lambda x}\neq 0$，故必有

$$\lambda^2+p\lambda+q=0, \tag{11.39}$$

这是一元二次代数方程，它有两个根

$$\lambda_{1,2}=\frac{-p\pm\sqrt{p^2-4q}}{2}.$$

因此只要 λ_1 和 λ_2 分别为方程(11.39)的根，则 $y_1=e^{\lambda_1 x}$，$y_2=e^{\lambda_2 x}$ 就是方程(11.38)的特解，代数方程(11.39)称为微分方程(11.38)的**特征方程**，它的根称为**特征根**.

下面分三种情况讨论方程(11.38)的通解.

①特征方程有两个相异实根的情形.

若 $p^2-4q>0$，则

$$\lambda_1=\frac{-p+\sqrt{p^2-4q}}{2},\quad \lambda_2=\frac{-p-\sqrt{p^2-4q}}{2}$$

为两个不相等的实根，这时

$$y_1=e^{\lambda_1 x},\quad y_2=e^{\lambda_2 x}$$

就是方程(11.38)的两个特解，由于 $\dfrac{y_1}{y_2}=\dfrac{e^{\lambda_1 x}}{e^{\lambda_2 x}}=e^{(\lambda_1-\lambda_2)x}\neq$ 常数，所以 y_1，y_2线性无关，故方程(11.38)的通解为

$$y=C_1e^{\lambda_1 x}+C_2e^{\lambda_2 x}.$$

例 10 求 $y''+3y'-4y=0$ 的通解.

解 特征方程为

$$\lambda^2+3\lambda-4=(\lambda+4)(\lambda-1)=0,$$

特征根为 $\lambda_1=-4,\quad \lambda_2=1.$

故方程的通解为 $y=C_1e^{-4x}+C_2e^{x}.$

②特征方程有等根的情形.

若 $p^2-4q=0$，则 $\lambda_1=\lambda_2=-\dfrac{p}{2}$，这时仅得到方程(11.38)的一个特解 $y_1=e^{\lambda_1 x}$，要

求通解，还需找一个与 $y_1=e^{\lambda_1 x}$ 线性无关的特解 y_2.

既然 $\frac{y_2}{y_1}\neq$常数，则必有 $\frac{y_2}{y_1}=u(x)$，其中 $u(x)$ 为待定函数.

设

$$y_2=u(x)e^{\lambda_1 x},\quad y_2'=e^{\lambda_1 x}[\lambda_1 u(x)+u'(x)],$$
$$y_2''=e^{\lambda_1 x}[\lambda_1^2 u(x)+2\lambda_1 u'(x)+u''(x)],$$

代入方程(11.38)整理后得

$$e^{\lambda_1 x}[u''(x)+(2\lambda_1+p)u'(x)+(\lambda_1^2+p\lambda_1+q)u(x)]=0.$$

因 $e^{\lambda_1 x}\neq 0$，且因 λ_1为特征方程(11.39)的重根，故 $\lambda_1^2+p\lambda_1+q=0$ 及 $2\lambda_1+p=0$，于是上式变为 $u''(x)=0$. 即若 $u(x)$ 满足 $u''(x)=0$ ，则 $y_2=u(x)e^{\lambda_1 x}$是方程(11.38)的另一特解.

对 $u''(x)=0$ 积分两次，得 $u(x)=D_1x+D_2$，其中 D_1，D_2是任意常数. 我们取最简单的 $u(x)=x$（即令 $D_1=1$，$D_2=0$），于是 $y_2=xe^{\lambda_1 x}$且 $\frac{y_2}{y_1}=\frac{xe^{\lambda_1 x}}{e^{\lambda_1 x}}=x\neq$常数，故方程(11.38)的通解为

$$y=C_1e^{\lambda_1 x}+C_2xe^{\lambda_1 x}.$$

例 11　求方程 $\frac{d^2s}{dt^2}+2\frac{ds}{dt}+s=0$ 满足初值条件 $s|_{t=0}=4$，$\left.\frac{ds}{dt}\right|_{t=0}=-2$ 的特解.

解　特征方程为　$\lambda^2+2\lambda+1=0$，

特征根为　$\lambda_1=\lambda_2=-1$，

故方程通解为　$s=e^{-t}(C_1+C_2t)$.

以初值条件 $s|_{t=0}=4$ 代入上式定出 $C_1=4$，从而

$$s=e^{-t}(4+C_2t).$$

由 $\frac{ds}{dt}=e^{-t}(C_2-4-C_2t)$ ，以初值条件 $\left.\frac{ds}{dt}\right|_{t=0}=-2$ 代入得 $-2=C_2-4$，定出 $C_2=2$. 所求特解为

$$s=e^{-t}(4+2t).$$

③特征方程有一对共轭复根的情形.

若 $p^2-4q<0$，特征方程(11.39)有两个复根

$$\lambda_1=\alpha+i\beta,$$
$$\lambda_2=\alpha-i\beta,$$

式中，

$$\alpha=-\frac{p}{2},\quad \beta=\frac{\sqrt{4q-p^2}}{2}.$$

方程(11.38)有两个特解

$$y_1=e^{(\alpha+i\beta)x},\quad y_2=e^{(\alpha-i\beta)x}.$$

它们是线性无关的，故方程(11.35)的通解为

$$y=C_1e^{(\alpha+i\beta)x}+C_2e^{(\alpha-i\beta)x}.$$

这是复函数形式的解. 为了把它表示成实函数形式的解，我们利用欧拉公式

$$e^{(\alpha\pm i\beta)x}=(\cos\beta x\pm i\sin\beta x)e^{\alpha x},$$

故有

$$\frac{y_1+y_2}{2}=e^{\alpha x}\cos\beta x,\quad \frac{y_1-y_2}{2}=e^{\alpha x}\sin\beta x.$$

由§11.3.2定理1知，$e^{\alpha x}\cos\beta x$ 及 $e^{\alpha x}\sin\beta x$ 也是方程(11.38)的特解，并且是线性无关的. 因此方程(11.38)的通解的实函数形式为

$$y=e^{\alpha x}(A_1\cos\beta x+A_2\sin\beta x).$$

例12　求无阻尼自由振动的微分方程

$$\frac{d^2x}{dt^2}+\omega^2x=0$$

的通解.

解　特征方程为

$$\lambda^2+\omega^2=0,$$

它有两个复根

$$\lambda_i=\pm i\omega\quad(i=1,2).$$

故方程的通解为

$$x=C_1\cos\omega t+C_2\sin\omega t.$$

在工程上，为了便于应用，通常将这个通解表示为如下形式：

$$\begin{aligned}x&=C_1\cos\omega t+C_2\sin\omega t\\&=\sqrt{C_1^2+C_2^2}\left(\frac{C_1}{\sqrt{C_1^2+C_2^2}}\cos\omega t+\frac{C_2}{\sqrt{C_1^2+C_2^2}}\sin\omega t\right),\end{aligned}\tag{11.40}$$

令

$$A=\sqrt{C_1^2+C_2^2},\quad \sin\varphi=\frac{C_1}{\sqrt{C_1^2+C_2^2}},$$

则

$$\cos\varphi=\frac{C_2}{\sqrt{C_1^2+C_2^2}}.$$

再利用三角公式

$$\sin(\alpha+\beta)=\sin\alpha\cos\beta+\sin\beta\cos\alpha,$$

式(11.40)可写为

$$x=A\sin(\omega t+\varphi),$$

式中，A，φ 为常数.

在力学中，ω 称为角频率，A 称为振幅，φ 称为初相角，其大小与初值条件有关.

综上所述,求二阶段常系数齐次线性微分方程

$$y''+py'+qy=0\tag{11.41}$$

的通解的步骤如下：

第一步　写出微分方程(11.41)的特征方程

$$r^2+pr+q=0.\tag{11.42}$$

第二步　求出特征方程(11.42)的两个根 r_1，r_2.

第三步　根据特征方程(11.42)的两个根的不同情形,按照下表写出微分方程(11.41)的通解：

特征方程 $r^2+pr+q=0$ 的两个根 r_1,r_2	微分方程 $y''+py'+qy=0$ 的通解
两个不相等的实根 r_1,r_2 两个相等的实根 $r_1=r_2$ 一对共轭复根 $r_{1,2}=\alpha\pm i\beta$	$y=C_1e^{r_1x}+C_2e^{r_2x}$ $y=(C_1+C_2x)e^{r_1x}$ $y=e^{\alpha x}(C_1\cos\beta x+C_2\sin\beta x)$

2. 二阶常系数非齐次线性微分方程的解法

由§11.3.2 定理 3 知，要求方程(11.37)的通解，只需求它的一个特解和它相应的齐次微分方程的通解. 而求齐次微分方程通解的问题已解决，因此这里只需求非齐次微分方程的一个特解.

怎样求非齐次微分方程的一个特解呢？显然此特解与方程(11.37)的右端函数 $f(x)$（$f(x)$叫作自由项）有关，因此必须针对 $f(x)$作具体分析. 力学和电学问题中常见的自由项$f(x)$为 x 的多项式、指数函数和三角函数，对于这些函数，可以用待定系数法来求方程(11.37)的特解.

下面将 $f(x)$ 常见的形式列出.

①$f(x)=\varphi(x)$.

②$f(x)=\varphi(x)e^{rx}$.

③$f(x)=\varphi(x)e^{\alpha x}\cos\beta x$ 或 $f(x)=\varphi(x)e^{\alpha x}\sin\beta x$，其中 $\varphi(x)$ 是一个 x 的多项式，α，β 是实常数.

事实上，上述三种形式可归结为下述形式（$r=\alpha+i\beta$）：

$$f(x)=\varphi(x)e^{(\alpha+i\beta)x}=\varphi(x)e^{\alpha x}(\cos\beta x+i\sin\beta x).$$

形式①和②是它的特殊情形，而形式③只是其实部或虚部.

因此，由§11.3.2 定理 4 知，可以先求方程

$$y''+py'+qy=\varphi(x)e^{(\alpha+i\beta)x}=\varphi(x)e^{\alpha x}(\cos\beta x+i\sin\beta x)$$

的特解，然后取其实部(或虚部)即为③所要求的特解. 因此，我们仅讨论右端具有形式

$$f(x)=\varphi(x)e^{rx}$$

的情形(其中 r 是复常数 $r=\alpha+i\beta$)，则上述三种情况全包含在内了.

设方程(11.37)的右端为

$$f(x)=\varphi(x)e^{rx}.$$

式中，$\varphi(x)$ 是 x 的 m 次多项式，r 是复常数(特殊情况下可以为 0，这时 $f(x)=\varphi(x)$).

由于方程(11.37)的系数是常数，再考虑到 $f(x)$ 的形状，可以设想方程(11.37)有形如

$$Y(x)=Q(x)e^{rx}$$

的特解，其中 $Q(x)$ 是待定多项式，这种假设是否合理要看能否定出多项式的次数及其系数，为此，把 $Y(x)$ 代入方程(11.37)，由于

$$Y'(x)=Q'(x)e^{rx}+rQ(x)e^{rx},$$

$$Y''(x)=Q''(x)e^{rx}+2rQ'(x)e^{rx}+r^2Q(x)e^{rx},$$

得

$$[Q''(x)e^{rx}+2rQ'(x)e^{rx}+r^2Q(x)e^{rx}]+p[Q'(x)e^{rx}+rQ(x)e^{rx}]+qQ(x)e^{rx}\equiv\varphi(x)e^{rx},$$

即

$$Q''(x)+(2r+p)Q'(x)+(r^2+pr+q)Q(x)\equiv\varphi(x). \tag{11.43}$$

显然，为了要使这个恒等式成立，必须要求恒等式的左端的次数与 $\varphi(x)$ 的次数相等且同次项的系数也相等，故用比较系数法可定出 $Q(x)$ 的系数.

(i)r 不是特征方程的根，即

$$r^2+pr+q\neq 0.$$

这时式(11.43)左端的次数就是 $Q(x)$ 的次数，它应与 $\varphi(x)$ 的次数相同，即 $Q(x)$ 是 m 次多项式，所以特解的形式为

$$Y(x)=(A_0x^m+A_1x^{m-1}+\cdots+A_m)\mathrm{e}^{rx}=Q(x)\mathrm{e}^{rx}.$$

式中，$m+1$ 个系数 A_0，A_1，…，A_m可由式(11.43)通过比较同次项的系数求得.

(ii)r 是特征方程的单根，即

$$r^2+pr+q=0,\quad 2r+p\neq 0.$$

这时式(11.43)左端的最高次数由 $Q'(x)$ 决定，如果 $Q(x)$ 仍是 m 次多项式，则式(11.43)左端是 $m-1$ 次多项式，为了使左端是一个 m 次多项式，自然要找形式如下的特解：

$$Y(x)=x(A_0x^m+A_1x^{m-1}+\cdots+A_m)\mathrm{e}^{rx}=xQ(x)\mathrm{e}^{rx},$$

式中，$m+1$ 个系数可由

$$[xQ(x)]''+(2r+p)[xQ(x)]'\equiv\varphi(x)\tag{11.44}$$

比较同次项的系数而确定.

(iii)r 是特征方程的二重根，即

$$r^2+pr+q=0,\quad 2r+p=0.$$

如果 $Q(x)$仍是 m 次多项式，则式(11.43)左端是 $m-2$ 次多项式，为使左端是一个 m 次多项式，要找形如

$$Y(x)=x^2(A_0x^m+A_1x^{m-1}+\cdots+A_m)\mathrm{e}^{rx}=x^2Q(x)\mathrm{e}^{rx}$$

的特解，其中 $m+1$ 个系数可由

$$[x^2Q(x)]''=\varphi(x)$$

比较同次项的系数而确定.

因而，我们得到下面的结果：若方程 $y''+py'+qy=f(x)$ 的右端是 $f(x)=\varphi(x)\mathrm{e}^{rx}$，则具有形如

$$Y(x)=x^kQ(x)\mathrm{e}^{rx}$$

的特解，其中 $Q(x)$是与 $\varphi(x)$同次的多项式. 如果 r 是相应齐次微分方程的特征根，则式中的 k 是特征根的重数；如果 r 不是特征根，则 $k=0$.

例 13 求 $2y''+y'+5y=x^2+3x+2$ 的一特解(即 e^{rx}中 $r=0$).

解 因为相应的齐次方程的特征根不为 0，令方程的特解 $Y(x)=ax^2+bx+c$，其中 a，b，c 是待定系数. 将 $Y'=2ax+b$，$Y''=2a$ 代入原方程，得

$$4a+(2ax+b)+5(ax^2+bx+c)=x^2+3x+2$$

或

$$5ax^2+(2a+5b)x+(4a+b+5c)=x^2+3x+2.$$

比较系数，得联立方程

$$\begin{cases}5a=1,\\2a+5b=3,\\4a+b+5c=2.\end{cases}$$

解之，得 $$a=\frac{1}{5},\quad b=\frac{13}{25},\quad c=\frac{17}{125}.$$

方程的特解为 $$Y=\frac{1}{5}x^2+\frac{13}{25}x+\frac{17}{125}.$$

例 14　求 $y''-3y'+2y=xe^x$ 的通解.

解　因相应齐次微分方程的特征方程为

$$\lambda^2-3\lambda+2=0,$$

$$\lambda_1=2,\quad \lambda_2=1,$$

因此相应齐次微分方程的通解为

$$C_1e^{2x}+C_2e^x.$$

再求非齐次微分方程的特解，因 $r=1$ 是特征方程的单根，故设特解为

$$Y=x(ax+b)e^x,$$

求出其导数，代入非齐次微分方程，得

$$-2ax+(2a-b)=x.$$

比较系数，得

$$\begin{cases}-2a=1,\\ 2a-b=0.\end{cases}$$

解之，得 $a=-\frac{1}{2}$，$b=-1$，因此非齐次微分方程的特解为

$$Y=x\left(-\frac{1}{2}x-1\right)e^x.$$

所以非齐次微分方程的通解为

$$y=C_1e^{2x}+C_2e^x+x\left(-\frac{1}{2}x-1\right)e^x.$$

例 15　求 $y''+6y'+9y=5e^{-3x}$ 的一特解.

解　特征方程 $\lambda^2+6\lambda+9=0$，特征根为

$$\lambda_1=\lambda_2=-3=r,$$

即 -3 为特征方程的二重根. 故设特解为

$$Y=Ax^2e^{-3x},$$

由 $$Y'=2Axe^{-3x}-3Ax^3e^{-3x}=e^{-3x}(2Ax-3Ax^2),$$

$$Y''=(2A-12Ax+9Ax^2)e^{-3x},$$

代入原方程整理，得 $A=\frac{5}{2}$，即

$$Y=\frac{5}{2}x^2e^{-3x}.$$

例 16　求解方程 $y''-y=3e^{2x}$.

解　特征方程 $\lambda^2-1=0$ 有两个实根 $\lambda_1=1$，$\lambda_2=-1$，故对应齐次方程的通解为 $C_1e^x+C_2e^{-x}$，原方程的右端 $f(x)=3e^{2x}$ 的多项式部分是零次的，且 2 不是特征根，故特解的多项式部分也是零次的，设

$$Y=Ae^{2x},$$

代入原方程得 $$3Ae^{2x}=3e^{2x},$$

于是 $A=1$. 因此求得特解为 $Y=\mathrm{e}^{2x}$，从而原方程的通解为

$$y=C_1\mathrm{e}^{x}+C_2\mathrm{e}^{-x}+\mathrm{e}^{2x}.$$

例 17　求解方程 $y''-y=4x\sin x$.

解　特征方程 $\lambda^2-1=0$ 的特征根为

$$\lambda_1=1,\quad \lambda_2=-1.$$

所以对应齐次微分方程的通解为

$$y=C_1\mathrm{e}^{x}+C_2\mathrm{e}^{-x}.$$

原方程右端 $f(x)=4x\sin x$ 是 $4x\mathrm{e}^{ix}=4x(\cos x+\mathrm{i}\sin x)$ 的虚部，故求特解时可先考虑方程

$$y''-y=4x\mathrm{e}^{ix}. \tag{11.45}$$

这里 i 不是特征根，故令

$$Y^*=(Ax+B)\mathrm{e}^{ix},$$

代入方程(11.45)，并整理，得

$$[-2(Ax+B)+2iA]\mathrm{e}^{ix}=4x\mathrm{e}^{ix},$$

消去 e^{ix}，并比较系数，得

$$\begin{cases}-2A=4,\\ -2B+2iA=0.\end{cases}$$

解之，得 $A=-2$，$B=-2i$. 即得方程(11.45)的特解为

$$\begin{aligned}Y^*&=(-2x-2i)\mathrm{e}^{ix}\\&=(-2x-2i)(\cos x+\mathrm{i}\sin x)\\&=-2[(x\cos x-\sin x)+\mathrm{i}(x\sin x+\cos x)],\end{aligned}$$

取其虚部，即得原方程的特解为

$$Y=-2x\sin x-2\cos x.$$

因此，原方程的通解为

$$y=C_1\mathrm{e}^{x}+C_2\mathrm{e}^{-x}+(-2x\sin x-2\cos x).$$

例 18　求解方程 $y''-y=3\mathrm{e}^{2x}+4x\sin x$.

解　由§11.3.2 定理 5，可先将原方程分解为

$$y''-y=3\mathrm{e}^{2x},$$
$$y''-y=4x\sin x.$$

在例 16 及例 17 中已分别求得这两个方程的特解为 $Y_1=\mathrm{e}^{2x}$ 及 $Y_2=-2(x\sin x+\cos x)$，故所求方程的特解为

$$Y_1+Y_2=\mathrm{e}^{2x}-2(x\sin x+\cos x),$$

于是所求方程的通解为

$$y=C_1\mathrm{e}^{x}+C_2\mathrm{e}^{-x}+\mathrm{e}^{2x}-2(x\sin x+\cos x).$$

3. n 阶常系数线性微分方程

上面讨论常系数二阶齐次和非齐次线性微分方程时，所用的方法可以推广到常系数 n 阶齐次和非齐次线性微分方程. 现将结果叙述如下.

设方程

$$y^{(n)}+p_1y^{(n-1)}+p_2y^{(n-2)}+\cdots+p_ny=f(x), \tag{11.46}$$

式中，诸系数 p_1，p_2，…，p_n 均为常系数 n 阶非齐次线性微分方程.

写出方程(11.46)对应的齐次线性微分方程为

$$y^{(n)}+p_1y^{(n-1)}+p_2y^{(n-2)}+\cdots+p_ny=0, \tag{11.47}$$

用 $e^{\lambda x}$ 代换 y，得

$$(\lambda^n+p_1\lambda^{n-1}+p_2\lambda^{n-2}+\cdots+p_n)e^{\lambda x}=0,$$

因 $e^{\lambda x}\neq 0$，故有

$$\lambda^n+p_1\lambda^{n-1}+p_2\lambda^{n-2}+\cdots+p_n=0. \tag{11.48}$$

方程(11.48)称为方程(11.47)的**特征方程**. 如果 r 是方程(11.48)的一个根，则 $e^{\lambda x}$ 是方程(11.47)的一个特解.

(1)特征方程有 n 个相异实根 λ_1，λ_2，…，λ_n 时，方程(11.47)的 n 个线性无关的特解为

$$e^{\lambda_1 x},\ e^{\lambda_2 x},\ \cdots,\ e^{\lambda_n x}.$$

(2)特征方程的 k 重根 λ 对应着 k 个线性无关的特解

$$e^{\lambda x},\ xe^{\lambda x},\ \cdots,\ x^{k-1}e^{\lambda x}.$$

(3)特征方程的每一对共轭复根 $\lambda_1=\alpha+i\beta$ 及 $\lambda_2=\alpha-i\beta$ 对应的复值解 $e^{\lambda x}$ 的实部和虚部给出方程(11.47)的两个线性无关的实值解

$$e^{\alpha x}\cos\beta x,\quad e^{\alpha x}\sin\beta x.$$

对于非齐次线性微分方程(11.46)，先求出它的一个特解，再加上对应齐次线性微分方程(11.47)的通解，就得到非齐次微分方程(11.46)的通解. 特解的求法与二阶非齐次线性微分方程的求法同理.

根据特征方程的根，可以写出其对应的微分方程的解如下：

特征方程的根	微分方程通解中的对应项
单实根 r	给出一项：Ce^{rx}
一对单复根 $r_{1,2}=\alpha\pm i\beta$	给出两项：$e^{\alpha x}(C_1\cos\beta x+C_2\sin\beta x)$
k 重实根 r	给出 k 项：$e^{rx}(C_1+C_2x+\cdots+C_kx^{k-1})$
一对 k 重复根 $r_{1,2}=\alpha\pm i\beta$	给出 $2k$ 项：$e^{\alpha x}[(C_1+C_2x+\cdots+C_kx^{k-1})\cos\beta x+(D_1+D_2x+\cdots+D_kx^{k-1})\sin\beta x]$

例 19　求方程 $y^{(4)}-4y'''+10y''-12y'+5y=e^x\sin 2x$ 的通解.

解　①求对应齐次线性微分方程的通解.

$$y^{(4)}-4y'''+10y''-12y'+5y=0,$$

特征方程为 $\lambda^4-4\lambda^3+10\lambda^2-12\lambda+5=0$，特征根为 1，1，$1\pm 2i$.
对应齐次线性微分方程的通解为

$$\begin{aligned} y&=e^x(C_1+C_2x)+e^x(C_3\cos 2x+C_4\sin 2x)\\ &=e^x(C_1+C_2x+C_3\cos 2x+C_4\sin 2x). \end{aligned}$$

②求非齐次方程的一个特解 y^*.

因 $1\pm 2i$ 是特征方程的一对共轭复根，故设

$$y^*=xe^x(A\cos 2x+B\sin 2x),$$

代入原方程就能定出常数 A，B（请读者自己演算）.

(4)欧拉微分方程.

在应用上常遇见一种线性微分方程，其形式为

$$x^{(n)}y^{(n)}+p_1x^{n-1}y^{(n-1)}+\cdots+p_{n-1}xy'+p_ny=f(x),\tag{11.49}$$

式中，p_1，p_2，…，p_n为常数．方程(11.49)称为**欧拉(Euler)微分方程**.

方程(11.49)可以化为常系数线性微分方程来求解．为此，令

$$x=\mathrm{e}^t,\quad t=\ln x.$$

有

$$y'=\frac{\mathrm{d}y}{\mathrm{d}x}=\frac{\mathrm{d}y}{\mathrm{d}t}\cdot\frac{\mathrm{d}t}{\mathrm{d}x}=\frac{1}{x}\frac{\mathrm{d}y}{\mathrm{d}t},$$

$$\begin{aligned}y''&=\frac{\mathrm{d}}{\mathrm{d}x}\left(\frac{1}{x}\frac{\mathrm{d}y}{\mathrm{d}t}\right)=-\frac{1}{x^2}\frac{\mathrm{d}y}{\mathrm{d}t}+\frac{1}{x}\frac{\mathrm{d}}{\mathrm{d}x}\left(\frac{\mathrm{d}y}{\mathrm{d}t}\right)\\&=-\frac{1}{x^2}\frac{\mathrm{d}y}{\mathrm{d}t}+\frac{1}{x^2}\frac{\mathrm{d}^2y}{\mathrm{d}t^2}=\frac{1}{x^2}\left(\frac{\mathrm{d}^2y}{\mathrm{d}t^2}-\frac{\mathrm{d}y}{\mathrm{d}t}\right),\end{aligned}$$

$$\begin{aligned}y'''&=\frac{\mathrm{d}}{\mathrm{d}x}\left\{\frac{1}{x^2}\left(\frac{\mathrm{d}^2y}{\mathrm{d}t^2}-\frac{\mathrm{d}y}{\mathrm{d}t}\right)\right\}\\&=-\frac{2}{x^3}\left(\frac{\mathrm{d}^2y}{\mathrm{d}t^2}-\frac{\mathrm{d}y}{\mathrm{d}t}\right)+\frac{1}{x^2}\frac{\mathrm{d}}{\mathrm{d}x}\left(\frac{\mathrm{d}^2y}{\mathrm{d}t^2}-\frac{\mathrm{d}y}{\mathrm{d}t}\right)\\&=-\frac{2}{x^3}\left(\frac{\mathrm{d}^2y}{\mathrm{d}t^2}-\frac{\mathrm{d}y}{\mathrm{d}t}\right)+\frac{1}{x^2}\left(\frac{1}{x}\frac{\mathrm{d}^3y}{\mathrm{d}t^3}-\frac{1}{x}\frac{\mathrm{d}^2y}{\mathrm{d}t^2}\right)\\&=\frac{1}{x^3}\left(\frac{\mathrm{d}^3y}{\mathrm{d}t^3}-3\frac{\mathrm{d}^2y}{\mathrm{d}t^2}+2\frac{\mathrm{d}y}{\mathrm{d}t}\right),\end{aligned}$$

……

用记号 $D=\frac{\mathrm{d}}{\mathrm{d}t}$，则

$$xy'=\frac{\mathrm{d}y}{\mathrm{d}t}=Dy,$$

$$x^2y''=\frac{\mathrm{d}^2y}{\mathrm{d}t^2}-\frac{\mathrm{d}y}{\mathrm{d}t}=D(D-1)y,$$

$$x^3y'''=\frac{\mathrm{d}^3y}{\mathrm{d}t^3}-3\frac{\mathrm{d}^2y}{\mathrm{d}t^2}+2\frac{\mathrm{d}y}{\mathrm{d}t}=D(D-1)(D-2)y,$$

……

一般地，

$$x^ky^{(k)}=D(D-1)\cdots(D-k+1)y.$$

代入方程(11.49)，则得以 t 为自变量的常系数线性微分方程．它的特征方程是把式(11.49)的左边各 $x^ky^{(k)}$ 换写为

$$\lambda(\lambda-1)\cdot\cdots\cdot(\lambda-k+1),\quad k=1,2,\cdots,n,$$

把最后一项中的 y 换成1，然后令整个式子等于零.

例 20　求方程 $x^3y'''+x^2y''-4xy'=3x^2$的通解.

解　设 $x=\mathrm{e}^t$，或 $t=\ln x$，原方程化为

$$D(D-1)(D-2)y+D(D-1)y-4Dy=3\mathrm{e}^{2x},$$

特征方程为

$$\lambda(\lambda-1)(\lambda-2)+\lambda(\lambda-1)-4\lambda=0,$$

化简得

$$\lambda^3-2\lambda^2-3\lambda=0,$$

特征根为
$$\lambda_1=0,\quad \lambda_2=-1,\quad \lambda_3=3.$$
对应的齐次微分方程的通解为
$$\begin{aligned} y &= C_1+C_2\mathrm{e}^{-t}+C_3\mathrm{e}^{3t} \\ &= C_1+\frac{C_2}{x}+C_3x^3. \end{aligned}$$
非齐次微分方程的特解为
$$y^*=A\mathrm{e}^{2t}=Ax^2,$$
代入原方程定出常数 $A=-\dfrac{1}{2}$，故 $y^*=-\dfrac{x^2}{2}$. 于是，方程的通解为
$$y=C_1+\frac{C_2}{x}+C_3x^3-\frac{x^2}{2}.$$

习题 11－3

1. 求下列二阶微分方程的通解.

(1) $y''=2x+\cos x$；　(2) $xy''=y'\ln y'$；

(3) $y''-\dfrac{y'}{x}=0$；　(4) $\dfrac{1}{(y')^2}y''=y$；

(5) $y''=y'(1+y'^2)$.

2. 验证下列函数 $y_1(x)$ 和 $y_2(x)$ 是否为所给微分方程的解. 若是，能否由它们组成通解？通解如何？

(1) $y''+y'-2y=0$，$y_1(x)=\mathrm{e}^x$，$y_2(x)=2\mathrm{e}^x$；

(2) $y''+y=0$，$y_1(x)=\cos x$，$y_2(x)=\sin x$；

(3) $y''-4y'+4y=0$，$y_1=\mathrm{e}^{2x}$，$y_2=x\mathrm{e}^{2x}$.

3. 求下列微分方程的通解.

(1) $y''-5y'+6y=0$；　(2) $2y''+y'-y=0$；

(3) $y''-2y'+y=0$；　(4) $y''+2y'+5y=0$；

(5) $3y''-2y'-8y=0$；　(6) $y''+y=0$；

(7) $y''+y'=0$；　(8) $y''+6y'+13y=0$；

(9) $4y''-20y'+25y=0$；　(10) $2y''+5y'+2y=0$；

(11) $4\dfrac{\mathrm{d}^2s}{\mathrm{d}t^2}-8\dfrac{\mathrm{d}s}{\mathrm{d}t}+5s=0$；　(12) $\dfrac{\mathrm{d}^2s}{\mathrm{d}t^2}-4\dfrac{\mathrm{d}s}{\mathrm{d}t}+4s=0$；

(13) $y''-2\sqrt{3}y'+3y=0$.

4. 求下列微分方程的特解.

(1) $y''-4y'+3y=0$，$y|_{x=0}=6$，$y'|_{x=0}=10$；

(2) $y''-3y'-4y=0$，$y|_{x=0}=0$，$y'|_{x=0}=-5$；

(3) $y''+4y'+29y=0$，$y|_{x=0}=0$，$y'|_{x=0}=15$；

(4) $4y''+4y'+y=0$，$y|_{x=0}=2$，$y'|_{x=0}=0$；

(5) $2y''+3y=2\sqrt{6}y'$，$y|_{x=0}=0$，$y'|_{x=0}=1$.

5. 方程 $y''+9y=0$ 的一条积分曲线通过点 $(\pi,-1)$，且在该点和直线 $y+1=x-\pi$

相切，求此曲线.

6. 一质点的加速度为 $a=-2v-5s$，以初速 $v_0=12$ m/s 由原点出发，试求质点的运动方程.

7. 求下列非齐次微分方程的特解.

(1)$y''-4y'+3y=1$；

(2)$2y''+5y'=5x^2-2x-1$；

(3)$y''+a^2y=e^{ax}$；

(4)$y''-2y=4x^2e^x$；

(5)$y''+2y'+5y=f(x)$，若 $f(x)$ 等于①x^3-2x+4，②$2e^{3x}$，③$\cos x$；

(6)$y''-4y'+4y=8e^{2x}$.

8. 求下列非齐次微分方程的通解.

(1)$y''-7y'+6y=4$；

(2)$y''+y=4x^3$；

(3)$y''-2y'-3y=6e^{2x}$；

(4)$y''+2y'+y=3e^{-x}$；

(5)$y''+2y'+5y=-\dfrac{71}{2}\cos 2x$；

(6)$y''-7y'+6y=\sin x$；

(7)$y''+4y=2\sin 2x$；

(8)$y''+9y=4\cos 3x$；

(9)$y''-4y'+4y=f(x)$，若 $f(x)$ 等于①e^{-x}，②$3e^{2x}$，③$2\sin x\cdot\cos x$，④$e^{-x}+3e^{2x}+2\sin x\cdot\cos x$；

(10)$y''+y=f(x)$，若 $f(x)$ 等于①x，②$\cos x$，③$e^{2x}\cos 3x$，④$x+\cos x+e^{2x}\cos 3x$.

9. 设质量为 m 的物体在冲击力作用下得到初速 v_0 在一水平面上滑动，作用于物体的摩擦力为 $-km$. 问物体能滑多远(其中 k 为比例系数)？

10. 物体由静止状态开始运动，其规律为 $x''+ax'=g$（其中 a，g 为常数)，求 x 与 t 的函数关系.

11. 质点作直线运动，其加速度为 $a=-s+\cos t$，且当 $t=0$ 时，$s=0$，$s'=1$，求该质点的运动方程.

12. 求下列各种类型的微分方程的通解.

(1)$y'+\dfrac{y}{1+x}=e^{-x}$；

(2)$y'+yx=x$；

(3)$(1+x^2)y'+y(x-\sqrt{1+x^2})=0$；

(4)$t^2ds+2ts\,dt=e^t dt$；

(5)$xy'=4(4+\sqrt{y})$；

(6)$2xyy'=2y^2+\sqrt{y^4+x^4}$；

(7)$xy''+y'=\ln x$；

(8)$yy''-2(y')^2=0$；

(9)$y''-m^2y=e^{-mx}$；

(10)$y'x\ln x+y=2\ln x$；

(11)$2y'+y=y^3(x-1)$；

(12)$y''+3y'+2y=\sin 2x+2\cos 2x$；

(13)$y''+5y'+6y=e^{-x}+e^{-2x}$.

13. 在间隔 $\left(-\frac{\pi}{2},\frac{\pi}{2}\right)$ 内确定曲线，使其与 x 轴相切于坐标原点，而在任一点的曲率 $K=\cos x$.

总复习题十一

一、选择题

1. 设有微分方程

(1) $(y'')^2+5y'-y+x=0$,

(2) $y''+5y'+4y^2-8x=0$,

(3) $(3x+2)\mathrm{d}x+(x-y)\mathrm{d}y=0$, 则(　　).

A. 方程(1)是线性微分方程　　B. 方程(2)是线性微分方程

C. 方程(3)是线性微分方程　　D. 它们都不是线性微分方程

2. 函数 $y(x)$ 是方程 $xy'+y-y^2\ln x=0$ 的解,且当 $x=1$ 时,$y=1$,则当 $x=\mathrm{e}$ 时,$y=$(　　).

A. $\frac{1}{\mathrm{e}}$　　B. $\frac{1}{2}$

C. 2　　D. e

3. 微分方程 $y'+\frac{2}{y}+x=0$,满足 $y(2)=0$ 的特解是 $y=$(　　).

A. $\frac{4}{x^2}-\frac{x^2}{4}$　　B. $\frac{x^2}{4}-\frac{4}{x^2}$

C. $x^2(\ln 2-\ln x)$　　D. $x^2(\ln x-\ln 2)$

4. 方程 $y''-y'=0$ 的通解是(　　).

A. $\mathrm{e}^x+C_1x+C^2$　　B. C_1x+C_2

C. $C_1\mathrm{e}^x+C_2$　　D. $C_1x^2+C_2x$

5. 微分方程 $x\mathrm{d}y-y\mathrm{d}x=y^2\mathrm{e}^y\mathrm{d}y$ 的通解是(　　).

A. $y=x(\mathrm{e}^x+C)$　　B. $x=y(\mathrm{e}^y+C)$

C. $y=x(C-\mathrm{e}^x)$　　D. $x=y(C-\mathrm{e}^y)$

6. 微分方程 $xy'^2-2yy'+x=0$ 与 $x^2y''-xy'+y=0$ 的阶数分别是(　　).

A. 1,1　　B. 1,2

C. 2,1　　D. 2,2

7. 微分方程 $y''-4y'+4y=x\mathrm{e}^{2x}$ 具有的特解形式为(　　).

A. $(Ax+B)\mathrm{e}^{2x}$　　B. $(Ax^2+Bx)\mathrm{e}^{2x}$

C. $(Ax^3+Bx^2)\mathrm{e}^{2x}$　　D. $Ax^3\mathrm{e}^{2x}$

8. 微分方程 $\begin{cases} y'+2xy=x\mathrm{e}^{-x^2} \\ y(0)=1 \end{cases}$ 的特解为(　　).

A. $\mathrm{e}^{-x^2}(\frac{x}{2}+1)$　　B. $\mathrm{e}^{-x^2}(\frac{x^2}{2}+1)$

C. $\mathrm{e}^{-x^2}(1-\frac{x}{2})$　　D. $\mathrm{e}^{-x^2}(1-\frac{x^2}{2})$

二、填空题

1. 微分方程 $yy'=\dfrac{\sqrt{y^2-1}}{1+x^2}$ 的通解为__________.

2. 方程 $y'\sin x=y\ln y$ 满足初始条件 $y(\dfrac{\pi}{2})=\mathrm{e}$ 的特解是__________.

3. 以 $y=C_1\mathrm{e}^{-x}+C_2\mathrm{e}^{2x}$ 为通解的二阶常系数线性齐次微分方程为__________.

4. 微分方程 $xy''+y'=0$ 的通解为 $y=$__________.

5. 一曲线过原点，且曲线上各点处切线的斜率等于该点横坐标的 2 倍，则此曲线方程为__________.

6. 曲线 $\mathrm{e}^{x-y}=\dfrac{\mathrm{d}y}{\mathrm{d}x}$ 过点(1,1)，则 $y(0)=$__________.

三、解答题

1. 求下列微分方程的通解.

(1) $y\ln x\mathrm{d}x+x\ln y\mathrm{d}y=0$；　　(2) $yy'+\mathrm{e}^{y^2}+3x=0$；

(3) $y'+\sin\dfrac{x+y}{2}=\sin\dfrac{x-y}{2}$；　　(4) $y'-\mathrm{e}^{x-y}+\mathrm{e}^x=0$；

(5) $y''-x\ln x=0$；　　(6) $y'''=\sin x-\cos x$；

(7) $y''=\dfrac{2xy'}{x^2+1}$；　　(8) $y''=\dfrac{y'}{x}$.

2. 求下列微分方程满足初始条件的特解.

(1) $\sin y\cos x\mathrm{d}y-\cos y\sin x\mathrm{d}x=0, y(0)=\dfrac{\pi}{4}$；

(2) $y'+y\cos x=\sin x\cos x,\ y(0)=1$；

(3) $xy'-\dfrac{y}{1+x}=x, y(0)=1$；

(4) $y''-3y'-4y=0, y(0)=0, y'(0)=-5$；

(5) $9y''+6y'+y=0, y(0)=3, y'(0)=0$；

(6) $y''+2\sqrt{y}=0, y(0)=2, y'(0)=5$.

3. 求一曲线，曲线上各点处的切线、切点到原点的连线及 x 轴可以围成一个以 x 轴为底的等腰的三角形，且通过点(1,2).

4. 一船从河边 A 点驶向对岸码头 O 点，设河宽 $OA=a$，水流速度为 w，船的速度为 v，如果船总是往 O 点的方向前进，试求船的路线.

5. 试求 $y''=x$ 的经过点 $M(0,1)$ 且在此点与直线 $y=\dfrac{1}{2}x+1$ 相切的积分曲线.

6. 一质量为 m 的物体受到冲击而获得速度为 v_0，沿着水平面滑动，设所受的摩擦力与质量成正比，比例系数为 k，试求此物体能走的距离.

习题参考答案

第7章

习题 7－1

1. (1)$\{(x,y)\mid x\leqslant x^2+y^2<2x\}$；　(2)$\{(x,y)\mid y^2-4x+8>0\}$；

   (3)$\{(x,y)\mid x>0$ 且 $-x<y<x\}$；　(4)$\{(x,y)\mid x^2+y^2\leqslant 4\}$.

2. (1)$\begin{cases}1\leqslant x\leqslant 2,\\ \dfrac{1}{x}\leqslant y\leqslant x;\end{cases}$　(2)$\begin{cases}\dfrac{y^2}{2}\leqslant x\leqslant y+4,\\ -2\leqslant y\leqslant 4;\end{cases}$

   (3)$\begin{cases}2\leqslant y\leqslant 4,\\ \dfrac{y}{2}\leqslant x\leqslant\dfrac{8}{y}\end{cases}$或$\begin{cases}1\leqslant x\leqslant 2,\\ 2\leqslant y\leqslant 2x\end{cases}$及$\begin{cases}2\leqslant x\leqslant 4,\\ 2\leqslant y\leqslant\dfrac{8}{x}.\end{cases}$

3. $\dfrac{1}{3}\pi h(l^2-h^2)$.

4. $S=(x+\sqrt{y^2-h^2})h$.

5. (1)$(x+y)^2-(\dfrac{y}{x})^2$；　(2)$x^2(\dfrac{1-y}{1+y})$.

6. 略.

7. $f(x)=x^2+x$，$z=(x+y)^2+2x$.

8. (1)1；(2)3；(3)e.

9. (1)不存在；(2)存在.

10. (1)$\dfrac{\partial w}{\partial x}=2x-yz$，$\dfrac{\partial w}{\partial y}=2y-zx$，$\dfrac{\partial w}{\partial z}=2z-xy$；

    (2)$\dfrac{\partial z}{\partial x}=-\dfrac{1}{x}$，$\dfrac{\partial z}{\partial y}=\dfrac{1}{y}$；

    (3)$\dfrac{\partial z}{\partial x}=-\dfrac{2y}{(x-y)^2}$，$\dfrac{\partial z}{\partial y}=\dfrac{2x}{(x-y)^2}$；

    (4)$\dfrac{\partial z}{\partial x}=3\times 4^{3x+4y}\ln 4$，$\dfrac{\partial z}{\partial y}=4\times 4^{3x+4y}\ln 4$；

    (5)$\dfrac{\partial z}{\partial x}-\mathrm{e}^{-x}\sin y$，$\dfrac{\partial z}{\partial y}=\mathrm{e}^{-x}\cos y$；

(6) $\frac{\partial z}{\partial x}=y(\cos xy-\sin 2xy)$，$\frac{\partial z}{\partial y}=x(\cos xy-\sin 2xy)$；

(7) $\frac{\partial z}{\partial x}=\frac{1}{1+x^2}$，$\frac{\partial z}{\partial y}=\frac{1}{1+y^2}$；

(8) $\frac{\partial u}{\partial x}=\frac{y}{z}x^{\frac{y}{z}-1}$，$\frac{\partial u}{\partial y}=\frac{1}{z}x^{\frac{y}{z}}\ln x$，$\frac{\partial u}{\partial z}=-\frac{y}{z^2}x^{\frac{y}{z}}\ln x$；

(9) $\frac{\partial u}{\partial x}=\frac{z(x-y)^{z-1}}{1+(x-y)^{2z}}$，$\frac{\partial u}{\partial y}=-\frac{z(x-y)^{z-1}}{1+(x-y)^{2z}}$，$\frac{\partial u}{\partial z}=\frac{(x-y)^z\ln(x-y)}{1+(x-y)^{2z}}$.

(10)略.

11. $f_x(1,0)=2$，$f_y(1,0)=0$.

12. 略.

13. 略.

14. (1) $\frac{\partial^2 z}{\partial y^2}=2y(2y-1)x^{2y-2}$，$\frac{\partial^2 z}{\partial x\partial y}=2x^{2y-1}+4yx^{2y-1}\ln x$，$\frac{\partial^2 z}{\partial y^2}=4x^{2y}(\ln x)^2$；

(2) $\frac{\partial^2 z}{\partial x^2}=2a^2\cos 2(ax+by)$，$\frac{\partial^2 z}{\partial x\partial y}=2ab\cos 2(ax+by)$，$\frac{\partial^2 z}{\partial y^2}=2b^2\cos 2(ax+by)$.

(3) $\frac{\partial^2 z}{\partial x^2}=\frac{2xy}{(x^2+y^2)^2}$，$\frac{\partial^2 z}{\partial y^2}=-\frac{2xy}{(x^2+y^2)^2}$，$\frac{\partial^2 z}{\partial x\partial y}=\frac{y^2-x^2}{(x^2+y^2)^2}$.

15. $f_{xx}(0,0,1)=2$，$f_{yz}(0,-1,0)=0$，$f_{xz}(1,0,2)=2$.

16. 略.

17. 略.

18. 略.

19. 略.

20. (1) $dz=2xy^2dx+2yx^2dy$；　(2) $dz=\frac{1}{2\sqrt{xy}}dx-\frac{\sqrt{x}}{2y\sqrt{y}}dy$；

(3) $dz=e^{x+2y}dx+2e^{x+2y}dy$；　(4) $dz=\frac{2x}{x^2+3y^2}dx+\frac{6y}{x^2+3y^2}dy$；

(5) $dz=\left(y+\frac{1}{y}\right)dx+\left(x-\frac{x}{y^2}\right)dy$；　(6) $dz=-\frac{1}{x}e^{\frac{y}{x}}\left(\frac{y}{x}dx-dy\right)$；

(7) $du=\frac{x\,dx+y\,dy+z\,dz}{\sqrt{x^2+y^2+z^2}}$；　(8) $dz=\frac{dx}{1+x^2}+\frac{dy}{1+y^2}$.

21. $\frac{1}{3}(dx+dy)$.

22. $\Delta z=-0.204$，$dz=-0.2$.

23. 0.25e

24. (1)2.95；(2)1.08.

25. 0.17 cm.

26. 14.8 m^3.

27. $\frac{\partial z}{\partial x}=3x^2\sin y\cos y(\cos y-\sin y)$，

$\frac{\partial z}{\partial y}=-2x^3\sin y\cos y(\sin y+\cos y)+x^3(\sin^3 y+\cos^3 y)$.

28. $\dfrac{e^x}{\ln x}\left(1-\dfrac{1}{x\ln x}\right)$.

29. $\dfrac{\partial u}{\partial x}=\dfrac{t-s}{t^2+s^2}=-\dfrac{y}{x^2+y^2}$，$\dfrac{\partial u}{\partial y}=\dfrac{t+s}{t^2+s^2}=\dfrac{x}{x^2+y^2}$.

30. $\dfrac{3(1-4t^2)}{\sqrt{1-(3t-4t^3)^2}}$.

31. (1)$\dfrac{\partial z}{\partial x}=2x\dfrac{\partial z}{\partial u}+y\dfrac{\partial z}{\partial v}$，$\dfrac{\partial z}{\partial y}=-2y\dfrac{\partial z}{\partial u}+x\dfrac{\partial z}{\partial v}$；

(2)$\dfrac{\partial u}{\partial x}=\dfrac{1}{y}f_t$，$\dfrac{\partial u}{\partial y}=-\dfrac{x}{y^2}f_t+\dfrac{1}{z}f_s$，$\dfrac{\partial u}{\partial z}=-\dfrac{y}{z^2}f_s$，其中 $t=\dfrac{x}{y}$，$s=\dfrac{y}{z}$；

(3)$u_x=f_x+yf_v+yzf_w$，$u_y=xf_v+xzf_w$，$u_z=xyf_w$，其中 $v=xy$，$w=xyz$；

(4)$\dfrac{\partial u}{\partial x}=(2x+y+yz)\dfrac{du}{dt}$，$\dfrac{\partial u}{\partial y}=(x+xz)\dfrac{du}{dt}$，$\dfrac{\partial u}{\partial z}=xy\dfrac{du}{dt}$，其中 $t=x^2+xy+xyz$.

32. 略.

33. 略.

34. $\dfrac{\partial z}{\partial x}=-\dfrac{\sin 2x}{\sin 2z}$，$\dfrac{\partial z}{\partial y}=-\dfrac{\sin 2y}{\sin 2z}$.

35. $\dfrac{\partial z}{\partial x}=\dfrac{z}{xz-x}$，$\dfrac{\partial z}{\partial y}=\dfrac{z}{yz-y}$.

36. $\dfrac{\partial z}{\partial x}=\dfrac{x}{2-z}$，$\dfrac{\partial^2 z}{\partial x^2}=\dfrac{(2-z)^2+x^2}{(2-z)^3}$.

37. x.

38. 略.

39. 略.

习题 7－2

1. $\dfrac{x-1}{2}=\dfrac{y}{-1}=\dfrac{z-1}{3}$，$2(x-1)-y+3(z-1)=0$.

2. $\dfrac{x-(\frac{\pi}{2}-1)}{1}=\dfrac{y-1}{1}=\dfrac{z-2\sqrt{2}}{\sqrt{2}}$.

3. $M_1(-1,1,-1)$，$M_2\left(-\dfrac{1}{3},\dfrac{1}{9},-\dfrac{1}{27}\right)$.

4. $x+2y-4=0$，$\dfrac{x-2}{1}=\dfrac{y-1}{2}=\dfrac{z}{0}$.

5. $8x+8y-z-12=0$，$\dfrac{x-2}{8}=\dfrac{y-1}{8}=\dfrac{z-12}{-1}$.

6. $x+4y+6z=\pm 21$.

7. $x=\pm\dfrac{a^2}{d}$，$y=\pm\dfrac{b^2}{d}$，$z=\pm\dfrac{c^2}{d}$，其中，$d=\sqrt{a^2+b^2+c^2}$.

8. 略.

9. $(-3,-1,3)$.

10. 略.

11. (1)极小值-30，极大值 30；(2)极大值 1；(3)极小值$-\frac{e}{2}$.

12. 最小值为 0，最大值为 3.

13. 最大值为 $f(\pm 2, 0)=4$，最小值为 $f(0, \pm 2)=-4$.

14. $\left(\frac{8}{5}, \frac{3}{5}\right)$.

15. $\frac{8\sqrt{3}}{9}abc$.

16. $x+y+z=3$，最小体积为$\frac{9}{2}$.

17. $R=\sqrt{\frac{2s}{3\pi}}$，$H=\frac{1}{\pi+2}\sqrt{\frac{2\pi s}{3}}$，$R$ 为半径，H 为母线长.

18. $\frac{\partial u}{\partial l}=\cos\alpha+\sin\alpha$.

(1)当 $\alpha=\frac{\pi}{4}$时，$\frac{\partial u}{\partial l}$有最大值；

(2)当 $\alpha=\frac{5\pi}{4}$时，$\frac{\partial u}{\partial l}$有最小值；

(3)当 $\alpha=\frac{3\pi}{4}$时，$\frac{\partial u}{\partial l}=0$；

(4)$\mathbf{grad}u\,|_{(1,1)}=\boldsymbol{i}+\boldsymbol{j}$.

19. $\mathbf{grad}f\,|_{(1,1,1)}=\boldsymbol{i}+\boldsymbol{j}+\boldsymbol{k}$，$\frac{\partial u}{\partial l}=\frac{4}{\sqrt{14}}$.

20. $\mathbf{grad}f\,|_{(0,0,0)}=3\boldsymbol{i}-2\boldsymbol{j}$，$|\mathbf{grad}f\,|_{(0,0,0)}|=\sqrt{13}$；
$\mathbf{grad}f\,|_{(1,1,1)}=6\boldsymbol{i}+3\boldsymbol{j}+6\boldsymbol{k}$，$|\mathbf{grad}f\,|_{(1,1,1)}|=9$.

总复习题七

1. 0.

2. $e^{-\arctan\frac{y}{x}}[(2x+y)dx+(2y-x)dy]$.

3. $\frac{\partial z}{\partial x}=\frac{e^{xy}}{1+(x+y)^2}+ye^{xy}\arctan(x+y)$，$\frac{\partial z}{\partial y}=\frac{e^{xy}}{1+(x+y)^2}+xe^{xy}\arctan(x+y)$.

4. $u=0$(舍去)，$u=\frac{\ln y^2}{x}$.

5. $a=b=-1$(舍去)，$a=b=-\frac{1}{3}$（舍去），$\begin{cases}a=-1,\\ b=-\frac{1}{3}\end{cases}$或$\begin{cases}a=-\frac{1}{3},\\ b=-1.\end{cases}$

6. 长方体边长分别为$\frac{2\sqrt{3}}{3}a$，$\frac{2\sqrt{3}}{3}b$，$\frac{2\sqrt{3}}{3}c$ 时，体积 $V=8xyz=\frac{8}{9}\sqrt{3}abc$，为最大.

7. 切平面方程为 $6x+2y-5z=3$，法线方程为$\frac{x-1}{6}=\frac{y-1}{2}=\frac{z-1}{-5}$.

8. $\frac{\partial z}{\partial x}=\varphi(xy,y^2)+xy\varphi_1'(xy,y^2)$，$\frac{\partial^2 z}{\partial x\partial y}=2x\varphi_1'(xy,y^2)+2y\varphi_2'(xy,y^2)+x^2y\varphi_{11}''$

$(xy,y^2)+2xy^2\varphi''_{12}(xy,y^2)$.

9. $z_x=\arctan(xy)+\dfrac{xy}{1+(xy)^2}$，$z_y=\dfrac{x^2}{1+(xy)^2}$，故 $z_x|_{(1,1)}=\dfrac{\pi}{4}+\dfrac{1}{2}$，$z_y|_{(1,1)}=\dfrac{1}{2}$，$\mathbf{grad}z|_{(1,1)}=(\dfrac{\pi}{4}+\dfrac{1}{2},\dfrac{1}{2})$.

10. $z_x(1,0)=1$，$z_y(1,0)=2$，$\overrightarrow{PQ}$同向的单位向量为$\dfrac{1}{\sqrt{2}}(1,-1)$，所求的方向导数为 $\dfrac{\partial z}{\partial l}\Big|_{(1,0)}=\dfrac{-1}{\sqrt{2}}$.

11. 极大值点$(-9,-3)$，极大值为-3；极小值点$(9,3)$，极小值为3.

12. $\dfrac{\partial u}{\partial x}=f'_1+f'_2\varphi'_1+f'_2\varphi'_2\psi'_1$.

13. $f''_{xy}(0,0)=0$，$f''_{yx}(0,0)=0$.

14. $\dfrac{\partial^2 z}{\partial x^2}=-\dfrac{acz^2+a^2x^2}{c^2z^3}$，$\dfrac{\partial^2 z}{\partial x\partial y}=-\dfrac{abxy}{c^2z^3}$，$\dfrac{\partial^2 z}{\partial y^2}=-\dfrac{b^2y^2+bcz^2}{c^2z^3}$.

15. $xyf'_1+x(\dfrac{1}{x}+yg')f'_2-yxf'_1-yxg'f'_2=f'_2$.

第8章

习题 8－1

1. $I_1=4I_2$.

2. 略.

3. (1)$\iint\limits_D(x+y)^2\mathrm{d}\sigma\geqslant\iint\limits_D(x+y)^3\mathrm{d}\sigma$；

(2)$\iint\limits_D(x+y)^3\mathrm{d}\sigma\geqslant\iint\limits_D(x+y)^2\mathrm{d}\sigma$；

(3)$\iint\limits_D\ln(x+y)\mathrm{d}\sigma\geqslant\iint\limits_D[\ln(x+y)]^2\mathrm{d}\sigma$；

(4)$\iint\limits_D[\ln(x+y)]^2\mathrm{d}\sigma\geqslant\iint\limits_D\ln(x+y)\mathrm{d}\sigma$.

4. $\dfrac{2\pi}{3}$.

5. 1.

6. $\sqrt{a^2-x^2-y^2}+\dfrac{2\pi a^3}{3(1-\pi a^2)}$.

7. $\dfrac{2}{3}<I<\dfrac{2}{1+\cos^2 1+\cos^3 1}$.

8. 5.5.

习题 8 − 2

1. (1) $\int_0^1 dx\int_x^1 f(x,y)dy$; (2) $\int_0^4 dx\int_{\frac{x}{2}}^{\sqrt{x}} f(x,y)dy$;

(3) $\int_{-1}^1 dx\int_0^{\sqrt{1-x^2}} f(x,y)dy$; (4) $\int_0^1 dy\int_{2-y}^{1+\sqrt{1-y^2}} f(x,y)dx$.

2. (1) $\frac{6}{55}$; (2) $\frac{64}{15}$;

(3) $e-e^{-1}$; (4) $\frac{13}{6}$.

3. 略.

4. (1) $\int_0^4 dx\int_x^{2\sqrt{x}} f(x,y)dy$ 或 $\int_0^4 dy\int_{\frac{y^2}{4}}^{y} f(x,y)dx$;

(2) $\int_{-r}^r dx\int_0^{\sqrt{r^2-x^2}} f(x,y)dy$ 或 $\int_0^r dy\int_{-\sqrt{r^2-y^2}}^{\sqrt{r^2-y^2}} f(x,y)dx$;

(3) $\int_1^2 dx\int_{\frac{1}{x}}^{x} f(x,y)dy$ 或 $\int_{\frac{1}{2}}^1 dy\int_{\frac{1}{y}}^2 f(x,y)dx+\int_1^2 dy\int_y^2 f(x,y)dx$;

(4) $\int_{-1}^1 dx\int_{\sqrt{1-x^2}}^{\sqrt{4-x^2}} f(x,y)dy+\int_{-1}^1 dx\int_{-\sqrt{4-x^2}}^{-\sqrt{1-x^2}} f(x,y)dy+$

$\int_{-2}^{-1} dx\int_{-\sqrt{4-x^2}}^{\sqrt{4-x^2}} f(x,y)dy\int_1^2 dx\int_{-\sqrt{4-x^2}}^{\sqrt{4-x^2}} f(x,y)dy$,

或 $\int_1^2 dy\int_{-\sqrt{4-y^2}}^{\sqrt{4-y^2}} f(x,y)dx+\int_{-2}^{-1} dy\int_{-\sqrt{4-y^2}}^{\sqrt{4-y^2}} f(x,y)dx+$

$\int_{-1}^1 dy\int_{-\sqrt{4-y^2}}^{-\sqrt{1-y^2}} f(x,y)dx+\int_{-1}^1 dy\int_{\sqrt{1-y^2}}^{\sqrt{4-y^2}} f(x,y)dx$.

5. 略.

6. 略.

7. $\frac{4}{3}$.

8. $\frac{7}{2}$.

9. $\frac{17}{6}$.

10. 6π.

11. (1) $\int_0^{2\pi} d\theta\int_0^a f(\rho\cos\theta,\rho\sin\theta)\rho d\rho$;

(2) $\int_{-\frac{\pi}{2}}^{\frac{\pi}{2}} d\theta\int_0^{2\cos\theta} f(\rho\cos\theta,\rho\sin\theta)\rho d\rho$;

(3) $\int_0^{2\pi} d\theta\int_a^b f(\rho\cos\theta,\rho\sin\theta)\rho d\rho$;

(4) $\int_0^{\frac{\pi}{2}} d\theta\int_0^{(\cos\theta+\sin\theta)^{-1}} f(p\cos\theta,\rho\sin\theta)\rho d\rho$.

12. (1) $\int_0^{\frac{\pi}{4}} d\theta\int_0^{\sec\theta} f(\rho\cos\theta,\rho\sin\theta)\rho d\rho+\int_{\frac{\pi}{4}}^{\frac{\pi}{2}} d\theta\int_0^{\csc\theta} f(\rho\cos\theta,\rho\sin\theta)\rho d\rho$;

(2) $\int_{\frac{\pi}{4}}^{\frac{\pi}{3}} d\theta \int_0^{2\sec\theta} f(\rho)\rho d\rho$；

(3) $\int_0^{\frac{\pi}{2}} d\theta \int_{(\cos\theta+\sin\theta)^{-1}}^{1} f(\rho\cos\theta, \rho\sin\theta)\rho d\rho$；

(4) $\int_0^{\frac{\pi}{4}} d\theta \int_{\sec\theta\tan\theta}^{\sec\theta} f(\rho\cos\theta, \rho\sin\theta)\rho d\rho$.

13. (1) $\frac{3}{4}\pi a^4$； (2) $\frac{1}{6}a^3[\sqrt{2}+\ln(1+\sqrt{2})]$；

(3) $\sqrt{2}-1$； (4) $\frac{1}{8}\pi a^4$.

14. (1) $\pi(e^4-1)$； (2) $\frac{\pi}{4}(2\ln 2-1)$；

(3) $\frac{3}{64}\pi^2$.

15. $\frac{1}{40}\pi^5$.

16. $\frac{1}{3}R^3\arctan k$.

17. $\frac{3}{32}\pi a^4$.

18. (1) $\frac{\pi^4}{3}$； (2) $\frac{7}{3}\ln 2$；

(3) $\frac{e-1}{2}$； (4) $\frac{1}{2}\pi ab$.

19. 略.

习题 8－3

1. (1) $\int_0^1 dx \int_0^{1-x} dy \int_0^{xy} f(x,y,z)dz$；

(2) $\int_{-1}^1 dx \int_{-\sqrt{1-x^2}}^{\sqrt{1-x^2}} dy \int_{x^2+y^2}^{1} f(x,y,z)dz$；

(3) $\int_{-1}^1 dx \int_{-\sqrt{1-x^2}}^{\sqrt{1-x^2}} dy \int_{x^2+2y^2}^{2-x^2} f(x,y,z)dz$；

(4) $\int_0^a dx \int_0^{b\sqrt{1-x^2/a^2}} dy \int_0^{xy/c} f(x,y,z)dz$.

2. $\frac{3}{2}$.

3. 略.

4. $\frac{1}{364}$.

5. $\frac{1}{2}\left(\ln 2-\frac{5}{8}\right)$.

6. $\frac{1}{48}$.

7. 0.

8. $\frac{\pi}{4}h^2R^2$.

9. (1) $\frac{7\pi}{12}$;　(2) $\frac{16}{3}\pi$.

10. (1) $\frac{4\pi}{5}$;　(2) $\frac{7}{6}\pi a^4$.

11. (1) $\frac{1}{8}$;　(2) $\frac{\pi}{10}$;

(3) 8π;　(4) $\frac{4\pi}{15}(A^5-a^5)$.

12. (1) $\frac{32}{3}\pi$;　(2) πa^3;

(2) $\frac{\pi}{6}$;　(4) $\frac{2}{3}\pi(5\sqrt{5}-4)$.

13. $\frac{2}{3}\pi a^3$.

14. $\frac{8\sqrt{2}-7}{6}\pi$.

15. $k\pi R^4$.

习题 8－4

1. (1) $\frac{4}{3}$;　(2) $\frac{8}{3}$.

2. (1) $\frac{1}{3}\cos x(\cos x-\sin x)(1+2\sin 2x)$;

(2) $\frac{2}{x}\ln(1+x^2)$;

(3) $\ln\sqrt{\frac{x^2+1}{x^4+1}}+3x^2\arctan x^2-2x\arctan x$;

(4) $2x\mathrm{e}^{-x^5}-\mathrm{e}^{-x^3}-\int_x^{x^2}y^2\mathrm{e}^{-xy^2}\mathrm{d}y$.

3. $3f(x)+2xf'(x)$.

4. (1) $\pi\arcsin a$;　(2) $\pi\ln\frac{1+a}{2}$;

(3) $\frac{\pi}{2}\ln(1+\sqrt{2})$;　(4) $\arctan(1+b)-\arctan(1+a)$.

习题 8－5

1. $2a^2(\pi-2)$.

2. $\sqrt{2}\pi$.

3. $16R^2$.

4. (1) $\bar{x}=\frac{3}{5}x_0$, $\bar{y}=\frac{3}{8}y_0$;　(2) $\bar{x}=0$, $\bar{y}=\frac{4b}{3\pi}$;

(3) $\bar{x}=\dfrac{b^2+ab+a^2}{2(a+b)}$, $\bar{y}=0$.

5. $\bar{x}=\dfrac{35}{48}$, $\bar{y}=\dfrac{35}{54}$.

6. $\bar{x}=\dfrac{2}{5}a$, $\bar{y}=\dfrac{2}{5}a$.

7. (1) $\left(0, 0, \dfrac{3}{4}\right)$; (2) $\left(0, 0, \dfrac{3(A^4-a^4)}{8(A^3-a^3)}\right)$;

(3) $\left(\dfrac{2}{5}a, \dfrac{2}{5}a, \dfrac{7}{30}a^2\right)$.

8. $\left(0, 0, \dfrac{5}{4}R\right)$.

9. (1) $I_y=\dfrac{1}{4}\pi a^3 b$; (2) $I_x=\dfrac{72}{5}$, $I_y=\dfrac{96}{7}$;

(3) $I_x=\dfrac{1}{3}ab^2, I_y=\dfrac{1}{3}a^2 b$.

10. $\dfrac{1}{12}Mh^2$, $\dfrac{1}{12}Mb^2$ （$M=bh\mu$ 为矩形板的质量）.

11. (1) $\dfrac{8}{3}a^4$; (2) $\bar{x}=\bar{y}=0$, $\bar{z}=\dfrac{7}{15}a^2$;

(3) $\dfrac{112}{45}a^6\rho$.

12. $\dfrac{1}{2}a^2 M$ （$M=\pi a^2 h\rho$ 为圆柱体的质量）.

13. $$\boldsymbol{F}=\left(2G\mu\left(\ln\frac{R_2+\sqrt{R_2^2+a^2}}{R_1+\sqrt{R_1^2+a^2}}-\frac{R_2}{\sqrt{R_2^2+a^2}}+\frac{R_1}{R_1^2+a^2}\right),\right.$$
$$\left.0,\pi Ga\mu\left(\frac{1}{\sqrt{R_2^2+a^2}}-\frac{1}{\sqrt{R_1^2+a^2}}\right)\right).$$

14. $F_x=F_y=0, F_z=-2\pi G\rho\left[\sqrt{(h-a)^2+R^2}-\sqrt{R^2+a^2}+h\right]$.

总复习题八

1. (1) $\sqrt{1-x^2-y^2}+\dfrac{2\pi}{3(1-\pi)}$; (2) $2\iint\limits_{D_1}\cos x\sin y\,\mathrm{d}x\,\mathrm{d}y$;

(3) $f(2)$.

2. (1) $\dfrac{3}{2}+\cos 1+\sin 1-\cos 2-2\sin 2$; (2) $\pi^2-\dfrac{40}{9}$;

(3) $\dfrac{1}{3}R^3\left(\pi-\dfrac{4}{3}\right)$; (4) $\dfrac{\pi}{4}R^4+9\pi R^2$.

3. (1) $\int_{-2}^{0}\mathrm{d}x\int_{2x+4}^{4-x^2}f(x,y)\mathrm{d}y$; (2) $\int_{0}^{2}\mathrm{d}x\int_{\frac{1}{2}x}^{3-x}f(x,y)\mathrm{d}y$;

(3) $\int_{0}^{1}\mathrm{d}y\int_{0}^{y^2}f(x,y)\mathrm{d}x+\int_{1}^{2}\mathrm{d}y\int_{0}^{\sqrt{2y-y^2}}f(x,y)\mathrm{d}x$.

4. 略.

5. $-\frac{2}{5}$.

6. $\frac{2\pi\sqrt{3}}{3}\left(1-\cos\frac{R^3}{8}\right)$.

7. $\int_{-1}^{1}\mathrm{d}x\int_{x^2}^{1}\mathrm{d}y\int_{0}^{x^2+y^2}f(x,y,z)\mathrm{d}z$.

8. (1) $\frac{59}{480}\pi R^5$； (2)0；

(3) $\frac{250}{3}\pi$.

9. 略.

10. $\frac{1}{2}\sqrt{a^2b^2+b^2c^2+c^2a^2}$.

11. $\sqrt{\frac{2}{3}}R$ （R 为圆的半径).

12. $I=\frac{368}{105}\mu$.

13. $\boldsymbol{F}=(F_x, F_y, F_z)$，其中 $F_x=0$，

$$F_y=\frac{4GmM}{\pi R^2}\left[\ln\frac{R+\sqrt{R^2+a^2}}{a}-\frac{R}{\sqrt{R^2+a^2}}\right],\ F_z=-\frac{2GmM}{R^2}\left(1-\frac{a}{\sqrt{R^2+a^2}}\right).$$

14. $(0, 0, \frac{3}{8}b)$.

第9章

习题 9－1

1. (1)$I_x=\int_L y^2\mu(x,y)\mathrm{d}s$，$I_y=\int_L x^2\mu(x,y)\mathrm{d}s$；

(2)$\bar{x}=\frac{\int_L x\mu(x,y)\mathrm{d}s}{\int_L \mu(x,y)\mathrm{d}s}$，$\bar{y}=\frac{\int_L y\mu(x,y)\mathrm{d}s}{\int_L \mu(x,y)\mathrm{d}s}$.

2. (1)$2\pi a^{2n+1}$； (2)$\sqrt{2}$；

(3) $\frac{1}{12}(5\sqrt{5}+6\sqrt{2}-1)$； (4)$\mathrm{e}^a\left(2+\frac{\pi}{4}a\right)-2$；

(5) $\frac{\sqrt{3}}{2}(1-\mathrm{e}^{-2})$； (6)9；

(7) $\frac{256}{15}a^3$； (8)$2\pi^2a^3(1+2\pi^2)$.

3. $\frac{2\sin\frac{\alpha}{2}}{\alpha}$

4. (1) $I_z = \frac{2}{3}\pi a^2 \sqrt{a^2+k^2}(3a^2+4\pi^2 k^2)$;

(2) $\bar{x} = \frac{6ak^2}{3a^2+4\pi^2k^2}$, $\bar{y} = \frac{-6\pi ak^2}{3a^2+4\pi^2k^2}$, $\bar{z} = \frac{3k(\pi a^2+2\pi^3k^2)}{3a^2+4\pi^2k^2}$.

习题 9－2

1. 略.

2. 略.

3. (1) $-\frac{56}{15}$; (2) $-\frac{\pi}{2}a^3$;

(3) 0; (4) -2π;

(5) $\frac{k^3\pi^3}{3}-a^2\pi$; (6) 13;

(7) $\frac{1}{2}$; (8) $-\frac{14}{15}$.

4. (1) $\frac{34}{3}$; (2) 11;

(3) 14; (4) $\frac{32}{3}$.

5. $-|\boldsymbol{F}|R$.

6. $mg(z_2-z_1)$.

7. (1) $\int_L \frac{P(x,y)+Q(x,y)}{\sqrt{2}}\mathrm{d}s$;

(2) $\int_L \frac{P(x,y)+2xQ(x,y)}{\sqrt{1+4x^2}}\mathrm{d}s$;

(3) $\int_L [\sqrt{2x-x^2}P(x,y)+(1-x)Q(x,y)]\mathrm{d}s$.

8. $\int_\Gamma \frac{P+2xQ+3yR}{\sqrt{1+4x^2+9y^2}}\mathrm{d}s$.

习题 9－3

1. 略.

2. 略.

3. 略.

4. (1) $\frac{1}{30}$; (2) 0.

5. $-\pi$.

6. (1) $\frac{5}{2}$; (2) 236;

(3) 5.

7. (1) 略; (2) $\frac{\pi^2}{4}$.

习题 9－4

1. $I_x=\iint\limits_{\Sigma}(y^2+z^2)\mu(x,y,z)\mathrm{d}S$.

2. 略.

3. 略.

4. (1) $\frac{13}{3}\pi$;　(2) $\frac{149}{30}\pi$;

(3) $\frac{111}{10}\pi$.

5. (1) $\frac{1+\sqrt{2}}{2}\pi$;　(2) 9π.

6. (1) $4\sqrt{61}$;　(2) $-\frac{27}{4}$;

(3) $\pi a(a^2-h^2)$;　(4) $\frac{64}{15}\sqrt{2}a^4$.

7. $\frac{2\pi}{15}(6\sqrt{3}+1)$.

8. $\frac{4}{3}\mu_0\pi a^4$.

习题 9－5

1. 略.

2. (1) $\frac{2}{105}\pi R^7$;　(2) $\frac{3}{2}\pi$;

(3) $\frac{1}{2}$;　(4) $\frac{1}{8}$.

3. (1) $\iint\limits_{\Sigma}\left(\frac{3}{5}P+\frac{2}{5}Q+\frac{2\sqrt{3}}{5}R\right)\mathrm{d}S$;

(2) $\iint\limits_{\Sigma_{下}}\left(-P\frac{x}{a}-Q\frac{y}{a}-R\frac{\sqrt{a^2-x^2-y^2}}{a}\right)\mathrm{d}S$

$+\iint\limits_{\Sigma_{上}}\left(-P\frac{x}{a}-Q\frac{y}{a}-R\frac{\sqrt{a^2-x^2-y^2}}{a}\right)\mathrm{d}S$.

4. $\frac{1}{2}$.

习题 9－6

1. (1) $3a^4$;　(2) $\frac{12}{5}\pi a^5$;

(3) $\frac{2}{5}\pi a^5$;　(4) 81π;

(5) $\frac{3}{2}$.

2. (1) 0;　(2) $a^3\left(2-\frac{a^2}{6}\right)$;

(3)108π.

3. (1)$\mathrm{div}\,\boldsymbol{A}=2x+2y+2z$;

(2)$\mathrm{div}\,\boldsymbol{A}=y\mathrm{e}^{xy}-x\sin(xy)-2xz\sin(xz^2)$;

(3)$\mathrm{div}\,\boldsymbol{A}=2x$.

4. 略.

习题 9－7

1. 略.

2. (1)$-\sqrt{3}\pi a^2$; (2)$-2\pi a(a+b)$;

(3)-20π; (4)9π.

3. (1)0; (2)-4.

4. (1)2π; (2)12π.

5. 略.

6. 0.

总复习题九

1. (1)$\int_\Gamma(P\cos\alpha+Q\cos\beta+R\cos\gamma)\mathrm{d}s$，切向量；

(2)$\iint\limits_\Sigma(P\cos\alpha+Q\cos\beta+R\cos\gamma)\mathrm{d}S$，法向量.

2. C.

3. (1)$2a^2$; (2)$\dfrac{(2+t_0^2)^{\frac{3}{2}}-2\sqrt{2}}{3}$;

(3)$-2\pi a^2$; (4)$\dfrac{1}{35}$;

(5)πa^2; (6)$\dfrac{\sqrt{2}}{16}\pi$.

4. (1)$2\pi\arctan\dfrac{H}{R}$; (2)$-\dfrac{\pi}{4}h^4$;

(3)$2\pi R^3$; (4)$\dfrac{2}{15}$.

5. $\dfrac{1}{2}\ln(x^2+y^2)$.

6. 略.

7. (1) 略； (2)$\dfrac{c}{d}-\dfrac{a}{b}$.

8. $\left(0,0,\dfrac{a}{2}\right)$.

9. 略.

10. $\dfrac{1}{2}$.

第 10 章

习题 10－1

1. (1)发散；(2)收敛；

(3)发散；(4)发散；

(5)收敛；(6)收敛；

(7)发散；(8)发散.

2. $\sum_{n=2}^{\infty} \frac{2}{n(n+1)}=1$.

3. 略.

4. 略.

习题 10－2

1. (1) 收敛；(2) 收敛；

(3) 发散；(4) 发散；

(5) 收敛；(6) 发散.

2. 略.

3. (1) 收敛；(2) 收敛；

(3) 收敛.

4. (1) 绝对收敛；(2) 绝对收敛；

(3) 绝对收敛；(4) 发散；

(5) 绝对收敛；(6) 条件收敛；

(7) 绝对收敛；(8) 绝对收敛；

(9) 发散.

5. 略.

6. 略.

习题 10－3

1. (1) $[-1, 1]$；(2) $[-1, 1)$；

(3) $[-3, 3)$；(4) $\left[-\frac{1}{2}, \frac{1}{2}\right]$；

(5) $(-\sqrt{2}, \sqrt{2})$；(6) $[-1, 3)$.

2. (1) $\frac{1}{(1-x)^2}$ $(-1<x<1)$；(2) $\frac{1}{2}\ln\frac{1+x}{1-x}$ $(1<x<1)$；

(3) $\frac{1}{(1-x)^3}$ $(-1<x<1)$；(4) $\frac{1+x}{(1-x)^2}$ $(-1<x<1)$，$s=6$.

3. $R=3$.

4. $\frac{22}{27}$.

5. (1) $\sum_{n=0}^{\infty}\frac{1}{(2n+1)!}x^{2n+1}\quad(-\infty<x<+\infty)$;

(2) $x+\sum_{n=0}^{\infty}\frac{(-1)^n}{(n+1)(n+2)}x^{n+2}\quad(-1<x\leqslant 1)$;

(3) $\sum_{n=0}^{\infty}\frac{2}{2n+1}x^{2n+1}\quad(-1<x<1)$;

(4) $1+\sum_{n=1}^{\infty}\frac{(-1)^n 2^{2n-1}}{(2n)!}x^{2n}\quad(-\infty<x<+\infty)$.

6. $\sum_{n=0}^{\infty}(-1)^n x^{2n+1}\quad(-1<x<1)$, $-7!$.

7. $\sum_{n=0}^{\infty}\left(\frac{1}{2^{n+1}}-\frac{1}{3^{n+1}}\right)(x+4)^n\quad(-6<x<-2)$, $6!\left(\frac{1}{2^7}-\frac{1}{3^7}\right)$.

8. $\frac{1}{\sqrt{2}}\left[1+(x+\frac{\pi}{4})-\frac{1}{2!}(x+\frac{\pi}{4})^2-\frac{1}{3!}(x+\frac{\pi}{4})^3+\cdots\right]\quad(-\infty<x<+\infty)$.

9. $e^{\frac{1}{2}}\sum_{n=0}^{\infty}\frac{1}{2^n}(x-1)^n\quad(-\infty<x<+\infty)$.

10. $\sum_{n=1}^{\infty}\frac{(-1)^{n-1}}{n}\{1+[1+(-1)^n](-1)^{\frac{3n}{2}-1}\}x^n\quad(-\infty<x\leqslant+\infty)$.

11. $\sum_{n=0}^{\infty}\frac{(-1)^n}{n!(2n+1)}x^{2n+1}\quad(-\infty<x<+\infty)$.

12. 略.

习题 10－4

1. $\pi^2+1+\sum_{n=1}^{\infty}(-1)^n\frac{12}{n^2}\cos nx\quad(-\infty<x<+\infty)$.

2. $$\frac{1+\pi-e^{-\pi}}{2\pi}+\frac{1}{\pi}\sum_{n=0}^{\infty}\left\{\frac{1-(-1)^n e^{-\pi}}{1+n^2}\cos nx+\left[\frac{-n+(-1)^n n e^{-\pi}}{1+n^2}+\frac{1-(-1)^n}{n}\right]\sin nx\right\}$$

$(-\pi<x<\pi)$.

3. $$\sum_{n=1}^{\infty}b_n\sin nx,\ b_n=\begin{cases}\frac{2\pi}{n}-\frac{8}{n^3\pi}, & n=1,3,5,\cdots,\\ -\frac{2\pi}{n}, & n=2,3,6,\cdots;\end{cases}$$

$\frac{\pi^2}{3}+\sum_{n=1}^{\infty}(-1)^n\frac{4}{n^2}\cos nx$.

4. 略.

5. $$s(x)=\begin{cases}\frac{1}{2}, & x=\pm\pi,\ x=0,\\ 1+x, & -\pi<x<0,\\ x, & 0<x<\pi.\end{cases}$$

6. $1+\sum_{n=0}^{\infty}\left\{\frac{4[(-1)^n-1]}{n^2\pi^2}\cos\frac{n\pi}{2}x-\frac{4}{n\pi}(-1)^n\sin\frac{n\pi}{2}x\right\}\quad(-2<x<2)$,

$$s(x)=\begin{cases}0, & -2<x<0,\\ 2x, & 0\leqslant x<2,\\ 2, & x=\pm 2.\end{cases}$$

7. $\dfrac{1}{2}-\dfrac{4}{\pi^2}\sum\limits_{k=0}^{\infty}\dfrac{1}{(2k+1)^2}\cos(2k+1)\pi x \quad (0\leqslant x\leqslant 2)$；$\dfrac{\pi^2}{8}$.

8. 略.

总复习题十

1. 1.

2. 略.

3. 收敛区间为 $2k\pi-\dfrac{\pi}{6}\leqslant x<2k\pi+\dfrac{\pi}{6}$,$(2k+1)\pi-\dfrac{\pi}{6}<x\leqslant(2k+1)\pi+\dfrac{\pi}{6}$$(k=0,\pm 1,\pm 2,\cdots)$,内部绝对收敛,收敛端点处为条件收敛.

4. 略.

5. 略.

6. 略.

7. (1) $(-1,1)$；　　(2) $\left(-\dfrac{1}{\sqrt{3}},\dfrac{1}{\sqrt{3}}\right)$；

(3) $\left(-\dfrac{1}{\sqrt{2}},\dfrac{1}{\sqrt{2}}\right)$；　　(4) $(0,+\infty)$.

8. (1) $\arctan 2-\sum\limits_{n=0}^{\infty}\dfrac{(-1)^n 2^{2n+1}}{2n+1}x^{2n+1}$, $\left[-\dfrac{1}{2},\dfrac{1}{2}\right]$；

(2) $\sum\limits_{n=1}^{\infty}\dfrac{(-1)^n}{(2n+1)(2n+2)}x^{2n+2}$,$[-1,1]$.

9. $-\dfrac{1}{e}+\dfrac{1}{e}\sum\limits_{n=1}^{\infty}(-1)^n\dfrac{n+1}{n!}(x-1)^n$, $(-\infty,+\infty)$.

10. $(-1,1]$收敛；$x=-1$ 时,$p>1$ 收敛，$0<p\leqslant 1$ 发散.

11. (1)$R=1$；　　(2)$s=2(a_0+d)$.

12. 略.

13. $\sum\limits_{n=0}^{\infty}(a_0+a_1+\cdots+a_n)x^n$, $(-1,1)$.

14. $f(x)=\dfrac{e^{\pi}-1}{2\pi}+\dfrac{1}{\pi}\sum\limits_{n=1}^{\infty}\left\{\dfrac{(-1)^n e^{\pi}-1}{n^2+1}\cos nx+\dfrac{n[(-1)^{n+1}e^{\pi}+1]}{n^2+1}\sin nx\right\}$.

15. $f(x)=\dfrac{2}{\pi}\sum\limits_{n=1}^{\infty}\dfrac{1-\cos nh}{n}\sin nx$, $x\in(0,h)\cup(h,\pi]$；

$f(x)=\dfrac{h}{\pi}+\dfrac{2}{\pi}\sum\limits_{n=1}^{\infty}\dfrac{\sin nh}{n}\cos nx$, $x\in(0,h)\cup(h,\pi]$.

第 11 章

习题 11－1

1. 略.

2. 略.

3. 略.

4. (1) $y=\frac{1}{\omega}(1-\cos\omega t)$； (2) $y=\ln x-1 \quad (x>0)$；

(3) $y=x^3+2x$.

5. $y=\frac{x^3-1}{3}$.

6. 略.

7. $v(t)=-\frac{TA}{2\pi}\cos\frac{2\pi}{T}t+\frac{TA}{2\pi}$.

习题 11－2

1. (1) $e^{-y}-\cos x=C$； (2) $3\sin 2y-2x^3=C$；

(3) $y=e^{cx}$； (4) $(e^y-1)(e^x+1)=C$；

(5) $\arcsin y-\arcsin x=C$； (6) $\sqrt{1-y^2}-\arcsin x=C$；

(7) $\frac{1+y^2}{1-x^2}=C$； (8) $(\ln y)^2+(\ln x)^2=C$；

(9) $\tan x\cdot\tan y=C$； (10) $\frac{y^2-1}{1+x^2}=C$；

(11) $(y^2+1)\left|\frac{x+1}{x-1}\right|=C$； (12) $(y+\sqrt{1+y^2})x^x=C$.

2. (1) $y=Ce^{\frac{y}{x}}$； (2) $\ln\frac{y}{x}=Cx+1$；

(3) $\sin\frac{y}{x}-\ln x=C$； (4) $\ln\frac{y}{x}+\frac{1}{xy}=C$.

3. 略.

4. (1) $y=Ce^{-\frac{x^2}{3}}$； (2) $y=-\frac{5}{4}+Ce^{-4x}$；

(3) $y=e^{-x}(x+5)$； (4) $y=e^{-x^2}\left(\frac{x^2}{2}+C\right)$；

(5) $y=\frac{1}{2x}(e^{2x}+6e-e^3)$； (6) $y=\tan x+Ce^{-\tan x}-1$；

(7) $y=e^{x^2}(\sin x+C)$； (8) $y=x(\ln\ln x+C)$；

(9) $y=\frac{1}{x^2-1}(\sin x+C)$； (10) $s=xx$；

(11) $y=(1+x^2)(x+C)$； (12) $y=\frac{1}{12}-\frac{1}{11x}+\frac{C}{x^{12}}$.

5. (1) $y = x^4\left(\frac{1}{2}\ln x + C\right)^2$；　(2) $y = \dfrac{x}{C - \frac{1}{4}x^4}$.

6. $v(t) = \dfrac{mg}{k}(1 - e^{-\frac{k}{m}t})$.

7. $\arcsin y = x$.

习题 11 − 3

1. (1) $y = \dfrac{x^3}{3} - \cos x + C_1 x + C_2$；　(2) $y = \dfrac{1}{C_1}e^{C_1 x} + C_2$；

   (3) $y = C_1 x^2 + C_2$；　(4) $\dfrac{y}{2} = C_2 e^{C_1 x}$；

   (5) $\sin(y + C_1) = C_2 e^x$.

2. 略.

3. (1) $y = C_1 e^{2x} + C_2 e^{3x}$；　(2) $y = C_1 e^{\frac{1}{2}x} + C_2 e^{-x}$；

   (3) $y = (C_1 + C_2 x)e^x$；　(4) $y = e^{-x}(C_1\cos 2x + C_2\sin 2x)$；

   (5) $y = C_1 e^{2x} + C_2 e^{-\frac{4}{3}x}$；　(6) $y = C_1\cos x + C_2\sin x$；

   (7) $y = C_1 + C_2 e^{-x}$；　(8) $y = e^{-3x}(C_1\cos 2x + C_2\sin 2x)$；

   (9) $y = (C_1 + C_2 x)e^{\frac{5}{2}x}$；　(10) $y = C_1 e^{-\frac{1}{2}x} + C_2 e^{-2x}$；

   (11) $s = e^t\left(C_1\cos\dfrac{t}{2} + C_2\sin\dfrac{t}{2}\right)$；　(12) $s = (C_1 + C_2 t)e^{2t}$；

   (13) $y = (C_1 + C_2 x)e^{\sqrt{3}x}$.

4. (1) $y = 2e^{3x} + 4e^x$；　(2) $y = e^{-x} - e^{4x}$；

   (3) $y = 3e^{-2x}\sin 5x$；　(4) $y = e^{-\frac{x}{2}}(2 + x)$；

   (5) $y = xe^{\frac{\sqrt{6}}{2}x}$.

5. $y = \cos 3x - \dfrac{1}{3}\sin 3x$.

6. $s = 6e^{-t} \cdot \sin 2t$.

7. (1) $y = \dfrac{1}{3}$；　(2) $y = \dfrac{1}{3}x^3 - \dfrac{3}{5}x^2 + \dfrac{7}{25}x$；

   (3) $y = \dfrac{1}{2a^2}e^{ax}$；　(4) $y = -4(x^2 + 4x + 10)e^x$；

   (5) ① $y = \dfrac{1}{5}x^3 - \dfrac{6}{25}x^2 - \dfrac{56}{125}x + \dfrac{672}{625}$,

   ② $y = \dfrac{1}{10}e^{3x}$；

   ③ $y = \dfrac{1}{5}\cos x + \dfrac{1}{10}\sin x$；　(6) $y = 4x^2 e^{2x}$.

8. (1) $y = C_1 e^x + C_2 e^{6x} + \dfrac{2}{3}$；

   (2) $y = C_1\cos x + C_2\sin x + 4x^3 - 24x$；

   (3) $y = C_1 e^{-x} + C_2 e^{3x} - 2e^{2x}$；

(4)$y=(C_1+C_2x+\frac{3}{2}x^2)e^{-x}$；

(5)$y=e^{-x}(C_1\cos 2x+C_2\sin 2x)-\frac{71}{34}\cos 2x-\frac{142}{17}\sin 2x$；

(6)$y=C_1e^x+C_2e^{6x}+\frac{7}{74}\cos x+\frac{5}{74}\sin x$；

(7)$y=(C_1-\frac{x}{2})\cos 2x+C_2\sin 2x$；

(8)$y=C_1\cos 3x+C_2\sin 3x+\frac{2}{3}x\sin 3x$；

(9)①$y=(C_1+C_2x)e^{2x}+\frac{1}{9}e^{-x}$，

②$y=(C_1+C_2x)e^{2x}+\frac{3}{2}x^2e^{2x}$，

③$y=(C_1+C_2x)e^{2x}+\frac{1}{8}\cos 2x$，

④$y=(C_1+C_2x)e^{2x}+\frac{1}{9}e^{-x}+\frac{3}{2}x^2e^{2x}+\frac{1}{8}\cos 2x$；

(10)①$y=C_1\cos x+C_2\sin x+x$，

②$y=C_1\cos x+C_2\sin x+\frac{x}{2}\sin x$，

③$y=C_1\cos x+C_2\sin x+\frac{1}{40}e^{2x}(3\sin 3x-\cos 3x)$，

④$y=C_1\cos x+C_2\sin x+y$，其中，$y=x+\frac{x}{2}\sin x+\frac{1}{40}e^{2x}(3\sin 3x-\cos 3x)$.

9. $s=\frac{v_0^2}{2k}$.

10. $x=\frac{g}{a^2}(at+e^{-at}-1)$.

11. $s=\sin t+\frac{t}{2}\sin t$.

12. (1)$y=\frac{1}{1+x}[-e^{-x}(2+x)+C]$；

(2)$y=1+Ce^{-\frac{1}{2}x^2}$；

(3)$y=C\left(\frac{x}{\sqrt{1+x^2}}+1\right)$；

(4)$s=\frac{1}{t^2}(e^t+C)$；

(5)$(4+\sqrt{y})^4x^2=Ce^{\sqrt{y}}$；

(6)$\frac{y^2+\sqrt{x^4+y^4}}{x^3}=C$；

(7)$y=x\ln x-2x+C_1\ln x+C_2$；

(8) $y=\dfrac{1}{C_1x+C_2}$;

(9) $y=C_1\mathrm{e}^{mx}+C_2\mathrm{e}^{-mx}-\dfrac{x}{2m}\mathrm{e}^{-mx}$;

(10) $y=\dfrac{1}{\ln x}(\ln^2 x+C)$;

(11) $y=\pm\dfrac{1}{\sqrt{x+C\mathrm{e}^{x}}}$;

(12) $y=C_1\mathrm{e}^{-2x}+C_2\mathrm{e}^{-x}+\dfrac{1}{4}\sin 2x-\dfrac{1}{4}\cos 2x$;

(13) $y=C_1\mathrm{e}^{-2x}+C_2\mathrm{e}^{-3x}+\dfrac{1}{2}\mathrm{e}^{-x}+x\mathrm{e}^{-2x}$.

13. $y=-\ln\cos x$.

总复习题十一

一、选择题

1. D　2. B　3. A　4. C　5. D　6. B　7. C　8. B

二、填空题

1. $\sqrt{y^2-1}=\arctan x+C$.　2. $\mathrm{e}^{\tan\frac{x}{2}}$.　3. $y''-y'-2y=0$.

4. $-C_1\ln|x|+C_2$.　5. $y=x^2$.　6. 0.

三、解答题

1. (1) $\ln^2 x+\ln^2 y=C$;　(2) $3\mathrm{e}^{-y^2}-2\mathrm{e}^{3x}=C$;

(3) $\tan\dfrac{y}{2}=C\mathrm{e}^{-2\sin x}$;　(4) $\mathrm{e}^{x}+\ln(1-\mathrm{e}^{y})+C=0$;

(5) $y=\dfrac{1}{6}x^3\ln x-\dfrac{5}{36}x^3+C_1x+C_2$;　(6) $y=\cos x+\sin y+C_1x+C_2x+C_3$;

(7) $y=C_1(x+\dfrac{1}{3}x^3)+C_2$;　(8) $y=C_1x^2+C_2$.

2. (1) $\cos x=\sqrt{2}\cos y$;　(2) $y=2\mathrm{e}^{-\sin x}-1+\sin x$;

(3) $y=\dfrac{x}{x+1}(x+1+\ln x)$;　(4) $y=\mathrm{e}^{-x}-\mathrm{e}^{4x}$;

(5) $y=(x+3)\mathrm{e}^{-\frac{1}{3}x}$;　(6) $y=2\cos 5x+\sin 5x$.

3. $xy=2$.

4. 略.

5. $y=\dfrac{1}{6}x^3+\dfrac{1}{2}x+1$.

6. $s=\dfrac{v_0^2}{2k}$.